高等院校"十二五"规划教材

大学计算机基础

（第二版）

主　编　吴国凤
副主编　冷金麟　李　明　刘　欣

合肥工业大学出版社

内容简介

本书结合当前计算机发展的趋势，以高等院校及高职高专学生信息素质培养为切入点，按照易学、易懂、易操作、易掌握的原则，采用案例教学、任务驱动的教学模式，由浅入深、循序渐进地介绍了计算机基础知识、操作系统（Windows 7）、Office 2010（Word、Excel、PowerPoint）、Internet 网络与信息安全等方面的知识。

本书内容丰富，重点突出，结构清晰，实用性强。可作为高职高专院校各专业计算机基础教学、计算机水平考试教学用书，也可作为大专院校学生专升本统考教学用书。

图书在版编目(CIP)数据

大学计算机基础/吴国风主编．—2 版．—合肥：合肥工业大学出版社，2015．8(2022．7 重印)
ISBN 978-7-5650-2394-1

Ⅰ．①大… Ⅱ．①吴… Ⅲ．①电子计算机—高等学校—教材 Ⅳ．①TP3

中国版本图书馆 CIP 数据核字(2015)第 204022 号

大学计算机基础（第二版）

吴国风 主编　　　　责任编辑 权 怡

出 版	合肥工业大学出版社	版 次	2011 年 8 月第 1 版
地 址	合肥市屯溪路 193 号		2015 年 8 月第 2 版
邮 编	230009	印 次	2022 年 7 月第 4 次印刷
电 话	编 校 中 心：0551-62903210	开 本	787 毫米×1092 毫米 1/16
	市场营销部：0551-62903198	印 张	17.75　字 数 440 千字
网 址	www.hfutpress.com.cn	发 行	全国新华书店
E-mail	hfutpress@163.com	印 刷	安徽昶颉包装印务有限责任公司

ISBN 978-7-5650-2394-1　　　　定价：28.00 元

再版前言

随着计算机技术和网络技术的迅速发展，计算机应用日益普及，计算机已成为人们工作、生活、学习中必不可少的工具，是各行业工作人员应掌握的基本技能。在新形势下，计算机基础教学的内涵在快速提升和不断丰富，学生的计算机知识起始点也在不断提高。为了进一步推进计算机基础教学改革，适应计算机科学技术发展的新趋势，培养学生适应在信息化社会里更好地工作、学习、生活所必须具备的计算机基础知识与基本应用技能，让教学内容更符合社会需求，就显得尤为重要，因此可以说，计算机基础教学是培养高职高专学生综合素质和创新能力不可或缺的重要环节。

本书根据全国高等院校计算机水平考试新大纲的要求，结合多年的大学计算机基础课教学经验，系统地介绍了大学计算机基础所要求的全部内容，包括计算机基础知识、Windows 7 操作系统、Word 2010 文字处理软件、Excel 2010 表格处理软件、PowerPoint 2010 演示文稿、网络基础与 Internet 以及信息安全等。教材语言精练，重点突出；内容深入浅出，通俗易懂；应用案例适用，图文并茂，各章配有相应的习题，供读者练习使用。

参加本书修订的有吴国凤、冷金鳞、李明、刘欣，全书由吴国凤统稿。

在本书的编写过程中得到合肥工业大学出版社的大力支持，也获得各位同仁的支持和帮助，同时也参阅了同行的一些著作和网站，在此表示衷心的感谢！

由于时间仓促及水平有限，书中难免存在错误和不足，恳请读者批评指正。

编　者

2015 年 8 月

前　言

随着知识经济和信息社会的发展,掌握和使用计算机已经变得非常重要。作为21世纪的高级人才,掌握和应用计算机已成为人们素质、知识、能力中不可缺少的重要组成部分,而《大学计算机基础》是大学计算机基础教学中的基础性课程。通过系统学习计算机科学与技术学科的基本理论与基本概念以及相关的计算机文化内涵,重点掌握计算机的软硬件组成、计算机网络和操作系统的基础知识与基本应用技能,了解程序设计思想、数据库和多媒体等基本原理,了解计算机主要应用领域以及常用应用软件,理解计算机应用人员的社会责任与职业道德,熟悉重要领域的典型案例和典型应用,进而理解信息系统开发涉及的技术、概念和软件开发过程,为后续课程打下基础。

本书是根据教育部高等学校非计算机专业计算机基础课程教学指导分委员会提出的《关于进一步加强高等学校计算机基础教学的意见》中,有关"大学计算机基础"课程的教学要求编写的。其教学目标是使学生掌握一定的计算机应用技术基本理论,同时具备在实际学习与工作中掌握计算机应用技术的操作能力。

本书共分9章,内容分别为计算机基础知识、操作系统、Word文字处理软件、Excel电子表格、PowerPoint演示文稿、多媒体技术、程序设计与数据库基础、网络基础与Internet、信息安全。考虑到初学者的特点,编写时采用模块化的结构,图文并茂,努力做到重点突出,通俗易懂,并在各章配有相应的习题,供读者练习使用。

在本书的编写过程中得到合肥工业大学出版社的大力支持,也获得各位同仁的支持和帮助,同时也参阅了同行的一些著作和网站,在此表示衷心的感谢!

由于时间仓促及水平有限,书中难免存在错误和不足,恳请读者批评指正。

编　者

2011年8月

目　录

第 1 章　计算机基础知识

【本章教学目标】

(1)了解计算机的发展、分类及应用；

(2)掌握计算机系统组成及工作原理；

(3)掌握计算机软件系统的组成；

(4)掌握计算机的硬件组成及各部件的功能；

(5)掌握计算机中数据的表示,掌握各种不同进制数的转换；

(6)掌握计算机中常用的编码。

1.1　认识计算机

人类从用绳结、卵石、筹码开始,不断地寻找和改进计算工具,以提高计算的速度和精度。到了 20 世纪 40 年代中期,一方面,飞机、导弹、原子物理等现代科学技术的发展,提出了大量复杂的计算问题,原有的计算工具已远远不能满足要求;另一方面,电子学和自动控制技术的高速发展,为研制电子计算机提供了物质技术基础。

1.1.1　计算机的诞生

20 世纪无线电技术以及无线电工业的发展为电子计算机的研制奠定了物质技术基础。第二次世界大战中为计算远程火炮的弹道问题,美国陆军部资助宾夕法尼亚大学历经两年多的时间,于 1946 年研制出世界上第一台电子数字计算机 ENIAC(Electronic Numerical Integrator and Calculator),如图 1-1 所示。ENIAC 每秒钟可以进行 5000 次的加法,使用了 1500 个继电器,18000 个电子管,占地 170 平方米,重达 30 吨,耗电 150 千瓦/小时。虽然 ENIAC 体积庞大,耗电量大,运算速度不过几千次(现在世界上最快的超级计算机是由中国出资的天河二号,运行速度以每秒 5.49 亿次浮点计算),但它比当时已有的计算装置要快 1000 倍,而且还有按事先编好的程序自动执行算术运算、逻辑运算和存储数据的功能。虽然以现在的角度看其性能是微不足道的,但 ENIAC 宣告了一个新时代的开始,从此科学计算的大门也被打开了。

在 1946～1952 年,美籍匈牙利科学家冯·诺依曼(Von Neumann)领导的研制小组研制了一种"基于程序存储和程序控制"的计算机,全名为"电子离散变量计算机",简称:EDVAC(Electronic Discrete Variable Automatic Computer),如图 1-2 所示。与 ENIAC 相比,EDVAC 做了两方面的重大改进:一是计算机中的指令和数据均以二进制形式存储,这样可以充分发挥电子元件高速运算的优越性;二是把程序和数据一起存储在计算机内,这样就可以使全部运算成为真正的自动过程。这种基于程序存储和控制原理的计算机,确定了现代计算机的体系结构,称为冯·诺依曼体系结构。虽然计算机技术不断进步,但这一原理一直是计算机采用的普遍性原理。

图 1-1 ENIAC

图 1-2 EDVAC

知识

冯·诺依曼(Von Neumann)(1903—1957):美籍匈牙利科学家,是 ENIAC 的创始人之一。他不仅在计算机方面,而且在数学、逻辑、物理等领域都做出了巨大的贡献。由于他对计算机技术的突出贡献,被誉为“计算机之父”。

1.1.2 计算机的发展

自从 ENIAC 问世以来,计算机的发展突飞猛进,每隔几年就有一次重大突破。随着计算机使用的电子元器件的不同,可将计算机分成以下几个阶段。

1. 第一代电子管计算机

第一代(1946—1958)是以电子管(如图 1-3 所示)为主要电路元件的电子计算机。其主要特征:

(1)采用电子管作基础元件;

(2)使用汞延迟线作存储设备,后来逐渐过渡到用磁芯存储器;

(3)输入、输出设备主要是用穿孔卡片,用户使用起来很不方便;

(4)数据表示主要是定点数;

(5)每秒运算速度仅为几千次,内存容量仅几千字节。

由于当时电子技术的限制,因此,第一代电子计算机体积庞大,造价很高。系统软件还非常原始,用户必须掌握用类似于二进制机器语言进行编程的方法,也就是用机器语言或汇编语言编写程序。这一代应用主要局限于军事和科学研究工作。其代表机型有 IBM650(小型机)、IBM709(大型机)。

2. 第二代晶体管计算机

第二代(1959-1964)是以晶体管(如图 1-4 所示)为主要电路元件的电子计算机。其基本特征:

(1)采用晶体管作基础元件;

(2)内存所使用的器件大都使用铁氧磁性材料制成的磁芯存储器；

(3)外存储器有了磁盘、磁带，外设种类也有所增加；

(4)运算速度大到每秒几十万次，内存容量扩大到几十千字节。

与此同时，计算机软件也有了较大的发展，出现了 FORTRAN、COBOL、ALGOL 等高级语言。与第一代计算机相比，晶体管电子计算机体积小、成本低、功能强、可靠性大大提高。除了科学计算外，还用于数据处理和事务处理。其代表机型有 IBM7094、CDC7600。

3. 第三代集成电路计算机

第三代(1965—1970)是以集成电路(如图 1－5 所示)为电路元件的电子计算机。随着固体物理技术的发展，集成电路工艺已可以在几平方毫米的单晶硅片上集成由十几个甚至由上百个电子元件组成的逻辑电路。其基本特征：

(1)逻辑元件采用小规模集成电路 SSI 和中规模集成电路 MSI；

(2)运算速度每秒可达几十万次到几百万次；

(3)存储器进一步发展，体积更小，价格低，软件逐步完善。

这一时期，计算机同时向标准化、多样化、通用化机种系列化发展。高级程序设计语言在这个时期有了很大发展，并出现了操作系统和会话式语言，计算机开始广泛应用在各个领域。其代表机型有 IBM360。

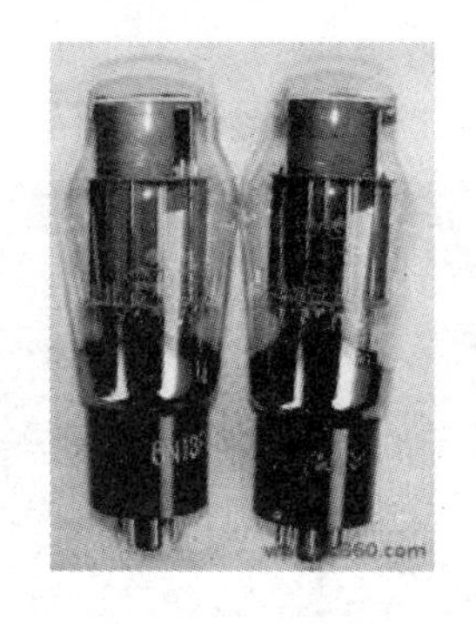

图 1－3 电子管

图 1－4 晶体管

图 1－5 集成电路

4. 第四代大规模、超大规模集成电路计算机

第四代(1971 年起)称为大规模及超大规模集成电路(如图 1－6 所示)电子计算机。进入 20 世纪 70 年代以来，计算机逻辑器采用大规模集成电路 LSI 和超大规模集成电路 VLSI 技术，在硅半导体上集成了 1000～100000 个以上电子元器件。其基本特征：

(1)用集成度很高的半导体存储器代替了服役达 20 年之久的磁芯存储器；

(2)外存使用大容量磁盘和光盘等；

(3)运算速度每秒达几百万至几亿次；

(4)操作系统不断完善，软件系统工程化、理论化，程序设计自动化，应用软件已成为现代工业的一部分。

由于微型计算机在社会上的应用范围进一步扩大，几乎所有领域都能看到计算机的“身影”，其发展进入了以计算机网络为特征的时代。

5. 第五代智能计算机

第五代计算机是把信息采集、存储、处理、通信同人工智能结合在一起的智能计算机系统

(如图 1－7 所示)。它能进行数值计算或处理一般的信息,主要能面向知识处理,具有形式化推理、联想、学习和解释的能力,能够帮助人们进行判断、决策、开拓未知领域和获得新的知识。人、机之间可以直接通过自然语言(声音、文字)或图形图像交换信息。第五代计算机又称新一代计算机,它的基本结构通常由问题求解与推理、知识库管理和智能化人机接口三个基本子系统组成,是一种进一步接近人脑功能的"能听""会说"的知识信息处理机。

1981 年 10 月,日本首先向世界宣告开始研制第五代计算机,并于 1982 年 4 月制定为期 10 年的"第五代计算机技术开发计划",总投资为 1000 亿日元,目前已顺利完成第五代计算机第一阶段规定的任务。第五代计算机是为适应未来社会信息化的要求而提出的,与前四代计算机有着本质的区别,是计算机发展史上的一次重要变革。

6. 第六代神经网络计算机

第六代计算机是模仿人的大脑的判断能力和适应能力,并具有可并行处理多种数据功能的神经网络(如图 1－8 所示)计算机。与以逻辑处理为主的第五代计算机不同,它本身可以判断对象的性质与状态,并能采取相应的行动,而且它可同时并行处理实时变化的大量数据,并引出结论。以往的信息处理系统只能处理条理清晰、经络分明的数据。而人的大脑活动具有能处理零碎、含糊不清信息的灵活性,第六代计算机将类似人脑的智慧和灵活性。神经网络计算机的信息不是存在存储器中,而是存储在神经元之间的联络网中。若有节点断裂,电脑仍有重建资料的能力,并还具有联想记忆、视觉和声音识别能力。

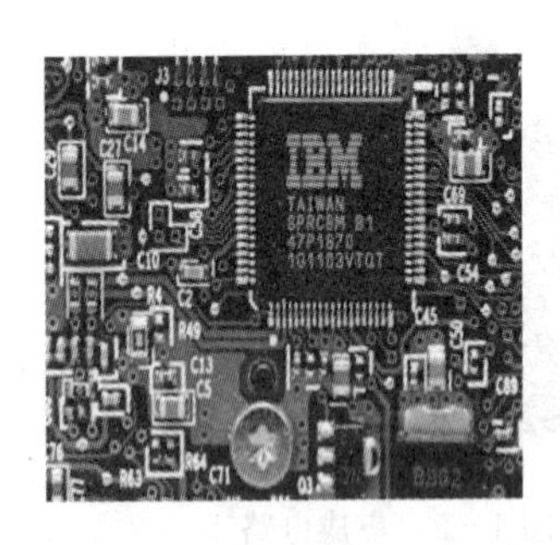

图 1－6　超大规模集成电路

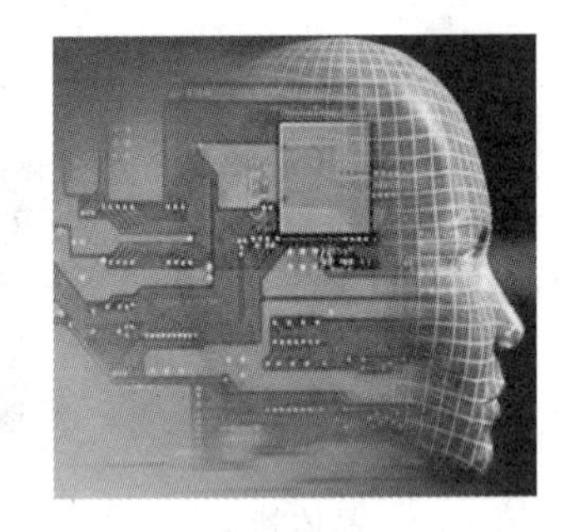
图 1－7　人脑＋计算机组合

图 1－8　神经网络

1.1.3　计算机的发展趋势

1. 微型化

随着微处理器(CPU)的出现,计算机中开始使用微型处理器,使计算机体积缩小了,成本降低了。另一方面,软件行业的飞速发展提高了计算机内部操作系统的便捷度,计算机外部设备也趋于完善。计算机理论和技术上的不断完善促使微型计算机很快渗透到全社会的各个行业和部门中,并成为人们生活和学习的必需品。四十年来,计算机的体积不断缩小,台式电脑、笔记本电脑、掌上电脑、平板电脑体积逐步微型化,为人们提供便捷的服务。因此,未来计算机仍会不断趋于微型化,体积将越来越小。

2. 巨型化

巨型化是指性能高、容量大、速度快、功能强的超大型计算机。随着人们对计算机的依赖性越来越强,特别是在军事和科研教育方面对计算机的存储空间和运行速度等要求会越来越高。此外计算机的功能更加多元化。

3. 网络化

互联网将世界各地的计算机连接在一起,从此进入了互联网时代。计算机网络化彻底改变了人类世界,人们通过互联网进行沟通、交流(OICQ、微博等),教育资源共享(文献查阅、远程教育等)、信息查阅共享(百度、谷歌)等,特别是无线网络的出现,极大地提高了人们使用网络的便捷性,未来计算机将会进一步向网络化方面发展。

4. 智能化

智能化实现计算机模拟人的感觉行为和思维行为,让计算机具有逻辑推理能力、学习能力和证明能力。现代计算机具有强大的功能和运行速度,但与人脑相比,其智能化和逻辑能力仍有待提高。人类不断在探索如何让计算机能够更好地反映人类思维,使计算机能够具有人类的逻辑思维判断能力,可以通过思考与人类沟通交流,抛弃以往的依靠通过编码程序来运行计算机的方法,直接对计算机发出指令。

5. 多媒体化

传统的计算机处理的信息主要是字符和数字。事实上,人们更习惯的是图片、文字、声音、图像等多种形式的多媒体信息。多媒体技术可以集图形、图像、音频、视频、文字为一体,使信息处理的对象和内容更加接近真实世界。

未来计算机技术将在互联网移动计算技术与系统方面有长足快速的发展。过去的十几年,在世界范围内,计算机发展的速度比之前几十年的发展都要快,也收获了大量丰富的科技成果。随着3G、4G等技术在我国的发展应用,计算机的发展将更加多元化,更能在人们的日常生活中展示计算机的魅力后,计算机技术的发展将表现为高性能化、网络化、大众化、智能化与人性化以及功能综合化等的特点。

未来计算机的发展趋势是:微处理器速度将继续提升,外设将走向高性能,网络化和集成化并且携带更方便;输出输入技术将更加智能化、人性化。随着笔输入、语音识别、生物测定、光学识别等技术的不断发展和完善,人与计算机的交流将更加完善。也许,在未来几年里,计算机的大小并不会有显著的变化,但其性能足以胜任人出于旺盛的好奇心和丰富的想象力而衍生出来的各种念头。以后我们也许可能会多了一种上网的方式:我们以戴上特殊的头盔装置或眼罩,便可以把自己置身于一个虚拟但真实的世界中,在这里,我们可以做自己在现实世界中不能干的事。总之,只要拥有一台计算机,便可以与这个世界紧密联系在一起。

1.1.4 计算机的特点

电子计算机是一种能存储程序,自动连续地对各种数字化信息进行算术、逻辑运算的电子设备。基于数字化的信息表示方式与存储工作方式,因而计算机具有很多突出的特点,主要体现为以下几个方面。

1. 运算速度快

运算速度是衡量计算机性能的一项重要指标。计算机运算速度(平均运算速度),是指每秒钟所能执行的指令条数,常用单位是MIPS(百万条指令/秒)。随着计算机技术的不断发展,运算速度也在不断提高。目前最快的已达到每秒几千万亿次。计算机的高速运算能力,为完成计算量大、时间性要求强的工作提供了可靠的保证。例如天气预报、卫星轨迹的计算,高阶线性代数方程的求解,导弹或其他发射装置运行参数的计算等。

2. 计算精确度高

精度高是计算机又一显著特点。计算机内容数据采用二进制表示,二进制位数越多表示数的精度就越高。目前计算机的计算精度已经能达到几十位有效数字。从理论上说随着计算机技术的不断发展,计算精度可以提高到任意精度。

3. 存储容量大

随着计算机的广泛应用,在计算机内存储的信息愈来愈多,要求存储的时间愈来愈长。因此要求计算机具备海量存储,信息保持几年到几十年,甚至更长。现代计算机完全具备这种能力,不仅提供了大容量的主存储器,能使现场处理大量信息,同时还提供海量存储器的磁盘、光盘。

4. 逻辑判断能力

计算机不仅能进行算术运算,同时也能进行各种逻辑运算,能对信息进行比较和判断。计算机能把参加运算的数据、程序以及中间结果保存起来,并能根据判断的结果自动执行下一条指令以供用户随时调用。计算机的逻辑判断能力也是计算机智能化必备的基本条件。如果计算机不具备逻辑判断能力,也就不能称之为计算机了。

5. 自动化程度高,通用性强

只要人预先把处理要求、处理步骤、处理对象等必备元素存储在计算机系统内,计算机启动工作后就可以不在人参与的条件下自动完成预定的全部处理任务,因而自动化程度高。这是计算机区别于其他计算工具的本质特点。

计算机通用性强主要表现在能求解自然科学和社会科学中一切类型的问题,能广泛应用于各个领域。

1.1.5 计算机的分类

随着计算机技术的不断更新,尤其是微处理器的迅速发展,计算机的类型越来越多样化。根据计算机的运算速度、字长、规模和处理能力等综合性能指标,通常把计算机分为以下几类。

1. 巨型机

巨型机也称超级计算机(Supercomputers),通常是指由数百数千甚至更多的处理器(机)组成的,能计算普通 PC 机和服务器不能完成的大型复杂课题的计算机,如图 1-9 所示。巨型机计算机是计算机中功能最强、运算速度最快、存储容量最大的一类计算机,是国家科技发展水平和综合国力的重要标志。

目前中国国防科技大学研发的世界最快“天河 2 号”的速度为每秒 5500 万亿次浮点运算,“极光”将是其速度的 3 倍。巨型计算机拥有最强的并行计算能力,主要用于科学计算,应用在气象、军事、能源、航天、探矿等领域。

2. 大型机

大型机或称大型主机,如图 1-10 所示。大型机使用专用的处理器指令集、操作系统和应用软件,具有较快的处理速度和较强的处理能力,存储容量比巨型机小,它的重点在于有多个用户使用(通常有多个 CPU),能同时执行多个用户的处理任务。

大型机和巨型机的主要区别:

(1)大型机使用专用指令系统和操作系统,巨型机使用通用处理器及 Unix 或类 Unix 操作系统(如 linux)。

(2)大型机长于非数值计算(数据处理),巨型机长于数值计算(科学计算)。

(3)大型机主要用于商业领域,如银行和电信,而巨型机用于尖端科学领域,特别是国防领域。

(4)大型机大量使用冗余等技术确保其安全性及稳定性,所以内部结构通常有两套。而巨型机使用大量处理器,通常由多个机柜组成。

大型机一般用于大型企业、大专院校和科研机构。

3. 小型机

小型机是指采用精简指令集处理器,性能和价格介于PC服务器和大型主机之间的一种高性能64位计算机。小型机规模小,结构简单,存储容量比大型机小,可同时容纳几十个用户同时工作。它适合用于中小企业、政府部门等。

4. 工作站

工作站是一种高端的通用微型计算机,如图1-11所示。它是一种以个人计算机和分布式网络计算为基础,主要面向专业应用领域,具备强大的数据运算与图形、图像处理能力,为满足工程设计、动画制作、科学研究、软件开发、金融管理、信息服务、模拟仿真等专业领域而设计开发的高性能计算机。通常配有高分辨率的大屏、多屏显示器及容量很大的内存储器和外部存储器,并且具有极强的信息和高性能的图形、图像处理功能。

图1-9 超级计算机

图1-10 大型机

图1-11 工作站

5. 服务器

服务器专指某些高性能计算机,能通过网络,对外提供服务,如图1-12所示。相对于普通电脑来说,稳定性、安全性、性能等方面都要求更高,因此在CPU、芯片组、内存、磁盘系统、网络等硬件和普通电脑有所不同。服务器是网络的节点,存储、处理网络上80%的数据、信息,在网络中起到举足轻重的作用。它们是为客户端计算机提供各种服务的高性能计算机,其高性能主要表现在高速度的运算能力、长时间的可靠运行、强大的外部数据吞吐能力等方面。服务器的构成与普通电脑类似,也有处理器、硬盘、内存、系统总线等,但因为它是针对具体的网络应用特别制定的,因而服务器与微机在处理能力、稳定性、可靠性、安全性、可扩展性、可管理性等方面存在很大差异。服务器主要有网络服务器(DNS、DHCP)、打印服务器、终端服务器、磁盘服务器、邮件服务器、文件服务器等。

6. 微型机

微型机也称个人计算机,是目前发展最快的领域。根据它所使用的微处理器芯片的不同而分为若干类型:

(1)台式机:台式机(Desktop)是一种独立相分离的计算机,完完全全跟其他部件无联系,相对于笔记本和上网本体积较大,主机、显示器等设备一般都是相对独立的,需要放置在电脑桌或者专门的工作台上,如图1-13所示。台式机为非常流行的微型计算机,多数人家里和公司用的机器都是台式机。台式机的性能相对较笔记本电脑要强。

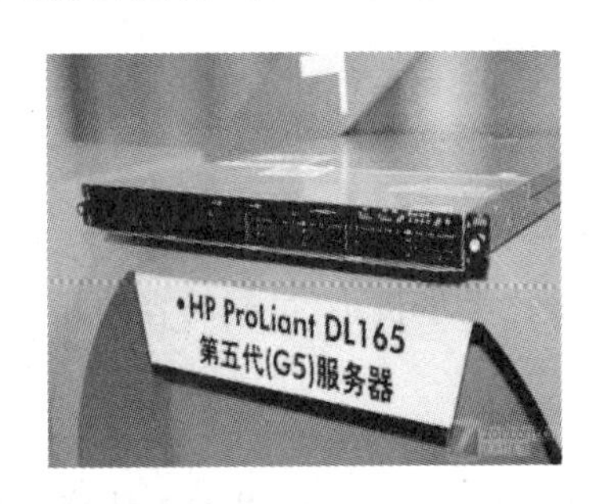

图1-12　服务器

图1-13　台式机

(2)电脑一体机:电脑一体机是目前台式机和笔记本电脑之间的一个新型的市场产物,是将主机部分、显示器部分整合到一起的新形态电脑。该产品的创新在于内部元件的高度集成,如图1-14所示。随着无线技术的发展,电脑一体机的键盘、鼠标与显示器可实现无线连接,机器只有一根电源线,这就解决了一直为人诟病的台式机线缆多而杂的问题。在现有和未来的市场中,台式机的份额将逐渐减少,并且当再遇到一体机、笔记本及上网本的冲击以后肯定会更加岌岌可危。而一体机的优势不断被人们接受(国外已经流行),成为他们选择的又一个亮点。

(3)笔记本电脑:笔记本电脑(Notebook或Laptop)也称手提电脑,是一种小型、可携带的个人电脑,如图1-15所示。笔记本电脑与台式机相比,有着类似的结构组成(显示器、键盘/鼠标、CPU、内存和硬盘)。但是笔记本电脑的优势还是非常明显的,其主要优点有体积小、重量轻、携带方便。一般说来,便携性是笔记本相对于台式电脑最大的优势。一般的笔记本电脑的重量只有两公斤左右,无论是外出工作还是旅游,都可以随身携带,非常方便。

(4)掌上电脑:掌上电脑(PDA)是一种运行在嵌入式操作系统和内嵌式应用软件之上的,小巧、轻便、易带、实用、价廉的手持式计算设备,如图1-16所示。它无论在体积、功能和硬件配备方面都比笔记本电脑简单轻便。掌上电脑除了用来管理个人信息(如通讯录,计划等),而且还可以上网浏览页面、收发E-mail,甚至还可以当作手机来用,还具有:录音机功能、英汉汉英词典功能、全球时钟对照功能、提醒功能、休闲娱乐功能、传真管理功能等等。掌上电脑的电源通常采用普通的碱性电池或可充电锂电池。掌上电脑的核心技术是嵌入式操作系统,各种产品之间的竞争也主要在此。

(5)平板电脑:平板电脑是一款无须翻盖、没有键盘、大小不等、形状各异,却功能完整的电脑,如图1-17所示。其构成组件与笔记本电脑基本相同,但它是利用触笔在屏幕上书写,而不是使用键盘和鼠标输入,并且打破了笔记本电脑键盘与屏幕垂直的J型设计模式。它除了拥有笔记本电脑的所有功能外,还支持手写输入或语音输入,移动性和便携性更胜一筹。平板电脑由比尔·盖茨提出,至少应该是X86架构,从微软提出的平板电脑概念产品上看,平板电脑就是一款无须翻盖、没有键盘、小到足以放入女士手袋,但却功能完整的PC。

图1-14 电脑一体机

图1-15 笔记本电脑

图1-16 掌上电脑

图1-17 平板电脑

1.1.6 计算机的应用

1. 科学计算

科学计算(数值计算)是计算机应用最早的领域。在科学技术和工程设计中存在着大量的各类数字计算,如求解几百乃至上千阶的线性方程组、大型矩阵运算等。这些问题广泛出现在导弹实验、卫星发射、灾情预测等领域,其特点是数据量大、计算工作复杂。在数学、物理、化学、天文等众多学科的科学研究中,经常遇到许多数学问题,这些问题用传统的计算工具是难以完成的,有时人工计算需要几个月、几年,而且不能保证计算准确,使用计算机则只需要几天、几小时甚至几分钟就可以精确地解决。所以,计算机是发展现代尖端科学技术必不可少的重要工具。

2. 数据处理

数据处理(信息处理)是计算机应用最广的领域。所谓信息是指可被人类感受的声音、图像、文字、符号、语言等。数据处理还可以在计算机上加工那些非科技工程方面的计算,管理和操纵任何形式的数据资料。其特点是要处理的原始数据量大,而运算比较简单,有大量的逻辑与判断运算。

据统计,目前在计算机应用中,数据处理所占的比重最大。其应用领域十分广泛,如人口统计、办公自动化、企业管理、邮政业务、机票订购、情报检索、图书管理、医疗诊断等。

3. 计算机辅助系统

计算机辅助系统(CA)以在工程设计、生产制造等领域辅助进行数值计算、数据处理、自动绘图、活动模拟等为主要内容,主要用于工程设计、教学、生产领域。

(1)计算机辅助设计(CAD)是利用计算机系统辅助设计人员进行工程或产品设计,以实现最佳设计效果的一种技术,使用计算机的计算、逻辑判断等功能,帮助人们进行产品和工程设计。它能使设计过程自动化,设计合理化、科学化、标准化,大大缩短设计周期,以增强产品在市场上的竞争力。CAD技术已广泛应用于建筑工程设计、服装设计、机械制造设计、船舶设计等行业。使用CAD技术可以提高设计质量,缩短设计周期,提高设计自动化水平。

(2)计算机辅助制造(CAM)是利用计算机系统进行产品的加工控制过程,输入的信息是零件的工艺路线和工程内容,输出的信息是刀具的运动轨迹。有些国家已把CAD和CAM、计算机辅助测试(CAT)及计算机辅助工程(CAE)组成一个集成系统,使设计、制造、测试和管理有机地组成为一体,形成高度的自动化系统,因此产生了自动化生产线和“无人工厂”。

(3)计算机辅助教学(CAI)是利用计算机系统进行课堂教学。教学课件可以用PowerPoint或Flash等制作。CAI不仅能减轻教师的负担,还能使教学内容生动、形象逼真,能够动态演示实验原理或操作过程,激发学生的学习兴趣,提高教学质量,为培养现代化高质量人才提供了有效方法。

除了上述计算机辅助技术外,还有其他的辅助功能,如计算机辅助出版、计算机辅助管理、辅助绘制和辅助排版等。

4. 过程控制

过程控制(实时控制)是用计算机及时采集数据,按最佳值迅速对控制对象进行自动控制或采用自动调节。利用计算机进行过程控制,不仅大大提高了控制的自动化水平,而且大大提高了控制的及时性和准确性。

过程控制的特点是及时收集并检测数据,按最佳值调节控制对象。在电力、机械制造、化工、冶金、交通等部门采用过程控制,可以提高劳动生产效率、产品质量、自动化水平和控制精确度,减少生产成本,减轻劳动强度。在军事上,可使用计算机实时控制导弹根据目标的移动情况,修正飞行姿态,以准确击中目标。

5. 人工智能

人工智能(AI)以模拟人的智能活动、逻辑推理、知识学习为主要内容。在人工智能中,最具代表性、应用最成功的两个领域是计算机专家系统和机器人。

计算机专家系统是一个具有大量专门知识的计算机程序系统。它总结了某个领域的专家知识构建了知识库。根据这些知识,系统可以对输入的原始数据进行推理,做出判断和决策,以回答用户的咨询,这是人工智能的一个成功例子。

机器人是人工智能技术的另一个重要应用。目前,世界上有许多机器人工作在各种恶劣环境,如高温、高辐射、剧毒等。机器人的应用前景非常广阔,现在有很多国家正在研制机器人。

6. 计算机网络

网络(Network)技术是计算机技术与通信技术结合的产物。计算机网络是由一些独立的和具备信息交换能力的计算机互联构成的,以实现资源共享的系统。计算机在网络方面的应用使人类之间的交流跨越了时间和空间的障碍。计算机网络已成为人类建立信息社会的物质基础,它给我们的工作带来极大的方便和快捷,如在全国范围内银行信用卡的使用,火车和飞机票系统的使用等。人们可以在全球最大的互联网络——Internet 上进行浏览、检索信息、收发电子邮件、阅读书报、玩网络游戏、选购商品、参与众多问题的讨论、实现远程医疗服务等。

1.2　计算机系统

一个完整的计算机系统包括硬件系统和软件系统两大部分,如图 1-18 所示。计算机运行一个程序,既需要必备的硬件设备支持,也需要软件环境的支持。

计算机的硬件系统,主要包括五大部分:运算器、控制器、存储器、输入设备和输出设备,这些是计算机系统的物质基础,其功能是接受计算机程序的控制来实现数据输入、运算、输出等一系列操作。

计算机软件系统是指以计算机可以识别和执行的操作来表示的处理步骤和有关文档,是计算机系统正常运转的技术和知识资源。在计算机中把可以识别和执行的操作表示的处理步骤称为程序。程序是计算机指令的集合,其指示硬件按照一定的顺序完成基本操作,从而实现程序赋予的功能。正是因为有了丰富多彩的软件,计算机才能完成各种不同的任务。

由计算机硬件系统和软件系统组成了完整的计算机系统。

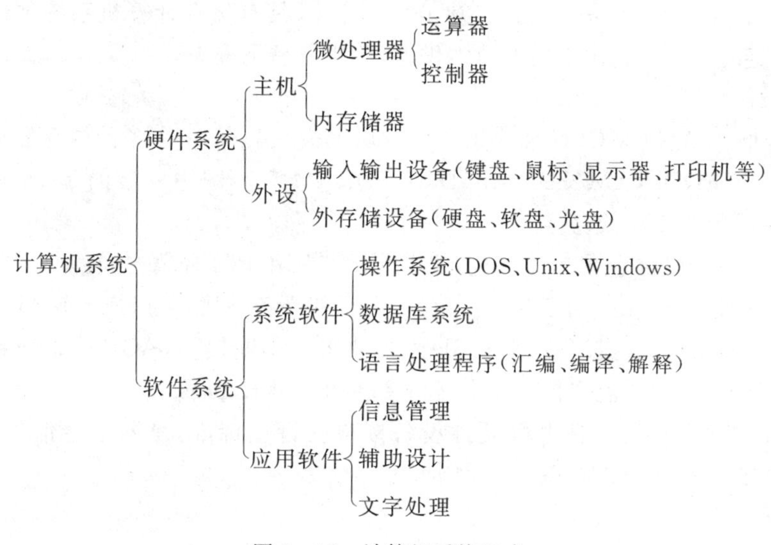

图1-18　计算机系统组成

1.2.1　计算机硬件系统

计算机硬件结构主要由运算器、控制器、存储器、输入设备和输出设备五大部分组成,各部件的信息交换是通过连接它们的一组公共连接线实现的,其运算关系如图1-19所示。

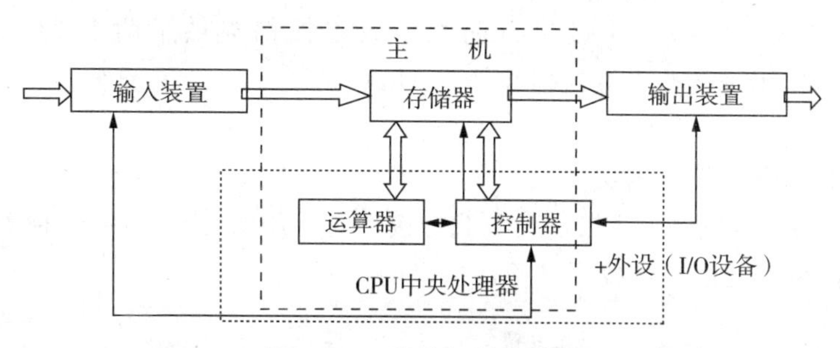

图1-19　计算机硬件结构

1.2.1.1　计算机硬件结构

1. 计算机主板

在计算机系统中最为典型的是微型计算机系统。在微型计算机硬件系统中主要由主机和外设两部分:主机由CPU、内存储器、硬盘等组成,外设主要由键盘、鼠标、显示器、打印机等设备组成。主机中的大多数部件都安装在一块电路板上,即主板。主板主要由三部分组成,如图1-20所示。

(1)芯片部分

① BIOS芯片:BIOS是一块方块状的存储器,里面存有与该主板搭配的基本输入输出系统程序。它能够让主板识别各种硬件,还可以设置引导系统的设备、调整CPU外频等。

② 南北桥芯片:北桥芯片主要负责处理CPU、内存、显卡三者间的“交通”,由于发热量较大,因而需要散热片散热。南桥芯片则负责硬盘等存储设备和PCI之间的数据流通。南桥和

北桥合称芯片组,芯片组是主板中非常重要的部件,它决定了主板所支持的 CPU 类型、内存类型、系统总线频率等许多重要因素。

③ CMOS 芯片:CMOS 是主板上一块 RAM 芯片,具有保存计算机系统硬件配置信息和用户对系统设定的参数。它由专门的电池供电,关机信息不丢失。

(2)扩展槽部分

① 内存插槽:一般位于 CPU 插座下方。一块主板一般有 2~4 条的内存插槽。内存插槽有不同的规格,有 EDO RAM、SDRAM、DDR SDRAM 等。图中安装的是 DDR SDRAM 插槽,这种插槽的线数为 184 线。

② AGP 总线插槽:颜色多为深棕色,位于北桥芯片和 PCI 插槽之间。

③ PCI 总线插槽:PCI 插槽多为乳白色,是主板的必备插槽,可以插上软 Modem、声卡、股票接受卡、网卡、多功能卡等设备。随着 3D 性能要求的不断提高,AGP 已越来越不能满足视频处理带宽的要求,目前主流主板上显卡接口多转向 PCI Express。

④ CNR 插槽:CNR 是一种电脑硬件设备接口的行业标准,是网络通信扩展卡的缩写。CNR 插槽可以接 CNR 的软 Modem 或网卡。

(3)对外接口部分

主板有各种不同的接口,包括硬盘接口、USB 接口、打印机接口等。

① 硬盘接口:老式机器使用 IDE 接口,现在主要使用 SATA 接口,它是一种基于行业标准的串行硬件驱动器接口。

② USB 接口:USB 是系统提供标准的简单连接器,便于使用;系统采用星型拓扑结构,可以通过集线器方便的扩展接口;高速率,最高传送速率可达到每秒 480Mbit。

③ COM 接口(串口):COM 接口目前大多数主板都提供了两个 COM 接口,分别为 COM1 和 COM2,作用是连接串行鼠标和外置 Modem 等设备。

④ LPT 接口(并口):LPT 接口一般用来连接打印机或扫描仪。

⑤ PS/2 接口:PS/2 接口的功能比较单一,仅能用于连接键盘和鼠标。

⑥ MIDI 接口:声卡的 MIDI 接口和游戏杆接口是共用的,用于连接各种 MIDI 设备,例如电子键盘等,现在市面上已很难找到基于该接口的产品。

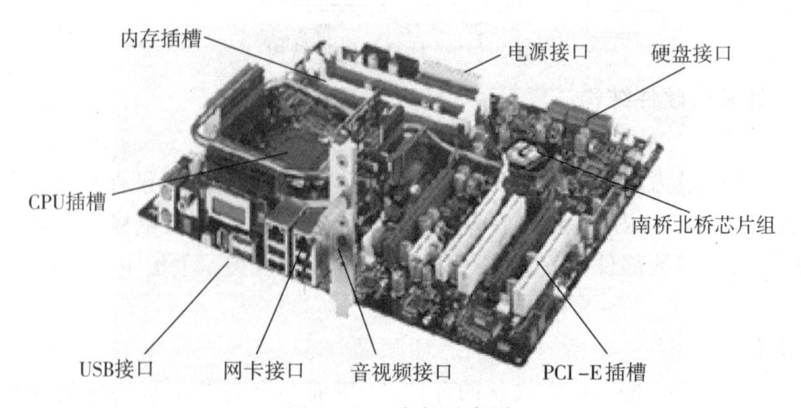

图 1-20　主板示意图

2. 总线

总线(BUS)为一组公共连接线。采用总线结构实现简单,容易形成总线标准,便于系统的模块化,可以简化计算机设计。总线为系统各个功能部件提供了单一标准的接口,便于扩展。总线必须有选择部件单元的能力,单元的区分编号称为地址。总线必须提供数据的传输通道,对所选择的单元进行读或写的控制。因此,总线一般有三类:地址总线、数据总线、控制总线,如图 1-21 所示。

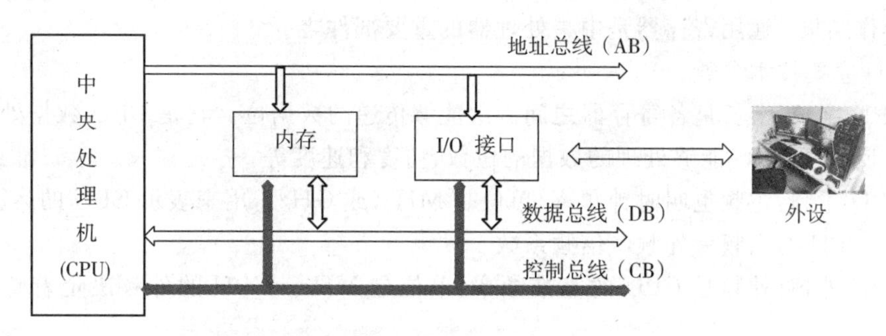

图 1-21　三总线连接示意图

(1)数据总线

数据总线(DB)是 CPU 向内存储器、I/O 接口传送数据的通道。同时它也是从内存、I/O 接口向 CPU 传送数据的道路。它的宽度(总线的根数)决定了 CPU 能与内存并行传输二进制的位数。

(2)地址总线

地址总线(AB)是 CPU 向内存和 I/O 接口传递地址信息的通道。它的宽度决定了计算机的直接寻址能力。386 以上的 CPU 有 32 根地址线,最大寻址空间可达 232 即 4GB。

(3)控制总线

控制总线(CB)是 CPU 向内存和 I/O 接口传递控制信号以及接收来自外设向 CPU 传送状态信号的通道。

目前微型机采用的系统总线标准有 ISA、扩展工业标准结构 EISA、外部设备互连 PCI 加速图像端口 AGP 总线和 PCI—E 总线接口。

1.2.1.2　中央处理器

中央处理器(CPU,Central Processing Unit)制作在一块集成电路芯片上,也称为微处理器(MPU)。计算机利用中央处理器处理数据,利用存储器来存储数据。CPU 是计算机硬件的核心,主要包括运算器和控制器两大部分,控制着整个计算机系统的工作,计算机的性能主要取决于 CPU 的性能。目前生产 CPU 的主要厂商有 Intel 公司和 AMD 公司,如图 1-22 所示。

1. CPU 的基本结构

中央处理器(CPU)是一块超大规模的集成电路,是计算机的运算核心和控制核心。它的功能主要是解释计算机指令以及处理计算机软件中的数据。CPU 从存储器或高速缓冲存储器中取出指令,放入指令寄存器,并对指令译码。它把指令分解成一系列的微操作,然后发出各种控制命令,执行微操作系列,从而完成一条指令的执行。CPU 包括运算逻辑部件、控制部件和寄存器部件。

(1)运算逻辑部件。运算逻辑部件可以执行定点或浮点的算术运算操作、移位操作以及逻辑操作,也可执行地址的运算和转换。

(2)控制部件。控制部件主要负责对指令译码,并且发出为完成每条指令所要执行的各个操作的控制信号。

(3)寄存器部件。寄存器部件包括通用寄存器、专用寄存器和控制寄存器。通用寄存器又可分定点数和浮点数两类,它们用来保存指令执行过程中临时存放的寄存器操作数和中间(或最终)的操作结果。通用寄存器是中央处理器的重要部件之一。

2. CPU 主要技术参数

(1)CPU 字长:字长是各寄存器之间一次能够传递的数据位。它是 CPU 数据处理能力的重要指标,反映了 CPU 能够处理的数据的位数、精度和速度等。

(2)CPU 主频:主频也叫时钟频率,单位是 MHz(或 GHz),用来表示 CPU 的运算、处理数据的速度。CPU 的主频=外频×倍频系数。

(3)CPU 外频:外频是 CPU 的基准频率,单位是 MHz。CPU 的外频决定着整块主板的运行速度。

(4)CPU 倍频系数:倍频系数是指 CPU 主频与外频之间的相对比例关系。在相同的外频下,倍频越高 CPU 的频率也越高。但实际上,在相同外频的前提下,高倍频的 CPU 本身意义并不大。这是因为 CPU 与系统之间数据传输速度是有限的,一味追求高倍频而得到高主频的 CPU 就会出现明显的"瓶颈"效应——CPU 从系统中得到数据的极限速度不能够满足 CPU 运算的速度。

(5)前端总线(FSB)频率:前端总线(FSB)频率(即总线频率)是直接影响 CPU 与内存直接数据交换速度。有一条公式可以计算,即数据带宽=(总线频率×数据位宽)/8,数据传输最大带宽取决于所有同时传输数据的宽度和传输频率。

当 CPU 处理数据时,先从存储器或高速缓冲存储器中取出指令,放入指令寄存器,并对指令译码。它把指令分解成一系列的微操作,然后发出各种控制命令,执行微操作系列,从而完成一条指令的执行。CPU 的工作速度与工作主频、体系结构都有关系,是衡量计算机速度的指标。CPU 的速度单位为 MIPS,即计算机每秒钟执行的百万指令数,它是衡量计算机速度的指标。目前,CPU 基本上出自 Intel 和 AMD 公司,这是目前全球最大的两家 CPU 厂商,如图 1-22 所示。

1.2.1.3　存储器

存储器(Memory)是现代信息技术中用于保存信息的记忆设备,用于存储程序和各种数据,并能在计算机运行过程中高速、自动地完成程序或数据的存取。存储器分内存储器和外存储器两种。

1. 内存储器

内存储器或称主存储器,用于存放当前正在运行的程序及数据。内存储器通常由许许多多的记忆单元组成,各种数据存放在这一个个存储单元中,当需要存入或取出时,可通过该数据所在单元的地址对该数据进行访问,如图 1-23 所示。

内部存储器按其存储信息的方式可以分为只读存储器(ROM)、随机存储器(RAM)和高速缓冲存储器(Cache)。

(1)随机存储器(RAM)

随机存储器存放系统装入的程序以及程序使用的数据。RAM 中的信息既可读又可写,一旦断电,随机存储器中保存的数据全部消失。

(2)只读存储器(ROM)

只读存储器用来存放计算机开机的引导程序和一些系统信息、系统设置。ROM中的信息只能读不能写,断电后信息不丢失。

(3)高速缓冲存储器(Cache)

高速缓冲存储器是存在于主存与CPU之间一个高速小容量的临时存储器,可以用高速的静态存储器芯片实现,或者集成到CPU芯片内部,存储CPU最经常访问的指令或者操作数据。它的速度比主存高得多,接近于CPU的速度。

图1-22 主流CPU

图1-23 内存储器

2. 外部存储器

外部存储器可称辅存储器,用于存放各种后备的数据,其特点存储容量大,断电后数据并不丢失。常见的有硬盘、光盘、各种移动存储器。

(1)硬盘与硬盘驱动器

硬盘(Hard Disk)具有容量大、读写快、使用方便、可靠性高等特点。它是由固定在机箱内的硬质合金材料构成的多张盘片组成,连同驱动器一起密封在壳体中。硬盘多层磁性盘片被逻辑划分为若干同心柱面(Cylinder),每一柱面又被分成若干个等分的扇区,每个扇区存储512个字节。硬盘驱动器,如图1-24所示。硬盘驱动器是把盘片和读写盘片的电路及机械部分做在一起。硬盘是计算机必备的设备,用来保存计算机的系统软件、应用软件和大量数据。

硬盘常用的接口类型有:IDE、SATA、SCSI、光纤通道和SAS五种。IDE接口是传统的40针槽接口,现已逐渐被淘汰。SATA接口是目前PC机硬盘的主流接口,如图1-25所示。SCSI接口是小型机系统接口,广泛用于工作站、个人计算机和服务器。光纤通道的主要特性有:热插拔性、高速带宽、远程连接、连接设备数量大等。SAS接口使用新一代的SCSI技术,和现在流行的SATA硬盘相同,都是采用串行技术以获得更高的传输速度,并通过缩短连接线改善内部空间,具备并行处理能力、故障率低等特点。

图1-24 硬盘驱动器

图1-25 硬盘接口

知识

软盘容量=面数×磁道×扇区数×每扇区字节数
硬盘容量=磁头数× 柱面数× 扇区数× 每扇区字节数

(2)光盘存储器

光盘存储器包括光盘驱动器和光盘,如图 1-26 所示。光盘驱动器是多媒体计算机中最基本的硬件,采用激光扫描的方法从光盘上读取信息。光盘存储容量大,常用的盘片可以存储 650～700MB 的信息。光盘读取速度快,可靠性高,使用寿命长,像软盘一样携带方便。现在大量的软件、数据、图片、影像资料等都是利用光盘来存储的。

图 1-26　光盘存储器

注意

光盘要远离强光、强热、潮湿及过冷的环境;要保持光盘表面清洁,避免用手触摸光盘表面;当光盘太脏时,用清水或水中加少量洗洁精清洗,清洗光盘表面应以辐射状方式擦拭。切勿用反复方式清洁光盘表面!!

(3)移动存储器

目前移动存储器主要有移动硬盘、U 盘和闪存卡等,如图 1-27 所示。

移动硬盘可以提供相当大的存储容量,并且随着技术的不断发展,其容量越来越大,而体积越来越小,是一种具有较高性价比的移动存储产品。移动硬盘大多采用 USB 接口,能提供较高的数据传输速度。

U 盘是一种可以直接插在通用串行总线 USB 端口上的能读写的外存储器,具有防潮、抗震、耐高低温等特点,成为目前应用最广泛的移动存储设备之一。U 盘理论上可以进行 100 万次以上的反复擦写而不会损坏。

闪存卡是利用闪存(Flash Memory)技术达到存储电子信息的存储器,一般应用在数码相机、掌上电脑、MP3、MP4 等小型数码产品中作为存储介质,外形小巧,犹如一张卡片,所以称之为闪存卡。根据不同的生产厂商和不同的应用,闪存卡有 SM 卡、CF 卡、MMC 卡、SD 卡、TF 卡和记忆棒等。

移动硬盘

U 盘

闪存卡

图 1-27　移动存储器盘

1.2.1.4　输入和输出设备

1. 输入设备

输入设备是计算机用来接收外界信息的设备,人们利用它送入程序、数据和各种信息。输入设备一般是由两部分组成,即:输入接口电路和输入装置。输入接口电路是输入设备中将输入装置(外设的一类)与主机相连的部件,如键盘、鼠标接口,通常集成于计算机主板上。也就是说输入装置一般必须通过输入接口电路挂接在计算机上才能使用。最常见的输入设备有键盘、鼠标、扫描仪、摄像头、光笔、手写输入板、传真机、数字化仪、条形码阅读器、数码相机等,如图 1-28 所示。

键盘、鼠标

3D 扫描仪

手写输入板

3D 数字化仪

图 1-28 常见的输入设备

2. 输出设备

输出设备是将计算机处理后的信息或中间结果以某种人们可以识别的形式表示出来。

输出设备也包括两个部分,即输出接口电路和输出装置。输出接口电路是用来连接计算机系统与外部输出设备的,如显卡是用来连接显示器这样的一种输出设备,声卡可以连接主机与音箱之类的输出设备;打印机接口则是用来连接打印机与主机系统。常见的输出设备主要有显示器、打印机、绘图仪、投影仪、音箱等,如图 1-29 所示。

显示器

激光打印机

3D 打印机

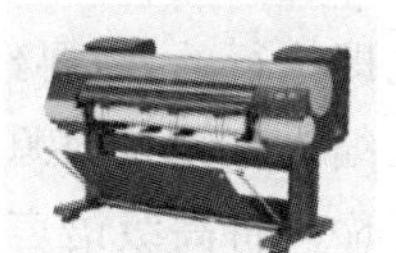
绘图仪

图 1-29 常见的输出设备

1.2.2 计算机软件系统

计算机软件系统是指运行、维护、管理和应用计算机所编制的所有程序的集合。通常将软件系统分为系统软件和应用软件两大类。

1.2.2.1 系统软件

系统软件是指管理、控制和维护计算机的各种资源,以及扩大计算机功能和方便用户使用计算机的各种程序集合,主要包括操作系统、各种语言处理程序、数据库系统、网络系统及服务性程序等。

1. 操作系统

操作系统是一组运行在计算机上的程序集合,其作用是控制和管理计算机的硬件和软件资源,提供人们使用计算机的接口。

操作系统的分类方法很多,如:按计算机的机型可以分为大型机、中、小型机和微型机操作系统;按计算机用户数目的多少可以分为单用户和多用户操作系统;按照操作系统的功能特征来对操作系统进行分类,主要分为三类:批处理操作系统、实时操作系统和分时操作系统。

随着计算机技术和计算机体系结构的发展,又出现了许多新型的操作系统,例如,微机操作系统、多处理机操作系统、网络操作系统以及分布式操作系统等。常用的典型操作系统有Windows,linux,Dos,unix 等。

2. 程序设计语言

语言是交流的工具。程序是完成指定任务的有限条指令的集合,每一条指令都对应于计算机的一种基本操作。计算机的工作就是识别并按照程序的规定执行这些指令。语言是描述程序工作过程的工具。显然,易于理解的语法成分对于算法的描述十分重要。计算机语言的发展经历了三个阶段:

(1) 机器语言:是用二进制代码编写,能够直接被机器识别的程序设计语言。它的优点是不需要翻译就能够被计算机识别,因而执行速度快。它的缺点是不易书写和阅读,直观性差(全是 0 和 1 的数字),在使用时难记、易出错,且针对具体机型,局限性大。

(2)汇编语言:是用能够反映指令功能的助记符来表示指令的程序设计语言,即符号化了的机器语言。汇编语言的优点是运算速度快,比机器语言易于书写和修改;主要缺点是因为采用了大量的助记符,所以记忆和掌握起来仍然比较困难。

(3)高级语言:是用不依赖于机器的指令形式表达操作意图的程序设计语言。高级语言的表示方式更接近于人类的自然语言。高级语言的特点是:相对于机器语言和汇编语言,运行速度较慢,但是它易于书写和修改,而且容易被人们掌握。人们常用的高级语言有:FORTRAN、PASCAL 语言、C 语言、C++、Java 等。

由于计算机只能直接识别执行机器语言,因此对于汇编语言或是高级语言编写的程序,机器是不能立即执行的,需要经过语言处理程序翻译成计算机能够直接识别和执行的机器指令代码。把汇编语言编写的源程序翻译成机器代码的过程,称之为汇编,完成此项工作的软件称之为汇编程序。将高级语言编写的程序(称为“源程序”)翻译成机器语言程序(称为“目的程序”),然后计算机才能执行。这种翻译过程一般有两种方式:解释方式和编译方式。编译是先整段地将源程序翻译成目标程序,然后执行,如图 1-30 所示。

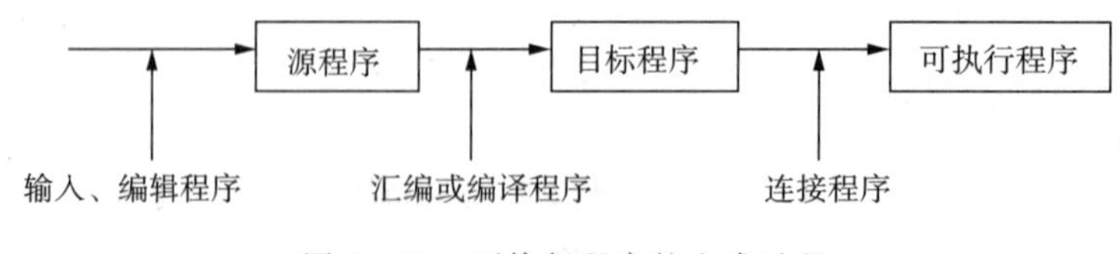

图 1-30 可执行程序的生成过程

3. 数据库系统

数据库系统(database systems),是由数据库及其管理软件组成的系统。它是一个实际可运行的存储、维护和应用系统提供数据的软件系统,是存储介质、处理对象和管理系统的集合体。

数据库系统是 20 世纪 60 年代后期才产生并发展起来的,它是计算机科学中发展最快的领域之一,主要面向解决数据处理中的非数值计算问题,目前主要用于档案管理、财务管理、图书资料管理及仓库管理等方面的数据处理。这类数据的特点是数据量大,数据处理的主要内容为数据的存储、查询、修改、排序、分类、统计等。

数据库系统一般由以下四个部分组成:

(1)数据库。即存储在磁带、磁盘、光盘或其他外存介质上,按一定结构组织在一起的相关数据的集合。

(2)数据库管理系统(DBMS)。它是一组能完成描述、管理、维护数据库的程序系统。它按照一种公用的和可控制的方法完成插入新数据、修改和检索原有数据的操作。

(3)数据库管理员(DBA)。

(4)用户和应用程序。

目前微机系统常用的单机数据库管理系统有 Visual FoxPro、Access 等,适合网络环境的大型数据库管理系统有 Sybase、Oracle、SQL Server 等。

4. 网络系统软件

计算机网络将分布在不同地理位置的多个独立计算机系统,用通信线路连接起来,实现互相通信、资源共享。计算机网络的构成为:网络硬件、网络拓扑结构、传输控制协议以及网络软件。网络软件主要指的是网络操作系统。

5. 系统辅助处理程序

系统辅助处理程序也称为软件研制开发工具、支持软件、软件工具,主要有编辑程序、调试程序、装备和连接程序、调试程序。

1.2.2.2 应用软件

应用软件是为了解决用户的各种实际问题而编制或购买的软件,因此应用软件都是针对某一特定的问题或某一特定的需要。前面介绍的计算机在各个领域的应用,就是通过应用软件来实现的。应用软件的丰富与否、质量好坏,都直接影响到计算机的应用范围与实际经济效益。常见的应用软件有办公软件(微软 Office、永中 Office、WPS 等),图像处理软件(Adobe 的 Photoshop、Autodesk 的 AutoCAD、Fireworks、Dreamweaver 等),媒体播放器软件(Realplayer、Windows Media Player、暴风影音、千千静听等),通信工具软件(QQ、MSN、ipmsg、飞信等),杀毒软件(金山毒霸、卡巴斯基、江民、瑞星、360 安全卫士等),图像浏览工具软件(ACDSee 等),系统优化/保护工具软件(Windows 清理助手 ArSwp、Windows 优化大师、超级兔子、奇虎 360 安全卫士、数据恢复文件 EasyRecovery Pro 等)。

丰富的应用软件赋予了计算机多种多样的功能,也正是有众多的应用软件使计算机具有多领域的应用,提高人们的工作效率。

1.2.2.3 计算机的工作原理

1. 存储程序原理

电子计算机采用了“存储程序控制”原理。这一原理是 1946 年由冯·诺依曼提出的,所以又称为“冯·诺依曼原理”。

冯·诺依曼原理包括三个方面的内容:

(1)计算机的硬件由五大部分组成(运算器、控制器、存储器、输入设备、输出设备);

(2)计算机内部采用二进制形式表示和存储指令或数据;

(3)存储程序自动执行。

冯·诺依曼原理决定了计算机的工作方式取决于计算机在以下两个方面的能力:一是计算机是否能够存储程序;二是计算机是否能够自动执行。遵循冯·诺依曼原理的计算机利用存储器存放需执行的程序,中央处理器依次从存储器中取出每一条指令,并经过分析后加以执行,直到全部指令执行完成。这就是计算机的存储程序工作原理。

尽管计算机技术的发展速度很快,尽管今天可以不编程来使用计算机,尽管科学家已经提出了研制非冯·诺依曼式的计算机,但是存储程序工作原理仍然是计算机的基本工作原理。

知识

存储程序原理:1946 年 6 月,冯·诺依曼发表了“电子计算机装置逻辑结构初探”的论文。他指出,ENIAC 编程中的开关状态调节和转插线连接,实质上相当于二进制形式的 0、1 控制信息,这些控制信息(指令)如同数据一样,以二进制的形式先存储于计算机中,计算时由计算机自动控制并依此运行。

2. 指令与程序的自动执行

(1)指令与指令系统

计算机指令是指机器工作的指示和命令,通常一条指令包括两方面的内容:操作码和操作数,操作码决定要完成的操作,操作数指参加运算的数据及其所在的单元地址。计算机所能识别并能执行的指令集合称为指令系统。

(2)程序的自动执行

程序就是一系列按一定顺序排列的指令,执行程序的过程就是计算机的工作过程。

启动一个程序的执行,只需将程序的第一条指令的地址放入程序计数器(PC);从 PC 中取出程序的第一条指令地址,再从地址中取出指令到 CPU 内部的指令译码器进行译码;由控制器发出相应的控制信号,按该指令要求完成相关操作;之后,自动从内存中取出下一条指令,送到 CPU 中进行译码并执行;直到把程序中的指令执行完毕为止。程序的自动执行过程如图 1-31所示。

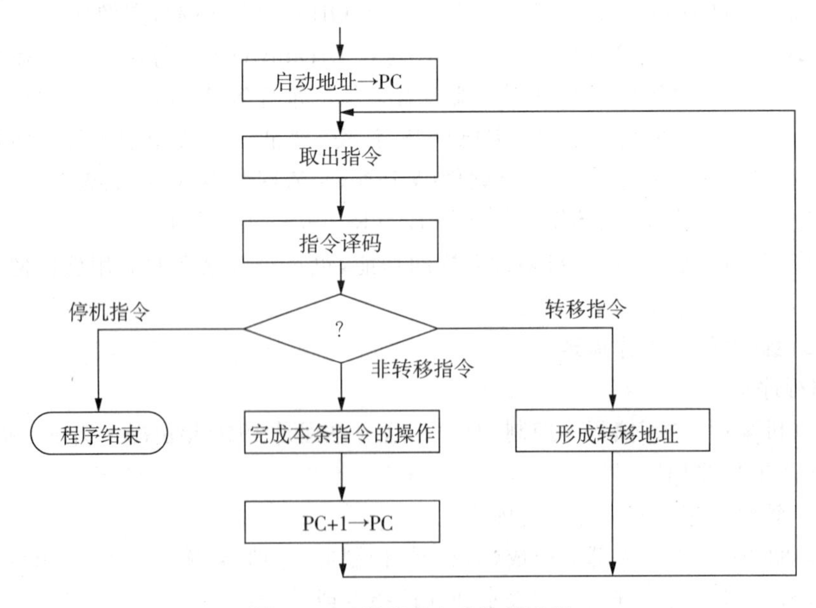

图 1-31　程序的自动执行过程

指令的执行过程分为以下几个步骤:

(1)取指令:按照指令计数器地址,从内存中取出指令并送往指令寄存器。

(2)分析指令:分析指令寄存器中的指令,从中找到指令的操作码和操作数(或操作数的地址)。

(3)执行指令:根据分析结果,由控制器发出一系列的控制信息,完成该指令的操作。

(4)反复:指令计数器加 1,反复执行上述三个过程,直到将程序的所有指令执行完毕。

1.3　计算机中的信息表示

在计算机中,信息的表示依赖于计算机内的物理器件的状态,信息用什么表示形式直接影响计算机的结构和性能。无论是指令、数据、图形、声音还是各种符号,在计算机中都以二进制表示。二进制是计算机信息的载体,所表示的信息有以下优点:

(1)易于物理实现。因为现实中具有两个稳定状态的物理器件有很多,而具有十个稳定状态的物理器件实现非常困难,即使能实现稳定性也差,无法使用。

(2)机器可靠性高。由于电压的高低、电流的有无等状态分明,系统的抗干扰能力强,信息的可靠性高。

(3)运算简单。二进制的运算规则简单。

(4)通用性强。二进制既可以实现各种数值信息的编码,也可以实现各种非数值信息的编码。

1.3.1　进制与进制转换

1.3.1.1　进位计数制

将数字符号按序排列成数位,并遵照某种由低位到高位进位的方法进行计数,来表示数值的方式,称作进位计数制。进位计数制的表示主要包含三个基本要素:数位、基数和位权。数位是指数码在一个数中所处的位置;基数是指在某种进位计数制中,每个数位上所能使用的数码的个数;权是基数的幂,表示数码在不同位置上的数值。任意的进制 $R(R>1)$ 有 R 个符号。由 R 个符号组成一个序列来表示一个值 N,N 用 R 进制表示为:

$$N=N_{n-1}\cdot R^{n-1}+N_{n-2}\cdot R^{n-2}+\cdots\cdots+N_{1}\cdot R^{1}+N_{0}\cdot R^{0}+N_{-1}R^{-1}+\cdots\cdots+N_{-m}\cdot R^{-m}$$

其中:N_i属于 R 个符号集合中的任意一个。

N_i——第 i 位的数码(系数),进位制不同,数码的个数不同;

R—— 进位基数,即数码的个数;

R^i——位权。

1. 十进制计数制

十进位计数制简称十进制,有十个不同的数码符号:0、1、2、3、4、5、6、7、8、9。每个数码符号根据它在这个数中所处的位置(数位),按“逢十进一”来决定其实际数值,即各数位的位权是以 10 为底的幂次方。例如:

$(1234.25)_{10}=1\times10^{3}+2\times10^{2}+3\times10^{1}+4\times10^{0}+2\times10^{-1}+5\times10^{-2}$

2. 二进制计数制

二进位计数制简称二进制,有两个不同的数码符号:0、1。每个数码符号根据它在这个数中所处的位置(数位),按“逢二进一”来决定其实际数值,即各数位的位权是以 2 为底的幂次方。例如:

$(111011.11)_{2}=1\times2^{5}+1\times2^{4}+1\times2^{3}+0\times2^{2}+1\times2^{1}+1\times2^{0}+1\times2^{-1}+1\times2^{-2}=(59.75)_{10}$

(1)二进制的算术运算

二进制的算术运算包括加、减、乘、除运算。其运算规则为:

加法运算	减法运算	乘法运算	除法运算
0+0=0	0−0=0	0×0=0	0÷0(无意义)
0+1=1	1−1=0	0×1=0	0÷1=0
1+0=1	1−0=1	1×0=0	1÷1=1
1+1=0(进位)	0−1=1(借位)	1×1=1	1÷0(无意义)

【例 1.1】 求 $X=(11101)_2+(10110)_2$,$Y=(11001)_2+(1011)_2$的值。

$$\begin{array}{r} 11101 \\ +\ \ 10110 \\ \hline 110011 \end{array} \qquad \begin{array}{r} 11001 \\ -\ \ 1011 \\ \hline 1110 \end{array}$$

结果:$X=(110011)_2$,$Y=(1110)_2$。

【例 1.2】 求 $X=(1010)_2\times(101)_2$,$Y=(1111)_2\div(101)_2$的值。

$$\begin{array}{r} 1010 \\ \times\quad 101 \\ \hline 1010 \\ 0000\ \ \\ 1010\ \ \ \ \\ \hline 110010 \end{array} \qquad \begin{array}{r} 11 \\ 101\overline{)1111} \\ 101\ \ \\ \hline 101 \\ 101 \\ \hline 0 \end{array}$$

结果:$X=(110010)_2$,$Y=(11)_2$。

(2)二进制的逻辑运算

二进制的逻辑运算包括逻辑与、逻辑或和逻辑非。其运算规则为:

逻辑"与"	逻辑"或"	逻辑"非"
$0\wedge0=0$	$0\vee0=0$	$\overline{0}=1$
$0\wedge1=0$	$0\vee1=1$	$\overline{1}=0$
$1\wedge0=0$	$1\vee0=1$	
$1\wedge1=1$	$1\vee1=1$	

【例 1.3】 求 $A=10111\wedge11011$,$B=11001\vee10011$ 的值。

$$\begin{array}{r} 10111 \\ \wedge\ \ 11011 \\ \hline 10011 \end{array} \qquad \begin{array}{r} 11001 \\ \vee\ \ 10011 \\ \hline 11011 \end{array}$$

结果:A=10011,B=11011。

逻辑"非"的运算为原状态取反:$\overline{0}$ 变为 1,$\overline{1}$ 变为 0。

3. 八进制计数制

八进位计数制简称八进制,有八个不同的数码符号:0、1、2、3、4、5、6、7。每个数码符号根据它在这个数中所处的位置(数位),按"逢八进一"来决定其实际数值,即各数位的位权是以 8 为底的幂次方。

例如:$(123.4)_8=1\times8^2+2\times8^1+3\times8^0+4\times8^{-1}=64+16+3+0.5=(83.5)_{10}$

4. 十六进制计数制

十六进位计数制简称十六进制,有十六个不同的数码符号:0、1、2、3、4、5、6、7、8、9、A、B、

C、D、E、F。每个数码符号根据它在这个数中所处的位置(数位),按“逢十六进一”来决定其实际数值,即各数位的位权是以 16 为底的幂次方。例如:

$(13A.48)_{16}=1\times16^2+3\times16^1+10\times16^0+4\times16^{-1}+8\times16^{-2}=(314.28125)_{10}$

二进制、八进制、十进制、十六进制之间的对应关系见表 1-1 所列。

表 1-1　四种进制数的对应关系

十进制	二进制	八进制	十六进制	十进制	二进制	八进制	十六进制
0	0000	0	0	8	1000	10	8
1	0001	1	1	9	1001	11	9
2	0010	2	2	10	1010	12	A
3	0011	3	3	11	1011	13	B
4	0100	4	4	12	1100	14	C
5	0101	5	5	13	1101	15	D
6	0110	6	6	14	1110	16	E
7	0111	7	7	15	1111	17	F

1.3.1.2　各种计数制之间的转换

1. 任意 R 进制数转换为十进制数

转换原则:按权展开,相加之和。

即任意 R 进制数转换为十进制数采用“按权展开相加”的方法即可。

【例 1.4】　分别将 R 进制转换成 10 进制数。

$(1101.01)_2=1\times2^3+1\times2^2+0\times2^1+1\times2^0+0\times2^{-1}+1\times2^{-2}=8+4+0+1+0+0.25$

$=(13.25)_{10}$

$(153)_8=1\times8^2+5\times8^1+3\times8^0=64+40+3=(107)_{10}$

$(1A9)_{16}=1\times16^2+10\times16^1+9\times16^0=256+160+9=(425)_{10}$

2. 十进制数转换成 R 进制数

转换原则:整数部分除 R 取余,从下向上取数;小数部分乘 R 取整,从上向下取数。

即把十进制数转换为任意进制数,整数部分不断用商除 R,直到商为 0 为止,然后倒取余数;小数部分采用乘 R 取整,顺取整数的办法来实现十进制数转换为任意进制数。

【例 1.5】　将十进制 205.625 转换成二进制数。

(1)整数部分的转换

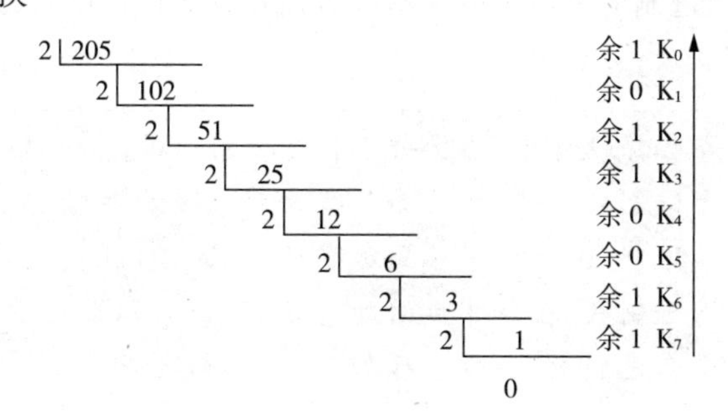

(2)小数部分的转换

$$
\begin{array}{r l}
0.625 & \\
\times \quad 2 & \\
\hline
1.250 & 整数1 \ldots\ldots K_1 \\
\times \quad 2 & \\
\hline
0.500 & 整数0 \ldots\ldots K_2 \\
\times \quad 2 & \\
\hline
1.000 & 整数1 \ldots\ldots K_3 \downarrow
\end{array}
$$

所以,$(205.625)_{10}=(11001101.101)_2$。

由于计算机表示数据总是用有限的二进制位数,小数部分转换可按精度要求取足够的位数。

对于八进制数与十六进制数转换的规则同理,整数部分除8(16)取余;小数部分分别采用乘8(16)取整。

3. 二进制数与八进制数之间的转换

(1)二进制数转换为八进制数

转换原则:三位一组法。

即以小数点为基准,整数部分从右至左,每三位一组,最高有效位不足三位时,用0补足三位;小数部分从左至右,每三位一组,低位不足三位时,用0补足三位。然后,将各组的三位二进制数按 2^2、2^1、2^0,权展开后相加,得到相应的一位八进制数。

【例1.6】 将$(11010111.0101)_2$转换为八进制数。

$(11010111.0101)_2=$(0 11 010 111 . 010 1 00)2$=(327.24)_8$

(2)八进制数转换成二进制数

转换原则:一分为三法。

即把一位八进制码按对应位置写成对应的三位二进制码即可。

【例1.7】 将$(27.461)_8$转换为二进制数。

$(27.461)_8=(010\ 111.100\ 110\ 001)_2$

4. 二进制数与十六进制数之间的转换

二进制数与十六进制数之间与二进制同八进制之间的转换相似。二进制的四位数对应于十六进制的一位数。

【例1.8】 将$(110111110.100101111)_2$转换为十六进制数。

$(110111110.100101111)_2=(0001\ 1011\ 1110\ .\ 1001\ 0111\ 1000)_2=(1BE.978)_{16}$

【例1.9】 将$(6AB.7A54)_{16}$转换为二进制数。

$(6AB.7A54)_{16}=(110\ 1010\ 1011.0111\ 1010\ 0101\ 01)_2$

从上面的讨论可以知道,八进制、十六进制数同二进制数之间有着十分简便的转换关系,而且八进制,尤其是十六进制的书写十分简短。因而在程序设计中,二进制的代码往往书写成八进制或十六进制形式。

注意

在程序设计中,为区分各种进位制的数制,采用下面的表示法:
十进制数:在数字后面加字母D或不加字母,如325D或325;
二进制数:在数字后面加字母B,如1011B;
八进制数:在数字后面加字母O,如427O;
十六进制数:在数字后加字母H,如3ABH。

1.3.2　计算机数据的表示

计算机所有的数据都是用进制表示的。因此在计算机内部数据数值、字符和汉字都必须用二进制表示，通过二进制的 0 和 1 组合用来表示大量复杂信息的方法统称为编码。

一般将数据分为数值型数据和非数值型数据。数值型数据用于衡量数量的大小；非数值型数据用于表示各类信息，如文字、声音、图形图像等。

1.3.2.1　数据存储单位及存储容量

1. 数据存储单位

计算机系统数据只用 0 和 1 表现形式，一个 0 或者 1 占一个“位”，而系统中规定 8 个位为一个字节。因而在计算机中表示数据的单位有：位、字节、字、字长等。

位(Bit)：是表示信息量的最小单位，只有 0、1 两种二进制状态。

字节(Byte)：是计算机存储信息的基本单位，由 8 位二进制码组成。

字(Word)：16 位为一个字(即两个字节是一个字)，它代表计算机处理指令或数据的二进制位数，是计算机进行数据存储和数据处理的运算单位。通常称 16 位是一个字，32 位是一个双字，64 位是两个双字。目前汉字的存储单位都是一个字。

字长：字的位数叫作字长，即计算机一次处理的二进制位数。不同的机器其字长不同，例如，一台 8 位机，它的 1 个字就等于 1 个字节，字长为 8 位；一台 16 位机，它的 1 个字就由 2 个字节构成，字长为 16 位。现在通常使用微机为 64 位机，则字长为 64 位。

2. 数据存储容量

计算机中存储器中所包含存储单元的数量称为存储容量，其计量基本单位是字节(Byte)，8 个二进制位称为 1 个字节。由于计算机的存储容量大，通常用 KB、MB、GB、TB 等计量单位，它们是基于字节的，其换算关系如下：

1 字节＝8 位二进制码

1 KB(千字节)＝1024 B

1 MB(兆字节)＝1024 KB

1 GB(吉字节)＝1024 MB

1 TB(太字节)＝1024 GB

1.3.2.2　数值数据表示

在计算机系统中数值型数据有大小、正负之分，能够进行各种算术运算，例如＋123、－345、56.7、0.123、1/5 等。由于计算机只识别二进制码，如何用“0”“1”描述正负号、小数点等问题呢？在计算机内将数值型数据全面、完整地表示成一个二进制数，即机器数。所谓机器数，是将符号“数字化”的数，是数字在计算机中的二进制表示形式。因此数据的正号“＋”或负号“－”，在机器里就用一位二进制的 0 或 1 来区别。若直接用正号“＋”和负号“－”来表示其正负的二进制数叫作符号数的真值。例如：“01000001”和“11000001”是两个机器数，而它们的真值分别为＋1000001 和－1000001。计算机中的数值数据表示，应该考虑四个因素：机器数的范围、机器数的符号、机器数的编码方法和机器数中小数点的位置。

1. 机器数的范围

机器数的表示范围由硬件(CPU 中临时存放数据的寄存器)决定。

当使用 8 位寄存器时，字长为 8 位，一个 8 位无符号整数机器数的范围：00000000～11111111，即 0～255。

当使用 16 位寄存器时，字长为 16 位，一个 16 位无符号整数机器数的范围：0000000000000000～1111111111111111，即 0～65535。

2. 机器数的符号

在计算机内部，任何信息都只能用二进制的“0”和“1”来表示。通常规定机器数的最高位为符号位，并用“0”表示正，用“1”表示负。这时在一个 8 位字长的计算机中，数据的格式如图 1-32 所示。

最高位 d_7 为符号位，d_6～d_0 为数值位。例如：用 8 位二进制数表示－10。

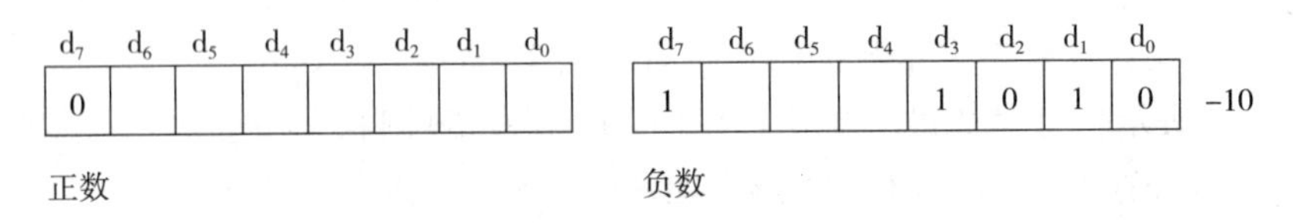

图 1-32　符号位的表示

3. 机器数的编码

机器数的编码方法是用 0、1 表示正负数，其他位直接表示二进制数值的方法称为“原码”编码，为了 方便进行计算，计算机中还经常用“反码”和“补码”表示数据。因为这两种编码可以很方便地用加法器(计算机硬件的基本运算部件是加法器，计算机中的全部运算都要转化为加法)实现减法运算。

(1)原码：如果用 n 位二进制表示一个数，用最高位表示符号(1 表示负数，0 表示正数)，剩下的 n－1 位表示数值，数值部分用其绝对值表示，这种表示方法称为原码。

(2)反码：正数反码是其本身；而负数的反码：符号位不变，其余位按位取反，即将每一位二进制的值由原来的 1 变成 0，而原来是 0 变成 1。

(3)补码：补码是利用有模运算表示数据的一种方式。对正数：保持原值；对负数：在反码的基础上，最后一位＋1。

【例 1.10】　＋102：$[0\ 1100110]_{原码}$，$[0\ 1100110]_{反码}$，$[0\ 1100110]_{补码}$。

－102：$[1\ 1100110]_{原码}$，$[1\ 0011001]_{反码}$，$[1\ 0011010]_{补码}$。

补码运算要注意的问题：

(1)补码运算时，其符号位与数值部分一起参加运算。

(2)补码的符号位相加后，如果有进位出现，要把这个进位舍去(自然丢失)。

(3)用补码运算，其运算结果亦为补码。在转换为真值时，若符号位为 0，数位不变；若符号位为 1，应将结果求补才是其真值。

【例 1.11】　已知：65 ＝ ＋ 1000001，－10 ＝ －0001010，用补码计算 Z ＝ 65＋(－10)。

解：＋65：$[0\ 1000001]_{原码=反码=补码}$

－10：$[1\ 0001010]_{原码}$，$[1\ 1110101]_{反码}$，$[1\ 1110110]_{补码}$

则：$Z=[0\ 1000001]_{补码}+[1\ 1110110]_{补码}=[0\ 0110111]_{补码}$

即：65－10＝55

4. 机器数中小数点

机器数中小数点的位置：在计算机内部小数点的位置是隐含的。隐含的小数点位置可以是固定的，也可以是变动的，前者称为“定点数"，后者称为“浮点数”。

(1)定点数

定点数中又有定点整数和定点小数之分。

定点整数小数点的位置约定在最低位的右边，用来表示整数，如图 1-33 所示；定点小数小数点的位置约定在符号位之后，用来表示小于 1 的纯小数，如图 1-34 所示。

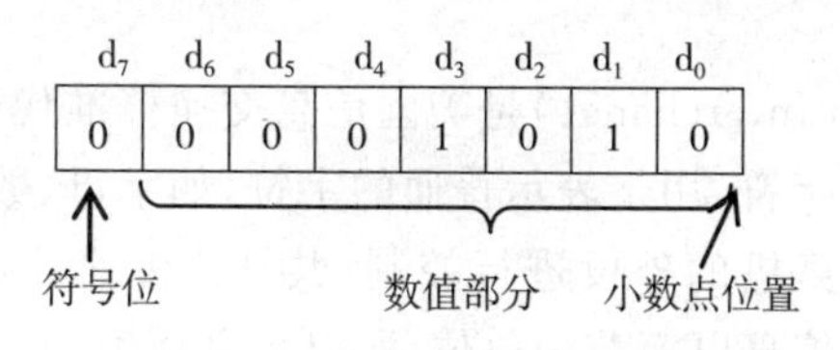

图 1-33　机器内的定点整数

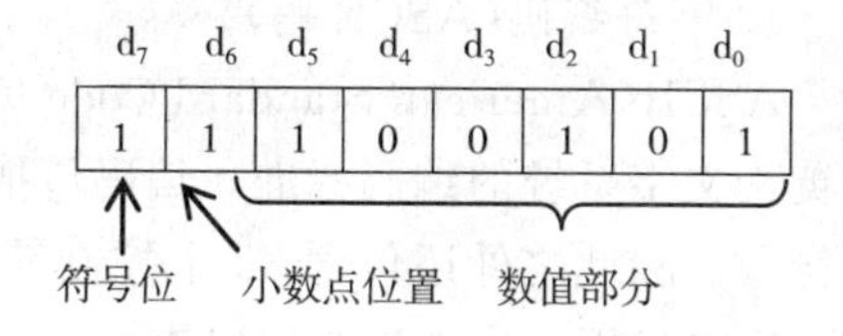

图 1-34　机器内的定点小数

(2)浮点数

如果要处理的数既有整数又有小数，用定点数表示会很不方便。这时可采用浮点数，顾名思义，浮点数即小数点浮动的数。它通常被表示为：

$$N = \pm M \times R^E$$

这里的 M 被称为浮点数的尾数，R 被称为阶码的基数，E 被称为阶的阶码。

【例 1.12】 十进制的 345.789 可以表示为

$345.789 = 0.345789 \times 10^3 = 3.45789 \times 10^2 = 3457.89 \times 10^{-1}$。

可以看出，在原数字中无论小数点前后各有几位数，它们都可以用一个纯小数(称为尾数，有正、负)与 10 的整数次幂(称为阶数，有正、负)的乘积形式来表示，这就是浮点数的表示法。

在计算机中一般规定 R 为 2、8 或 16，是一个确定的常数，不需要在浮点数中明确表示出来。因此，要表示浮点数，一是要给出尾数 M 的值，通常用定点小数形式表示，它决定了浮点数的表示精度，即可以给出有效数字的位数；二是要给出阶码，通常用整数形式表示，它指出的是小数点在数据中的位置，决定了浮点数的表示范围。浮点数也要有符号位。

【例 1.13】 二进制的 110.011 可以表示为

$110.011 = 0.110011 \times 2^3 = 1.10011 \times 2^2 = 1100.11 \times 2^{-1}$。

在浮点数表示中，尾数的符号和阶码的符号各占一位，阶码是定点整数，阶码的位数决定了所表示的数的范围，尾数是定点小数，尾数的位数决定了数的精度。例如一个浮点数 n 的 32 位浮点格式为：

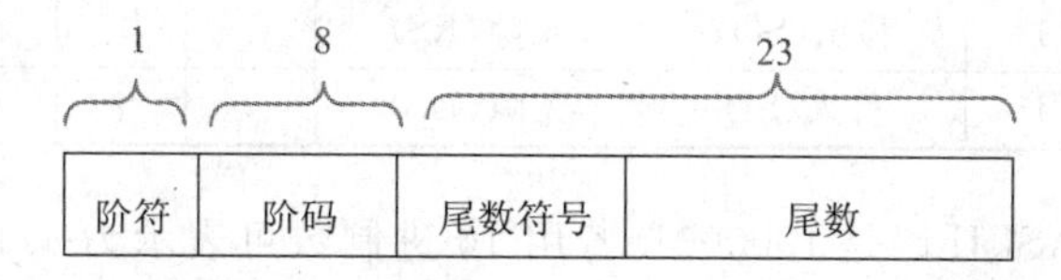

对**【例 1.7】** 用浮点格式表示为：

0	00000011	0	00000000000000000110011

1.3.2.3　非数值数据表示

在计算机中，各种信息都是以二进制编码的形式存在的。也就是说，不管是文字、图形、声音、动画，还是电影等各种信息，在计算机中都是以 0 和 1 组成的二进制代码表示的。计算机之所以能区别这些信息的不同，是因为它们采用的编码规则不同。例如，对字符用一个字节的 ASCII 码，对汉字用两个字节的汉字内码等等。

1. 字符编码(ASCII 码)

ASCII(American Standard Code for Information Interchange)是美国信息交换标准代码，是英文文字系统的编码标准。编码包括 94 个可印制字符，用于表示普通的字符，如字母、数字和符号。除此之外还包含 32 个控制符号，用于对计算机的外设进行控制，共计 128 个字符。ASCII 本身用 7 位二进制编码表示，由于计算机存储信息以字节为单位，所以最高位恒为 0。

ASCII 码字符编码表，见表 1－2 所列。

表 1－2　七位 ASCII 码字符编码表

位数 \ 位数				W_7	0	0	0	0	1	1	1	1
				W_6	0	0	1	1	0	0	1	1
				W_5	0	1	0	1	0	1	0	1
W_4	W_3	W_2	W_1	行 \ 列	0	1	2	3	4	5	6	7
0	0	0	0	0	空白(NUL)	转义(DLE)	SP	0	@	P	’	P
0	0	0	1	1	序始(SOH)	机控 1(DC1)	!	1	A	Q	a	q
0	0	1	0	2	文始(STX)	机控 2(DC2)	”	2	B	R	b	r
0	0	1	1	3	文终(ETX)	机控 3(DC3)	#	3	C	S	c	s
0	1	0	0	4	送毕(EOT)	机控 4(DC4)	$	4	D	T	d	t
0	1	0	1	5	询问(ENQ)	否认(NAK)	%	5	E	U	e	u
0	1	1	0	6	承认(ACK)	同步(SYN)	&	6	F	V	f	v
0	1	1	1	7	告警(BEL)	组终(ETB)	‘	7	G	W	g	w
1	0	0	0	8	退格(BS)	取消(CAN)	(	8	H	X	h	x
1	0	0	1	9	横表(HT)	载终(EM)	)	9	I	Y	i	y
1	0	1	0	10	换行(LF)	取代(SUB)	*	:	J	Z	j	z
1	0	1	1	11	纵表(VT)	扩展(ESC)	+	;	K	[	k	{
1	1	0	0	12	换页(FF)	卷隙(FS)	,	<	L	\	l	|
1	1	0	1	13	回车(CR)	群隙(GS)	—	=	M	]	m	}
1	1	1	0	14	移出(SO)	录隙(RS)	’	>	N	↑	n	～
1	1	1	1	15	移入(SI)	无隙(US)	/	?	O		o	DEL

例如：字符 A 的 ASCII 码是 1000001，若用 16 进制数可表示为 41H；若用十进制数可表示为 65D。

2. 汉字编码

汉字是象形文字，由于汉字自身的特点，汉字没法像英文一样通过简单的元素(如字母)来表示。因此，汉字的编码采用的是一字一码的方式。汉字编码的输入、处理和显示方式都和英文不同，其包含了用于交换的国标码、用于内部处理的内码和用于打印显示的显示码。

(1)汉字交换码(国标码)

1981 年，我国颁布了《信息交换用汉字编码字符集 · 基本集》(代号 GB2312—80)。它是汉字交换码的国家标准，所以又称“国标码”。该标准收入了 6763 个常用汉字(其中一级汉字 3755 个，二级汉字 3008 个)，以及标点符号、数种西文字母、图形与其他符号 682 个，共有 7445 个符号。

2000 年，我国又发布了 GB18030 国家标准。它是在 GB2312—80 字符集的基础上的扩充，规定常用非汉字符号和 27533 个汉字(包括部首、部件等)的编码。

国标码规定，每个汉字由 2 字节代码组成。每个字节的最高位为“0”，其余 7 位用于组成各种不同的码值。两个字节的代码，共可表示 128×128＝16384 个符号。

(2)汉字机内码

计算机既要处理汉字，也要处理西文。为了实现中、西文兼容，通常利用字节的最高位来区分某个码值所代表的汉字或 ASCII 码字符。具体的做法是，若最高位为“1”则视为汉字符，若最高位为“0”则视为 ASCII 字符。所以，汉字机内码可在上述国标码的基础上，把两个字节的最高位一律由“0”改“1”构成。例如汉字“大”字的国标码为 3473H，两个字节的最高位均为“0”。把两个最高位全改成“1”变成 B4F3H，就可得“大”字的机内码。由此可见，同一汉字的汉字交换码与汉字机内码内容并不相同，而对 ASCII 字符来说，机内码与交换码的码值是一样的。

同一汉字交换码和机内码并不相同。
同一个 ASCII 字符的交换码和机内码相同。
汉字内码＝汉字国标码＋8080H

(3)汉字输入码(外码)

汉字输入码是计算机输入汉字的代码，代表某一个汉字的一组键盘符号。目前常见的输入码在类型上可分为四类：

① 音码：根据汉字发音进行编码，如全拼、简拼、微软拼音法。

② 形码：根据汉字的笔画、字形进行编码，如五笔字型等。

③ 数码：根据数字串进行编码，最常见的是区位码。

④ 音形码：根据音码和形码进行组合的编码，如自然码。

需要指出，无论采用哪一种汉字输入法，当用户向计算机输入汉字时，存入计算机中的总是它的机内码，与所采用的输入法无关。实际上不管使用何种输入法，在输入码与机内码之间总是存在着一一对应的关系，很容易通过“输入管理程序”把输入码转换为机内码。可见输入码仅是用户选用的编码，故也称为“外码”；而机内码则是供计算机识别的“内码”，其码值是唯一的。两者通过键盘管理程序来转换，如图 1－35 所示。

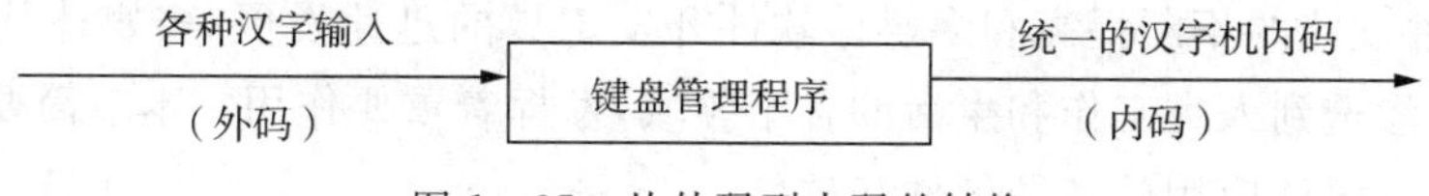

图 1－35　从外码到内码的转换

(4)汉字字形码

汉字字形码主要用于显示或打印机输出。汉字字形码有两种表示方式:点阵和矢量。用点阵表示字形时,汉字字形码指的是这个汉字字形的点阵代码。通常显示使用16×16点阵,汉字打印还可选用24×24、32×32、48×48等点阵。点数愈多,打印的字体愈美观,但汉字库占用的存储空间也愈大。例如,一个24×24的汉字占有空间为72个字节,一个48×48的汉字将占用288个字节。字符之所以能在屏幕上显示,就是这些字节中的二进制位为0的对应的点为暗;二进制位为1的对应的点为亮。

矢量表示方式存储的是描述汉字字形的轮廓特征,当要输出汉字时,通过计算机计算,由汉字字形描述生成所需大小和形状的汉字点阵。Windows中使用的True Type技术就是汉字的矢量表示方法。

几种编码在汉字信息处理过程中的关系,如图1-36所示。

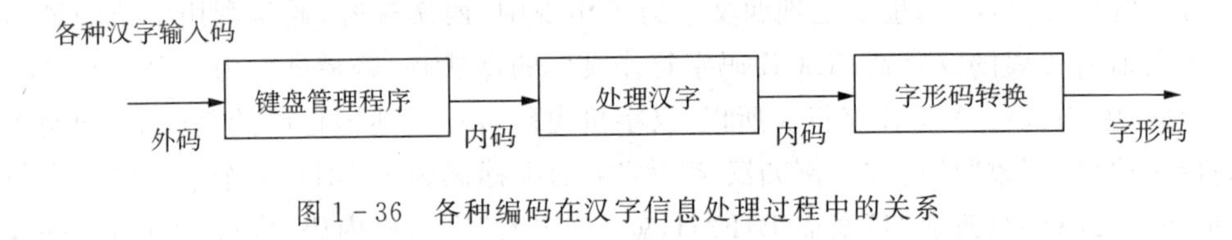

图1-36　各种编码在汉字信息处理过程中的关系

1.3.2.4　BCD码

由于人们习惯采用自然计数的十进制,而计算机内部采用的都是二进制。BCD码提供了一种通过二进制表示十进制数的方法。要表示0,1,…,9的十个数字符号必须含有四位二进制。最常见的BCD码是8421码,让四位组成的二进制按位权展开后的和恰好是十进制符号的值。表1-3是8421BCD码的码表。

表1-3　8421BCD码表

8-4-2-1BCD码	十进制符号	8421BCD码	十进制符号
0000	0	0101	5
0001	1	0110	6
0010	2	0111	7
0011	3	1000	8
0100	4	1001	9

如十进制数1245可以用BCD码表示为:$(0001\ 0010\ 0100\ 0101)_{BCD}$。

1.4　多媒体技术

多媒体技术是信息技术的重要发展方向之一,也是推动计算机新技术发展的强大动力。随着计算机硬件性能的不断提高和多媒体软件开发工具的迅速发展,多媒体技术愈来愈得到广泛应用,并已渗透到人类工作和生活的各个领域,发挥着重要作用。本节简要介绍多媒体的基础知识,以及多媒体应用的各种硬件和软件。

1.4.1　多媒体的定义

1. 媒体

媒体(Medium)指的是信息传递和存储的基本技术和手段,即媒体是信息的存在形式和表现形式。媒体有五大类:

(1)感觉媒体:表示人对外界的感觉,如声音、图像和文字等;

(2)表示媒体:说明交换信息的类型、定义信息的特征,一般以编码的形式描述,如声音编码、图像编码、文本编码等;

(3)显示媒体:获取和显示信息的设备,如显示器、打印机和键盘等输入输出设备;

(4)存储媒体:存储数据的物理设备,如磁盘、光盘和内存等;

(5)传输媒体:传输数据的物理设备,如光纤、电缆和无线电波等。

2. 多媒体

多媒体译自英文"Multmedia",该词对应的词是单媒体(Monomedia)。

国际电信联盟(ITU)对多媒体含义的表述为:使用计算机交互式综合技术和数字通信网络技术处理多种表示媒体文本、图形、图像和声音,使多种信息建立逻辑连接,集成为一个交互系统。

媒体又可分为静态媒体和动态媒体。静态媒体包括文本、图形、图像等;动态媒体包括声音、动画、视频等。多媒体是融合两种或两种以上表示媒体的一种人机交互式信息交流和传播媒体。多媒体的实质就是各种媒体数字化,其特点为:

(1)数据量大;

(2)数据类型多;

(3)数据类型之间的差别大;

(4)多媒体数据的输入输出复杂。

1.4.2　多媒体技术

多媒体本身是计算机技术与视频、音频和通信等技术的集成产物。即把文字、音频、视频、图形、图像、动画等多媒体信息通过计算机进行数字化采集、获取、压缩和解压缩、编辑、存储等加工处理,再以单独或合成形式表现出来的一体化技术称为多媒体技术。

1. 多媒体技术内涵

多媒体技术是指能对多种媒体(载体)上的信息和多种存储体(媒质)上的信息进行处理的技术。多媒体技术有四个方面的内涵:

(1)计算机处理技术;

(2)信息处理技术;

(3)人机交互技术;

(4)多媒体和多种应用综合的技术。

多媒体技术的发展的方向是:计算机系统本身的多媒体化;多媒体技术与视频点播、智能化家电、网络通信等技术相结合,使多媒体技术进入教育、咨询、娱乐、企业管理和办公自动化等领域;多媒体技术与控制技术相互渗透,进入工业自动化及测控等领域。

2. 多媒体技术的基本特性

多媒体的基本特性包括信息媒体的多样性、交互性和集成性三个方面。

(1)多媒体的多样性:多媒体扩展和放大了计算机处理的信息空间,不再局限于数值和文本,而是广泛采用图像、图形、视频、音频等形式来表达信息,称为信息媒体的多样化。这一特性使计算机变得更加人性化。

(2)多媒体的交互性:是指人们可以使用键盘、鼠标、触摸屏等设备,通过计算机程序来控制各种媒体的播放。交互性是多媒体技术的关键特征,它为用户提供了更加有效地控制和使用信息的手段。交互性不仅增加用户对信息的理解,延长信息的保留时间,而且交互活动本身也作为一种媒体加入了信息传递和转换的过程,从而使用户获得更多的信息。

(3)多媒体的集成性:是信息系统层次的一次飞跃。集成性主要表现在两个方面,即多种信息媒体的集成和处理这些媒体的设备集成。各种信息媒体应该成为一体,并进行多通道的输入和输出。多媒体的各种设备应该成为一体。从硬件上,应该具有能够处理多媒体信息的高速及并行 CPU 系统、大容量的存储、适合多媒体多通道的输入输出设备、高速通信网络。从软件上,应该有一体化的多媒体操作系统及各类高效的多媒体应用软件。

1.4.3　多媒体应用

多媒体的应用非常广泛,就目前而言,多媒体技术已在商业、教育、电视会议、声像演示等方面得到了充分应用。

1. 在教育与培训方面的应用

利用多媒体计算机的文本、图形、视频、音频和其交互式的特点,可以编制出计算机辅助教学软件,即课件。课件具有生动形象、人机交流、即时反馈等特点,能根据学生的水平采取不同的教学方案,创造出生动的教学环境,改善学习效果。

2. 在通信方面的应用

可视电话、视频会议等已被采用。信息点播这种新的应用也在逐步兴起。信息点播包括桌上多媒体通信系统和交互电视 ITV。通过桌上多媒体信息系统,人们可以远距离点播所需信息,比如电子图书馆,多媒体数据的检索与查询等。点播的信息可以是各种数据类型,其中包括立体图像和感官信息。交互电视可以使用户在电视机前对电视台节目库中的信息按需选取。

3. 在其他方面的应用

在出版业,近年来出现的电子图书和电子报刊就是应用多媒体技术的产物。电子出版物具有容量大、体积小、成本低、检索快、易于保存等优点,因而发展很快。利用多媒体技术可为各类咨询提供服务,如旅游、邮电、交通、商业、金融、宾馆等。使用者可通过触摸屏进行独立操作,在计算机上查询需要的多媒体信息资料。多媒体技术还将改变未来的家庭生活。多媒体技术在家庭中的应用将使人们在家中上班成为现实。

多媒体技术的应用非常广泛,它既能覆盖计算机的绝大部分应用领域,同时也拓展了新的应用领域,它将在各行各业中发挥巨大的作用。

1.5　本章小结

本章主要介绍了计算机的发展、特点、分类及应用;计算机软件系统和硬件系统组成、计算机的基本原理、常用的输入/输出设备;计算机进位制及各种进制的转换、计算机中数值数据和非数值数据常用的编码以及多媒体技术的基本概念。

通过本章的学习建立起计算机系统的全貌，对计算机的基本概念，计算机工作原理，计算机软件系统和硬件系统组成及各部件的功能，各种不同进制数的转换、计算机中常用的编码，多媒体应用技术等，有一个全面、清楚的了解和认识，并能熟练掌握计算机的实际操作和应用，从而提高应用计算思维和计算机技术分析问题和解决问题的能力，为后续课程打下基础。

习 题 1

一、单选题

1. 在下列计算机应用项目中，属于数值计算应用领域的是________。
   A)气象预报　B)文字编辑系统　C)运输行李调度　D)专家系统
2. 在计算机内部，一切数据均以________形式存储。
   A)ASCII 码　B)二进制　C)BCD 码　D)十六进制
3. 世界上第一台电子数字计算机取名为________。
   A)UNIVAC　B)EDSAC　C)ENIAC　D)EDVAC
4. 计算机的硬盘属于________。
   A)内存　B)CPU 的一部分　C)外存　D)一种光设备
5. 术语“RAM”是指________。
   A)内存储器　B)随机存取存储器
   C)只读存储器　D)只读型光盘存储器
6. 微型计算机的基本组成分为三个部分，它们是________。
   A)主机、输入设备和存储器　B)主机、键盘和显示器
   C)CPU、存储器和输出设备　D)键盘、显示器和打印机
7. 计算机采用二进制最主要的理由是________。
   A)存储信息量大　B)符合习惯
   C)结构简单运算方便　D)数据输入、输出方便
8. 下列各种进位计数制中，最小的数是________。
   A)$(1100101)_2$　B)$(146)_8$　C)$(100)_{10}$　D)$(6A)_{16}$
9. 微型计算机的发展是以________为特征。
   A)主机　B)软件　C)微处理器　D)控制器
10. 下面关于 CD-ROM 的描述，错误的是________。
    A)既可以读，也可以写　B)数据只能读出，不能写入
    C)存储容量一般在 650MB 左右　D)通过光设备读数据
11. 完整的计算机系统应包括________。
    A)主机、键盘和显示器　B)主机和操作系统
    C)主机和外部设备　D)硬件系统和软件系统
12. 用 MIPS 来衡量的计算机性能指标是________。
    A)传输速率　B) 存储容量　C) 字长　D) 运算速度
13. 在计算机中，既可作为输入设备又可作为输出设备的是________。

A)显示器　B)磁盘驱动器　C)键盘　D)图形扫描仪

14. 计算机可执行的指令一般都包含________。

A)数字和文字两部分　B)数字和运算符号两部分

C)操作码和地址码两部分　D)源操作数和目的操作数两部分

15. 下列软件中不属于系统软件的是________。

A)操作系统　B)诊断程序　C)编译程序　D)目标程序

16. 当一张软盘被格式化后________。

A)保存的所有数据均不存在　B)有部分磁道不能使用

C)所有磁道均不能使用　D)保存的所有数据均存在

17. 完整的计算机系统由________两大部分组成。

A)应用软件和系统软件　B)随机存储器和只读存储器

C)硬件系统和软件系统　D)中央处理器和外部设备

18. 在个人计算机中,普遍使用英文字符编码是________。

A)GBK码　B)ASCII码　C)BCD码　D)拼音码

19. 一汉字的国标码是3031H,那么它的机内码是________。

A)B0A1H　B)B0B1H　C)B1B0H　D)A1B0H

20. 与八进制数64.3等值的二进制数是________。

A)110100.011　B)100100.111　C)100110.111　D)100101.101

21. 计算机的性能主要取决于________。

A)磁盘容量、内存容量、键盘　B)显示器的分辨率、打印机的配置

C)字长、内存容量、运算速度　D)操作系统、系统软件、应用软件

22. 微机系统采用总线结构对CPU、存储器和外设进行连接,总线通常由________组成。

A)数据总线、地址总线和控制总线　B)数据总线、信息总线和传输总线

C)运算总线、地址总线和逻辑总线　D)传输总线、通信总线和控制总线

23. 在计算机系统中,任何外部设备都必须通过________才能和主机相连。

A)存储器　B)接口适配器　C)电缆　D)CPU

24. 存储两个16×16点阵汉字的字模信息需用的字节数是________。

A)8　B)16　C)32　D)64

25. 在微机中访问速度最快的存储器是________。

A)硬盘　B)软盘　C)RAM　D)磁带

26. 配置高速缓冲存储器(Cache)是为了解决________。

A)内存与辅助存储器之间速度不匹配问题

B)CPU与辅助存储器之间速度不匹配问题

C)CPU与内存之间速度不匹配问题

D)主机与外设之间速度不匹配问题

27. 计算机主板上所采用的电源为________。

A)交流电　B)直流电

C)可以是交流电也可以是直流电　D)UPS

28. U盘加上写保护后,这时对它可以进行的操作是________。

A)只能读盘,不能写盘　　B)既可读盘,又可写盘

C)只能写盘,不能读盘　　D)不能读盘,也不能写盘

29. ________删除后放入回收站。

A)硬盘中的文件　B)U盘中的文件　C)软盘中的文件　D)网络上的文件

30. 用于描述内存性能优劣的两个重要指标为________。

A)存储容量和平均无故障工作时间　　B)存储容量和平均修复时间

C)平均无故障工作时间和内存字长　　D)存储容量和存取时间

二、填空题

1. 微型计算机的内存是由RAM(随机存取存储器)和________组成的。

2. 在微机硬件系统中,________提供了安装CPU及RAM的插槽。

3. 计算机信息处理中,一次存取、传送或处理的数据位数称为________。

4. 在购买计算机时,不仅要考虑计算机的性能,也要考虑计算机的价格,这就是通常所说的要追求较高的________比。

5. 字符串"大学COMPUTER文化基础",在机器内占用的存储字节数是________。

6. 二进制数1011+1001=________。

7. 十六进制数$(A\quad B)_{16}$变换为等值的八进制数是________。

8. 主板上的BIOS是指________。

9. CPU不能直接访问的存储器是________。

10. 现在计算机常用的分辨率是________。

11. 计算机的硬件由________、________、________、________和________五个部分组成。

12. 能够被计算机直接执行的语言是:________。

13. 微型计算机的总线一般由________总线、________总线和________总线组成。

14. 请将下列的数据进行相应的转换:

$(0.125)_{10}=(\_\_\_\_\_\_\_\_)_2$

$(11010011)_2=(\_\_\_\_\_\_\_\_)_{10}$

$(127)_{10}=(\_\_\_\_\_\_\_\_)_2=(\_\_\_\_\_\_\_\_)_{16}$

$(FD)_{16}=(\_\_\_\_\_\_\_\_)_2=(\_\_\_\_\_\_\_\_)_8$

15. 多媒体的特性主要包括信息载体的________、________和________。

三、多选题

1. 下列属于电子计算机特点的有________。

A)运算速度快　B)计算精度高　C)高度自动化　D)无逻辑判断能力

2. 下面属于硬盘接口标准的是________。

A)IEEE　B)IDE　C)ISO　D)SCSI

3. 计算机硬件的性能主要取决于________。

A)字长　B)运算速度　C)内存容量　D)打印机配置

4. 磁盘扫描程序的主要功能有________。

A)检测文件及文件夹是否有错　　B)对硬盘的碎片进行整理

C)扫描磁盘表面,检测是否有错误　　D)压缩磁盘文件

5. 为保证电力供应系统的可靠性,常采用的方式有________。

A)安装接地系统　　B)安装 UPS

C)直接从供电局接专线　　D)安装稳压电源

6. 决定显示质量的主要因素有________。

A)显存的容量　　B) 显示器的分辨率

C)显示器的点距　　D) 显示器的电源

7. 关于总线,下面的描述正确的是________。

A)总线的速度影响计算机的性能

B)总线按其功能的不同分为三种类型

C)总线可以将数据从 CPU 直接传送到外设

D)总线有不同的标准,其速度是不相同的

8. 以下是个人计算机常用的输出设备________。

A)打印机　　B)扫描仪　　C)键盘　　D)显示器

9. 关于"指令""指令系统",哪一种说法是正确的? ________。

A)指令等同于计算机语言

B)指令通常由操作码和操作数组成

C)操作码规定计算机进行何种操作

D)基本指令的集合就是指令系统

10. 关于计算机硬件系统,哪些说法是正确的? ________。

A)软盘驱动器属于主机,软磁盘本身属于外部设备

B)硬盘和显示器都是计算机的外部设备

C)键盘和鼠标器均为输入设备

D)"裸机"指不含外部设备的主机,若不安装软件系统则无法运行

11. 在下列叙述中,正确的命题有________。

A)计算机是根据电子元件来划分第几代;微型机是根据 CPU 的字长划分第几代

B)数据处理也称为信息处理,是指对大量信息进行加工处理

C)内存储器按功能分为 ROM 和 RAM 两类,关机后它们中的信息都将全部丢失

D)内存用于存放当前执行的程序和数据,它直接和 CPU 打交道,信息处理速度快

12. 下列设备中属于输入设备的是________。

A)显示器　　B)键盘　　C)打印机　　D) 绘图仪

13. 计算机多媒体包括________。

A)声音　　B)图像　　C)文字　　D)动画

14. 多媒体的关键特征是________。

A)信息载体多样性　　B)网络化

C)交互性　　D)集成性

15. 在下列有关存储器的几种说法中,________是正确的。

A)辅助存储器的容量一般比主存储器的容量大

B)辅助存储器的存取速度一般比主存储器的存取速度慢

C)辅助存储器与主存储器一样可与CPU直接交换数据

D)辅助存储器与主存储器一样可用来存放程序和数据

四、简答题

1. 冯·诺依曼的设计思想可以概括为哪三点？
2. 列出微型计算机的主要技术指标(四个以上)。
3. 列出当前常用的外存储器(四种以上)。
4. 主存储器主要由哪些部分组成？各部分的主要特征是什么？
5. 计算机经历了几代的发展？
6. 常见的信息编码有哪些？汉字编码主要包括哪几种？

第2章　Windows操作系统

【本章教学目标】

(1)理解操作系统的概念和功能;

(2)掌握 Windows 7 的桌面、窗口、对话框和菜单的组成及操作;

(3)掌握 Windows 7 文件及文件管理的基本操作;

(4)掌握 Windows 7 控制面板的使用方法;

(5)掌握 Windows 7 的磁盘管理和系统管理;

(6)掌握 Windows 7 中实用程序的使用。

2.1　操作系统基础

2.1.1　操作系统的概念和功能

1. 什么为操作系统?

纯硬件的、无任何软件支持的计算机称为“裸机”。这种计算机只能识别二进制,人们必须通过以二进制表示的该机器的机器语言指令来使用此种计算机,必须和内存的物理地址直接打交道,这对非专业人员来说是非常困难的。为了更有效地管理和使用计算机,在硬件上加了一层专门管理计算机资源的软件——操作系统(Operation System)。由操作系统负责管理计算机的硬件和软件资源,并为用户提供使用计算机的接口,从而方便了用户的使用。

操作系统掩盖了计算机硬件的特征,这时的计算机已不是二进制接口的计算机,而是操作系统管理下的虚拟机。有了操作系统后,由操作系统接受用户发出的指令并进行相应处理,再将处理结果转发给相关硬件设备执行。

操作系统是用来控制和管理计算机的软、硬件资源,合理地组织计算机流程,并方便用户有效地使用计算机的各种程序的集合。它是计算机必备的系统软件,是人与硬件的桥梁,是人机交流的必不可少的工具,也是计算机系统中最基本的软件,其他的软件都是建立在操作系统之上的。操作系统的主要任务为:

(1)管理计算机的全部软件和硬件资源;

(2)提供方便友好的用户接口;

(3)扩充硬件的功能;

(4)最大限度地发挥计算机系统的效率。

2. 操作系统的功能

从管理的角度,操作系统有以下五大管理功能,如图 2-1 所示。

(1)处理器管理:处理器管理(进程管理)负责管理计算机的处理器。为用户合理分配处理

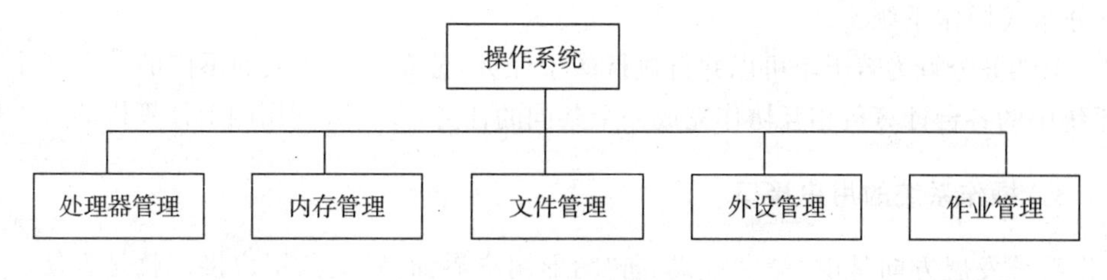

图 2－1　操作系统组成

器的时间，尽量使处理器处于忙碌状态，以提高处理器的使用效率。

(2)内存管理：内存管理系统负责管理主存储器，实现内存的分配与回收、内存的共享与扩充，以及信息的保护等。使用户在编程时可以不考虑内存的物理地址，从而方便了用户，并提高了内存空间的利用率。

(3)文件管理：文件管理系统负责管理文件，实现用户信息的存储、共享和保护，为文件的“按名存储”提供技术支持，合理地分配和使用外存空间。

(4)外设管理：外设管理负责管理各种外部设备，实现外部设备的分配和回收，并控制外部设备的启动与运行。

(5)作业管理：作业(job)是用户要求计算机解决的一个问题，它包括程序、数据集和作业。一个作业从进入计算机系统到执行结束经过了几个不同的状态，在某个时间段，计算机在做多个作业，作业管理系统负责实现作业调度并控制作业的执行。

2.1.2　操作系统的分类

不同的场合、不同的目的下，使用的操作系统也不同。按系统运行环境和使用方式的不同，操作系统可分为以下几类：

1. 单用户操作系统

一次只有一个用户独占系统资源。它又可分为单用户单任务和单用户多任务操作系统。如 DOS 是单用户单任务字符界面操作系统，Windows 是单用户多任务图形界面操作系统。

2. 多道批处理操作系统

多个作业同时存在，中央处理器轮流地执行各个作业。

3. 分时操作系统

CPU 将其时间分为若干个时间片，一台主机可挂多个终端，每个终端用户每次可以使用一个时间片，CPU 轮流为终端用户服务，一个时间片内没有完成，则等到下一个时间片，从而实现了多个用户分时使用一台计算机。Unix 是典型的分时操作系统。

4. 实时操作系统

主要用于实时控制，一般是为专用机设计的。这种操作系统能对随机出现的外部事件进行及时的响应和处理。

5. 网络操作系统

管理网络资源，将计算机网络中的各台计算机有机地联合起来，以实现网上各计算机之间的数据通信和资源共享，解决网络传输，仲裁冲突等。常用的网络操作系统有：NetWare、Windows NT Server 等。

6. 分布式操作系统

将一个任务分解为若干个可以并行执行的子任务,分布到网络上的不同的计算机上并行执行,使系统中的各台计算机相互协作完成一个共同的任务,以充分利用网上计算机的资源优势。

2.1.3 操作系统的用户接口

操作系统发展方向是由"命令方式"向"图形用户界面"转变。用户接口就是方便用户使用计算机而建立的一种"用户与计算机之间的联系方式"。用户通过这个接口来给计算机指令或者计算机通过这个接口来给用户显示信息。

命令方式:用户通过在计算机中输入特殊的命令和字符来控制计算机,比如早期微软的MS-DOS和Linux(终端命令模式)操作系统,通过特殊格式的命令字符来实现不同的功能。这种操作方式最大的特点就是满屏幕都是字符,鼠标通常不起作用。

图形用户界面:用户通过图形界面操作计算机时实现了"可视化"操作,用户不需要去背那些烦琐的命令字符,而是通过可视化窗口用鼠标键盘等来实现操作。图形用户界面的出现开创了计算机的另一个时代,使计算机的操作更加简便、快捷。目前主流的图形界面操作系统有:微软的Windows系列、Linux(图形界面模式)、苹果的MAC OS等。

用户接口即为负责用户与计算机沟通的桥梁,用户直接对计算机说某件事情计算机不可能听懂,需要操作系统来翻译用户的意思,并且告诉计算机我们说了什么。

"命令方式"与"图形用户界面"只是操作计算机两种不同的方式而已。

技巧

在命令提示符窗口中使用图形界面:

如果我们需要在Windows 7的"命令提示符"窗口中重复地输入一些比较长的命令,反复输入比较麻烦,我们可以按下"F7"键,出现图形界面,然后就可以使用方向键非常方便地进行选择,按下回车键可以执行该命令。

2.1.4 常用的操作系统

现在操作系统的种类很多,在操作系统这个大阵营中,用于PC机的典型操作系统有DOS、Windows、Unix、Linux等。而现在手机使用非常普及,在手机中比较典型的操作系统有iOS、Android、Phone等。

2.1.4.1 PC机操作系统

1. DOS操作系统

Microsoft公司研制的配置在PC的操作系统单用户命令行界面操作系统。从1981年问世至今,DOS经历了7次大的版本升级,从1.0版到现在的7.0版,不断地改进和完善。常用的DOS有三种不同的品牌,它们是Microsoft公司的MS-DOS、IBM公司的PC-DOS以及Novell公司的DR DOS,这三种DOS相互兼容,但仍有一些区别,三种DOS中使用最多的是MS-DOS。

2. Windows操作系统

Windows系统是当今使用用户最多的一个操作系统。它是Microsoft公司在1985年11

月发布的第一代窗口式多任务系统，它使PC机开始进入了图形用户界面时代。这种界面方式为用户提供了很大的方便，把计算机的使用提高到了一个新的阶段。它的版本有：Windows1.X、MS - Windows2.X 、MS - Windows/286 - V2.1、MS - Windows/386 V2.1、Windows3.0、Windows3.1、Windows95、Windows98、Windows NT、Windows NT 3.0\3.5\4.0、Windows Me、Windows 2000、Windows XP、Windows Vista、Windows 7 和 Windows 8。

3. Unix 操作系统

Unix 系统是 1969 年在贝尔实验室诞生，最初是在中小型计算机上运用。Unix 为用户提供了一个分时的系统以控制计算机的活动和资源，并且提供一个交互、灵活的操作界面。Unix 被设计成为能够同时运行多进程，支持用户之间共享数据。Unix 有很多种，许多公司都有自己的版本，如 AT&T、Sun、HP 等。

4. Linux 操作系统

Linux 系统是目前全球最大的一个自由免费软件，其本身的功能可与 Unix 和 Windows 相媲美，具有完备的网络功能，它的用法与 Unix 非常相似，因此许多用户不再购买昂贵的 Unix，转而投入 Linux 等免费系统。

2.1.4.2 智能手机操作系统

智能手机操作系统是一种运算能力及功能比传统功能手机更强的操作系统。使用最多的操作系统有：Android、iOS、Symbian、Windows Phone 和 BlackBerry OS。他们之间的应用软件互不兼容。因为可以像个人电脑一样安装第三方软件，所以智能手机有丰富的功能。智能手机能够显示与个人电脑所显示出来一致的正常网页，它具有独立的操作系统以及良好的用户界面，拥有很强的应用扩展性，能方便随意地安装和删除应用程序。

1. iOS

iOS 是由苹果公司为 iPhone、iPad 以及 iPod touch 等系列产品开发的操作系统，最新版本 7.1。iPhone OS 的系统架构分为四个层次：核心操作系统层(the Core OSlayer)、核心服务层(the Core Serviceslayer)、媒体层(the Media layer)、可轻触层(the Cocoa Touchlayer)。系统操作占用大概 1.1GB 的存储空间。

特点：优秀的图形用户界面、多媒体效果和方便的触控、丰富的软件库，但不支持第三方软件。

2. Android

Android(安卓或安致)最初由 Andy Rubin 创办，2005 年由 Google 收购。Android 是一种以 Linux 为基础的开放源代码操作系统，主要使用于便携设备。目前尚未有统一中文名称，中国大陆地区较多人使用“安卓”或“安致”。

特点：免费开源、服务不受限制、第三方软件多。

3. Phone

Windows Phone 是 2010 年微软发布的智能手机操作系统。具有桌面定制、图标拖拽、滑动控制等一系列前卫的操作体验。其主屏幕通过提供类似仪表盘的体验来显示新的电子邮件、短信、未接来电、日历约会等，让人们对重要信息保持时刻更新。它还包括一个增强的触摸屏界面，更方便手指操作。

特点：与 Windows 8 相同的内核，方便用户开发，提高市场占有率。

2.1.5　认识 Windows 7

2.1.5.1　Windows 7 概述

Windows 7 操作系统是微软公司（Microsoft）在 2009 年 10 月发布的，Windows 7 延续了 Windows Vista 的 Aero 风格，并且在此基础上增添了许多功能。可供家庭及商业工作环境、笔记本电脑、平板电脑、多媒体中心等使用。

Windows 7 有多种版本可供选择：简易版（Starter）、普通家庭版（Home Basic）、高级家庭版（Home Premium）、专业版（Professional）、企业版（Enterprise）（非零售）、旗舰版（Ultimate）。

1. 新特性

Windows 7 的设计主要围绕五个重点——针对笔记本电脑的特有设计、基于应用服务的设计、用户的个性化、视听娱乐的优化、用户易用性的新引擎。Windows 7 具有以往操作系统所不可比拟的特性，将给用户带来全新的体验：

（1）全新的任务栏；

（2）简便的文件预览；

（3）快捷的 Jump List；

（4）智能的窗口缩放；

（5）强大的操作中心；

（6）更好的应用程序兼容性。

2. 系统特色

Windows 7 的跳跃列表，系统故障快速修复等，这些新功能令 Windows 7 成为最易用的 Windows，其主要特点体现在：

（1）易用。Windows 7 系统简化了许多设计，如快速最大化，窗口半屏显示，跳转列表（Jump List），系统故障快速修复等。

（2）简单。Windows 7 系统将会让搜索和使用信息更加简单，包括本地、网络和互联网搜索功能，直观的用户体验将更加高级，还会整合自动化应用程序提交和交叉程序数据透明性。

（3）效率。Windows 7 系统中，集成的搜索功能非常的强大，只要用户打开“开始”菜单并开始输入搜索内容，无论要查找应用程序、文本文档等，搜索功能都能自动运行，给用户的操作带来极大的便利。

（4）小工具。Windows 7 的小工具可以单独在桌面上放置。

（5）高效搜索框。Windows 7 系统资源管理器的搜索框可以灵活调节宽窄。它能快速搜索 Windows 中的文档、图片、程序、Windows 帮助甚至网络等信息。

（6）加快电脑方法。快速释放 Windows 7 系统资源让电脑更顺畅。

2.1.5.2　Windows 7 的启动与退出

1. 启动

当打开主机电源，系统自动进行硬件自检引导操作系统，启动一切正常后进入登录界面：

（1）Windows 7 系统的登录界面，提供“账户”栏和“关闭计算机”按钮。可以根据需要在“账户”栏中创建属于自己的账户，这样每个用户单独地拥有自己的程序和文件。

（2）在“账户”栏中单击账户图标后，输入密码，进入该账户的 Windows 操作环境。

(3)在“控制面板”的“账户和家庭安全”中可以创建、更改或删除账户。

2. 切换

Windows 7 是一个多用户的操作系统，每个用户都拥有自己设置的工作环境。当其他用户需要使用该计算机时，不必重新启动计算机，而采用“注销”或“切换用户”方式重新登录或切换，实现快速登录来使用计算机。

3. 注销

在注销时，Windows 7 系统将先关闭尚未关闭的所有应用程序和文件，如果这些文件还没有保存，Windows 7 系统会提醒保存它们。

4. 退出

当机器不用时，则将其关闭。单击“开始/关机”命令，系统保存更改过的所有 Windows 7 设置，将当前内存中的全部数据写入硬盘中，然后自动关闭 Windows 7 系统，并关闭计算机电源。

2.2 Windows 7 的环境与操作

2.2.1 Windows 7 的工作环境

Windows 7 的界面非常友善，通过增强的 Windows 任务栏、开始菜单和 Windows 资源管理器，可以使用少量的鼠标操作来完成更多的任务。

2.2.1.1 Windows 7 桌面

1. 桌面组成

启动 Windows 7 后，首先看到的是桌面。Windows 7 的桌面由屏幕背景、图标、开始菜单和任务栏等组成，Windows 7 的所有操作都可以从桌面开始。桌面就像办公桌一样非常直观，是运行各类应用程序、对系统进行各种管理的屏幕区域。

为了保证产品的一致性，Windows 7 默认的界面外观设置并不一定能满足每个用户的个人习惯，可以根据自己的习惯个性化桌面，包括设置桌面的图标、图标尺寸、透明边框颜色、桌面背景图片以及声音主题等。

2. 桌面主题

桌面主题是指在 Windows 7 操作系统中，用户对自己的 PC 桌面进行个性化装饰的交互界面，通过更换 Windows 7 的主题，用户可以调整桌面背景、窗口颜色、声音和屏幕保护程序，符合从基本到高对比度显示的跨度，用以满足不同用户个性化的需求。

Windows 7 中自带了很多 Windows 7 主题，用户也可以自己设计创建 Windows 7 主题，Windows 7 主题可以创建保存。具体操作，如图 2-2 所示。

3. 桌面图标

Windows 7 启动后，桌面上一般只有“回收站”图标，如果希望显示一些常用的其他图标，可以通过单击“个性化”窗口中“更改桌面图标”。

4. 桌面小工具

桌面小工具是 Windows 7 操作程序新增功能，可以方便电脑用户使用。桌面小工具可以查看时间、天气；可以了解电脑的情况(如 CPU 仪表盘)；可以作为摆设(如招财猫)等，如图 2-

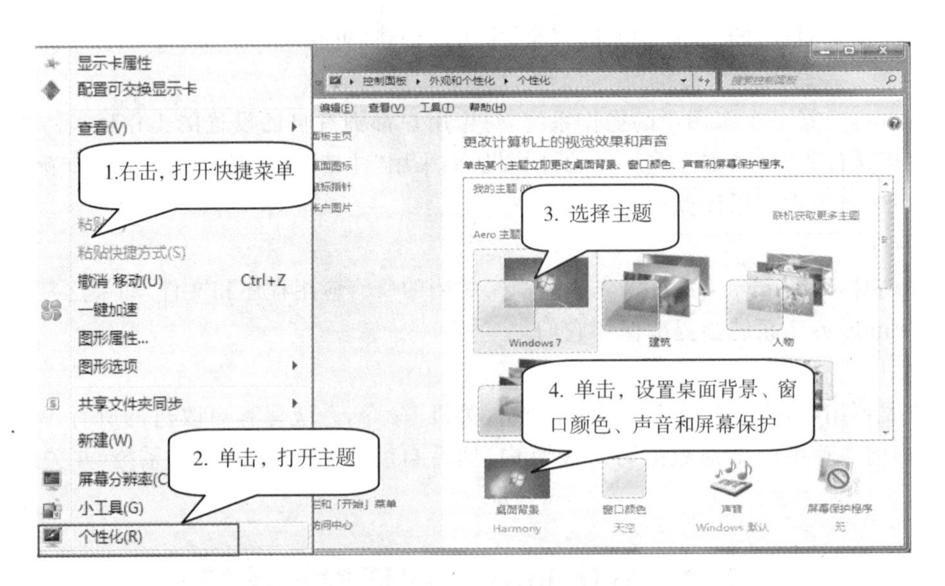

图 2-2　Windows 7 桌面主题

3 所示。在小工具中天气是需联网才能使用的，而时钟不用联网就能使用。

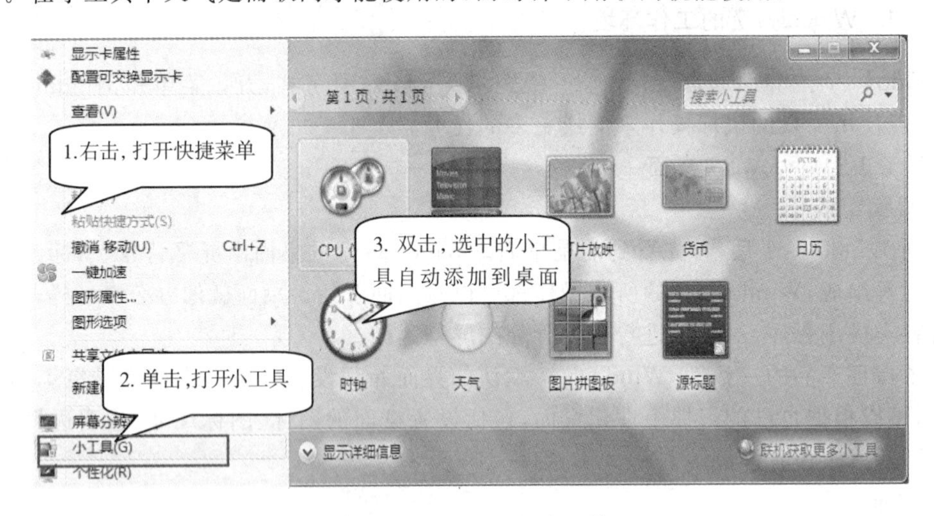

图 2-3　Windows 7 小工具

(1)添加：Windows 7 安装时，桌面上会有三个默认小工具，即时钟、幻灯片放映和源标题。如果想要在桌面上添加小工具，可以右键菜单进入在小工具库中双击你想添加的小工具，被双击的小工具会显示在桌面上。

(2)设置：若想更改小工具，可以把鼠标拖到小工具上，然后点击像扳手那样的图标，就能进入设置页面。你可以根据需要来设置小工具，按“确定”保存。

(3)不透明：你觉得某个小工具不经常用但是又不想删掉，那可以更改不透明度。把鼠标移到要想设置不透明度的小工具上，单击右键，再移动鼠标到“不透明度”，单击你想要的不透明度。不透明度数字有：20%、40%、60%、80%、100%。

(4)安装：若想要小工具库里的小工具更多，可以联网在网上下载你想要的小工具，安装成功后双击安装图标，确认安装，安装的小工具就会直接出现在桌面上。

2.2.1.2 “开始”菜单

1.“开始”菜单组成

“开始”菜单是存放操作系统或设置系统的绝大多数命令，而且还可以使用安装到当前系统里面的所有的程序。开始菜单与开始按钮是 Windows 系列操作系统图形用户界面(GUI)的基本部分，可以称为是操作系统的中央控制区域。在 Windows 7 中，“开始”菜单更加入了搜索功能，用户在输入文字之后可以列出匹配的开始菜单项。

Windows 7 的“开始”菜单是由“程序列表锁定部分”、“常用程序”列表、“所有程序”菜单、“搜索”框等组成，如图 2－4 所示。

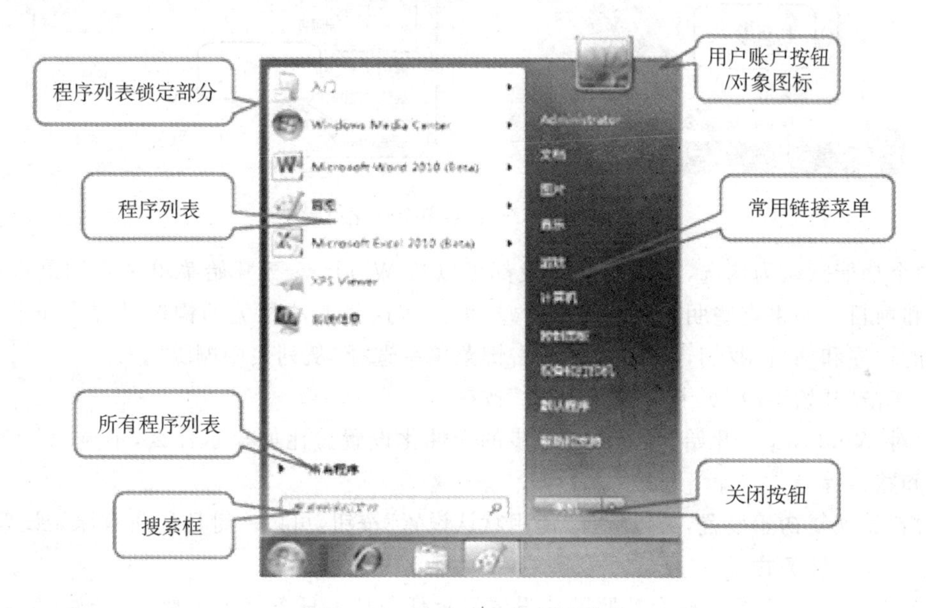

图 2－4　Windows 7“开始”菜单

说明：

(1)程序列表：是由开始菜单最近调用过的程序跳转列表。包括：

① 添加程序列表项。

② 锁定和解锁程序列表项。

③ 删除和谐列表项。

(2)搜索框

① 搜索范围：不要求用户提供确切的搜索范围。

② 搜索结果：立即显示在“搜索框”上方的“开始”菜单左窗格中。

③ 搜索框的功能：等价于 Windows XP 版本中的“运行”对话框。

2.“开始”菜单个性化设置

Windows 7 系统的“开始”菜单中会显示我们最近使用过的程序或项目的快捷方式，如果想对 Windows 7 的“开始”菜单做一些个性设置，具体步骤：

(1)右击 Windows 7 的圆形“开始”按钮，选择“属性”，打开“自定义开始菜单”的设置面板，如图 2－5 所示。

(2)在“开始菜单”页卡中的“隐私”设置里，我们可以选择是否储存最近打开过的程序和项

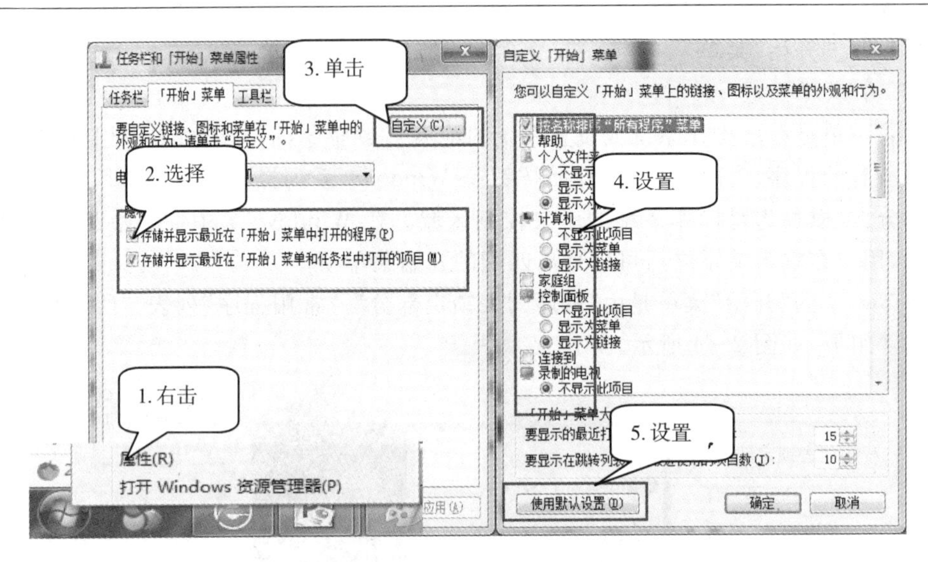

图 2－5　“开始”菜单个性化设置

目，这两个功能默认为钩选，所以我们一般都可以从 Windows 7 开始菜单中看到最近使用过的程序和项目。如果有些朋友不想显示这些，可以在这里取消相关的钩选设置。如果不想显示个别的程序和项目，我们也可以直接从右键菜单中选择“从列表中删除”。

(3)点击“开始菜单”页卡中的“自定义”按钮。

(4)对 Windows 7“开始”菜单做进一步的个性化设置。比如显示什么，不显示什么，显示的方式和数目等等。

(5)若想恢复初始设置，可以选择“使用默认设置”按钮，可以一键还原所有原始设置。

2.2.1.3　任务栏

进入 Windows 7 系统后会按照默认设置显示任务栏。任务栏上主要由“开始”按钮、程序按钮区、通知区域和“显示桌面”按钮 4 部分组成，如图 2－6 所示。

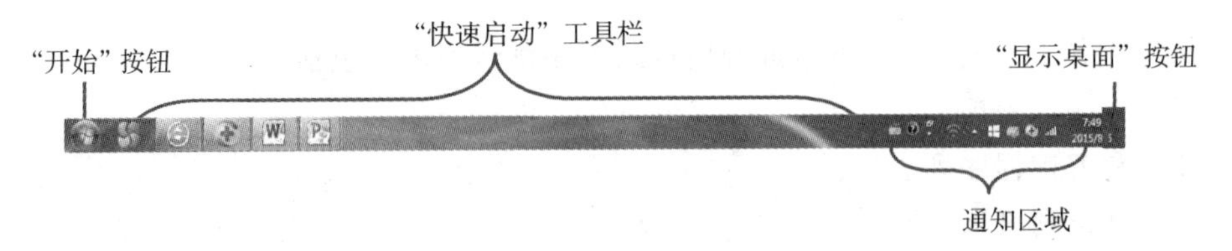

图 2－6　任务栏

(1)“开始”按钮：位于屏幕的左下角，单击“开始”按钮，即弹开“开始”菜单。

(2)“快速启动”工具栏：用于显示正在运行的应用程序和文件，可以实现快速启动。

(3)通知区域：位于 Windows 7 任务栏的右侧，用于显示时间、一些程序的运行状态和系统图标，单击图标，通常会打开与该程序相关的设置，也称系统托盘区域。

(4)“显示桌面”按钮：可以在当前打开窗口与桌面之间进行切换。

在实际操作时，可以通过 Windows 7 中的“任务栏”轻松、便捷地管理、切换和执行各类应用。操作时正在使用的文件或程序在“任务栏”上都以缩略图为表示；如果将鼠标悬停在缩略图上，则窗口将展开为预览，可以直接从缩略图关闭窗口。

Windows 7 的任务栏与其他版本相比，有较大的改变，体现在：

(1)将程序锁定到任务栏；

(2)预览窗口；

(3)跳转列表。

通常任务栏是按系统默认设置显示，我们也可以根据自己要求加以修改。例如改变任务栏显示的位置，改变任务栏上面的按钮是否合并，改变图标是否显示在任务栏上……，这些都可以在任务栏的属性中加以修改。

方法：在任务栏上右击键，单击“属性”按钮，在打开的“属性”窗口中按照要求设置即可。

2.2.1.4 回收站及删除

回收站是 Windows 操作系统里的其中一个系统文件夹，是硬盘上的一块区域，主要用来存放用户临时删除的文档资料，存放在回收站的文件可以恢复。通常删除的文件默认在每个硬盘分区根目录下的 RECYCLER 文件夹中，而且是隐藏的。当你将文件删除并移到回收站后，实质上就是把它放到了这个文件夹，仍然占用磁盘的空间。只有在回收站里删除它或清空回收站才能使文件真正地删除，为电脑获得更多的磁盘空间。用好和管理好回收站、打造富有个性功能的回收站可以更加方便日常的文档维护工作。

在回收站的“属性”对话框中，可以看到每个分区的回收站设置。可以在对话框中调整回收站容量大小，可以在文件删除时是否移到回收站等设置，如图 2－7 所示。

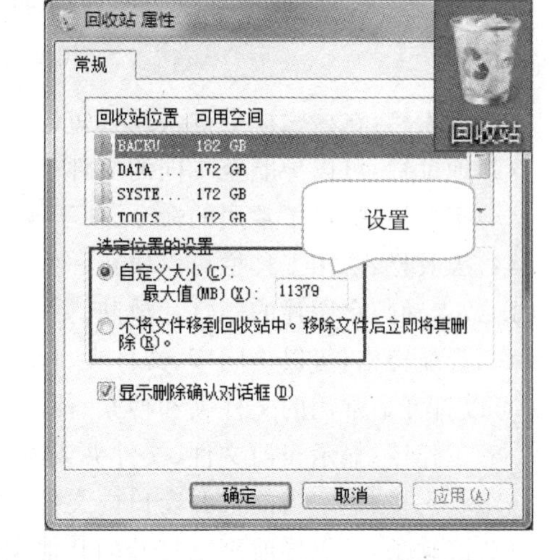

图 2－7 “回收站属性”对话框

1. 删除文件或文件夹

把文件和文件夹删除，实际是把文件和文件夹移到回收站中，通常操作时：

(1)选中要删除的文件或文件夹，按 Delete 键。

(2)选中要删除的文件或文件夹，在选中的文件或文件夹图标单击右键，选择“删除”。

(3)选中要删除的文件或文件夹，直接拖到回收站中。

2. 删除文件不进回收站

在删除文件时，哪些文件不进回收站呢？

(1)删除时按住 shift 键，则删除的文件或文件夹不进回收站。

(2)U 盘或存储卡等移动存储器上的文件删除后也不会进入回收站。

2.2.2 窗口与对话框的基本操作

窗口是 Windows 7 三大元素之一，在实际操作中几乎所有的操作都要在窗口中完成。

2.2.2.1 窗口的基本操作

窗口是桌面上的一个矩形框，是应用程序运行的一个界面，也表示该程序正在运行中。基本上我们所有的操作都离不了窗口，我们可以在窗口中存放、移动文件；在窗口中打开、执行应用程序。窗口一般有标题栏、菜单栏、工具栏、状态栏、滚动条和工作区组成。在资源管理器窗口中，提供了包括自由设置窗口布局选项、调整图标显示大小等实用功能，通过上方的对应工具栏选项，可以完成个性定制，包括开启预览等窗口，还可浏览文档、图片、视频、音乐在内的文件内容。

1. 窗口的组成

Windows 7 的窗口，如图 2－8 所示，主体有：

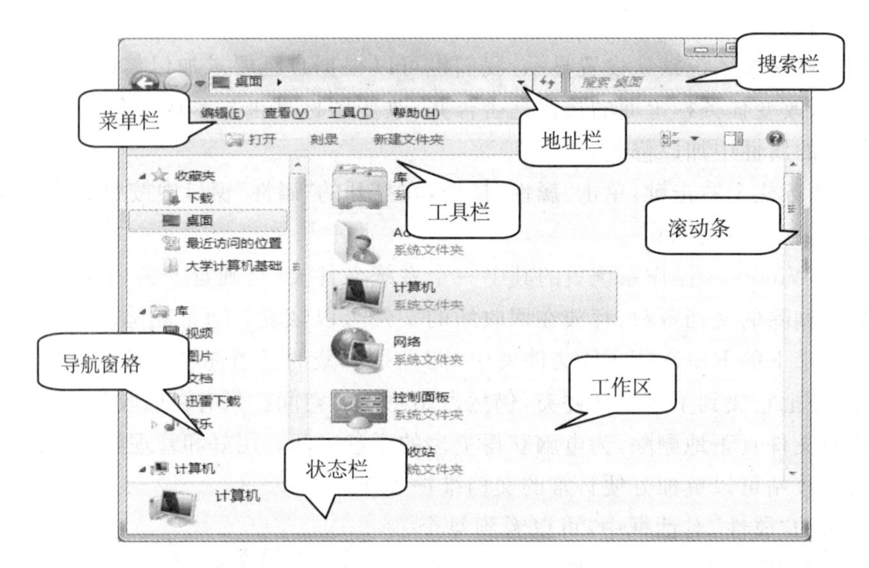

图 2－8　典型窗口

(1)搜索栏：在搜索框中键入词或短语可查找当前文件、文件夹或库中的项。

(2)地址栏：可以导航至不同的文件夹或库，或返回上一文件夹或库。

(3)菜单栏：提供了常用的命令，便于操作。

(4)工具栏：使用工具栏可以执行一些常见任务，如更改文件和文件夹的外观、将文件刻录到 CD 或启动数字图片的幻灯片放映。

(5)导航窗格：可以访问库、文件夹、保存的搜索结果，可以访问整个硬盘。使用“收藏夹”部分可以打开最常用的文件夹和搜索；使用“库”部分可以访问库。

(6)工作区：显示当前文件、文件夹或库内容及位置。

(7)状态栏：显示当前打开窗口内文件、文件夹或库的信息。

(8)滚动条：可以导航至已打开的其他文件夹或库，而无需关闭当前窗口。

2. 窗口的操作

(1)窗口的打开

窗口的打开有多种方法。

① 在应用程序或管理程序的图标上双击即可打开窗口；

② 将鼠标移到某个图标上，单击右键，弹出快捷菜单，选中“打开”；

③ 利用“文件”菜单中的“打开”对话框；

④ 利用“工具栏”中的按钮。

(2)窗口大小的改变

将鼠标指针移动到窗口的边框或窗角，此时鼠标指针变为双向箭头，沿箭头方向拖动鼠标，即可改变窗口的大小。

(3)窗口的排列

在 Windows XP 系统中，允许用户同时打开多个窗口。如果用户同时打开的窗口较多，屏幕较乱，此时用户可以选择窗口在屏幕上的排列方式。窗口有以下两种排列方式：

① 层叠式排列：将窗口按打开的先后次序依次排列在屏幕上。

② 平铺式排列：将窗口一个接着一个水平或垂直排列，分为横向和纵向两种。

具体实现方法为：将鼠标移到任务栏的空白处，单击右键，弹开快捷菜单，单击某个排列方式即可。

(4)窗口的移动

将鼠标定位到标题栏，按住鼠标左键并拖动到任意位置处释放，即可移动窗口。

(5)窗口的切换

如果同时打开了多个窗口，用户可以通过窗口的切换来改变当前窗口或激活窗口。窗口的切换有以下几种方法：

① 单击任务栏上的图标则激活此图标对应的窗口；

② 单击窗口的可见部分也可激活对应的窗口；

③ 利用“Alt＋Tab”键可以在打开的各窗口间进行循环切换。

(6)窗口的关闭

关闭窗口有以下几种方法：

① 单击标题栏右上方的“关闭”按钮；

② 双击标题栏左上方的“控制图标”；

③ 利用“Alt＋F4”组合键；

④ 右键单击任务栏上的图标，选择“关闭”。

2.2.2.2　对话框的基本操作

对话框是用户与计算机系统之间进行信息交流的窗口，对话框是特殊类型的窗口，在对话框中用户可以对选项选择，对系统进行对象属性的修改或者设置。

对话框与窗口的主要区别是：对话框不能改变大小且对话框中无菜单栏、工具栏，不能改变形状大小。对话框是人机交流的一种方式，用户对对话框进行设置，计算机就会执行相应的命令。对话框中有单选框、复选框、下拉列表框、命令按钮等组成，如图 2－9 所示。

1. 列表框

列表框是对话框中的一个小窗口，其右边有一个“▼”按钮，用户可以单击此按钮，打开列表框，并从中选择一项或几项。

2. 文本框

文本框是用户输入文本信息的地方。

3. 单选框

单选框中有一组互相排斥的选项，在任何时刻用户只能从中选择一个。单选框中的选项前有一个“○”按钮，被选中的状态为“⊙”。

4. 复选框

复选框中有一组选项，用户可以选择其中的一个或几个，复选框选项前有一个“□”按钮，被选中的状态为“√”。

5. 命令按钮

每个命令按钮上都有自己的名字，在对话框中单击某个命令按钮则启动一个对应的动作。如单击“确定”按钮，则执行对应的命令，同时关闭对话框；单击“取消”按钮，则关闭对话框。

6. 选项卡

根据用户具体操作的需要，进行选择。

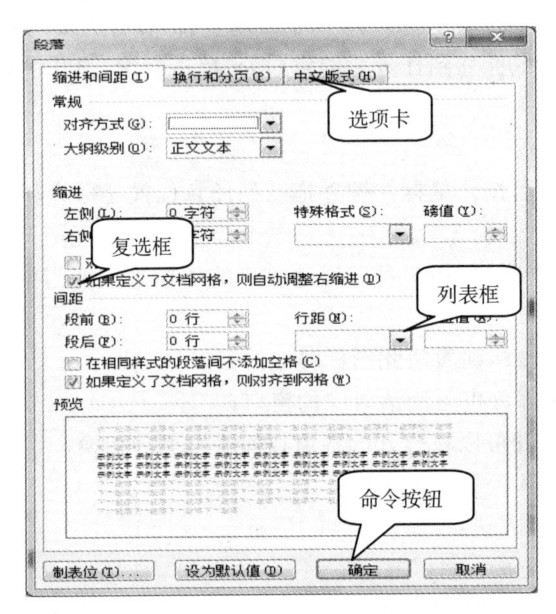

图 2-9　典型对话框

2.2.3　菜单和工具栏

2.2.3.1　菜单

在图形界面系统中，菜单是一些应用程序、命令以及文件的集合。当运行程序时，用菜单比较直观简洁的来进行操作。菜单主要用于存放各种操作命令，要执行菜单上的命令，只需单击菜单项即可。

1. 菜单分类

Windows 7 系统中，菜单分成三类：

(1)程序菜单：菜单栏上的菜单称为程序菜单，如文件菜单、编辑菜单等。

(2)快捷菜单：单击鼠标右键所打开的菜单即为快捷菜单。通常是关于选定对象的操作命令集合。

(3)控制菜单：用于控制各类窗口动作的菜单。单击位于标题栏上最左侧的窗口图标，就可以弹出控制菜单。

2. 菜单的约定

在菜单中有一些常见的符号标记，它们分别代表一定的含义。

(1)灰暗的菜单项：当某个菜单项的执行条件不具备时，则此菜单项为灰暗的，表示其无效。一旦条件具备，立即恢复为正常状态。

(2)带“…”的菜单项：选中此菜单项，将弹出一个对话框，用户可进一步选择。

(3)右侧带“▶”的菜单项：选中此菜单项，将弹出一个下拉式菜单，供用户选择。

(4)名字前带“√”的菜单项：表示此菜单项可在两个状态之间转换。如名字前带“√”，则说明此菜单项已被选中，正在起作用；单击此菜单项，标记“√”消失，则不再起作用。

(5)名字前带“●”的菜单项:表示此菜单项可以选用,但是同一组中只能选择其中一个。

(6)名字后带快捷键的菜单项:带快捷键的菜单项,可直接按下快捷键执行相应的命令。如“Ctrl+V”可以粘贴。

(7)带有字母的菜单项:表示该菜单命令的快捷键。例如“Alt+X”代表退出。

(8)菜单的分组线:有些下拉菜单中,某几个功能相似的菜单放在一起与其他菜单之间以线条分隔,形成了一组菜单项。

3. 菜单的使用

(1)打开菜单:单击菜单栏上的菜单项既可打开菜单,也可使用键盘进行。

(2)取消菜单:在选中的菜单以外的任意空白处单击鼠标左键即可取消菜单,也可按下 Esc 键取消菜单。

2.2.3.2　工具栏

工具栏位于菜单栏的下方,工作区的上方。工具栏提供各种编辑工具,为方便使用以提高效率,一般都在操作界面的相应位置上设立各种工具图标,方便快捷地进行剪切、拷贝、删除、粘贴等。

为了操作方便,可以将常用的工具添加到“快速访问”工具栏的位置。选定要移动的工具,单击鼠标右键,弹出快捷菜单,从中选择菜单项,可以将所选工具添加到“快速访问”工具栏上,如图 2 - 10 所示。

当我们电脑开着很多个程序的时候,如果一个个去最小化程序,会显得很烦琐,那么在 Windows 7 系统下,我们可以在工具栏上设置一个桌面按钮,就可以随意打开桌面上的任何一个程序或者文件了。具体方法:

(1)在任务栏的任一处,右键打开快捷菜单,单击“属性”;

(2)在“属性”对话框中,选择“工具栏”选项卡;

(3)在“桌面”前面的小方格上打“√”,点击“应用”,按“确定”,在状态添加了“桌面”按钮;

(4)效果如图 2 - 11 所示。

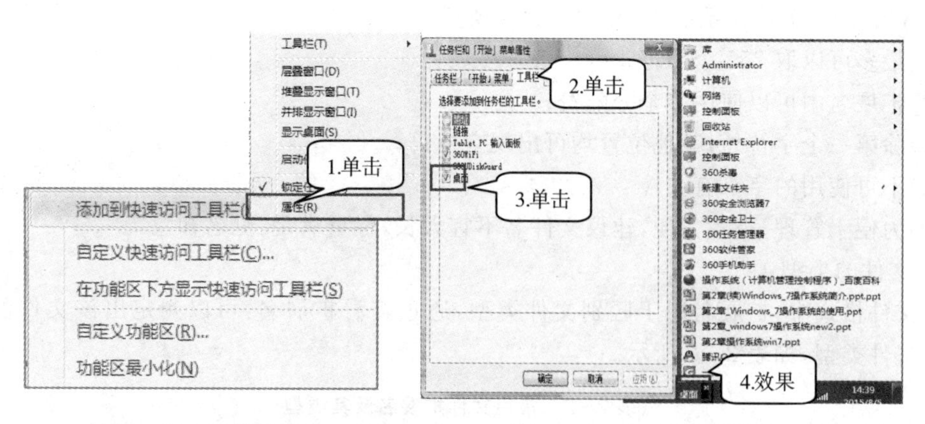

图 2 - 10　工具的移动　　　　图 2 - 11　生成“桌面”按钮

2.2.3.3　鼠标的操作

鼠标光标显示在 Windows 7 桌面上,随着鼠标的移动,桌面上的鼠标光标也随之移动。鼠标光标在不同的状态下有着不同的形状,可以根据鼠标光标的不同形状,决定做出什么样的操作,同时根据鼠标光标的不同形状从中也能判断出当前系统状态。常见的鼠标光标形状对应系统状态,如表 2 - 1 所示。

表 2－1　鼠标光标形状对应的系统状态

鼠标光标	表示的状态	鼠标光标	表示的状态	鼠标光标	表示的状态
	准备状态		调整对象垂直大小		精确调整对象
	帮助选择		调整对象水平大小		文本输入状态
	后台处理		等比例调整对象 1		禁用状态
	忙碌状态		等比例调整对象 2		手写状态
	移动对象		候选		链接选择

2.3　文件管理

2.3.1　文件(夹)概述

文件是存储在外部设备上的一组相关的信息集合。计算机中所有的程序和数据都以文件的形式存储在存储介质之中。文件夹是用于存储程序、数据、文档，是专门装整页文件用的，主要目的是为了更好的保存文件，使之整齐规范。

2.3.1.1　文件

1. 文件的命名

在实际应用中文件按照不同的格式和用途分为很多种类。为便于管理和识别，在对文件命名时要按一定的规则，为了区别各类文件，用扩展名加以区分。

格式：文件名．扩展名

在 Windows 7 操作系统中，文件名命名规则：

(1)最多可以取 255 个字符；

(2)扩展名中可以使用多个分隔符；

(3)除第一个字符外，其他位置均可出现空格符；

(4)不可使用的字符有：? \ ： *　"　<　>　|　' / 等；

(5)为便于管理、查找方便，建议文件名不宜太长，尽量满足“见名知意”。

2. 文件的类型

在文件格式中，扩展名用于区别文件类型，通过查看扩展名，可以判定出该文件的种类。常用的文件类型，如表 2－2 所示。

表 2－2　常用文件扩展名及其类型

文件类型	扩展名	文件类型说明	类型打开软件
文档	. txt	纯文本文件	记事本
	. docx	Word 文件	Word 软件
	. wps	wps 文件	wps 软件
	. html	网页文件	各种浏览器或写字板
	. pdf	便携式文档	各种电子阅读软件

（续上表）

<table>
<tr><th colspan="2">文件类型</th><th>扩展名</th><th>文件类型说明</th><th>类型打开软件</th></tr>
<tr><td colspan="2" rowspan="2">压缩</td><td>.rar</td><td rowspan="2">数据压缩与归档打包</td><td>Windowsrar 可打开</td></tr>
<tr><td>.zip</td><td>Windowszip 可打开</td></tr>
<tr><td rowspan="8">图片</td><td rowspan="3">图形</td><td>.dwg</td><td>CAD 图形文件</td><td>AutoCAD</td></tr>
<tr><td>.wmf</td><td>Windows 园元文件格式</td><td>Windows 着图工具</td></tr>
<tr><td>.cdr</td><td>CorelDraw 图形文件格式</td><td>CorelDraw</td></tr>
<tr><td rowspan="5">图像</td><td>.bmp</td><td>Windows 位图文件格式</td><td rowspan="5">画图工具或
Photoshop</td></tr>
<tr><td>.gif</td><td>图形交换格式文件</td></tr>
<tr><td>.Jpg</td><td>JPEG 压缩的位图文件格式</td></tr>
<tr><td>.png</td><td>流式网络图形文件</td></tr>
<tr><td>.tif</td><td>标记图像格式文件</td></tr>
<tr><td colspan="2" rowspan="4">音频</td><td>.wav</td><td>标准声音文件</td><td rowspan="4">Windows Media
player 播放</td></tr>
<tr><td>.mid</td><td>电子乐器数字接口的声音文件</td></tr>
<tr><td>.mp3</td><td>声音文件</td></tr>
<tr><td>.wma</td><td>流媒体音频格式文件</td></tr>
<tr><td colspan="2" rowspan="3">动画</td><td>.swf</td><td>Flash 动画文件</td><td>用 flash 自带的 players 程序可播放</td></tr>
<tr><td>.gif</td><td>图形交换格式文件</td><td>浏览器</td></tr>
<tr><td>.mov</td><td>QuickTime 动画文件</td><td>QuickTime</td></tr>
<tr><td colspan="2">执行</td><td>.exe、com</td><td>二进制可执行文件</td><td rowspan="2">Dos、Windows</td></tr>
<tr><td colspan="2">批处理</td><td>.bat</td><td>批处理文件</td></tr>
</table>

3. 文件属性

属性定义了文件的某种独特性质，文件分为不同类型的文件，以便存放和传输。属性不包含在文件的实际内容，只是提供了有关文件的信息，可用来帮助查找和整理文件。

文件的属性对话框包括常规（类型、位置、大小、占用空间）、属性（只读、隐藏）、共享、安全、以前的版本、自定义等相关内容。

若要查看文件（夹）属性，选中文件（夹）后，右击打开快捷菜单，选择“属性”命令，即可查看该文件（夹）的属性。Windows 7 中的文件属性有只读和隐藏两种属性。

（1）只读属性：把文件设置为只读，代表文件只允许读但不允许修改。为防止文件被破坏，可将文件设置为只读属性。

（2）隐藏属性：把文件进行了隐藏，一般情况下系统不显示这些文件的信息，常用于标记非常重要的文件。

当某文件为只读属性时，若要对其文件进行修改，一种方法是把文件的“只读”属性取消后修改；另一种方法是把文件修改后，“另存为…”文件。

当文件设置为隐藏属性后，系统则不显示它们的相关信息。若需要显示隐藏属性的文件

(夹),可打开“工具”菜单中的“文件夹选项”对话框,如图 2-12 所示。选中“显示所有文件和文件夹”,即可显示具有隐藏属性的文件。

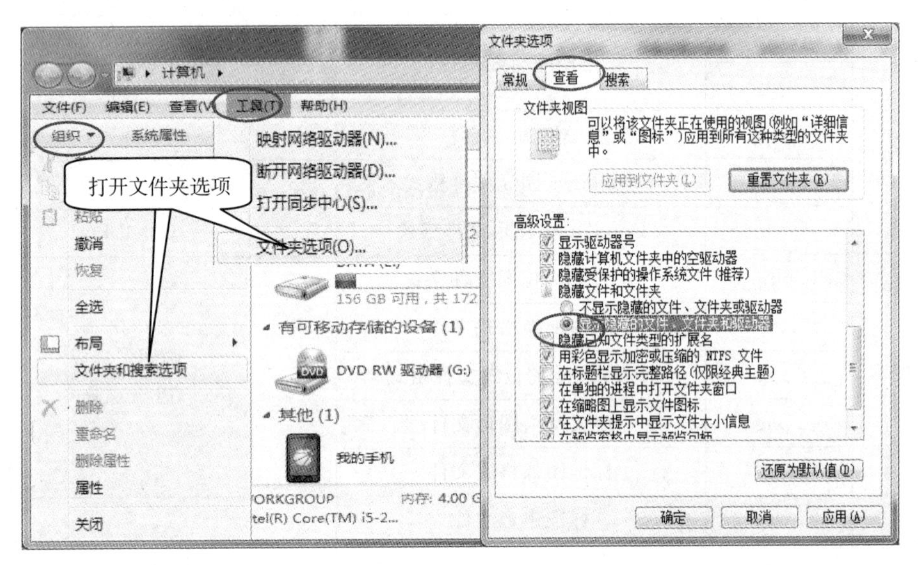

图 2-12　显示隐藏属性的文件(夹)

4. 文件通配符

通配符是一种特殊语句,主要有星号(*)和问号(?),用来模糊搜索文件。当查找文件夹时,可以使用它来代替一个或多个真正字符;当不知道真正字符或者懒得输入完整名字时,常常使用通配符代替一个或多个真正的字符。

星号(*):代表文件名所允许的任何字符。

问号(?):代表文件名只能表示一个字符。

例如:C*.* 代表以 C 打头的所有文件名和扩展名。若 A??.txt 代表以 A 打头的后面包括 2 个字符,所有扩展名为 .txt 的文件。

2.3.1.2　文件夹

文件夹是用来组织和管理磁盘文件的一种数据结构,每一个文件夹对应一块磁盘空间,它提供了指向对应空间的地址。

1. 文件夹结构

在 Windows 7 中,一个文件夹下可以包含多个文件和子文件夹,各子文件夹中又同样可以包含多个下级文件和文件夹,但同一个文件夹下不能有同名的子文件夹或文件,使之呈现出一种树形结构,如图 2-13 所示。

2. 路径

路径指文件和文件夹在计算机中存储的位置。当打开某个文件夹时,在地址栏中可以看到进入的文件夹的层次结构,由文件夹的层次结构可以得到文件夹的路径。

路径结构包括磁盘名、文件夹名和文件名,它们之间用“\”隔开。路径分为绝对路径和相对路径。

绝对路径:从根文件夹开始的路径,以“\”作为开始。例如:C:\windows\system32\cmd.exe,或当前就在 C 盘任意目录下,可以写成“\windows\system32\cmd.exe”。

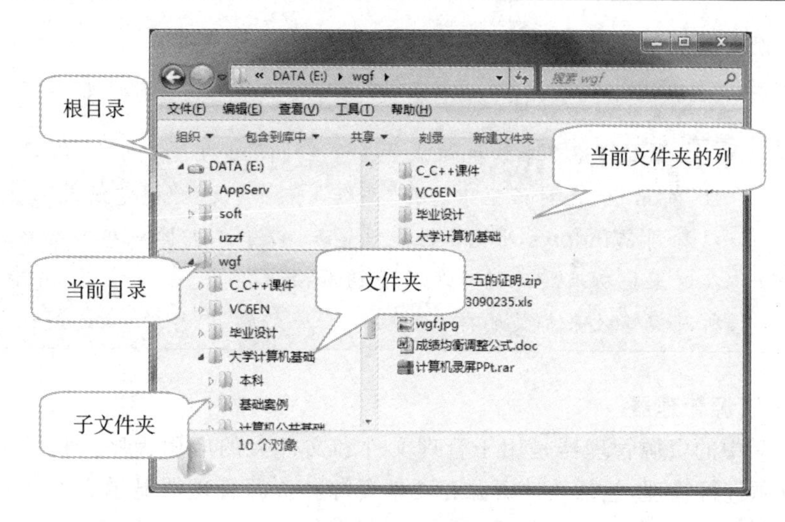

图 2 - 13　文件夹及结构

相对路径：从当前文件夹开始的路径。假如当前文件目录为“C:\windows“，要描述上述路径，只需输入“system32\cmd. exe”。

2.3.2　文件(夹)的管理工具

Windows 中的文件与文件夹操作主要是通过文件管理器(计算机)和“Windows 资源管理器”这两个工具来完成。

2.3.2.1　文件管理器

文件管理器实质上就是桌面上的“计算机”。文件管理器负责管理整个计算机系统的软件和硬件资源。在 Windows 桌面上双击“计算机”图标，打开“计算机”窗口，如图 2 - 14 所示。在“计算机”窗口中以文件夹和图标的形式，显示硬盘、光驱和其他设备。在窗口可以搜索和打开文件及文件夹，并且访问控制面板中的选项以修改计算机设置等。

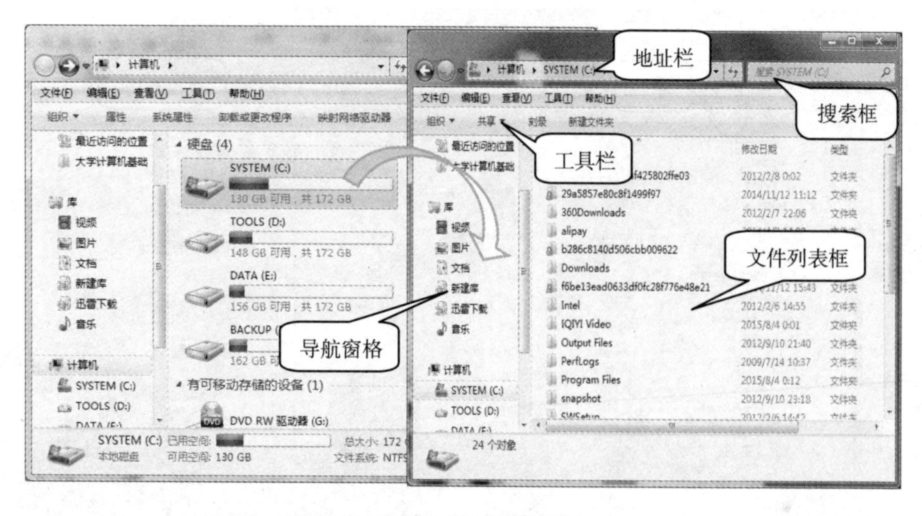

图 2 - 14　“计算机”窗口

按照默认设置，每打开一个文件夹或一个驱动器，“计算机”都会打开一个新的窗口，以显示所选择的对象中所包含的内容。

技巧

优化视觉效果：

右键单击“计算机”，点击“属性/ 高级性能设置”，打开“系统属性”对话框，在对话框中选择“高级”，点击“设置/视觉效果”，在这里可以看到 Windows 外观和性能设置，可以手工去掉一些不需要的功能。在这里把所有特殊的外观设置诸如淡入淡出、平滑滚动、滑动打开等所有视觉效果都关闭掉，可以省下“一大笔”内存。

2.3.2.2　资源管理器

Windows 7 中的资源管理器是用于管理文件和文件夹的应用程序。利用它可以对计算机中的各种资源进行管理，包括软件资源和硬件资源。资源管理器显示文件夹的结构和文件的详细信息、启动应用程序，打开、移动、查找、复制文件等，还可以定制个性化视图，以便用最适合的方式查看和组织文件，而这些文件的实际存放位置可以在不同的目录里面。

1. 打开资源管理器

方法 1：右击“开始”菜单，选择“打开 Windows 资源管理器”进入。

方法 2：按快捷键“Win＋R”打开“运行”对话框，输入“Explorer”命令，打开 Windows 资源管理器。

方法 3：依次单击“开始/所有程序/附件”，打开“Windows 资源管理器”。

2. 更改视图

单击 Windows 资源管理器窗口右上角“更改您的视图”图标的小三角标（更多项）时，就会打开一个视图菜单。通过单击或移动菜单左边的垂直滚动条，可以更改您的视图。在查看中可以根据要求更改文件或文件夹图标的大小，让文件或文件夹以列表、平铺等方式显示，如图 2－15所示。

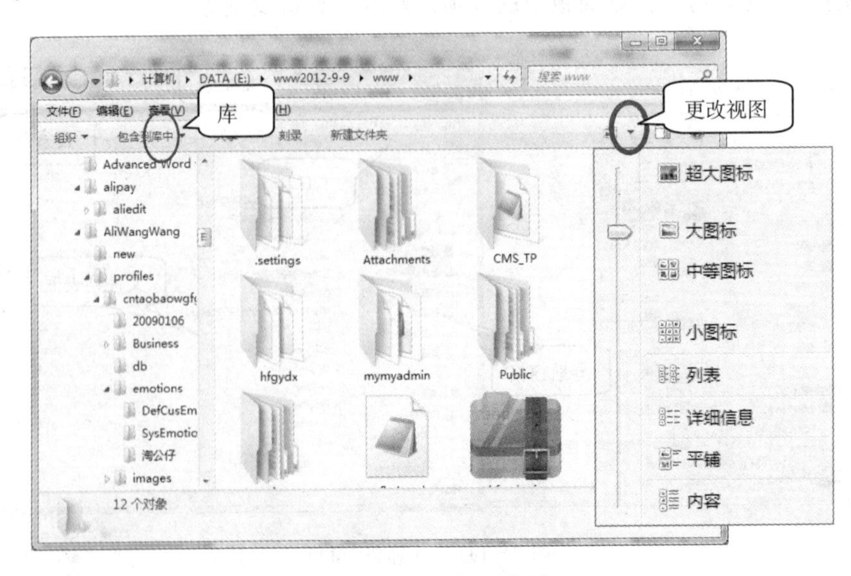

图 2－15　“资源管理器”窗口

3. 搜索功能

在“Windows 资源管理器”的地址栏的右侧,可以看到 Windows 7 无处不在的搜索。在搜索框中输入搜索关键词后回车,立刻就可以在资源管理器中得到搜索结果。不仅搜索速度令人满意,且搜索过程的界面表现也很出色,包括搜索进度条、搜索结果条目显示等。

通过单击搜索框启动“添加搜索筛选器”选项(种类、修改时间、大小、类型),可以提高搜索精度。

4. 浏览功能

Windows 7 系统中添加了很多预览效果,不仅仅是预览图片,还可以预览文本、Word 文件、字体文件等等,这些预览效果可以方便快速了解其内容。按下键盘快捷键“Alt+P”或者点击菜单栏的按钮,即可隐藏或显示预览窗口。

2.3.2.3 Windows 7 的库

1.“库”的概念

“库”是 Windows 7 系统推出了一个新的有效的文件管理模式。库可以说是一个大文件夹,用于浏览、组织、管理和搜索具备共同特性的文件的一种方式。

2. 库与文件夹的区别

库与传统的文件夹从形式上看很相似,都包含了各种各样的文件和文件夹。但其本质上跟文件夹有很大的不同,在文件夹中保存的文件或者子文件夹,都是存储在同一个地方。而在“库”中存储的文件则可以来自于五湖四海,可以来自于磁盘上关联的文件或者来自于移动磁盘上的文件。

实际“库”是个虚拟的概念,把文件(夹)收纳到库中并不是将文件真正复制到“库”这个位置,而是在“库”这个功能中“登记”了那些文件(夹)的位置来由 Windows 管理。因此,收纳到库中的内容除了它们自占用的磁盘空间之外,几乎不会再额外占用磁盘空间,并且删除库及其内容时,也并不会影响到那些真实的文件。

在库的管理方式更加接近于快捷方式。用户可以不知文件或者文件夹的具体存储位置,把它们都链接到一个库中进行管理。如此的话,在库中就可以看到用户所需要了解的全部文件(只要用户事先把这些文件或者文件夹加入到库中)。或者说,库中的对象就是各种文件夹与文件的一个快照,库中并不真正存储文件,提供一种更加快捷的管理方式。

3. 库与快捷方式的区别

在实际操作中,我们经常把一些常用的应用程序,建立了对应的快捷方式,通过快捷方式打开应用程序,但一旦应用程序删除,则对应的快捷方式就打不开了。但在库中存放了各种文件和文件夹,当把目标文件删除后仍能打开,只是在这个库中没有原先保存的内容了。

4. 新建库

库是从各个位置汇编的项目集合,可以收集不同位置的文件,并将其显示为一个集合,而无须从其存储位置移动这些文件, Windows 7 默认有四个库:文档、音乐、图片和视频。实际可以根据要求新建库,具体方法:

(1)双击桌面上的计算机,打开计算机的窗口。

(2)选择左侧的库选项,打开库目录列表。

(3)在库中空白的地方右击鼠标,选择“新建/库”。

(4)重命名起一个自己需要的名字即可。

(5)创建一个链接,也就是这个库所能打开的位置,一个库就创建完成了。

(6)我们可以把自己平时用得最多的文件夹放到分类库中,这样可以让我们很方便快捷地访问到我们想要访问的文件夹,如图2-16所示。

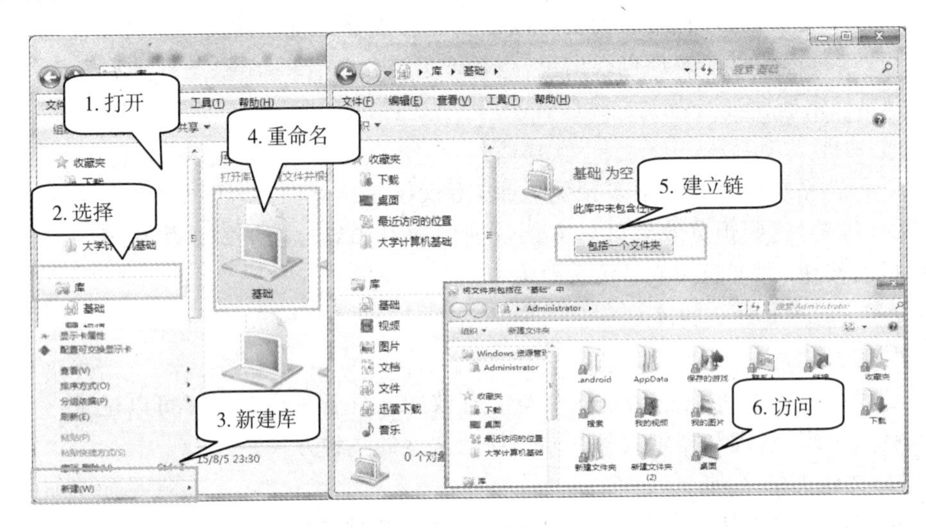

图2-16　创建库

2.3.3　文件(夹)的操作

在Windows操作系统中,操作之前,必须首先选中要进行操作的对象,然后才能进行各种操作;在做一个操作却不知该如何进行时,可以尝试着将鼠标放在对象上单击鼠标右键,弹开此对象的快捷菜单,基本就可以找到与此对象有关的操作。

2.3.3.1　文件(夹)的建立

创建文件或文件夹有多种方式。

1. 在桌面上创建文件夹

在桌面上创建文件或文件夹的步骤如下:

(1)在桌面的空白处单击鼠标右键,弹开快捷菜单;

(2)选择"新建"中某类"文件"或"文件夹",此时桌面上出现一个名字暂时定为"新建×××"的名;

(3)在"新建×××"位置处输入新的文件或文件夹名,则在桌面上建立了一个新的文件或文件夹。

2. 使用"计算机"创建文件夹

使用"计算机"创建文件夹的步骤如下:

(1)双击桌面"计算机"图标;

(2)双击某个磁盘图标或文件夹图标,进入此磁盘或文件夹;

(3)在空白处单击鼠标右键,弹开快捷菜单;

(4)选择"新建"中"×××"文件或"文件夹"。

2.3.3.2　文件(夹)选定

选定对象是进行操作的基础,被选中的对象以反白显示。

1. 选择单个文件夹

(1)打开"计算机"或"Windows资源管理器";

(2)单击需选择的文件或文件夹,则其被选中且以反白显示。

2. 选择不相邻的多个文件(夹)

(1)打开"计算机"或"Windows 资源管理器";

(2)按下"Ctrl"键不放开;

(3)依次单击需选择的对象,则它们被选中且以反白显示。

3. 选择相邻的多个文件(夹)

(1)打开"计算机"或"Windows 资源管理器";

(2)先单击需选择的第一个对象;

(3)按下"Shift"键不放;

(4)再单击最后一个对象,则它们之间的所有对象被选中且以反白显示。

4. 选定所有

(1)全部选定:选择"编辑"菜单中的"全部选定",则选中所有文件。

(2)反向选择:选择"编辑"菜单中的"反向选定",则选中所有选中文件之外的其他所有文件。

5. 拖动鼠标

拖动鼠标,则经过的区域中的内容被全部选定。

若要撤销,在空白处单击鼠标,即可撤销选定。

2.3.3.3 文件和文件夹的删除和更名

1. 文件(夹)的删除

文件和文件夹的删除有多种方法:

(1)找到并选中需删除的文件或文件夹,单击鼠标右键,弹开快捷菜单,选中"删除",并确定;

(2)可选中后按"Delete"键删除;

(3)可以使用菜单中的"删除"菜单项进行删除。

2. 文件(夹)的更名

文件和文件夹的更名有多种方法:

(1)找到并选中需更名的文件或文件夹,单击鼠标右键,弹开快捷菜单,选择"重命名",输入新的文件名即可;

(2)找到并选中需更名的文件或文件夹,选择智能化任务菜单中的"重命名这个文件";

(3)选中需更名的文件或文件夹,轻轻地点击后重命名;

(4)选中需更名的文件或文件夹,按 F2 功能键后重命名。

技巧

批量文件重命名:

在 Windows 资源管理器中选择几个文件,接着按"F2"键,然后重命名这些文件中的一个,这样所有被选择的文件将会被重命名为新的文件名(在末尾处加上递增的数字)。

2.3.3.4 文件(夹)的复制

文件和文件夹的复制方法有多种:

1. 菜单方式

(1)找到并选中需复制的文件或文件夹;

(2)单击“编辑”菜单中的“复制”,则被选中需复制的文件或文件夹复制到剪贴板;

(3)选择需复制的磁盘或目的文件夹;

(4)单击“编辑”菜单中的“粘贴”,将剪贴板中的内容粘贴到目的地。

2. 快捷键方式

(1)找到并选中需复制的文件或文件夹;

(2)按“Ctrl+C”,则被选中需复制的文件或文件夹被复制到剪贴板;

(3)选择需复制的磁盘或目的文件夹;

(4)按“Ctrl+V”,将剪贴板中的内容粘贴到目的地。

3. 鼠标拖动方式

(1)找到并选中需复制的文件或文件夹;

(2)按下“Ctrl”键,点住文件或文件夹的同时拖动鼠标到目的地。

2.3.3.5　文件(夹)的移动

文件和文件夹的移动和复制的方法基本相似,不同的是复制后保留原件,而移动后不保留原件。

1. 菜单方式

(1)找到并选中需移动的文件或文件夹;

(2)单击“编辑”菜单中的“剪切”,则被选中需移动的文件或文件夹被剪切到剪贴板;

(3)选择需移到的磁盘或目的文件夹;

(4)单击“编辑”菜单中的“粘贴”,将剪贴板中的内容粘贴到目的地。

2. 快捷键方式

(1)找到并选中需移动的文件或文件夹;

(2)按“Ctrl+X”,则被选中需移动的文件或文件夹被剪切到剪贴板;

(3)找到磁盘或目的文件夹;

(4)按“Ctrl+V”,将剪贴板中的内容粘贴到目的地。

3. 鼠标拖动方式

(1)找到并选中需移动的文件或文件夹;

(2)点住文件或文件夹并拖动鼠标到目的地,然后放开即可。

2.3.3.6　文件(夹)的查找

Windows 7 系统中对搜索功能进行了改进,不仅在“开始”菜单可以进行快速搜索,而且对于硬盘文件搜索推出了索引功能,可以快速地找到文件或文件夹的所在地。具体方法:

打开桌面“计算机”,在右上角“搜索”输入框,搜索想要的文件或文件夹,就会马上进行搜索了,不用点击确认之类的。

在搜索内容时,还可进一步缩小搜索的范围,针对搜索内容添加搜索筛选器,如选择种类、修改日期、类型、大小、名称、文件夹路径等,并可以进行多个组合,提升搜索的效率和速度,如图 2－17 所示。

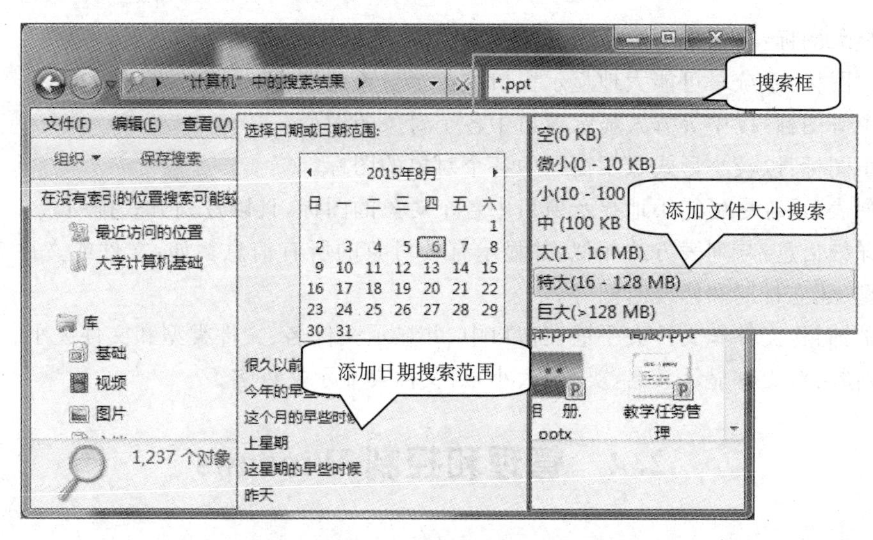

图 2-17 "计算机"搜索

温馨提示：

(1)若名字记不住，可以实现模糊查找，Windows 7 搜索功能只要输入文件名中包含的数字或文字都能搜索到含有该字的文件和文件夹。

(2)若想提高准确率和搜索速度，可以进入到相应的盘符或文件夹中进行搜索。这样速度和准确率会大大提高。

2.3.3.7 文件(夹)的显示方式

通过单击菜单栏中的"查看"菜单项，用户可以选择文件的显示方式。Windows 系统提供了超大图标、大图标、中等图标、小图标、列表、详细信息、平铺、内容 11 种查看文件和文件夹的方法，如图 2-18 所示。

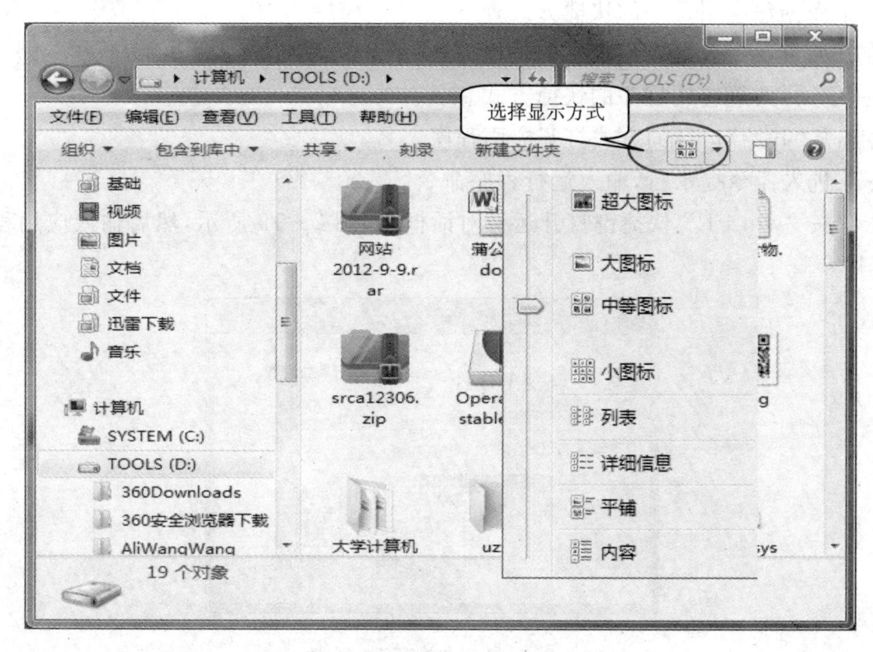

图 2-18 文件和文件夹的显示方式

(1)超大图标:在窗口中显示图形文件的图片,有利于图形文件的查看。

(2)大图标:系统尽可能大地显示窗口中各个对象的图标。

(3)中等图标:以中等方式显示窗口中各个对象的图标。

(4)小图标:以较小形式显示窗口中各个对象的图标。

(5)列表:系统尽可能小地显示窗口中各个对象的图标,且以逐列方式排列。

(6)详细信息:与列表方式相似,并显示有关对象的所有信息。如:文件或文件夹的名称、大小、类型、建立日期和修改时间等。

(7)平铺:将文件和文件夹平铺在窗口中,并显示文件名、文件类型和文件大小。

(8)内容:对文件显示其名、类型、大小,对文件夹显示文件名。

2.4　管理和控制 Windows

2.4.1　程序管理

Windows 7 是一个多任务的操作系统,用户可以同时启动多个应用程序,打开多个窗口,但这些窗口中只有一个是活动窗口,它在前台运行,而其他应用程序都在后台运行。对应用程序的管理主要包括启动和退出应用程序、使用快捷菜单执行命令、创建应用程序的快捷方式、设置文件与应用程序关联等内容。

2.4.1.1　应用程序的启动和退出

1. 启动应用程序

启动应用程序常用的方法有:

方法 1:用快捷方式启动应用程序。

① 在桌面创建应用程序的快捷方式;

② 在开始菜单栏放置应用程序的快捷方式;

③ 在任务栏放置应用程序的快捷方式。

方法 2:从“开始”运行的方式打开应用程序。

方法 3:进入命令提示行,输入运行程序命令。

方法 4:按“win+R”快捷键打开运行对话框,如图 2-19 所示,然后输入应用程序名,打开应用程序。

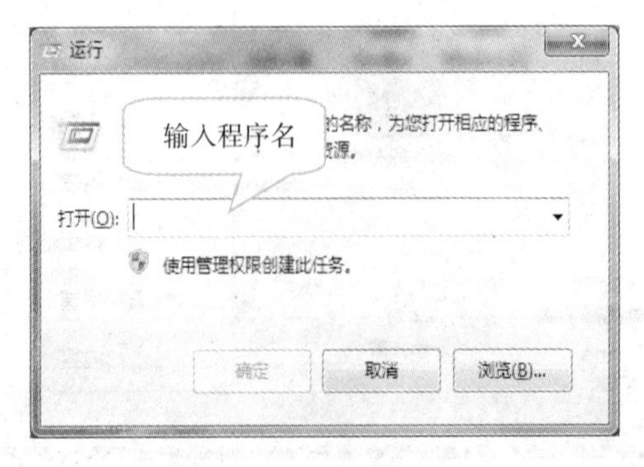

图 2-19　“运行”对话框

2. 退出应用程序

关闭应用程序即要关闭应用程序窗口，因此，其方法与关闭窗口方法相同。如果在操作过程中，因某种原因，应用程序死锁无法运行，这时可以强制关闭。具体方法：

(1)打开任务管理器(见 2.3.1.2 中启动任务管理器)；

(2)选中要退出的应用程序；

(3)点击“结束任务”。

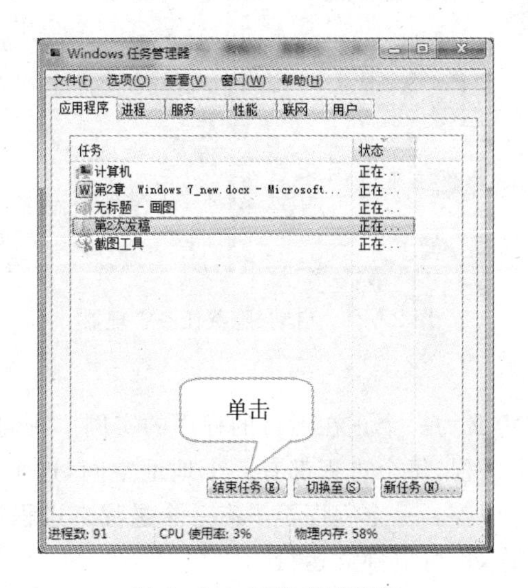

图 2-20　退出应用程序

2.4.1.2　任务管理器

任务管理器的用户界面提供了文件、选项、查看、帮助四个菜单项，其下还有应用程序、进程、服务、性能、联网、用户等六个标签页，窗口底部则是状态栏，从这里可以查看到当前系统的进程数、CPU 使用率、物理内存使用率等数据，默认设置下系统每隔两秒钟对数据进行一次自动更新，也可以点击“查看/立即刷新”菜单重新设置。

1. 启动任务管理器

启动任务管理器常用的方法有三种：

方法 1：按“Ctrl+Alt+Delete”组合键，打开如图 2-21(左)界面，点击启动任务管理器。

方法 2：在任务栏底部空白地方，用鼠标右键点击，如图 2-21(右)所示，打开一个菜单栏，点击即可打开任务管理器。

方法 3：按“Ctrl+Shift+Esc”组合键，打开任务管理器。

2. 隐藏任务管理器

有的时候我们使用的任务管理器出现了一种特别奇怪的现象，就是我们任务管理器里面的菜单栏没有了，我们无法对它进行操作，也无法查看里面的进程等等。

用上面任一方法打开“任务管理器”后，在任务管理器的空白处双击，即可隐藏任务管理器菜单栏，如图 2-21 所示。

3. 线程与进程

任务管理器是一种专门管理任务进程的程序，显示了计算机上所运行的程序和进程的详细信息，在任务管理器中可以查看到当前系统的进程数、CPU 使用率、更改的内存、容量等

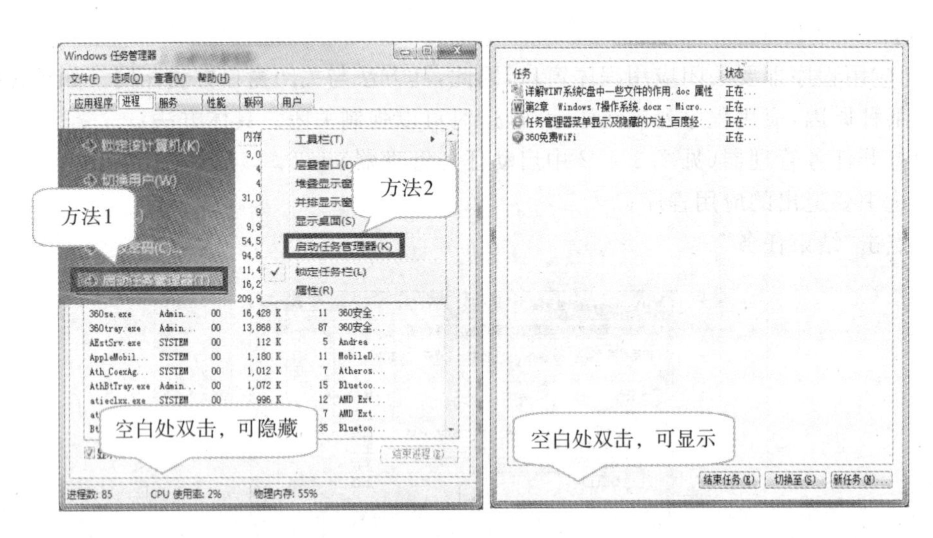

图 2-21　启动、隐藏任务管理器

数据。

(1)进程:通常将进程定义为一个正在运行的程序的实例。我们在任务管理器重所看到的每一项,就可以理解为一个进程,每个进程都有一个地址空间,这个地址空间里有可执行文件的代码和数据,以及线程堆栈等。一个程序至少有一个进程。进程可以创建子进程,创建的子进程可以和父进程一起工作,也可以独立运行。

(2)线程:线程是隶属于进程的。也就是说,线程是不能单独存在的,线程存在于进程中。每个进程至少有一个主线程,进程里的线程就负责执行进程里的代码,这也叫作进程的“惰性”。线程所使用的资源是它所属的进程的资源。线程也有自己的资源,主要组成部分就是一些必要的计数器和线程栈,占用的资源很少。

2.4.1.3　创建应用程序的快捷方式

Windows 7 的快捷方式是系统中各种对象(包括本地或网络程序、文档、文件夹、驱动器、计算机等)的链接,使用户能方便、快速地访问相关的对象。

1. 什么是快捷方式

快捷方式为用户使用计算机提供了一条方便快捷的途径。一个快捷方式可以和 Windows 系统中的任意对象相链接。快捷方式可以指向本地计算机或网络上的任何可访问的项目,如程序、文件、文件夹、磁盘驱动器等。快捷方式仅仅提供了指向这些项目的链接,而不是这些项目本身。打开快捷方式则意味着打开了对应的对象,而删除快捷方式却不会影响对应的对象。通过在桌面上创建指向应用程序的快捷方式,可快速地访问应用程序。

快捷方式是一种特殊类型的文件,其扩展名为 .lnk,一般通过某种图标来表示,每一个快捷方式用一个左下角带有弧形箭头的图标表示,称为快捷图标,如图 2-22 所示。

图 2-22　快捷图标

2. 快捷方式的创建

(1)选择需要建立快捷方式的对象,单击鼠标右键,在弹出的快捷菜单里选择“发送到”级联菜单中的“桌面快捷方式”命令;

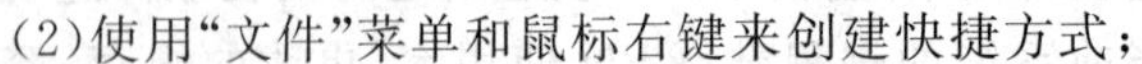
(2)使用“文件”菜单和鼠标右键来创建快捷方式;

(3)"向导"创建快捷方式。

3. 删除快捷方式图标

(1)选中快捷方式图标;

(2)单击鼠标右键,弹开快捷菜单;

(3)选中"删除",当出现询问是否删除快捷方式对话框时,点击"是"即可删除。

4. 更改快捷方式图标名称

(1)选中快捷方式图标;

(2)单击鼠标右键,弹开快捷菜单;

(3)选中"重命名";

(4)输入新的名字。

2.4.1.4 剪贴板

剪贴板(Clip Board)是内存中的一块区域,是 Windows 内置的一个非常有用的工具,通过小小的剪贴板,架起了一座彩桥,使得在各种应用程序之间,传递和共享信息成为可能。剪贴板利用 RAM 或虚拟内存来临时保存剪切和复制的信息,可以存放的信息种类是多种多样的。剪切或复制时保存在剪贴板上的信息,只有再剪贴或复制另外的信息,或停电,或退出 Windows,或有意地清除时,才可能更新或清除其内容,即剪贴或复制一次,就可以粘贴多次。

1. 将信息复制到剪贴板

首先选中需要的信息,利用菜单中的"复制"菜单项,或工具栏中的"复制"按钮,或组合键"Ctrl + C",即可将信息复制到剪贴板中;利用菜单中的"剪切"菜单项,或工具栏中的"剪切"按钮,或组合键"Ctrl + X",也可将信息剪切到剪贴板中。

2. 将剪贴板中的信息粘贴到文本

打开文档,找到需粘贴的位置,利用菜单项中的"粘贴"菜单,或工具栏中的"粘贴"按钮,或组合键"Ctrl + V",即可将剪贴板中的信息粘贴到文本中。

3. 屏幕截图

"Print Screen"键是一个拷屏键。按下"Print Screen"键,当前屏幕上显示的内容将会被全部抓下来,存放在剪贴板中,可以粘贴到指定位置。若要做其他处理,可以再利用"画图"或"Photoshop"之类的图像处理软件。

"Ctrl + Print Screen"抓取整个屏幕内容。

"Alt + Ctrl + Print Screen"抓取当前窗口。

2.4.2 控制面板

控制面板是 Windows 图形用户界面的一部分,允许用户查看并操作,进行基本系统设置和控制,也是大家接触较多的系统界面。在 Windows 7 操作系统中,微软对控制面板有着较多的改进设计。

控制面板提供了丰富的专门用于更改 Windows 外观和行为方式的许多工具,可以用来对设备进行设置与管理,调整系统的环境参数默认值和各种属性,添加设备和卸载程序等。

启动控制面板,常用有三种方法:

方法 1:单击"计算机"窗口工具栏中的"控制面板"按钮。

方法 2:选择"开始/控制面板"命令。

方法 3:按“Win+R”组合键,在运行对话框中输入“Control”命令。

启动以后,如图 2-23 所示,在“控制面板”窗口中通过单击不同的超链接可以进入相应的设置窗口,将鼠标指针移动到分类标题上停留片刻会有一个提示框,提示该超链接的作用。

图 2-23 控制面板

2.4.2.1 用户账户管理

用户账户是通知 Windows 您可以访问哪些文件和文件夹,可以对计算机和个人首选项(如桌面背景或屏幕保护程序)进行哪些更改的信息集合。通过用户账户,您可以在拥有自己的文件和设置的情况下与多个人共享计算机。每个人都可以使用用户名和密码访问其用户账户。用户账户是用来记录用户的用户名和口令,隶属的组、可以访问的网络资源及用户的个人文件和设置。

Windows 7 系统提供了强大的用户管理功能,主要包括:更改密码、删除密码、更改图片、更改账户名称、更改账户类型、管理其他账户、更改用户账户控制设置等内容。

1. Windows 7 的账户类型

有三种类型的账户。每种类型为用户提供不同的计算机控制级别:

(1)管理员:“管理员”拥有对计算机操作的全部访问权,可以做任何需要的更改。根据通知设置,在做出会影响其他用户的更改前,可能会要求管理员提供密码或确认等。

(2)标准用户:“标准用户”类型账户可以使用大多数软件以及更改不影响其他用户或计算机安全的系统设置。

(3)来宾账户主要针对需要临时使用计算机的用户。

2. 创建新账户

(1)在“控制面板”窗口中单击“用户账户和家庭安全”,打开“用户账户”窗口;

(2)在“用户账户” 窗口,单击“添加或删除用户账户”按钮;

(3)在“更改用户账户”窗口,单击“创建一个新账户”超链接;

(4)在打开的“创建新账户”窗口中输入新账户的名称,如“ABC ”,并选中“标准用户”单选按钮;

(5)单击“创建用户”按钮完成创建,如图 2－24 所示。

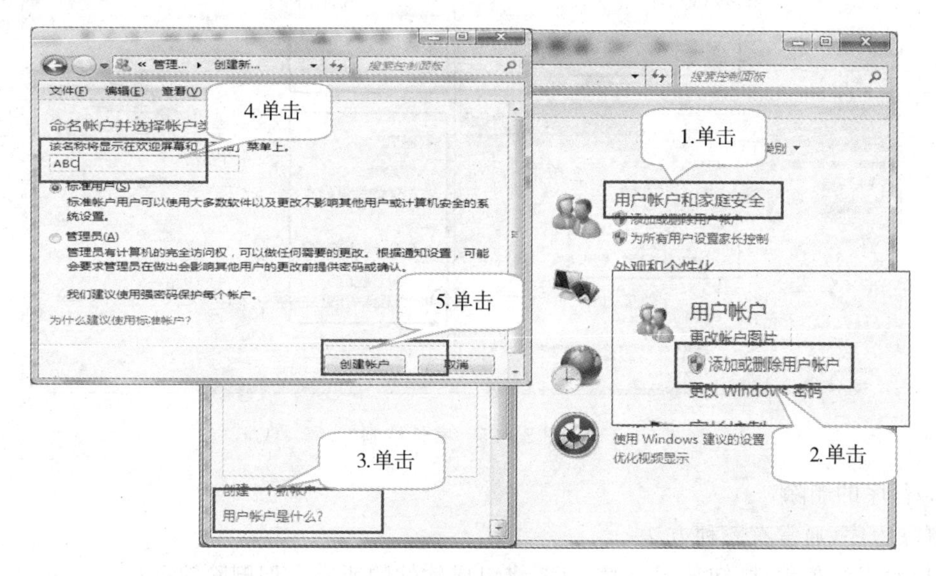

图 2－24　创建新账户

也可以对已有账户进行编辑。

2.4.2.2　家长控制

在 Windows 7 中设置了家长控制功能,可以在上网时达到劳逸结合。家长控制功能类似网络人远程控制软件的即时监控功能。

首先一定要设置计算机管理员密码,否则可以跳过和关闭“家长控制”功能,然后创建一个单独的账户(按 2.4.2.1 创建新账户步骤)。

(1)在控制面板中,选择“用户账户和家庭安全”页面进入“家长控制”选项;

(2)在“选择一个用户并设置家长控制”的“用户”选项下,单击已添加好的新用户,例如“abc”;

(3)单击“abc”账户,启用家长控制;

(4)在“abc”账户界面下,根据具体要求设置,如图 2－25 所示。

2.4.2.3　程序管理

计算机在安装操作系统后,往往还需要安装大量的软件,这些软件有些是操作系统自带的,但大多数软件是通过网上下载或光盘安装的。通常软件可分绿色软件和非绿色软件,这两种软件的安装和卸载完全不同。

1. 程序的安装

(1)安装程序时,对于“绿色软件”,只要将组成该软件系统的所有文件复制到本机的硬盘上,然后双击程序就可运行。

(2)有的软件运行需要动态库,这些软件必须安装在 Windows 系统文件夹下,特别是这些软件需要向系统的注册表写入一些信息才能运行,这样的软件称为“非绿色软件”。一般大多数非绿色软件为了方便用户安装,提供了名为“setup. exe”安装程序,直接运行即可。

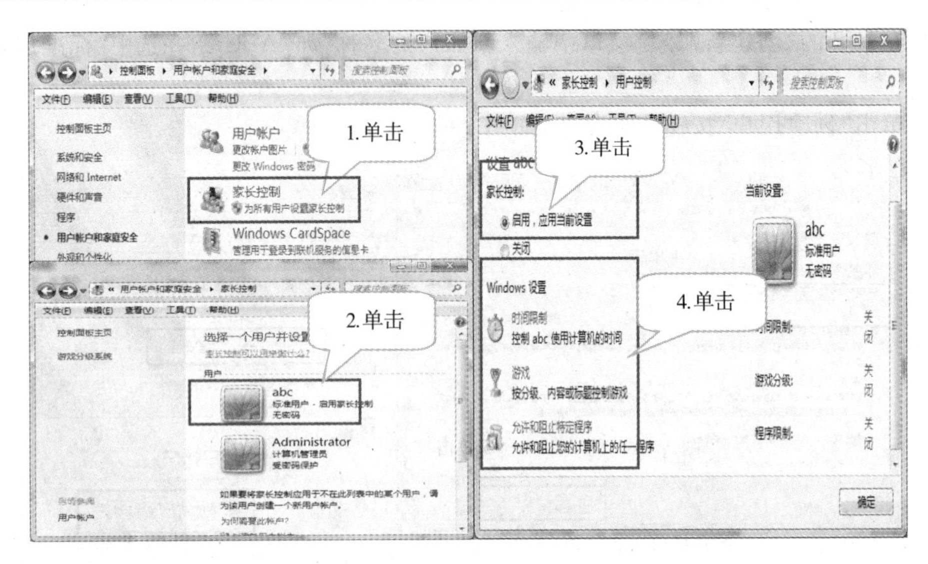

图 2-25　家长控制

2. 程序的删除

删除程序,通常有三种方法:

(1)对于绿色软件,卸载程序时,只要将组成软件的所有文件删除即可;

(2)对于非绿色软件,在安装时会生成卸载程序,这时运行卸载程序,则程序可以彻底删除;

(3)用“控制面板”中的“添加/删除程序”功能,可能删除安装程序中的残留程序。

单击“控制面板”窗口中“程序”选项,通过该窗口可以查看和管理系统中已经安装的程序。在这里也可以对安装的程序进行卸载、修复和更新等操作。

若要删除程序,在弹出的“程序”中的“卸载程序”,出现“卸载或更改程序”窗口,点击所要删除的文件后,再点击“卸载”,即可将程序删除,如图 2-26 所示。

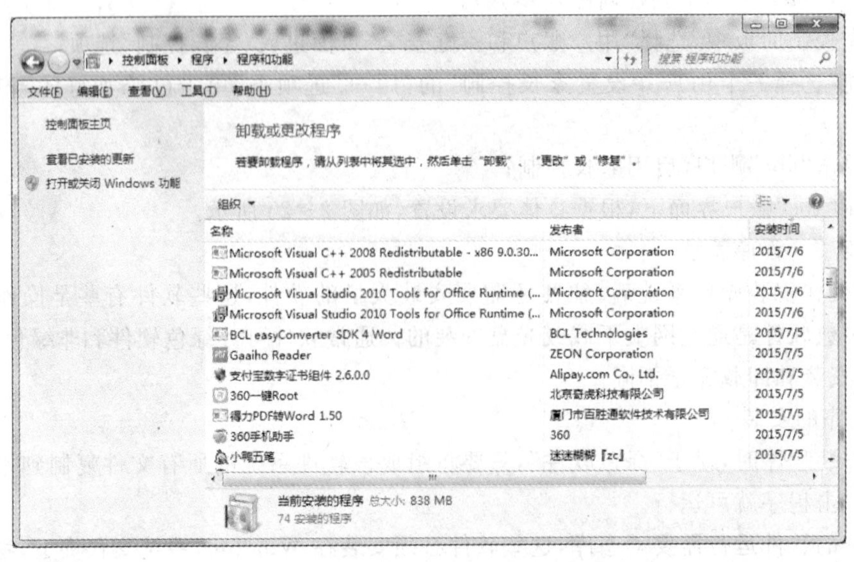

图 2-26　卸载程序

2.4.2.4　时钟、语言和区域

1. 日期和时间的更改

用户可以更改 Windows 7 中显示日期和时间。常见的方法有手动调整和自动更新准确的时间两种。通常可以在桌面的状态栏直接对日期和时间进行修改，也可以通过控制面板的“时钟、语言和区域”选项来修改。

(1)打开“控制面板”窗口，选择“时钟、语言和区域”选项；

(2)在“时钟、语言和区域”窗口，单击“设置时间和日期”链接；

(3)在弹出的“日期和时间”对话框中，选择“日期和时间”选项卡，在此用户可以设置时区、日期和时间，单击“更改日期和时间”按钮，如图 2 - 27 所示。

2. 语言和区域的更改

Win7 可以通过安装不同的语言包，让你的 Win7 变成不同语言的版本。

(1)打开控制面板，选择“时钟，语言和区域”选项；

(2)选择“区域和语言”，弹出区域和语言窗体；

(3)在格式界面选择你要更改的语言环境；

(4)点击应用，使更改生效。

3. 在状态栏上添加新的输入法

(1)找到控制面板，进入时钟、语言和区域；

(2)点击更改键盘；

(3)切换到语言栏，按照图中的方法做，输入法添加到状态栏上，如图 2 - 28 所示。

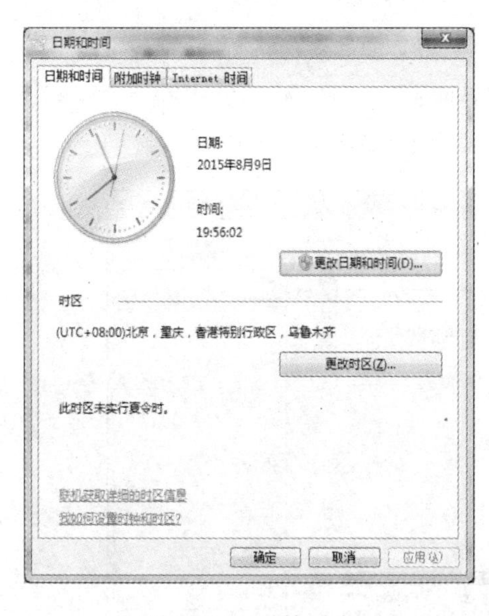

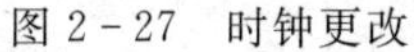
图 2 - 27　时钟更改

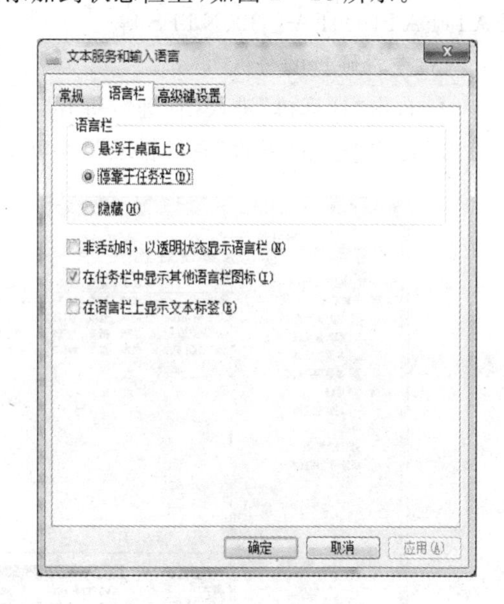

图 2 - 28　输入法添加

2.4.3　磁盘管理

2.4.3.1　相关概念

1. 常用的概念及术语

在磁盘管理中涉及一些常用的术语：

(1)分区:是物理磁盘的一部分,就是一个物理盘分隔单元。分区通常指主分区或扩展分区。

(2)卷:是格式化后由文件系统使用的分区或分区集合。

(3)主分区:是标记为由操作系统使用的一部分物理盘。

(4)扩展分区:是从硬盘的可用空间上创建的分区,而且可以将其再划分为逻辑驱动器。

(5)引导分区:包含 Windows 7 操作系统文件,这些文件位于 Windows 根目录的 System32 目录中。

2. 硬盘分区

硬盘是计算机中存放信息的主要的存储设备,但是硬盘不能直接使用,必须对硬盘进行分割成一块块区域即磁盘分区后才能使用。在传统的磁盘管理中,将一个硬盘分为两大类分区:主分区和扩展分区。主分区是能够安装操作系统,能够进行计算机启动的分区,这样的分区可以直接格式化,然后安装系统,直接存放文件。

(1)硬盘分区的类型

在一个硬盘中最多只能存在四个主分区。如果一个硬盘上需要超过四个以上的磁盘分块的话,那么就需要使用扩展分区了。如果使用扩展分区,那么一个物理硬盘上最多只能三个主分区和一个扩展分区。扩展分区不能直接使用,它必须经过第二次分割成为一个一个的逻辑分区,然后才可以使用。一个扩展分区中的逻辑分区可以有任意多个。

(2)磁盘分区的格式

磁盘分区后,必须经过格式化才能够正式使用,磁盘格式化后常见的磁盘格式有:FAT(FAT16)、FAT 32、NTFS 等。

(3)查看硬盘的分区

① 右击“计算机”进入“管理”,打开“计算机管理”界面;

② 选中“存储”下的“磁盘管理”,可以看到本机硬盘分区,如图 2-29 所示。

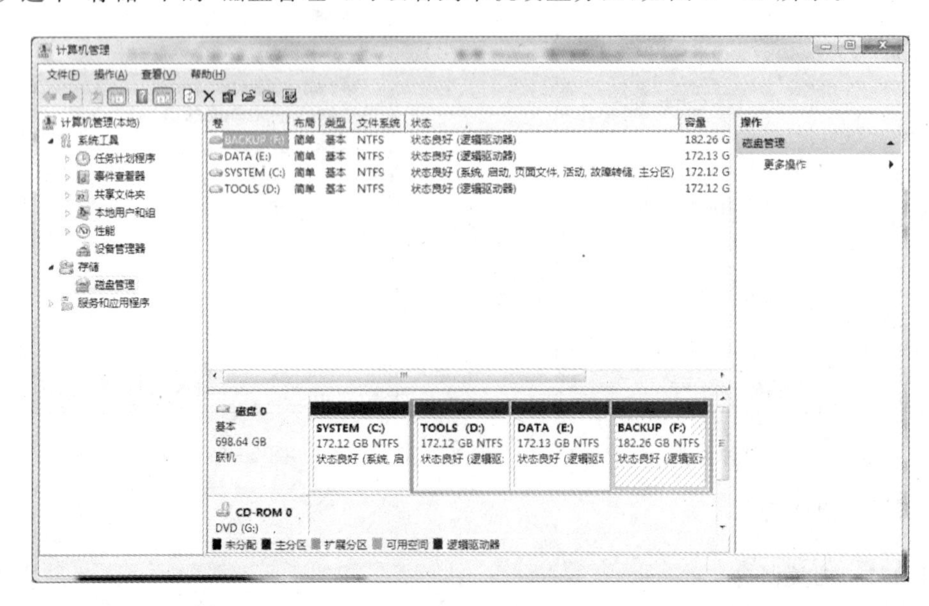

图 2-29　硬盘分区

3. 文件系统

文件系统是操作系统中的一个重要组成部分，负责信息的组织、存储和访问，是对数据进行管理的方式。Windows 7 支持的文件系统：

(1)FAT 32

FAT 32 是从 FAT 改进而来的文件系统，兼容 FAT 格式，是一个 32 位的文件系统，可以管理容量较大的硬盘，突破了 FAT 文件系统 2GB 管理空间的限制，最大支持 2TB 的使用空间。此外，FAT 32 采用了更小的簇单位，即每个簇的扇区数比 FAT 少，磁盘空间使用率提高，减少了磁盘空间的浪费。

(2)NTFS

NTFS 也是一个 32 位的文件系统，最初用于 Windows NT，具有更好的安全性和稳定性，并具有文件修复功能，使系统不易崩溃。NTFS 支持长文件名，可以管理较大容量的硬盘，允许每个分区的容量达到 2TB。只有使用 NTFS 文件系统，才能发挥 Windows 7 的更多功能。例如压缩文件、文件加密，以及设置专用文件夹等安全功能。

2.4.3.2　磁盘清理

Windows 系统在其工作过程中经常产生大量的临时文件，而且硬盘中还存在一些过时的文件，占据了大量的磁盘空间。磁盘清理程序可以清理磁盘中多余的文件，以释放更多的磁盘空间，其使用步骤如下：

(1)单击"开始"菜单的"所有程序"，单击"附件/系统工具"；

(2)单击"磁盘清理"，打开"磁盘清理" 对话框，如图 2-30(左上)所示；

(3)选择需进行清理的驱动器，单击"确定"按钮，显示"磁盘清理" 图示，正在扫描，如图 2-30(左下)所示；

(4)在"要删除的文件"列表框中选择要删除的文件的类型，单击"确定"按钮即可，如图 2-30(右)所示。

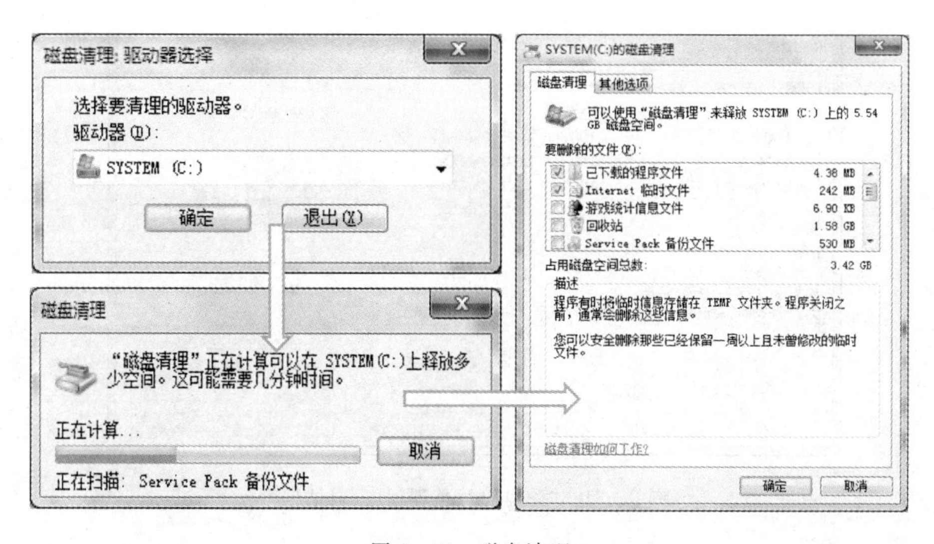

图 2-30　磁盘清理

2.4.3.3　磁盘碎片整理

在 Windows 系统中，文件在磁盘中是按块存放的。当要存放一个文件时，操作系统则为此文件在磁盘中寻找空闲块，找到后则将文件存放在此块中。如果此块放不下，则继续寻找下一块，依此类推。因而一个逻辑上连续的文件被分散存放在不同的磁盘块中，从而造成物理上的不连续。磁盘在使用一段时间后，经过多次存储，文件可能被分成许多小的部分，这些小部分称为“碎片”。

碎片会使硬盘执行能够降低计算机速度的额外工作。可移动存储设备(如 USB 闪存驱动器)也可能成为碎片。磁盘碎片整理程序可以重新排列碎片数据，以便磁盘和驱动器能够更有效地工作。磁盘碎片整理程序可以按计划自动运行，但也可以手动分析磁盘和驱动器以及对其进行碎片整理。

当一个文件被分成很多碎片时，读写此文件将花费大量的时间，文件的打开和读写速度将非常缓慢，此时就需要对它们进行优化。Windows 系统提供的“磁盘碎片整理程序”能根据文件使用的频繁程度重新排列磁盘上的文件，使这些分布在不同物理位置上的文件重新组织到一起，从而提高系统的效率。“磁盘碎片整理程序”的运行时间与磁盘大小和碎片的严重程度成正比。

启动“磁盘碎片整理程序”的步骤如下：

(1)单击“开始”菜单，选中“所有程序”，单击“附件”，选中“系统工具”；

(2)单击“磁盘碎片整理程序”；

(3)选择需进行整理的驱动器，单击“碎片整理”按钮，如图 2-31 所示；

(4)碎片整理完成后，单击“完成”按钮。

图 2-31 “磁盘碎片整理程序”对话框

2.4.4 Windows 7 的附件

Windows 7 中自带了一些实用工具，即办公常用的一些应用程序，如记事本、写字板、画图、计算器、截图工具等，可使用它们来创建文档，绘制图画，进行科学计算等。

2.4.4.1 记事本与写字板

1. 记事本

记事本是 Windows 7 附件中的用于创建和编辑小型文本文件（以 .txt 为扩展名）的应用程序。

启动“记事本”：单击“开始/所有程序/附件/”记事本”。

记事本只能对纯文本的文档进行编辑，而且仅有简单的字体格式处理能力，如可以选择字体、字形和字的大小，不具备复杂的文档编排功能，文档的长度也有一定的限制。

2. 写字板

写字板是 Windows 7 附件中的另一个文本编辑器，适于编辑具有特定格式的小型文档启动“写字板”：单击“开始/所有程序/附件/写字板”。

使用“写字板”可以编辑带有一定格式的文档，使得枯燥的文字信息能够具有多种形式，提高了可读性。并且在文档中能实现多种形式的信息混排，是一个功能较丰富的字处理工具。

写字板创建的文档格式有 Word 文档、RTF 文档、文本文件等。

2.4.4.2 画图

Windows 7 附件中的“画图”应用程序是一个用来绘图和进行简单图像处理的单文档应用程序。使用它可以绘制黑白或彩色的图形，用户可以方便地画图、涂色、处理画面，还可以对图形进行旋转、翻转、拉伸及扭曲等处理，使用非常方便，最后可以把图形保存为图形文件或打印出来。

画图程序的使用，如图 2-32 所示。

（1）打开画图程序：开始/所有程序/附件/画图。

（2）功能区：位于窗口的上侧，其中，“工具”分类中的每一个按钮即是一个绘图工具。“形

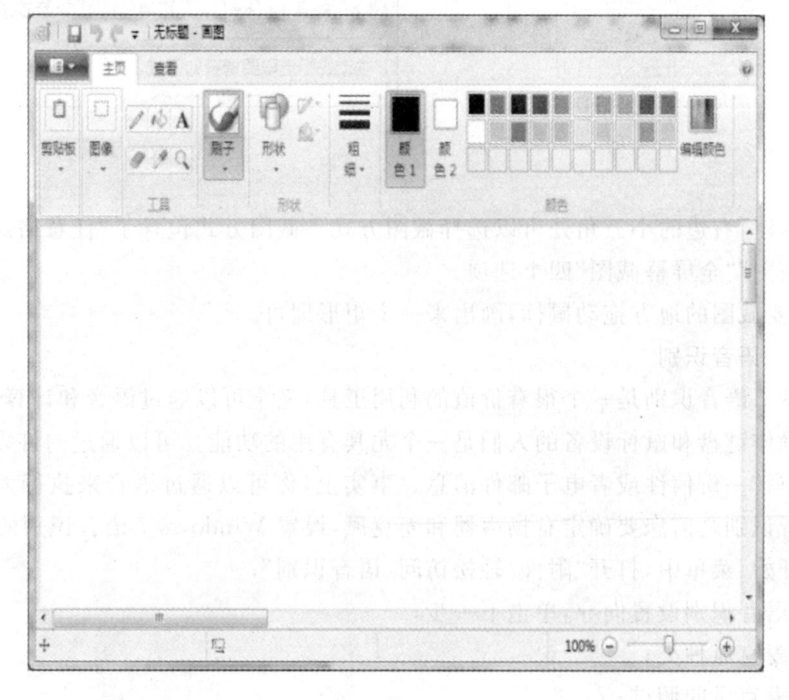

图 2-32 画图

状”分类中提供了特定的一些形状。

(3)绘图区:画图的工作区域,相当于作画的画布。

(4)调色板:位于功能区右侧,由一个颜料盒和一个调色板组成。

(5)保存图片:绘图完毕后存盘退出。

2.4.4.3　计算器

计算器可以方便地进行各种运算,例如:加、减、乘、除、乘方和三角函数等运算,也能进行二进制、八进制、十进制和十六进制等多种形式的科学运算。同时增加了日期计算、单位换算、油耗计算、分期付款及月供计算等非常实用的功能。

计算器有“标准型”“科学型”“程序员”“统计信息”等四种基本类型,可以到“查看”菜单中选择,如图 2-33 所示。

2.4.4.4　截图工具

Windows 7 附件中自带了“截图工具”应用程序,用户可以使用它方便地进行截图操作。

(1)选择“开始”菜单中的“所有程序”中的“附件”中的“截图工具”,如图 2-34 所示。

图 2-33　计算器

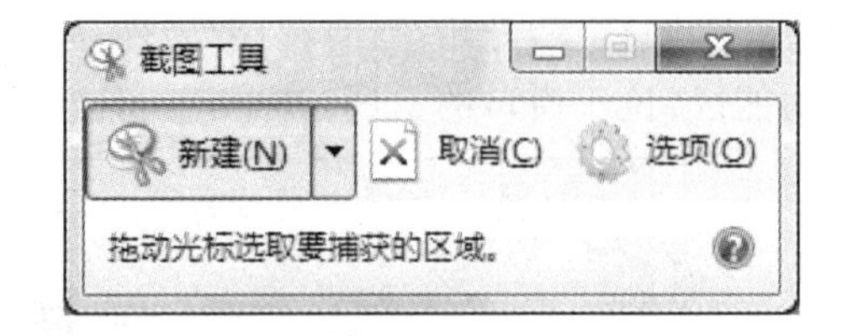

图 2-34　截图工具

(2)点“新建”右边的小三角处可以选择截图方式。截图方式包含了“任意格式截图”“矩形截图”“窗口截图”“全屏幕截图”四个选项。

(3)在想要截图的地方拖动鼠标,画出来一个矩形即可。

2.4.4.5　语音识别

Windows 7 语音识别是一个很有价值的利用工具,完全可以通过语音和计算机进行交流,这对于无法操作键盘和鼠标设备的人们是一个尤其有用的功能。可以通过向许多常用程序口述内容来“书写”一份信件或者电子邮件消息。事实上,你可以通过语音来执行大多数常见任务。使用语音识别之前您要确定有扬声器和麦克风,设置 Windows 7 语音识别的步骤如下:

(1)在“开始”菜单中,打开“附件/轻松访问/语音识别”;

(2)打开语音识别设置向导,单击下一步;

(3)选择麦克风种类;

(4)进行麦克风的调试;

(5)完成麦克风的调试后,就能够进行文本的学习了,通过训练文本能够增加识别的正确率。通过以上的步骤，就能够使用语音来控制计算机和进行文本输入了，如图 2-35 所示。

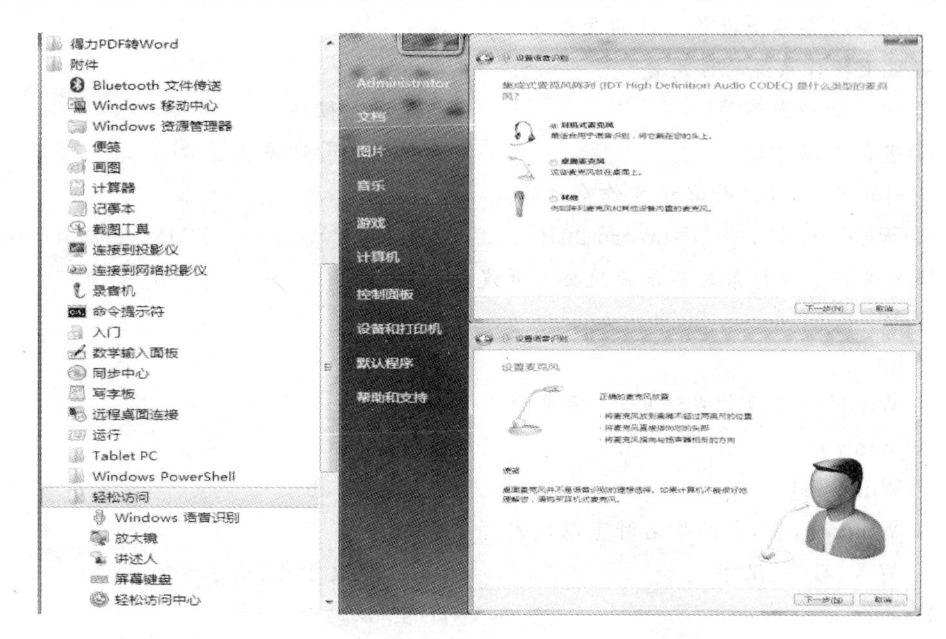

图 2-35 语音识别

如果要定位屏幕上的位置时，就可以使用“鼠标网格”功能。

2.5 本章小结

操作系统是计算机及其网络不可或缺的系统软件。它管理软硬件资源、控制程序运行、支持应用软件、改善人机界面。它是对硬件功能的首次扩充，是紧挨硬件的第一层软件，其他应用软件则建立在操作系统之上。

本章主要介绍了操作系统的基本知识、Windows 7 系统的文件管理的基本操作、控制面板的使用、磁盘管理、系统管理和 Windows 7 中常用的小工具，帮助学生能够使用、完成一些常见的操作。

通过本章的学习，需要让学生熟练掌握文件窗口和资源管理器的使用；磁盘浏览、格式化、属性设置、碎片整理、备份及清理的方法；控制面板的使用方法；应用程序安装、删除、启动、退出的方法等。还要了解 Windows 7 操作系统的维护，并能够使用常用的工具软件，了解各种常用工具软件的用途。

习 题 2

一、单项选择题

1. 关于操作系统，下面的描述中错误的是________。

   A)操作系统负责管理计算机系统中的所有资源

   B)任何应用软件都需要操作系统的支持

C）任何人使用计算机都需要通过操作系统

D）外部设备不受操作系统的管理

2. 微机上操作系统的作用是________。

A）解释执行源程序　　B）编译源程序

C）进行编码转换　　D）控制和管理系统资源

3. 下列软件中，属于计算机操作系统的是________。

A）Windows 7　　B）Word 2010　　C）Excel 2010　　D）PowerPint 2010

4. 下列哪一个操作系统不是微软公司开发的操作系统？

A）Windows server 2003　　B）Win7

C）linux　　D）vista

5. 在 Windows 7 操作系统中，显示桌面的快捷键是________。

A）Win＋D　　B）Win＋P

C）Win＋Tab　　D）Alt＋Tab

6. 在 Windows 中，文件命名时可以使用________。

A）冒号、数字、汉字　　B）字母、大于号、小于号

C）#、$、%、&、＋　　D）空格、逗号、问号

7. Windows 7 中“磁盘碎片整理程序”的主要作用是________。

A）修复损坏的磁盘　　B）缩小磁盘空间

C）提高文件访问速度　　D）扩大磁盘空间

8. 在 Windows 7 默认环境中，用于中英文输入方式切换的组合键是________。

A）Alt＋空格　　B）Shift＋空格　　C）Alt＋Tab　　D）Ctrl＋空格

9. 在 Windows 7 系统应用程序的“文件”菜单中，都有“保存”和“另存为”两个选项，下列说法中正确的是________。

A）“保存”只能以老文件存盘，“另存为”不能以老文件名存盘

B）“保存”不能以老文件存盘，“另存为”只能以老文件名存盘

C）“保存”只能以老文件存盘，“另存为”也能以老文件名存盘

D）“保存”和“另存为”都既可以以老文件存盘，也可以以换个文件名存盘

10. 在 Windows 7 操作系统中，显示 3D 桌面效果的快捷键是________。

A）Win＋D　　B）Win＋P

C）Win＋Tab　　D）Alt＋Tab

11. 在 Windows 7 操作系统中，将打开窗口拖动到屏幕顶端，窗口会________。

A）关闭　　B）消失　　C）最大化　　D）最小化

12. 在 Windows 7 中，有些菜单的右端有“…”，则________。

A）通过该菜单可打开一个对话框　　B）它包含有子菜单

C）它是个单选菜单　　D）它是个无效菜单

13. 在 Windows 7 中，若已找到了文件名为 abc. bat 的文件，________方法不能编辑该文件。

A）用鼠标左键双击该文件

B）用鼠标右键单击该文件，在弹出的系统快捷菜单中选“编辑”命令

C)首先启动“记事本”程序,然后用“文件/打开”菜单打开该文件

D)首先启动“写字板”程序,然后用“文件/打开”菜单打开该文件

14. 在 Windows 7 中连续执行两次剪切操作,然后在目标位置执行“粘贴”命令,则粘贴结果一般为________。

A)两次剪切内容的累计　　B)第一次剪切的内容

C)第二次剪切的内容　　D)无效操作

15. 在 Windows 7 中搜索文件时,如果在搜索栏内输入的内容为“AB * . exe”,其代表的是________。

A)文件名为“AB * . exe”的文件

B)文件名长度为三个字符且以“AB”打头且扩展名为“. exe”的文件

C)文件名以“AB”打头的所有可执行文件

D)系统无法识别的文件名

16. 在 Windows 7 中,用户可以对磁盘进行快速格式化,但是被格式化的磁盘必须是________。

A)从未格式化的新盘　　B)无坏道的新盘

C)刚做过分区的磁盘　　D)以前做过格式化的磁盘

17. 在 Windows 7 中,“回收站”是________。

A)硬盘上的一块区域　　B)软盘上的一块区域

C)光盘上的一块区域　　D)内存上的一块区域

18. 安装 Windows 7 操作系统时,系统磁盘分区必须为________格式才能安装。

A)FAT　　B)FAT16　　C)FAT 32　　D)NTFS

19. 在 Windows 7 中,下列描述错误的是________。

A)隐藏文件的属性是不能更改的

B)隐藏文件在一定条件下也可以显示出来

C)文件的显示方式有多种形式

D)“计算机”和“资源管理器”都是系统资源的统一管理窗口,只是窗口形式不同而已

20. 为了保证 Windows 7 安装后能正常使用,采用的安装方法是________。

A)升级安装　　B)卸载安装　　C)覆盖安装　　D)全新安装

二、填空题

1. Windows 中,选定多个不相邻文件的操作是:单击第一个文件,然后按住________键的同时,单击其他待选定的文件。

2. 在安装 Windows 7 的最低配置中,硬盘的基本要求是________GB 以上可用空间。

3. 在安装 Windows 7 的最低配置中,内存的基本要求是________GB 及以上。

4. 要安装 Windows 7,系统磁盘分区必须为________格式。

5. Windows 7 有四个默认库,分别是视频、图片、________和音乐。

6. 在 Windows 中,按________键可以将整个屏幕内容复制到剪贴板,按________键可以将当前应用程序窗口复制到剪贴板。

7. 在 Windows 系统菜单中的某条选项的后面跟有省略号“…”,这表示执行该命令后,将

会出现一个________。

8. 在 Windows 操作系统中,“Ctrl+X”是________命令的快捷键。

9. 不少微机软件的安装程序都具有相同的文件名,Windows 7 系统也如此,其安装程序的文件名一般为________。

10. 为了更改“计算机”或“Windows 资源管理器”窗口文件夹和文件的显示形式,应当在窗口的________菜单中选择指定。

三、多选题

1. 在 Windows 7 中个性化设置包括________。
A)主题　B)桌面背景　C)窗口颜色　D)声音

2. 下列属于 Windows 7 控制面板中的设置项目的是________。
A)Windows Update　B)备份和还原　C)恢复　D)网络和共享中心

3. 在 Windows 7 中,窗口最大化的方法是________。
A)按最大化按钮　B)按还原按钮
C)双击标题栏　D)拖拽窗口到屏幕顶端

4. 使用 Windows 7 的备份功能所创建的系统镜像可以保存在________上。
A)内存　B)硬盘　C)光盘　D)网络

5. 在 Windows 7 操作系统中,属于默认库的有________。
A)文档　B)音乐　C)图片　D)视频

6. 在 Windows 7 中,下列有关回收站的叙述,错误的有________。
A)回收站只能恢复刚刚被删除的文件、文件夹
B)可以恢复回收站中的文件、文件夹
C)只能在一定时间范围内恢复被删除的磁盘上的文件、文件夹
D)可以无条件地恢复磁盘上所有被删除的文件、文件夹

7. 下列关于 Windows 7 窗口的叙述中,正确的是________。
A)窗口是应用程序运行后的工作区　B)同时打开的多个窗口可以重叠排列
C)窗口的位置和大小都可改变　D)窗口的位置可以移动,但大小不能改变

8. 下列关于操作系统的叙述,错误的有________。
A)同一台计算机只允许安装一套操作系统
B)Windows 7 有服务器版和个人版之分
C)Linux 是一种内核代码完全开放的软件
D)Windows 7 是一种内核代码完全开放的软件

9. Windows 7 的特点是________。
A)更易用　B) 更快速　C) 更简单　D) 更安全

10. 在 Windows 7 中,搜索功能可以________。
A)按名称和内容搜索　B)按文件大小搜索
C)按修改日期探索　D)按删除以顺序搜索

四、操作题

1. 桌面设置

(1)更改桌面主题设置；

(2)更改桌面墙纸设置；

(3)设置屏幕保护，时间间隔为 5 分钟。

2. 任务栏设置

(1) 设置桌面任务栏为自动隐藏；

(2)将"桌面"设置到工具栏；

(3)将记事本程序锁定到任务栏。

3. 创建快捷方式

(1)在桌面上为系统自带的"计算器"创建快捷方式；

(2)将 Microsoft Word 2010 创建快捷方式。

4. 建立如下结构的文件夹与文件：

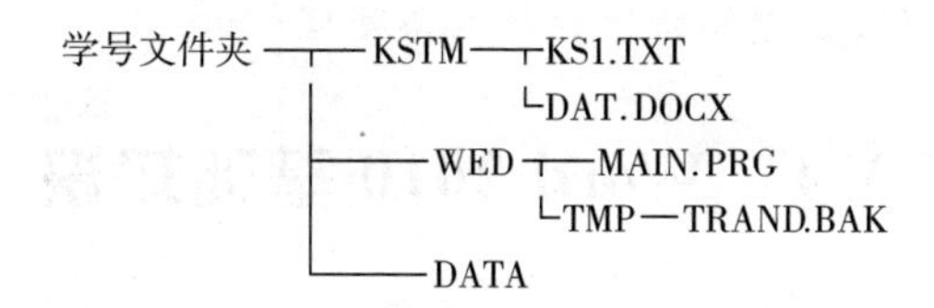

请进行以下操作：

(1)将 KSTM 文件夹下所有文件复制到 DATA 文件夹下；

(2)将其中的文件 MAIN. PRG 改名为 MAIN. BAS；

(3)将 KSTM 文件夹下的 DAT. DOCX 文件删除；

(4)将其中的 TMP 文件夹删除；

(5)在 DATA 文件夹下建立一个新文件夹 PRICE；

(6)将 KSTM 文件夹下的文件 KS1. TXT 设置为只读属性(文件其他属性不要改变)；

(7)将学号文件夹压缩成 . rar 文件。

第3章　Word 文字处理软件

【本章教学目标】

(1)掌握 Word 2010 界面组成及基本功能;

(2)掌握文本输入和基本编辑;

(3)掌握字符格式与段落格式设置;

(4)掌握页面排版、样式设置和目录生成;

(5)掌握表格的建立、编辑和格式化;

(6)掌握图形、图片的插入与编辑;

(7)掌握艺术字、文本框、公式编辑器的插入与处理。

3.1　Word 2010 基础知识

Microsoft Word 2010 是 Office 2010 组件中最常用的应用程序,它是在 Windows 环境下运行的文字处理软件。Word 2010 全部采用功能区的用户界面,为用户处理文字、表格、图形、图片等提供了一整套功能齐全、运用灵活、操作方便的运行环境,同时也为用户提供了“所见即所得”赏心悦目的使用界面。Word 除了单独使用之外,还可以与其他应用程序联合使用,实现更加强大的功能。

3.1.1　Word 2010 简介

Word 2010 是一个出色的文档格式设置工具,利用它可以更轻松、高效地组织和编写文档。Word 2010 取消了传统的菜单操作方式,而代之于各种功能区。Word 2010 在 Word 2007 的基础上提供了一系列新增和改进的工具。

3.1.1.1　Word 2010 十大优势

(1)改进的搜索与导航体验;

(2)与他人协同工作,而不必排队等候;

(3)几乎可从任何位置访问和共享文档;

(4)向文本添加视觉效果;

(5)将文本转换为醒目的图表;

(6)为您的文档增加视觉冲击力;

(7)恢复您认为已丢失的工作;

(8)跨越沟通障碍;

(9)将屏幕截图和手写内容插入到您的文档中;

(10)利用增强的用户体验完成更多工作。

3.1.1.2 Word 2010 新增功能

1. 使用功能区查找所需命令

在 Word 2010 中,可以更加迅速、轻松地查找所需的信息。利用改进的新“查找”功能可以在单个窗格中查看搜索结果的摘要,并单击以访问任何单独的结果。改进的导航窗格会提供文档的直观大纲,以便对所需的内容进行快速浏览、排序和查找。

2. 使用新的“文档导航”窗格和“搜索”功能浏览长文档

在 Word 2010 中,可以在长文档中快速导航,还可以通过拖放标题而非复制和粘贴来方便地重新组织文档。也可以使用增量搜索来查找内容,因此即使并不确切了解所要查找的内容也能进行查找。

3. 使用 OpenType 功能微调文本

Word 2010 提供了对高级文本格式设置功能的支持,包括一系列连字设置以及选择样式集和数字形式。您可以将这些新增功能用于多种 OpenType 字体,实现更高级别的版式润色。

4. 向文本添加视觉效果

利用 Word 2010,可以像应用粗体和下划线那样,将诸如阴影、凹凸效果、发光、映像等格式效果轻松应用到文档文本中。可以对使用了可视化效果的文本执行拼写检查,并将文本效果添加到段落样式中。也可将很多用于图像的相同效果同时用于文本和形状中,从而使您能够无缝地协调全部内容。

5. 将文本转换为醒目的图表

Word 2010 为您提供用于使文档增加视觉效果的更多选项。从众多的附加 SmartArt® 图形中进行选择,从而只需键入项目符号列表,即可构建精彩的图表。使用 SmartArt 可将基本的要点句文本转换为引人入胜的视觉画面。

6. 文档增加视觉

利用 Word 2010 中提供的新型图片编辑工具,可在不使用其他照片编辑软件的情况下,添加特殊的图片效果。您可以利用色彩饱和度和色温控件来轻松调整图片。还可以利用所提供的改进工具来更轻松、精确地对图像进行裁剪和更正,从而有助于将一个简单的文档转化为一件艺术作品。

7. 即时对文档应用新的外观

可以使用样式对文档中的重要元素快速设置格式,例如标题和子标题。样式是一组格式特征,例如字体名称、字号、颜色、段落对齐方式和间距。使用样式来应用格式设置时,在长文档中更改格式设置会变得更为容易。例如,您只需更改单个标题样式而无需更改文档中每个标题的格式设置。

8. 添加数学公式

在 Word 2010 中向文档插入数学符号和公式非常方便。只需转到“插入”选项卡,然后单击“公式”,即可在内置公式库中进行选择。使用“公式工具”上下文菜单可以编辑公式。

9. 轻松避免拼写错误

可以利用拼写检查器的新功能便于轻松地检查拼写错误,满怀信心地奋发工作。

10. 在任意设备上使用

借助 Word 2010 可以根据需要在任意设备上使用熟悉的 Word 强大功能。可以从浏览器和移动电话查看、导航和编辑 Word 文档,而不会减少文档的丰富格式。

3.1.1.3 Word 2010 功能区

在 Word 2010 版本中取消了传统的菜单操作方式，把各种功能规放在不同的功能区中。在实际操作中当单击这些名称时并不会打开菜单，而是切换到与之相对应的功能区面板，如图 3－1 所示。

每个功能区根据功能的不同又分为若干个组，在默认情况下包含“文件”“开始”“插入”“页面布局”“引用”“邮件”“审阅”和“视图”等选项卡，单击某个选项卡可将它展开，显示每个选项卡的功能。

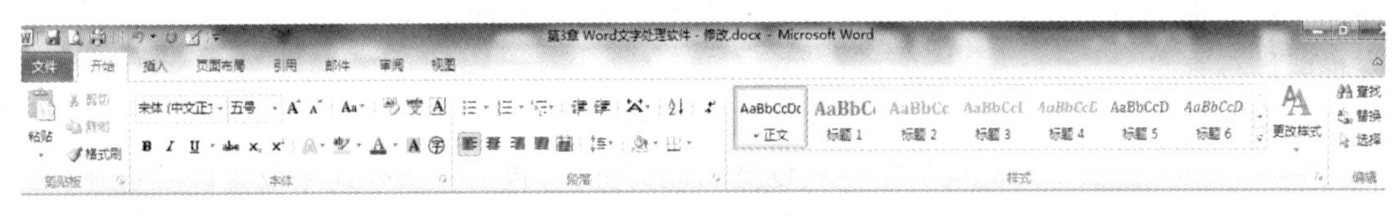

图 3－1 功能区

1.“开始”功能区

“开始”功能区中包括剪贴板、字体、段落、样式和编辑五个组，对应于 Word 2003 的“编辑”和“段落”菜单部分命令。该功能区用于帮助用户对 Word 2010 文档进行文字编辑和格式设置，是用户最常用的功能区。

2.“插入”功能区

“插入”功能区包括页、表格、插图、链接、页眉和页脚、文本、符号和特殊符号七个组，对应 Word 2003 中“插入”菜单的部分命令，主要用于在 Word 2010 文档中插入各种元素。

3.“页面布局”功能区

“页面布局”功能区包括主题、页面设置、稿纸、页面背景、段落、排列六个组，对应 Word 2003 的“页面设置”菜单命令和“段落”菜单中的部分命令，用于帮助用户设置 Word 2010 文档页面样式。

4.“引用”功能区

“引用”功能区包括目录、脚注、引文与书目、题注、索引和引文目录六个组，用于实现在 Word 2010 文档中插入目录等比较高级的功能。

5.“邮件”功能区

“邮件”功能区包括创建、开始邮件合并、编写和插入域、预览结果和完成五个组，该功能区的作用比较专一，专门用于在 Word 2010 文档中进行邮件合并方面的操作。

6.“审阅”功能区

“审阅”功能区包括校对、语言、中文简繁转换、批注、修订、更改、比较和保护八个组，主要用于对 Word 2010 文档进行校对和修订等操作，适用于多人协作处理 Word 2010 长文档。

7.“视图”功能区

“视图”功能区包括文档视图、显示、显示比例、窗口和宏五个组，主要用于帮助用户设置 Word 2010 操作窗口的视图类型，以方便操作。

3.1.2 认识 Word 2010

3.1.2.1 Word 2010 的启动与退出

启动 Word 就是执行其应用程序，并在屏幕上显示 Word 应用程序的窗口。常用方法：

(1)在 Windows 7 中单击“开始/程序/Microsoft Office/ Microsoft Word 2010”启动 Word。

(2)双击桌面上“Word 的快捷方式”图标,启动 Word。

(3)在 Windows 7 桌面的空白处右击,在快捷菜单中选择“新建/Microsoft Word 文档”,也可启动 Word。

完成对文档的编辑处理后可退出 Word 文档。常用方法:

(1)点击 Word 2010 文档左上角的“文件”点击“退出”;

(2)Word 2010 文档的右上角点击红色的叉号退出;

(3)在任务栏找到正在使用的 Word 文档,右击点击“关闭”;

(4)按“Alt+F4”快捷键关闭。

3.1.2.2 Word 2010 的工作窗口

启动 Word 2010 后,打开其工作窗口,如下图 3-2 所示。打开以后 Word 自动建立一个名为“文档 1”的空文档,这表示进入了编辑状态,可以在文档编辑区输入内容了。

图 3-2 Word 2010 工作窗口

Word 2010 的工作窗口由标题栏、功能区、快速访问工具栏、文档编辑区、状态栏和导航窗格等部分组成。

(1)标题栏:显示了当前文档打开的名称,在右边还提供了三个按钮,最小化、最大化(还原)和关闭按钮,借助这些按钮可以快速地执行相应的功能。

(2)快速访问工具栏:用户可以实现保存、撤销、恢复、打印预览和快速打印等功能。

(3)功能区:是菜单和工具栏的主要显示区域,以前的版本大多以子菜单的模式为用户提供按钮功能,现在以功能区的模式提供几乎涵盖了所有的按钮、库和对话框。功能区首先会将控件对象分为多个选项卡,然后在选项卡中将控件细化为不同的组。

(4)文档编辑区:是用户工作的主要区域,用来实现文档的显示和编辑。在这个区域中经常使用到的工具还包括水平标尺、垂直标尺、对齐方式、显示段落等。

(5)状态栏:状态栏位于窗口底端,用于显示当前文档的页数/总页数、字数、输入语言以及输入状态等信息。状态栏的右端有两栏功能按钮,其中视图切换按钮用于选择文档的视图方式,显示比例调节工具用于调整文档的显示比例,如图 3-3 所示。

图 3-3　状态栏

(6)导航窗格:用 Word 编辑文档,有时会遇到长达几十页,甚至上百页的超长文档,在以往的 Word 版本中,浏览这种超长的文档很麻烦,要查看特定的内容,必须双眼盯住屏幕,然后不断滚动鼠标滚轮,或者拖动编辑窗口上的垂直滚动条查阅,用关键字定位或用键盘上的翻页键查找,既不方便,也不精确,有时为了查找文档中的特定内容,会浪费很多时间。随着 Word 2010 的到来,这一切都将得到改观,Word 2010 新增的“导航窗格”会为你精确“导航”。

运行 Word 2010 打开一份超长文档,单击菜单栏上的“视图”按钮,切换到“视图”功能区,钩选“显示”栏中的“导航窗格”,即可在 Word 2010 编辑窗口的左侧打开“导航窗格”如图 3-4 所示。

3.1.3　文档建立和保存

3.1.3.1　新建文档

Word 2010 建立新文档,除了通用型的空白文档模板之外,还内置了多种文档模板,如博客文章模板、书法字帖模板等等。另外,Office. com 网站还提供了证书、奖状、名片、简历等特定功能模板。借助这些模板,用户可以创建比较专业的 Word 2010 文档。

在“文件”功能区,选择“新建”按钮,如图 3-5 所示。

图 3-4　导航窗格

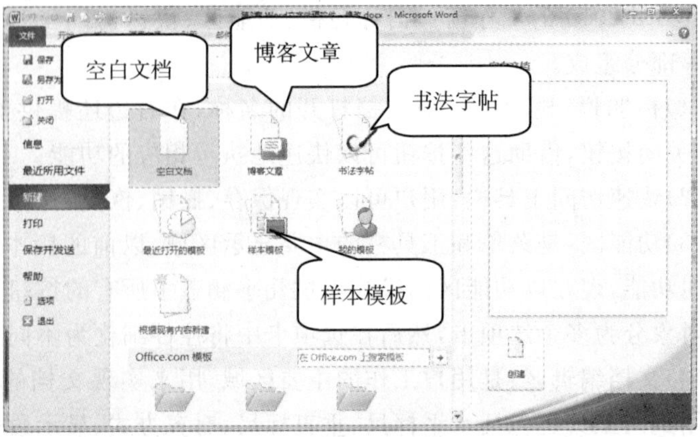

空白文档　博客文章　书法字帖　样本模板

图 3-5　新建文档模板

除了使用 Word 2010 已安装的模板，用户还可以使用自己创建的模板和 Office.com 提供的模板。

3.1.3.2　保存文档

(1)"保存"与"另存为"

在用 Word 制作电子文档的时候，应该及时保存文件，以免造成不可挽回的损失。若是第一次保存文档，则"保存"和"另存为"的效果一样。若对已有文档作修改保存时，"保存"直接对存在的文档进行覆盖，而"另存为"则生成一个新的文档，默认为原来文件的名称及路径，而当前显示的则是"另存为"的文件。

(2)自动保存文档

在编辑过程中，为确保文档安全，可以设置定时自动保存功能，Word 将按用户事先设定的时间间隔自动保存文档，如图 3－6 所示。

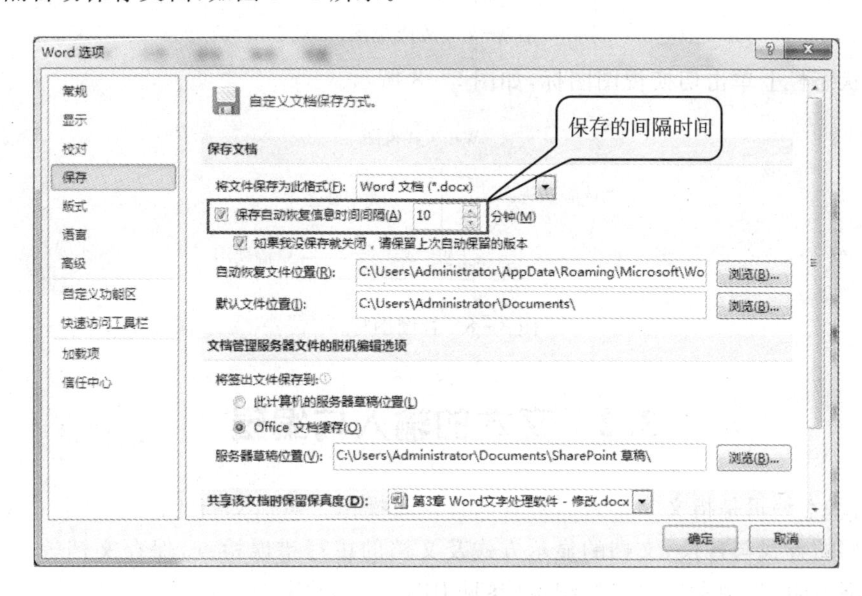

图 3－6　定时自动保存

具体操作是：单击"文件"功能区的"选项"命令，弹出"Word 选项"对话框，单击"保存"命令，选择"自动保存时间间隔"复选框，然后输入需要的时间间隔(以分钟为单位)，如输入 10，则表示 10 分钟，最后单击"确定"按钮。

3.1.3.3　视图模式

Word 2010 中提供了多种视图模式供用户选择，包括"页面视图""阅读版式视图""Web 版式视图""大纲视图"和"草稿视图"等五种视图模式。

(1)页面视图：可以显示 Word 2010 文档的打印结果外观，主要包括页眉、页脚、图形对象、分栏设置、页面边距等元素，是最接近打印结果的视图，常用于文本、段落、版面或者文档外观的修改。

(2)阅读版式视图：是以图书的分栏样式显示文档，"文件"按钮、功能区等窗口元素被隐藏起来。在阅读版式视图中，用户还可以单击"工具"按钮选择各种阅读工具。

(3)Web 版式视图：是以网页的形式显示文档，Web 版式视图适用于发送电子邮件和创建网页。

(4)大纲视图:用于显示、修改或创建文档的大纲,它将所有的标题分级显示出来,层级分明,并可以方便地折叠和展开各种层级的文档。大纲视图广泛用于长文档的快速浏览和设置中。

(5)草稿视图:取消了页面边距、分栏、页眉页脚和图片等元素,仅显示标题和正文,是最节省计算机系统硬件资源的视图方式。草稿视图类似于 Word 2003 版本的普通视图。

视图的切换通常有两种方法:

(1)选择“视图”功能区,在“文档视图”分组中单击需要的视图按钮,如图 3-7 所示;

图 3-7　文档视图

(2)在状态栏上单击切换视图图标,如图 3-8 所示。

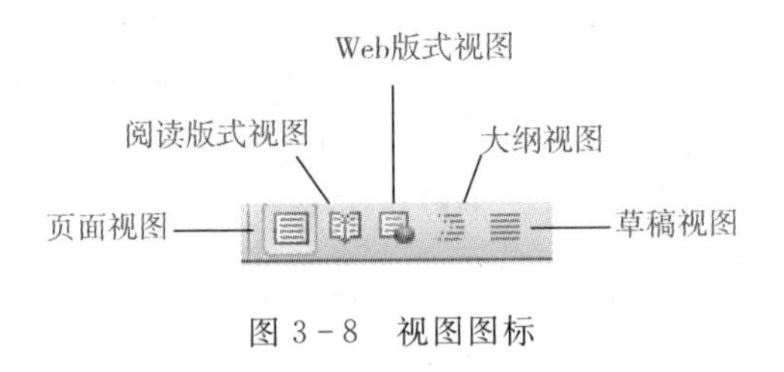

图 3-8　视图图标

3.2　文本的输入与编辑

文档的基本编辑是指文字录入后对其进行修改操作。包括文档的选定,文档的复制、移动和删除,文档的查找与替换,文档的显示方式及文档的拼写错误检查,保存文档等。本节以文档《教学大纲说明》为例实现文本的编辑(参见 P126 页中的案例一)。

3.2.1　文本的输入

3.2.1.1　输入文档

输入文本是 Word 中的一项基本操作。当用户新建一个 Word 文档后,在文档的开始位置将出现一个闪烁的光标,称之为“插入点”,在 Word 中输入的任何文本都会在插入点处出现。当定位了插入点的位置后,选择一种输入法即可开始文本的输入。

1. 输入法选择

在输入文字前,首先要选择汉字输入法,其选择方法:

(1)单击桌面右下角任务栏的输入法图标,如图 3-9 所示。在弹出的输入法对话框中单击所熟悉的输入方式,如搜狗、五笔等。

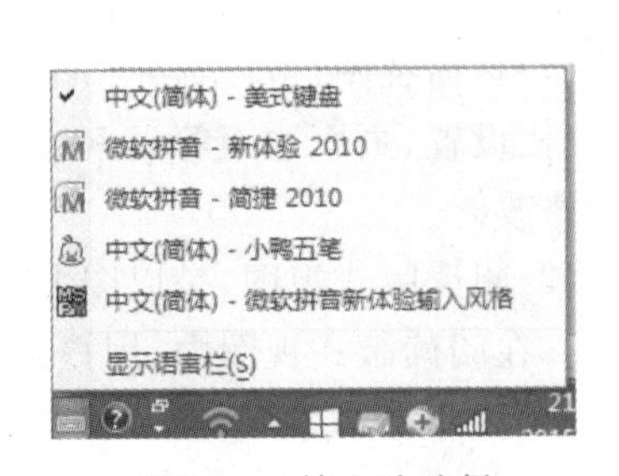

图 3-9　输入法选择

(2)按“Ctrl+Shift”键,则依次从前往后切换各种输入法。按“Ctrl+空格”键可以在中英文输入法之间进行切换。

2. 输入文档技巧

(1)确定插入点。在指定的位置进行文字的插入、修改或删除等操作时,要先将插入点移到该位置,然后才能进行相应的操作。

(2)由于 Word 具有自动换行功能,因此在录入文档时可不必理会是否已满一行。仅当需要开始新的段落时,才能按“Enter”键。

(3)对齐文本时不要用空格键,采用缩进方式对齐。

(4)删除输入过程中错误的文字,将插入点定位到指定位置处,按 Delete 键可删除插入点右面的字符,按 Backspace 键可删除插入点左面的字符。

(5)若输漏了内容,将插入点定位在需要补录的位置,直接插入。

小提示

Word 2010 有插入和改写两种录入状态。在“插入”状态下,键入的文本将插入到当前光标所在位置,光标后面的文字将按顺序后移;而“改写”状态下,键入的文本将把光标后的文字替换掉,其余的文字位置不改变。

按“Insert”键可以实现“插入/改写”状态的切换。

3. 常用快捷键

如果输入的内容不仅有中文还有英文字符,按“Ctrl+空格”键循环切换中/英文输入状态。常用的快捷键有:

(1)Ctrl+Shift(输入法切换)

(2)Ctrl+□(中/英输入法切换)

(3)Shift+□(全/半角切换)

(4)Ctrl+.(中/英标点符号切换)

3.2.1.2 输入各种符号

在 Word 2010 文档编辑中,经常要输入一些键盘上没有的特殊符号,用户可以通过不同的途径加以选择。

1. 插入特殊符号

在文档输入或编辑过程中,可以插入特殊字符、国际通用字符以及符号,也可用数字键盘键入字符代码来插入一个特殊字符或符号。

(1)使用软键盘

所谓软键盘不是在键盘上,而是在“屏幕上”,是通过软件模拟键盘通过鼠标点击输入字符。软键盘上有 PC 键盘、希腊字母、俄文字母号、注音符号、拼音符号、日文平假名、日文片假名、标点符号、数字序号、数学符号、制表符、中文数字/单位、特殊符号 13 种,如图 3-10 所示。我们可以根据自己的需要,选择某一类输入特定的字符。

(2)使用“符号”对话框

软键盘的种类是有限的,若是在软键盘找不到的字符,我们可以到“插入”功能区的“符号”分组中去找。具体步骤如下:

① 选择好要插入符号的位置,切换到“插入/符号/符号”按钮;

② 在打开的符号面板中可以看到一些最常用的符号，单击所需要的符号即可将其插入到文档中；

③ 如果符号面板中没有所需要的符号，可以单击“其他符合”按钮，打开“符号”对话框，如图 3－11 所示；

④ 在“符号”选项卡中单击子集右侧的下拉三角按钮，在打开的下拉列表中选中合适的子集；

⑤ 单击选中需要的符号，按“插入”按钮。

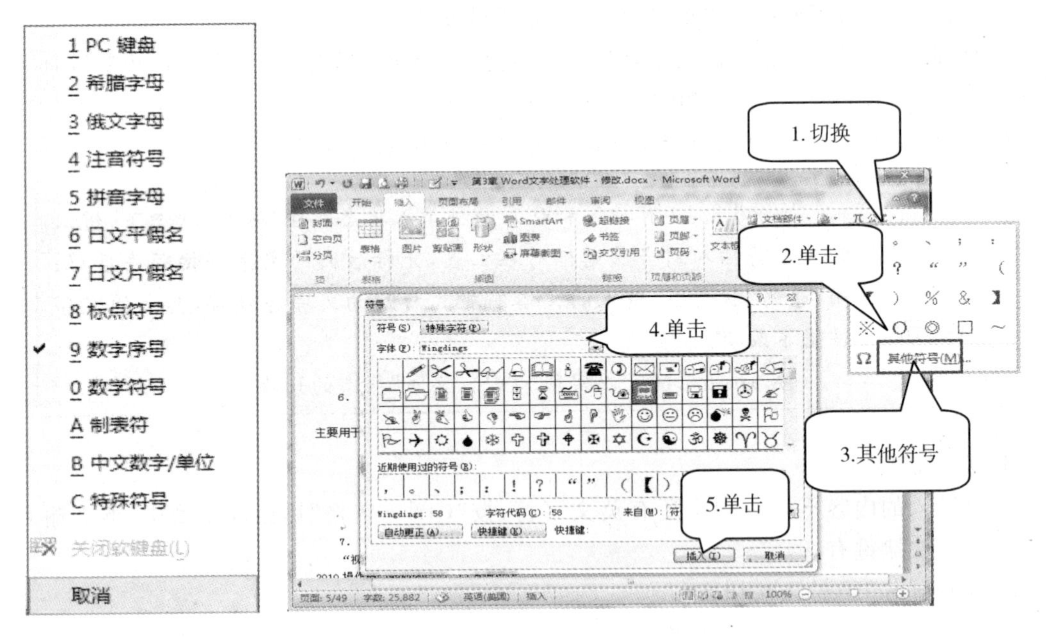

图 3－10　软键盘　　　　　　　　　　图 3－11　“符号”对话框

2. 插入数字

如果要在文档中输入某些特殊的数字，如罗马数字、带圈阿拉伯数字等，有三种方法。

方法 1：在输入法的软键盘中选择“数字序号”，从中选择需要插入的特殊数字，如图 3－12 所示。

方法 2：利用“开始”功能区“字体”分组中的“带圈字符”实现。

(1)在“开始”功能区中选择“带圈字符”功能按钮，如图 3－13 所示；

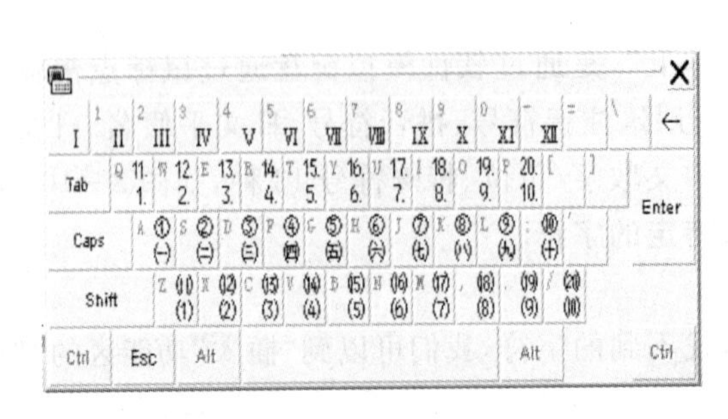

图 3－12　“软键盘”中数字

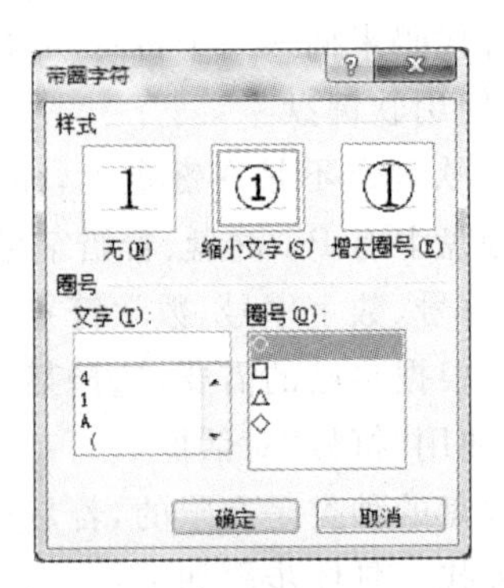

图 3－13　“带圈字符”中数字

(2)在弹出的带圈字符窗口中选择要加圈的文字、样式及其圈号,按“确定”按钮即可。

方法 3:利用“插入”功能区的“符号”分组中的“编号”实现。

(1)切换到“插入”功能区,在“符号”分组中单击“编号”按钮;

(2)打开“编号”对话框,如图 3-14 所示,在“编号”框中输入所需的数字编号;

(3)选择一种要采用的数字类型;

(4)单击“确定”按钮将数字插入文档并关闭对话框。

3. 插入日期和时间

当使用 Word 完成一篇文档的编辑和排版工作后,常常需要在文档的末尾插入当前日期或当前时间。通常也有三种方法:

方法 1:手工直接输入当前的日期和时间。

方法 2:按“Alt+Shift+D”快捷键,输入当前系统日期,按“Alt+Shift+T”组合键输入当前系统时间。

方法 3:利用“插入”功能区的“文本”分组中的“日期和时间”按钮实现,如图 3-15 所示。

图 3-14 “编号”中数字

图 3-15 “文本”分组

4. 特殊符号快捷键

(1)Ctrl+Alt+C(©)“版权所有”

(2)Ctrl +Alt+R(®)“已注册”

(3)Ctrl +Alt+T(™)“商标”

(4)Ctrl +Alt+. “省略号”

3.2.2 文档的编辑

3.2.2.1 选定文本

在 Word 编辑中经常要选取文件内容,具体方法:

(1)用鼠标指针从要选定文本的起始位置拖动到要标记文本的结束位置,鼠标经过的文本区域被选定;

(2)如果将鼠标指针移动到文档某段落中连续点击鼠标左键 3 下,则可选下该段落;

(3)将鼠标指针移动到需要选定的字符前,按住 Alt 键,单击并拖动,可选定鼠标经过的矩形区域;

(4)按住“Ctrl”键,通过鼠标拖动可以选择不连续的多个区域;

(5)在“开始”功能区,“编辑”分组中单击“选择”下拉按钮,如图 3-16 所示,从中根据选项进行选取。

另外还有几个特别的快捷键可以加快选取：

Shift＋Home：使光标处选至该行开头处。

Shift＋End：从光标处选至该行结尾处。

Ctrl＋Shift＋Home：从光标处选至文件开头处。

Ctrl＋Shift＋End：从光标处选至文件结尾处。

Ctrl＋A：选择全部文档。

Shift＋移动光标：逐字逐行地选中文本(用于一边看一边选取文本)。

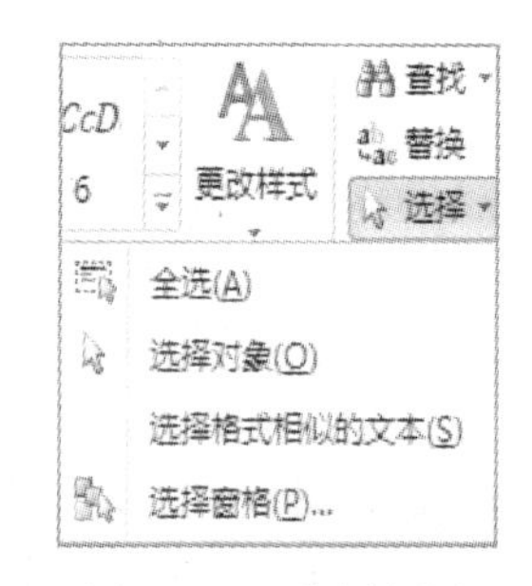

图 3-16 “选择”项

Shift＋Alt＋鼠标左键单击：可选中原光标所在位置至后鼠标左键单击光标位置的矩形区域，或按住“Alt”键，在要选取的开始位置按下鼠标左键，拖动鼠标左键即可选取一个矩形的区域。

小提示

利用“F8”键进行快速选取：先按“F8”键激活系统内置的“扩展选取”模式，按一次F8键可选中插入点后的一个字符，按两次F8键可选中插入点所在的句子，按三次F8键可选中插入点所在的整个段落，按四次F8键可选中插入点所在的节，按五次F8键可选中整个文档。要退出扩展模式状态可以随时按“Esc”键或“撤销”按钮。

3.2.2.2 复制与移动

1. 复制文本

在文档中若需要重复输入文本，可以使用复制文本的方法进行操作，以节省时间，加快输入和编辑的速度。先选取需要复制的文本，用以下几种方法实现。

方法1：单击“开始/剪贴板/复制”命令，再把插入点移到目标位置，选择“开始/剪贴板/粘贴”命令。

方法2：按“Ctrl＋C”键复制，再把插入点移到目标位置，按“Ctrl＋V”键粘贴。

方法3：按下鼠标右键拖动到目标位置，松开鼠标弹出一个快捷菜单，从中选择“复制到此处”命令。

方法4：右击，从弹出的快捷菜单中选择“复制”命令，把插入点移到目标位置；右击，从弹出的快捷菜单中选择“粘贴”命令。

2. 移动文本

移动文本的操作与复制文本类似，所不同的是，移动文本后，原位置的文本消失，而复制文本后，原位置的文本仍在。先选取需要移动的文本，用以下几种方法实现。

方法1：选择“开始/剪贴板/剪切”命令，把插入点移到目标位置，再选择“开始/剪贴板/粘贴”命令。

方法2：按“Ctrl＋X”组合键，把插入点移到目标位置，再按“Ctrl＋V”组合键。

方法3：按下鼠标右键拖动到目标位置，松开鼠标会弹出一个快捷菜单，从中选择“移动到此处”命令。

方法4：右击，从弹出的快捷菜单中选择“剪切”命令，把插入点移到目标位置；右击，从弹出的快捷菜单中选择“粘贴”命令。

3. 远距离移动或复制文本与图形

如果远距离(但仍在本文档内)移动或复制文本与图形,或将其移动或复制至其他文档,借助于"剪贴板"比较方便。剪贴板是 Windows 特殊的存储空间,通过 Office 剪贴板,用户可以有选择地粘贴暂存于 Office 剪贴板中的内容,使粘贴操作更加灵活,可以把需要复制或移动的内容临时保存在剪贴板中。

在 Word 2010 中,剪贴板最多可以记住 24 项剪贴内容,"剪贴板"工具栏是以"剪贴板任务窗格"的形式出现的。如果没有出现"剪贴板任务窗格",可以单击"开始"选项卡中的"剪贴板"组右下角的图标打开它,然后选中其中某一项进行粘贴,如图 3-17 所示。

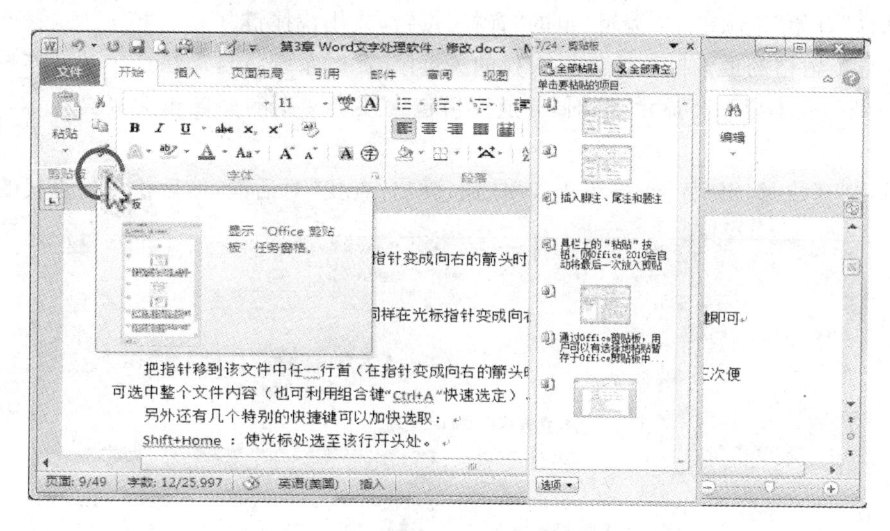

图 3-17 "Office 剪贴板"任务窗格

如果不打开"剪贴板任务窗格",而直接单击常用工具栏上的"粘贴"按钮,则 Office 2010 会自动将最后一次放入剪贴板的内容粘贴目标处。

3.2.2.3 删除与撤销

1. 删除文本

在文档的编辑过程中,需要对多余或错误的文本进行删除操作。选取要删除的文本,可使用下面任何一种方法:

方法 1:按"Backspace"键删除光标左侧的文本。

方法 2:按"Delete"键删除光标右侧的文本。

方法 3:选取需要删除的文本,在"开始"功能区的"剪贴板"组,单击"剪切"按钮。

2. 撤销文本

在编辑文档时,若出现了误操作或文本改变后发现"今不如昔",则可用"撤销"功能把改变后的文本"恢复"为原来的形式。

文档支持多级撤销,在快速访问工具栏上单击"撤销"按钮 或按"Ctrl+Z"组合键,可取消对文档的最后一次操作。多次单击"撤销"按钮或按"Ctrl+Z"组合键,依次从后向前取消多次操作。单击"撤销"按钮右边的下拉箭头,打开可撤销操作的列表,可选定其中某次操作,一次性恢复此操作后的所有操作。撤销某操作的同时,也撤销了列表中所有位于它上面的操作。

3.2.2.4　查找与替换

使用 Word 2010 的查找和替换功能，不仅可以查找和替换字符，还可以查找和替换字符格式(例如查找或替换字体、字号、字体颜色等格式)，段落标记、分页符和其他项目，并且还可以使用通配符来扩展搜索。

1. 查找

在冗长复杂的文档中如何快速地找到自己需要的信息？“查找”功能可以方便快捷地找到特定的字词或短语。具体步骤：

① 选择要查找的范围，若不确定查找范围，则将对整个文档进行查找；

② 选择“开始”选项卡下“编辑”组的“查找”按钮，或用快捷键“Ctrl＋F”；

③ 在导航窗格的搜索框中输入要查找的关键字，此时系统将自动在选中的文本中进行查找，并将找到的文本以高亮显示，同时，导航窗格包含搜索文本的标题也会高亮显示，如图 3－18 所示；

④ 单击“开始/编辑/替换/高级查找”按钮，弹出“查找”对话框，然后输入要查找的内容。

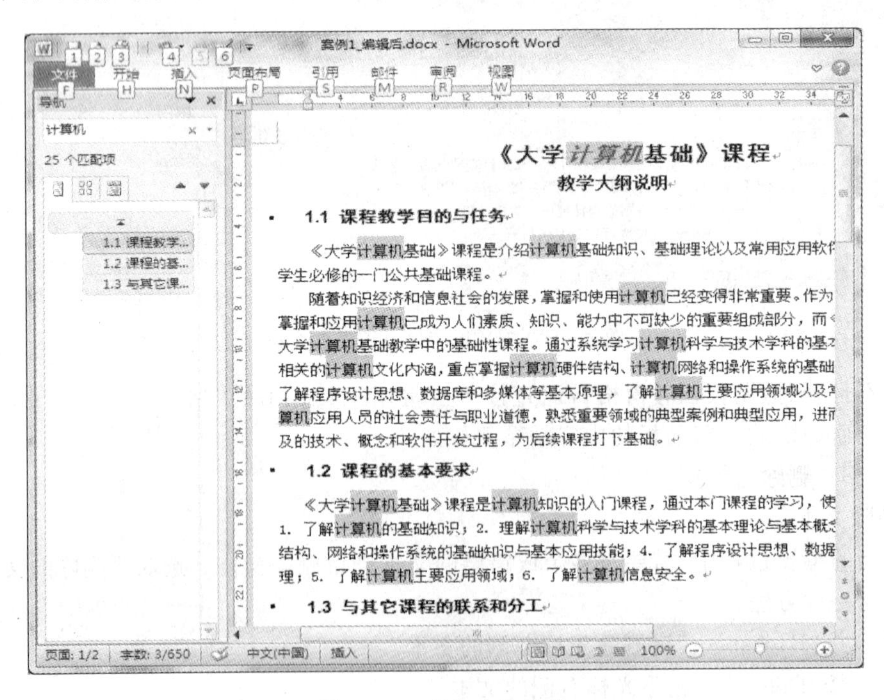

图 3－18　导航窗格查找

2. 替换

替换功能是查找功能的扩展，适用于替换多处相同的内容。使用“替换”功能可以快速更正错误的字词或短语。单击“开始”功能区上的“编辑”组中的“替换”按钮，弹出“查找和替换”对话框，如图 3－19(上方)所示。

在“查找内容”框内输入要查找的文本，在“替换为”框内输入替换文本，单击“查找下一处”，单击“替换”或者“全部替换”按钮，如图 3－19(下方)所示。

利用替换功能还可以删除找到的文本。方法是在“替换为”一栏中不输入任何内容，替换时会以空字符代替找到的文本，等于做了删除操作。

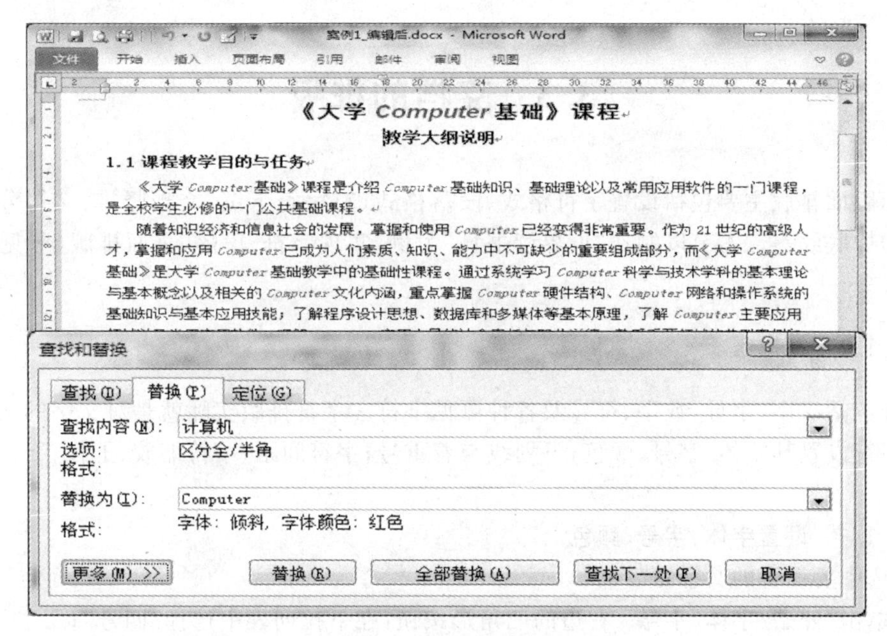

图 3－19　“查找与替换”对话框

3.2.2.5　拼写和语法

Word 提供了语法错误和拼写错误检查的功能，我们可以借助 Word 中的“拼写和语法”功能检查文档中存在的单词拼写错误或语法错误，并且可以根据实际需要设置“拼写和语法”选项，使拼写和语法检查功能更适合自己的使用需要。

首先根据实际的要求，对拼写和语法错误进行设置。具体方法：

(1)选择“文件”功能区，单击“选项”；

(2)打开“Word 选项”对话框，单击“校对”选项卡；

(3)在“在 Word 中更正拼写和语法时”区域选中需要更正的复选框；

(4)单击“确定”按钮，如图 3－20 所示。

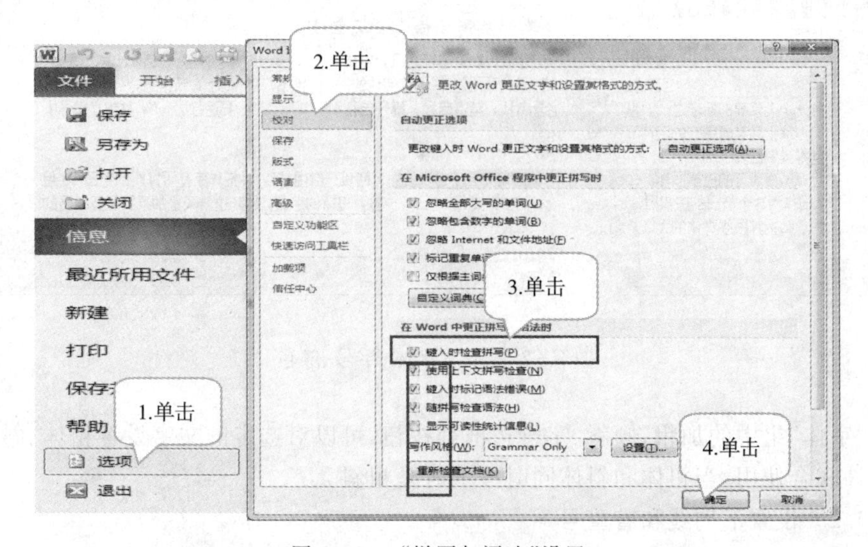

图 3－20　“拼写与语法”设置

3.3 文档的排版

文档版面排版主要包括设置字符格式、段落格式、首字符下沉、文档竖排、文档分栏、文档加边框和加底纹等。本节以制作“世界读书日”为例,实现字符、段落、页面排版(参见 P127 页案例二)。

3.3.1 字符排版

字符包括汉字、字母、数字、符号及各种可见字符。字符排版实际就是对文字的格式化,也就是对字符设置其字体、字号、颜色;下划线与着重号;字符间距、字符缩放、上标/下标、字符效果等。

3.3.1.1 设置字体、字号、颜色

(1)选中要设置的文字;

(2)单击“开始/字体/字号”右边的三角形按钮,在下拉列表中选择“四号”;

(3)单击“开始/字体/字体”右边的三角形按钮,在下拉列表中选择“华文新魏”;

(4)单击“开始/字体/颜色”右边的三角形按钮,在下拉列表中选择“红色”,如图 3-21 所示。

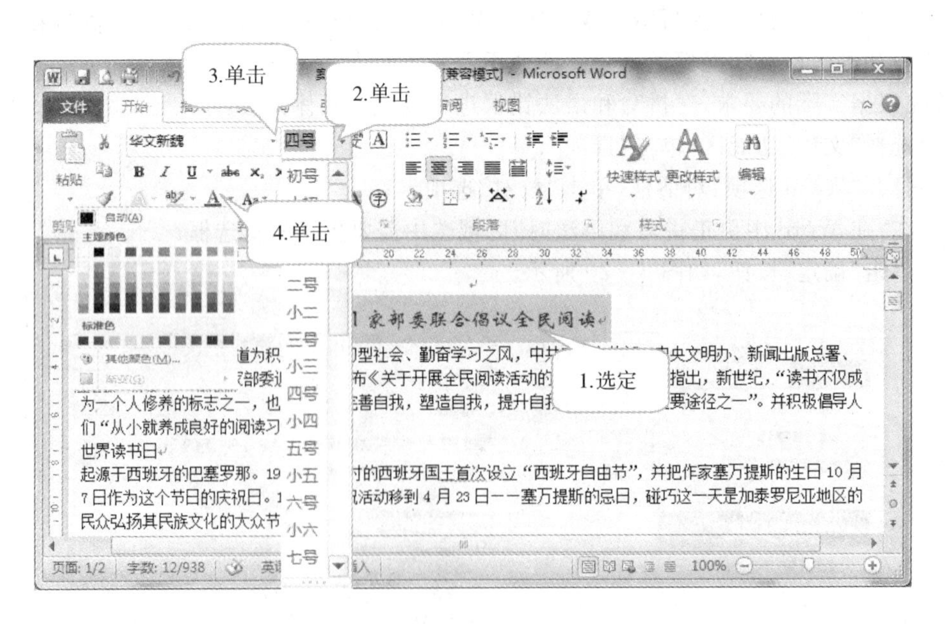

图 3-21 设置字体、字号、颜色

单击“字体”组中的加粗、倾斜、字符边框等按钮,可以对选定的文字设置粗体、斜体等。这些按钮允许联合使用,当粗体和斜体同时按下时是粗斜。

3.3.1.2 设置下划线和着重号

如果在一篇文章当中,有些文字特别重要的,我们可以加标记,使重要内容更加醒目。在处理过程中，可以对这些重要文字加下划线或着重号。

(1)选中要设置的文字；

(2)单击“开始/字体/下划线”右边的三角形按钮；

(3)单击下拉列表中的“其他下划线”，打开“字体”对话框；

(4)在“字体”对话框中选择下划线型；

(5)在“字体”对话框中选择下划线颜色；

(6)在“字体”对话框中选择着重号；

(7)单击“确定”按钮完成操作，如图 3－22 所示。

图 3－22　设置下划线、着重号

3.3.1.3　设置字符间距与缩放

字符的缩放可以缩放字符的横向大小，间距是指文档中相邻字符之间的距离，在 Word 2010 中设置字符缩放和间距效果，能够使排版更加美观。

(1)选中要设置的字符；

(2)单击“开始/字体”组中的“对话框启动器”按钮；

(3)在“字体”对话框中，切换至“高级”选项卡；

(4)单击“缩放”下拉按钮，在其下拉列表中选择所需的缩放值；

(5)单击“间距”下拉按钮，在其下拉列表中选择“加宽”；

(6)单击“磅值”下拉按钮，在其下拉列表中选择所需的值；

(7)单击“确定”按钮完成操作，如图 3－23 所示。

3.3.1.4　设置字符上标、下标

在文字格式外，还可以设置一些特殊的效果，如上标、下标、阳文、阴文，给文字加些特殊的效果等格式。所谓上标、下标是指一行中位置比一般的文字略高或者略低的文本文字。

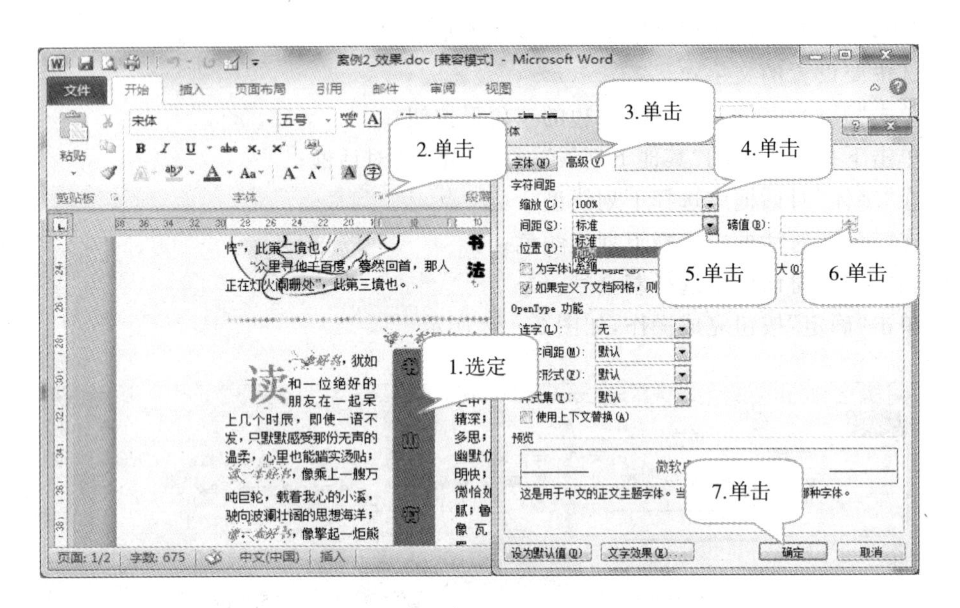

图 3-23 设置字符间距与缩放

(1)选中要设置的字符;

(2)单击“开始/字体”组中的“对话框启动器”按钮;

(3)在“字体”对话框中,单击“效果”选项的“上标”按钮;

(4)或直接按“Ctrl+Shift+=” 即可变为“上标”效果,如图 3-24 所示。

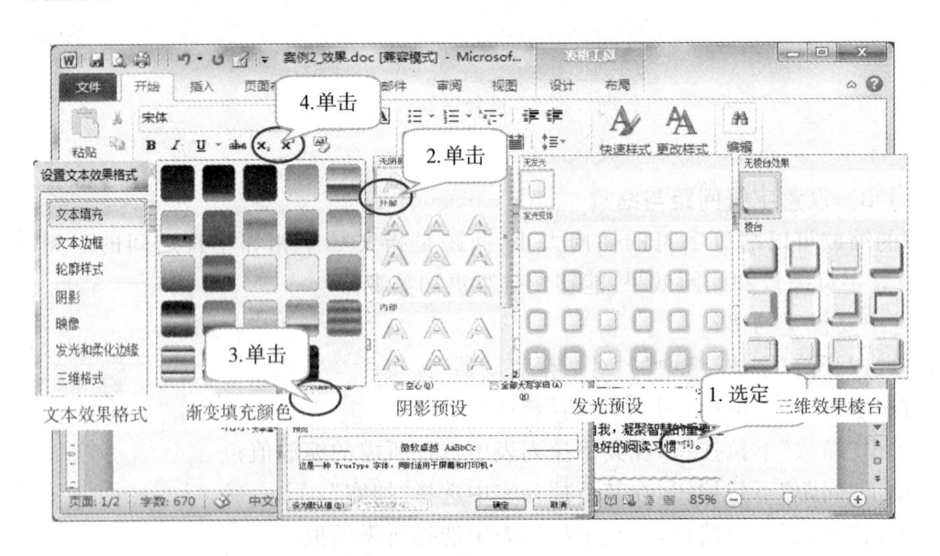

图 3-24 设置文字效果

除此以外,还可以进行文字效果设置。单击“开始/字体”组中的“文字效果”按钮,弹出“设置文本效果格式”对话框,在文本效果设置中可以根据实际所需效果,选择设置。

3.3.2　段落排版

段落排版是设置当前光标所在段落格式的外观，包括段落对齐方式、段落的缩进、段落的段间距和行间距、段落底纹、边框线、项目符号、编号、多级列表、缩进量、中文版式、排序、显示或隐藏段落标记等。

3.3.2.1　段落的对齐方式

段落的对齐方式指的是在选定的段落中，水平排列的文字或其他内容相对于缩进标记位置的对齐方式。对齐方式有左对齐、居中对齐、右对齐、两端对齐和分散对齐五种。

(1)选中要设置的段落；

(2)方法 1：单击“开始/段落”组中选择对齐按钮，设置所需对齐方式；

(3)方法 2：单击“开始/段落”组中“对话框启动器”按钮，在“段落”对话框中选择“中文版式”标签，单击“文本对齐方式”下三角按钮，在列表中选择符合我们实际需求的段落对齐方式，并单击“确定”按钮使设置生效，如图 3-25 所示。

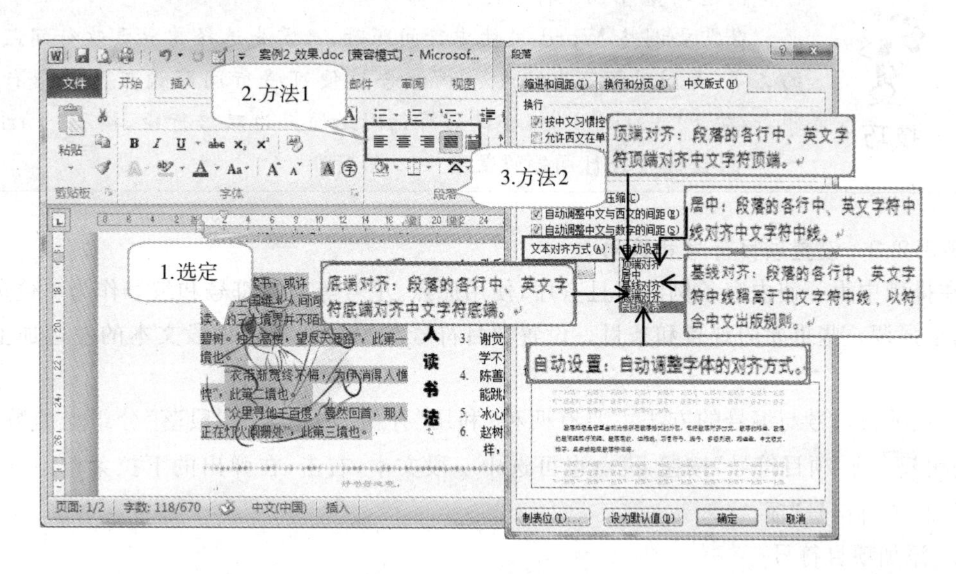

图 3-25　设置对齐方式

3.3.2.2　设置段落缩进和间距

段落缩进包括首行缩进、悬挂缩进、左缩进以及右缩进。段落间距是指两个段落之间的距离，包括段前、段后间距和行间距。

(1)选中要设置的段落；

(2)单击“开始/段落”组中“对话框启动器”按钮；

(3)选择“段落”对话框中“特殊格式”选项，设置“首行缩进”或“悬挂缩进”；

(4)选择“段落”对话框中“缩进”选项，设置“左侧”、“右侧”缩进量；

(5)选择“段落”对话框中“间距”选项，设置“段前”、“段后”间距；

(6)选择“段落”对话框中“间距”选项，设置“行距”；

(7)单击“确定”按钮完成操作，如图 3-26 所示。

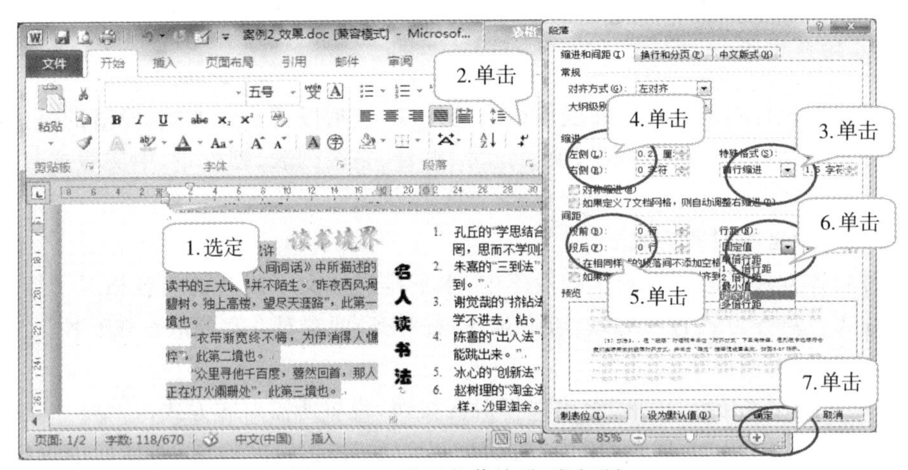

图 3－26　设置段落缩进、段间距

技巧

快速调整 Word 行间距：

在需要调整 Word 文件中行间距时，只需先选择需要更改行间距的文字，再同时按下“ Ctrl＋1 ”组合键便可将行间距设置为单倍行距，而按下“ Ctrl＋2 ”组合键则将行间距设置为双倍行距，按下“ Ctrl＋5 ”组合键可将行间距设置为 1.5 倍行距。

3.3.2.3　设置项目符号和编号

在排版中为了使内容条例清晰且有序，使用原点、星号等项目符号和编号作为单位进行标识，用于强调一些重要的观点和条目。设置项目符号与编号就是在每段文本的左边加上数字编号或图形。

设置项目符号与编号的方法主要有两种：利用“开始”功能区的“段落”分组上的数字“编号”按钮 或“项目符号”按钮 ；也可选中一段文本，右击，在弹出的下拉菜单中选择“编号”项和“项目符号”项。

1. 添加项目符号

(1)选定要添加项目符号的段落；

(2)在“开始”功能区的“段落”分组中单击“项目符号”下拉三角按钮；

(3)在“项目符号”下拉列表中选中合适的项目符号，如图 3－27 所示。

2. 添加项目编号

(1)选定要添加项目符号的段落；

(2)在“开始”功能区的“段落”分组中单击“编号”下拉三角按钮；

(3)在“编号”下拉列表中选中想要的项目编号，如图 3－28 所示。

(4)若在项目符号库中没找到合适的编号，还可以在“定义新编号格式”中进行增加。

3. 自动生成项目符号及编号

插入项目符号(编号)后，编写本段的内容，在本段内容的最后面，回车(Enter 键)即可自动在下一段内容前添加项目符号(编号)。

如果想取消自动编号，可选择文档，以“方法 1”中的插入项目符号及编号的方式中选择

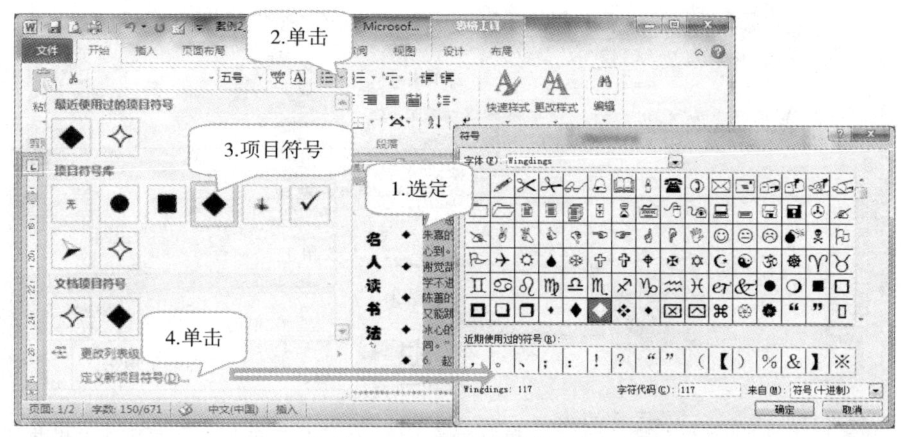

图 3－27　设置项目符号

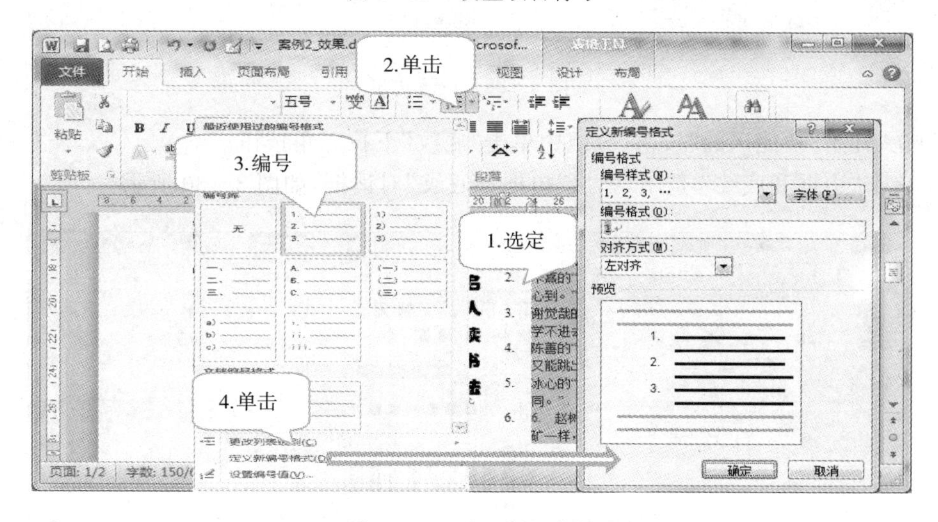

图 3－28　设置项目编号

“无”即可。

3.3.2.4　设置边框、底纹

1. 设置边框

(1)选定要添加边框的段落；

(2)在“开始”功能区的“段落”分组中单击“下框线”下拉三角按钮；

(3)单击“边框和底纹” 选项，弹出“边框和底纹”对话框；

(4)在“边框和底纹”对话框中，单击“三维”线框；

(5)在“边框和底纹”对话框中，选择线型；

(6)在“边框和底纹”对话框中，选择颜色；

(7)在“边框和底纹”对话框中，选择线宽度；

(8)单击“应用于”，选择“段落”选项；

(9)单击“确定”按钮，完成操作，如图 3－29 所示。

2. 设置底纹

(1)选定要添加底纹的段落；

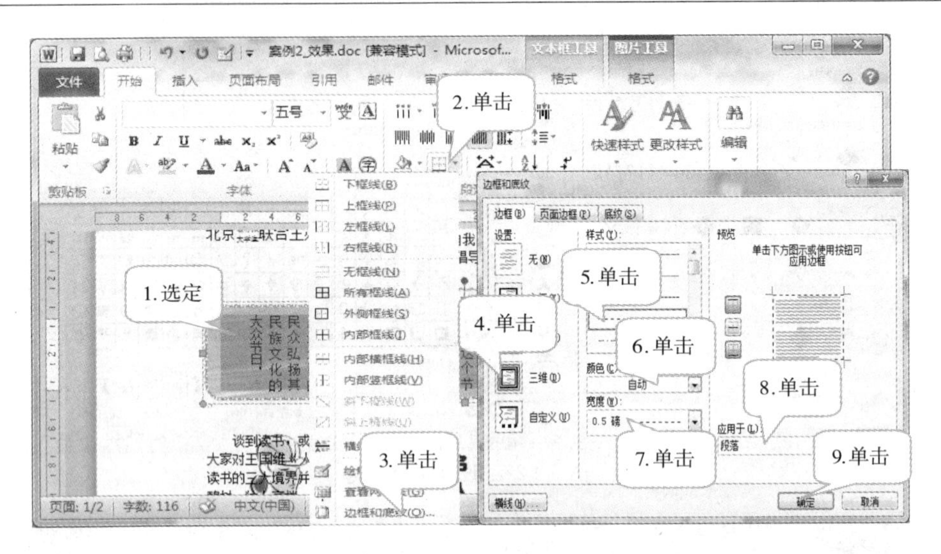

图 3－29　设置边框

(2)在“开始”功能区的“段落”分组中单击“底纹”下拉三角按钮；

(3)单击“边框和底纹” 选项,弹出“边框和底纹”对话框,如图 3－30 所示。

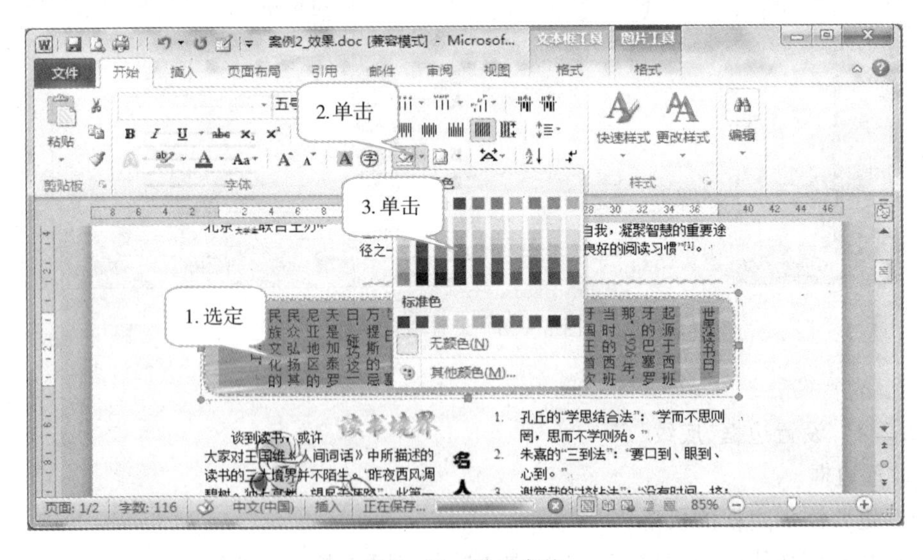

图 3－30　设置底纹

3.3.2.5　设置首字下沉

“首字下沉”就是在段落最前面用一个“下沉字”作为段落的开始,从而增加一种视觉上的提示效果。所谓“下沉字”,就是段落的第一个字母或字符,放大之后和段落第一行的顶端对齐,段落中的其他文字都给它让出一定的空间。

(1)选定要设置段落的第一字；

(2)选择“插入”功能区的“文本”分组中“首字下沉”按钮；

(3)单击“首字下沉选项”,弹出“首字下沉”对话框；

(4)单击“下沉”选项；

(5)输入下沉行数；

(6)选择首字要设置的字体；

(7)选择首字距正文的距离；

(8)单击“确定”按钮，如图 3－31 所示。

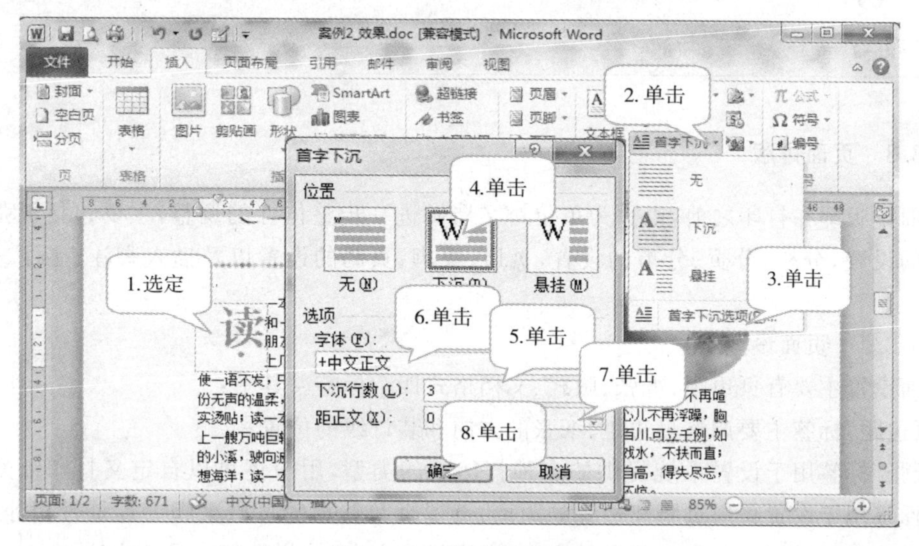

图 3－31　设置首页下沉

3.3.2.6　格式刷的妙用

格式刷是一个小型格式复制器，可以方便地将现有字符或段落的格式复制到别的字符或段落中，当用户需要为当前文本设置相同格式，或为不同文本设置相同格式时，均可使用格式刷复制格式，这样可以大大提高工作效率。

(1)选定包含需复制格式的字符或段落；

(2)单击“开始”功能区/剪贴板中的“格式刷”按钮；

(3)使鼠标指针变为刷状，拖动鼠标选中需复制格式的字符或段落。在要复制的文字上拖动，被拖动的文字就被设定成与选定的文字一样的格式，如图 3－32 所示。

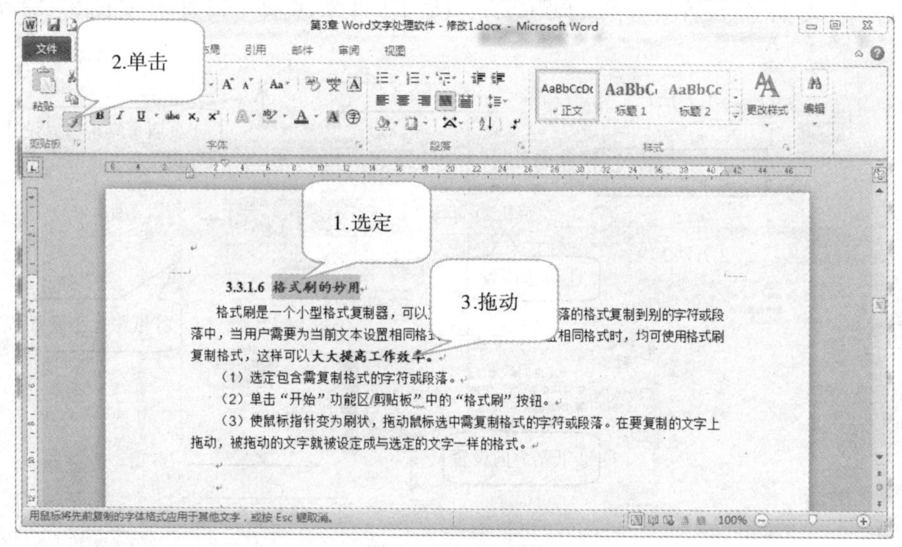

图 3－32　格式刷

技巧

复制格式：

先选定某格式，单击“格式刷”按钮，仅复制格式一次；双击“格式刷”按钮，可以复制 n 次。

3.3.3　页面排版

页面排版即在打印之前，以页为单位对文档做进一步整体性的调整，主要包括纸张大小、页边距的设置，分栏、分页、分节的设置，页眉、页脚、页码的设置以及插入脚注、尾注、题注等内容。

3.3.3.1　页面设置

页面设置主要有页边距、纸张、版式、文档格式四个标签。其中：

“页边距”标签主要调整页边距、纸张的方向和装订线的位置；

“纸张”标签用于设置系统提供的多种打印纸的类型，用户还可以自定义打印纸的大小；“版式”标签用于设置页眉页脚离边界的距离、奇偶页及首页的页眉页脚内容是否相等；“文档格式”标签主要设置每行、每页打印的字数，文字排列方向、分栏数等。具体方法：

(1)打开文档；

(2)方法 1：选择“页面布局”中的“页面设置”分组，单击如图 3－33 所示的相关按钮，完成页边距、纸张方向、纸张大小、文字方向等设置。

(3)方法 2：选择“页面布局”分组区，单击“页面设置”的“对话框启动器”按钮，弹出“页面设置”对话框：

① 选择“页边距”标签，上下边距设置 2.54 厘米，左右边距设置 3.17 厘米；

② 设置纸张方向为“纵向”；

③ 选择“纸张”标签，设置纸张大小为 A4；

④ 选择“版式”标签，设置页眉和页脚距边界：页眉 1.5 厘米，页脚 1.75 厘米，如图 3－33 所示。

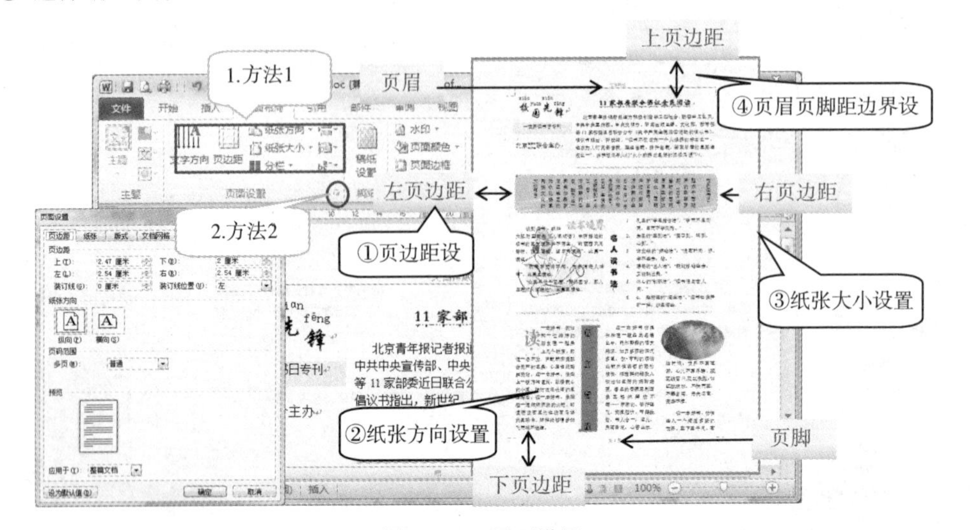

图 3－33　页面设置

3.3.3.2　设置页眉和页脚

为了使编辑的文档更完善、整体性更强，通常对当前的文档中添加页眉和页脚。页眉页脚主要显示文档的附加信息，包括建立文档的日期、章节名称、文档标题、页码等。

(1)方法 1：在页面上部空白处双击鼠标左键，即可编辑页眉内容。

(2)方法 2：选择“插入”功能区“页眉和页脚”分组，如图 3－34 所示。

① 单击“页眉”按钮，选“空白”插入页眉内容；

② 单击“页脚”按钮，选“空白”插入页脚内容；

③ 单击“页码”按钮，根据要求选择所需的选项进行设置。

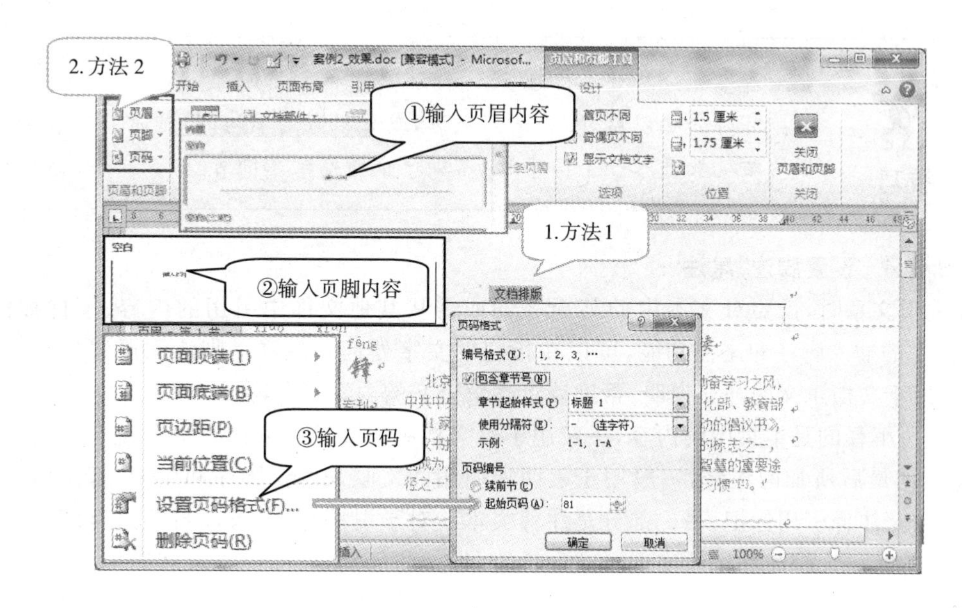

图 3－34　设置页眉和页脚

3.3.3.3　设置分栏

在文档排版中，有时为了更好地修饰版面，使版面更加生动和具有可读性，因而对文档进行分栏设置。分栏符的作用是将其后的文档内容从下一栏起排。将一页中的全部或部分文档设置成多栏的形式，即正文在一栏排满后，从此栏的底端转向下一栏的顶端。不同栏的宽度可以相同也可以不相同。因而可以在对话框中明确指定要使用的栏数、栏宽、栏与栏的间距，以及是否在两栏之间加线等。具体步骤：

(1)选定需要分栏的段落；

(2)单击“页面布局”功能区的“页面设置”分组中的“分栏”按钮；

(3)选择“三栏”；

(4)或单击“更多分栏”，在弹出的“分栏”对话框中设置，如图 3－35 所示。

① 选择“栏数”；② 设置“宽度”；③ 单击“分隔线”；④ 单击“确定”按钮。

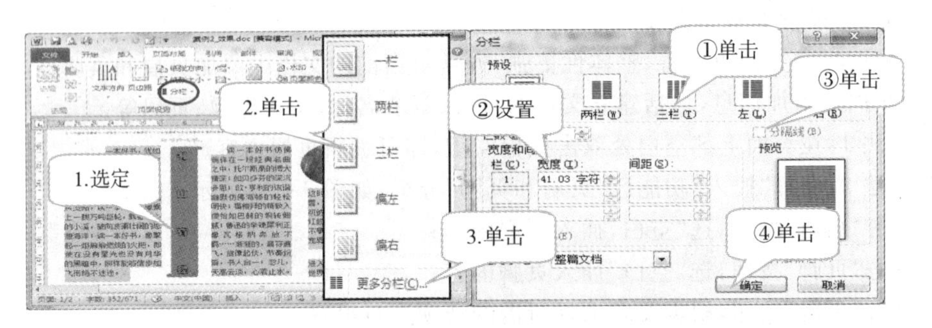

图 3－35　设置分栏

看不见分栏效果处理：

有时分栏以后，文档侧到一边，或分栏布局不均匀，这时只要在分栏的结尾处插入一个回车符，增加一个新空段落即可。

3.3.3.4　设置脚注、尾注

在编辑文章时，需要对文本中的某个名词或需从其他文件中引用的内容、事件加注释。Word 提供的插入脚注和尾注功能，可以在指定的文字处插入注释。脚注和尾注也是文档的一部分，用于文档正文的补充说明，帮助读者理解全文的内容。

脚注所解释的是本页中的内容，一般用于对文档中较难理解的内容进行说明。尾注是在一篇文档的最后所加的注释，一般用于表明所引用的文献来源。脚注和尾注，都由两部分组成，一部分是注释引用标记，另一部分是注释文本。对于引用标记，可以自动进行编号或者创建自定义的标记。脚注和尾注实现了这一功能，唯一的区别是：脚注是放在每一页面的底端，而尾注是放在文档的结尾处。

(1)方法 1：单击“引用”功能区中的“脚注”分组。

① 单击“插入脚注”按钮，在文档下方输入脚注内容；

② 单击“插入尾注”按钮，在文档的结尾处输入内容。

(2)方法 2：单击“引用”功能区中的“脚注”分组的“对话框启动器”按钮。

① 在弹出的“脚注和尾注”对话框中，单击“脚注”插入内容；

② 在弹出的“脚注和尾注”对话框中，单击“尾注”插入内容。如图 3－36 所示。

若要删除脚注文本，只需删除文档中脚注编号即可。

3.3.3.5　调置分页、分节符

通常在录入文档满页时，系统会自动找到下一页，这种为自动分页处理。一般自动设置的分页符在文档中不固定位置，它是可变化的，这种灵活的分页特性使得用户无论对文档进行过多少次变动，Word 都会随文档内容的增减而自动变更页数和页码。

但在实际排版时，希望在指定的位置强行分页，同时还希望在对一个长文档排版时，不同的页排版设置不同，这就涉及分节的概念。所以在 Word 2010 中通过“页面布局”中的“分隔符”进行设置。分隔符是文档中分隔页、栏或节的符号，Word 中的分隔符包括分页符、分栏符和分节符。

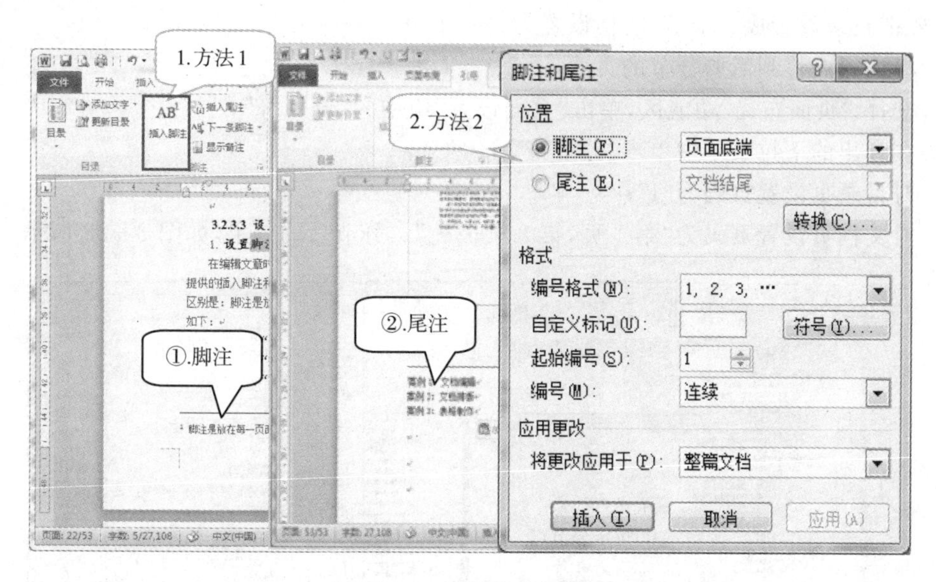

图 3 - 36　设置脚注和尾注

1. 设置分页

分页符是分隔相邻页之间的文档内容的符号。

(1)将插入点移到需要分页的位置；

(2)选择“页面布局”功能区，单击“页面设置”组中的“分隔符”；

(3)在弹出的下拉菜单中单击“分页符”；

(4)分页后的效果，如图 3 - 37 所示。

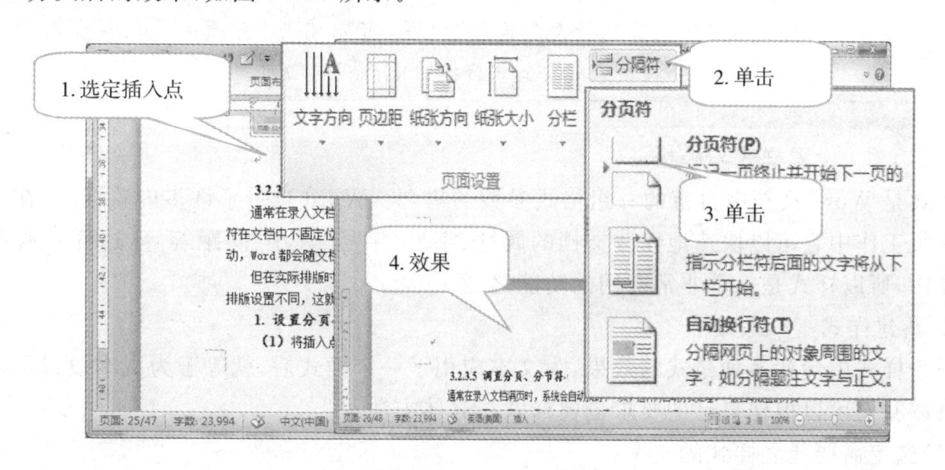

图 3 - 37　设置分页

2. 设置分节

Word 排版时，以节作为一个独立的单位，在建立新文档时，Word 将整篇文档视为一节。为了便于对文档进行格式化，可以将文档分割成任意数量的节，然后就可以根据需要分别为每节设置不同的格式。例如：不同的节分别设置不同的页眉、页脚和页码，或者进行不同的页面设置等。节可小至一个段落，大至整篇文档。

例如：将一篇论文的目录页码设置为“Ⅰ，Ⅱ，Ⅲ…”，论文中的内容页码设置为“1，2，3…”，这样就要把目录设置成一个节,文档设置为另一个节。

(1)将插入点移到需要分节的页面;

(2)选择“页面布局”功能区,单击“页面设置”组中的“分隔符”;

(3)在弹出的下拉菜单中单击“分节符”;

(4)对目录页设置页码为“I”;

(5)对文档页设置页码为“第1页,第2页……”。分节后的效果,如图3-38所示。

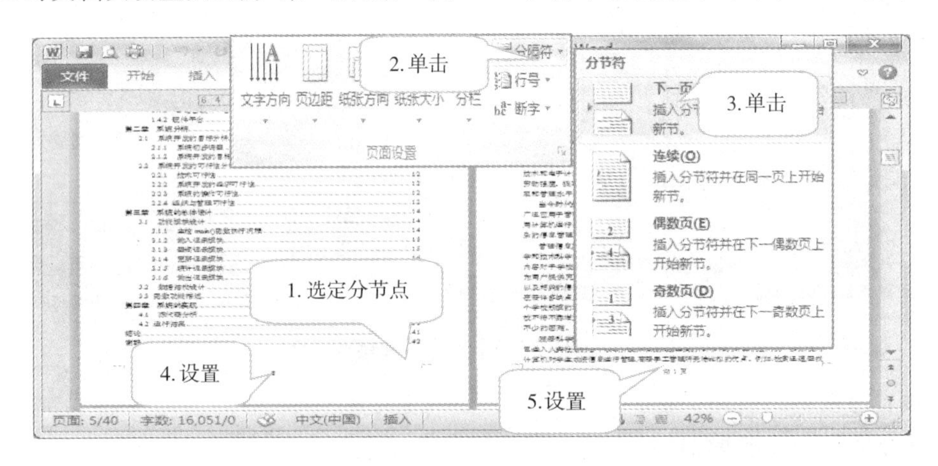

图3-38　设置分节

小提示

分页符和分节符的删除:

“分页符”和“分节符”为非打印字符,可以用“Delete”键删除。具体方法:把视图切换到“草稿”视图,可以看见“分页符”用单线表示,“分节符”用双线表示,选中后按“Delete”键即可。

3.3.3.6　设置样式与模板

样式是Word文档中自带的一组格式参数的集合。Word自带了许多内置样式,在文档的编辑排版工作中它可以快速地修改文档的属性、字形、字号、大小、间距等等,这样就避免了多余的操作,所以样式是一个非常有用的功能之一。

1. 新建样式

一个样式中包括多种格式的效果,为文本应用了一个样式后,就等于为文本设置了多种格式。所以我们可以根据自己的要求创建样式。具体方法:

(1)选定需要建立样式的文字;

(2)单击“开始”功能区的“样式”分组右下角的小图标;

(3)单击“新建样式”按钮,打开“根据格式设置创建新样式”对话框;

(4)在“名称”文本框中输入新建样式的名称;

(5)单击“样式类型”下拉按钮,从下拉菜单中选择样式类型;

(6)单击“样式基准”下拉按钮,从下拉菜单中选择样式基准;

(7)单击“后续段落样式”下拉按钮,从下拉菜单中选择后续段落样式;

(8)在“格式”组中设置字体、字号、对齐方式;

(9)选择"添加到快速样式列表"复选框；

(10)单击"确定"按钮，如图 3-39 所示。

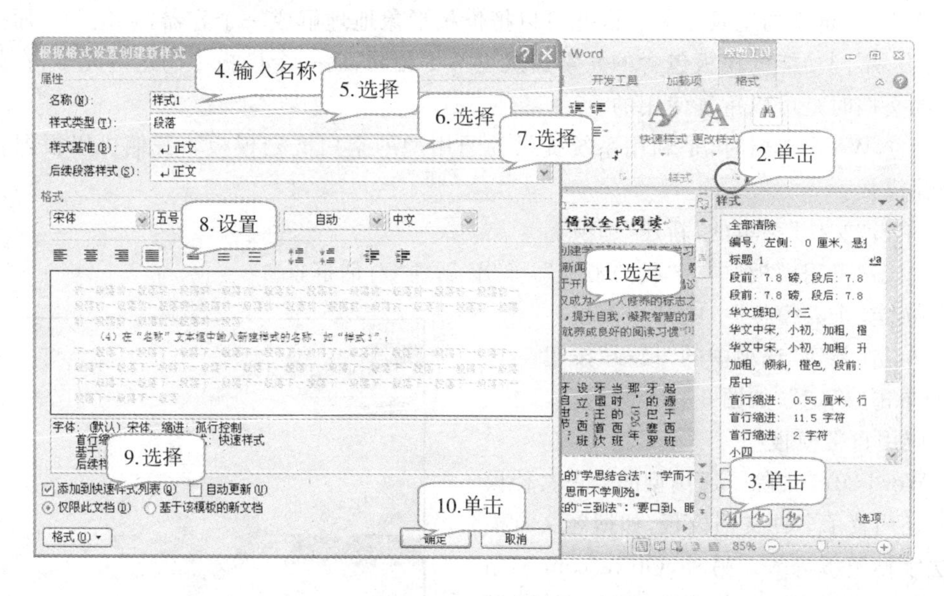

图 3-39　新建样式

2. 应用样式

可以在"开始"功能区的"样式"分组里把设置好的样式直接应用在文字或段落里，也可在应用样式里重新设置样式。

(1)选定需要建立样式的文本或段落；

(2)单击"开始"功能区的"样式"分组中的"其他"按钮；

(3)单击"应用样式"选项，此时弹出"应用样式"窗格；

(4)单击"样式名"下拉按钮，从下拉菜单中选择样式名；

(5)单击"重新应用"按钮即可将该样式应用到被选中的文本块或段落中，如图 3-40 所示。

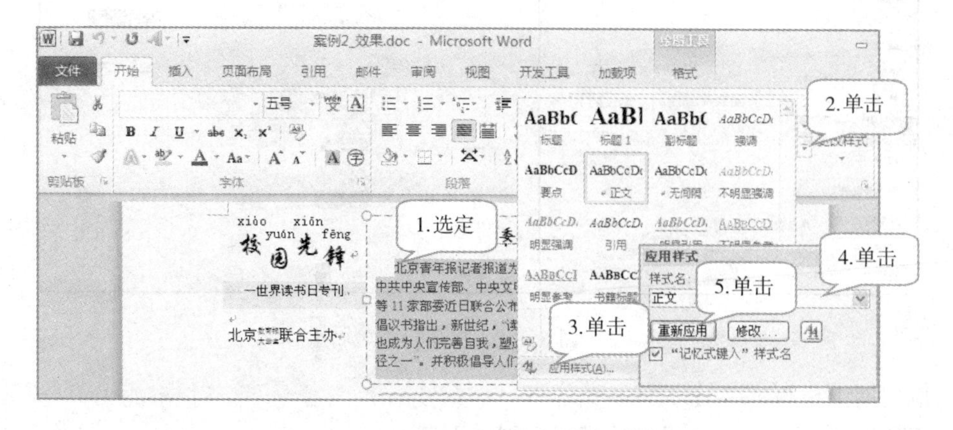

图 3-40　应用样式

3. 新建模板

模板是一个样式的集合,供格式化文档使用。模板除了样式外,还包含了其他元素,如宏、自动图文集、自定义的工具栏等。因此可以把模板形象地理解成一个容器,它包含上面提到的各种元素。不同功能的模板包含的元素当然也不尽相同,而一个模板中的这些元素,在处理同一类型的文档时是可以重复使用的。

在建立 Word 文档时,是利用系统提供的通用型的空白文档模板。我们可以根据自己的需要新建模板。

(1)单击“文件”菜单的“新建”选项;

(2)单击“可用模板”中的“我的模板”,弹出“新建”对话框;

(3)选定“个人模板”中的某一模板;

(4)单击“新建”选项中的“模板”按钮;

(5)单击“确定”,如图 3-41 所示。

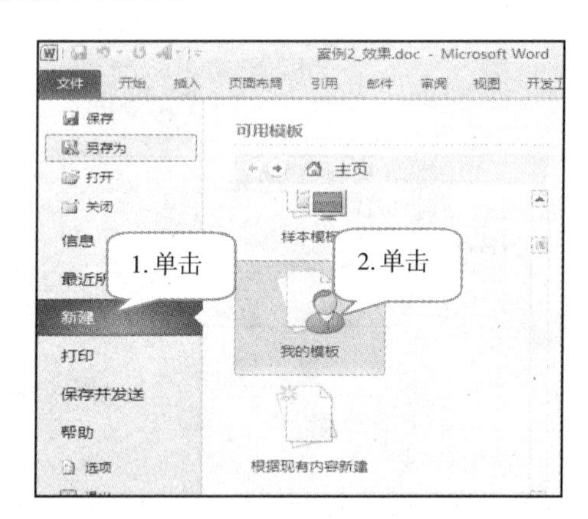

图 3-41　新建模板

4. 应用自带模板

在 Word 2010 中除了通用型的空白文档模板之外,还内置了多种文档模板,如博客文章模板、书法字帖模板等等。另外,Office.com 网站还提供了证书、奖状、名片、简历等特定功能模板。借助这些模板,我们可以创建比较专业的 Word 2010 文档了。具体应用:

(1)单击“文件”菜单的“新建”选项;

(2)选择“可用模板”中的“样本模板”;

(3)选定需要的模板;

(4)单击“模板”单选按钮;

(5)单击“创建”,如图 3-42 所示。

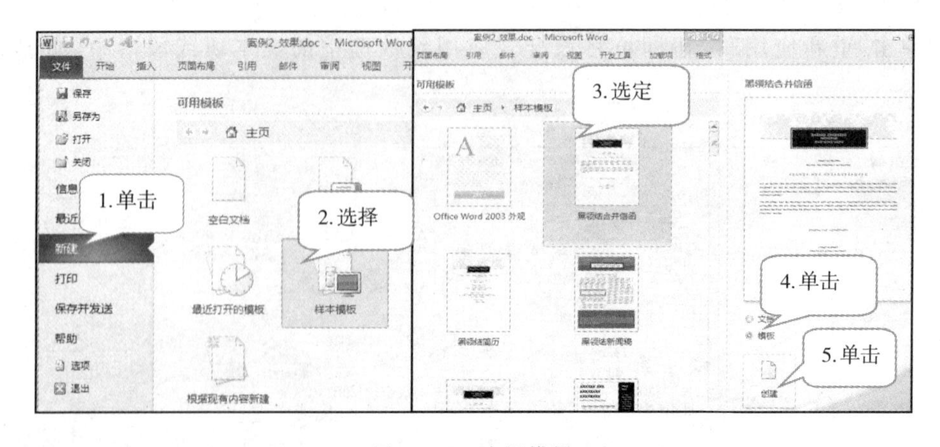

图 3-42　应用模板

5. 应用网上模板

可以借助于 Office.com 提供的模板到网上下载。

(1)单击“文件”菜单的“新建”选项;

(2)选择“Office. com 模板”中的“邀请”选项；

(3)选定需要的模板；

(4)单击“下载”即可，如图 3－43 所示。

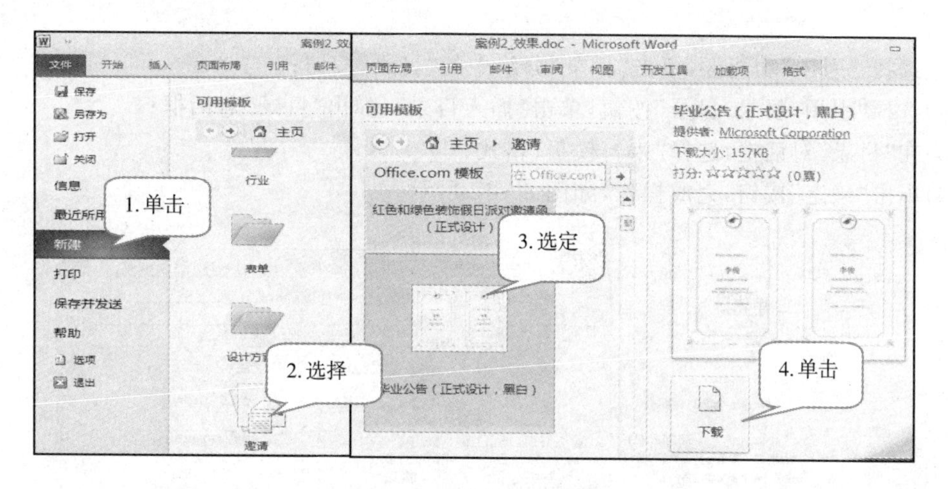

图 3－43　应用网上模板

3.3.3.7　目录的生成

一本书或者一篇论文或一篇长文档，通常我们通过目录去查找相关的内容，所以可以借助于 Word 2010 的自动生成目录功能来实现。自动生成目录功能的优点：

(1)可以自动生成目录和页码，不需要自己调整目录，而且还避免了不整齐的问题；

(2)可以在目录的首页通过 Ctrl＋鼠标单击左键跳到目录所指向的章节；

(3)可以打开视图导航窗格，然后列出整个文档的结构，很清晰，如图 3－44 所示。

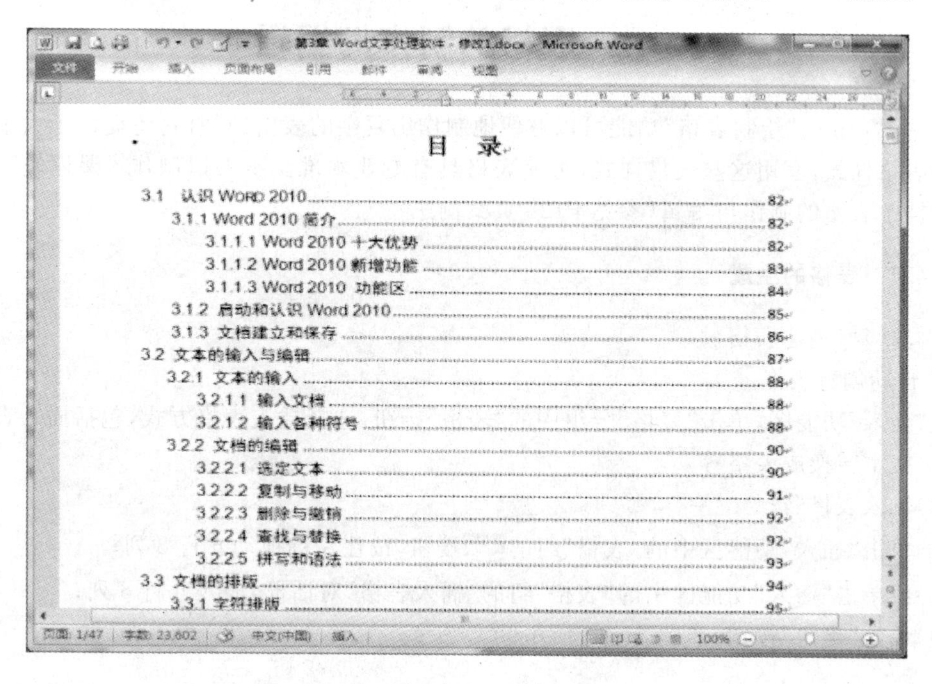

图 3－44　目录

具体步骤：

(1)选定需要生成目录的标题设置为“样式”中一种；

(2)选择“开始”功能区，单击“样式”分组中的“标题 3”，下一级标题再设置为“标题 4”……；

(3)选择 “引用”功能区，单击“目录”分组中的“目录”按钮；

(4)选择“引用/目录/目录”按钮，单击“插入目录”，弹出“目录”对话框；

(5)在“目录”对话框，选择“来自模板”格式；

(6)单击“确定”按钮，完成操作，如图 3-45 所示。

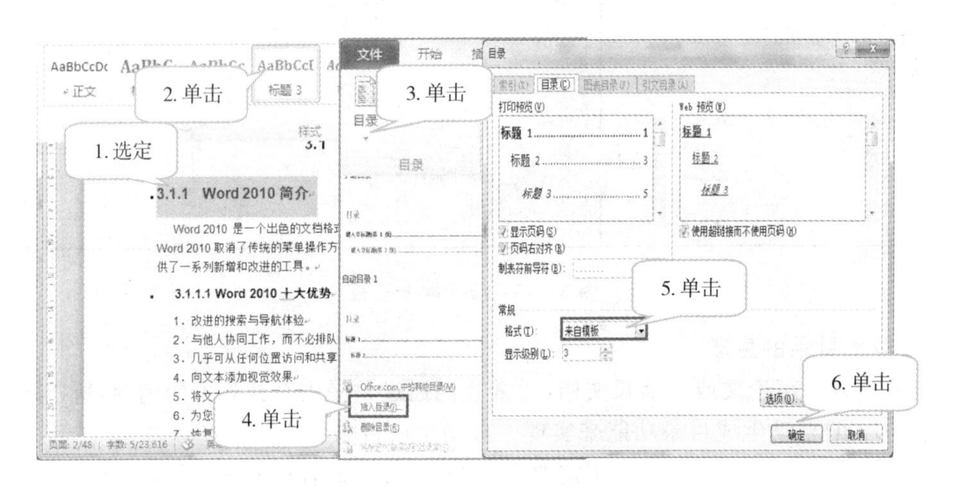

图 3-45　目录的自动生成

3.4　表格的制作与编辑

利用 Word 的“绘制表格”功能可以方便地制作出复杂的表格，同时它还提供了大量精美、复杂的表格样式，套用这些表格样式，可使表格具有专业水准。本书以制作 “课程表”为例来讲解文档中表格的制作与编辑(参见 P128 页案例三)。

3.4.1　表格的生成

3.4.1.1　创建表格

1. 自动创建表格

在“插入”功能区，单击“表格”分组中的“表格”按钮，选择插入表格方式，包括插入表格、绘制表格、文本转换成表格等。

(1)输入表格名；

(2)单击“插入”功能区中的“表格”组的 按钮，按住左键拖动 6 行 8 列；

(3)或单击“插入”功能区中的“表格”组的“插入表格”对话框，输入 6 行 8 列；

(4)单击“确定”按钮，如图 3-46 所示。

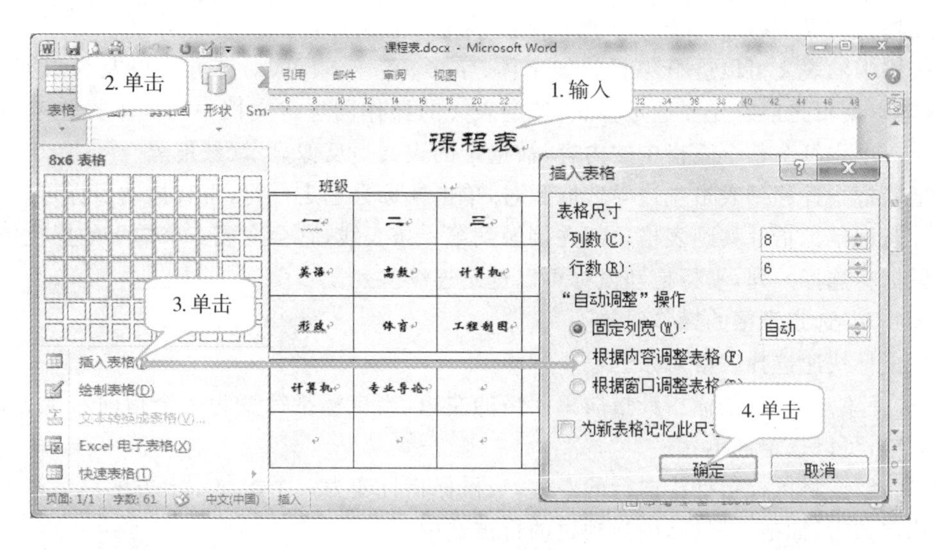

图 3-46 创建表格

2. 手动创建表格

Word 除了能够快速地自动创建表格外，还能用“绘制表格”工具方便地画出非标准的各种自由表格。具体步骤为：

(1)选定要创建表格的位置；

(2)选择“插入”功能区，单击“表格”分组中的“表格”按钮；

(3)在“插入表格”列表中，单击“绘制边框”按钮；

(4)此时鼠标指针将变为“笔形”，按住鼠标“铅笔”按钮，从表格的一角斜方向拖动至其对角，这时功能区上将显示“表格工具”选项，从中可以选择“表格样式”，如图 3-47 所示；

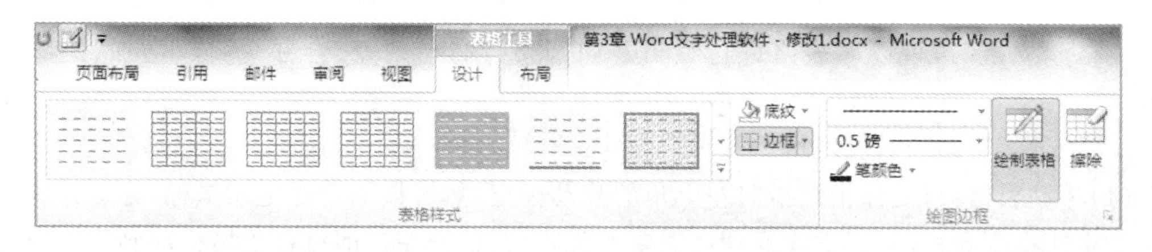

图 3-47 创建表格

(5)根据实际要求再画各行线和列线；

(6)表格线画好后，再单击“铅笔”按钮退出画线状态；

如果要擦除表格线，单击“擦除”按钮，然后在要擦除的框线上拖动橡皮擦或单击线条。

3. 快速表格

在 Word 2010 中，增加了 “快速表格”这一选项。

选择“插入”功能区中的“表格”分组，单击“快速表格”会弹出“内置”对话框。在对话框中选择任一表格模板，只要修改相应的参数就可以了。

3.4.1.2 输入文字、美化表文

在表格中输入表文同输入其他文本一样，先用光标键或鼠标把插入点移到需要输入表文的位置再进行输入。每个“单元格”输入完成后可以用光标键、鼠标或“Tab”键，将插入点移到其他单元格。

对表格中的表文可以进行编辑。如字体、字形、字号、颜色、对齐方式以及为单元格加框线、底线等。编辑之前首先要选定表文,选定表文的操作同选定文档中的文本操作基本一样。可以选定一个字符至整个表格中的内容,被选定的表文呈反像显示(被拖黑)。

当把鼠标指针移到表格左边界选取区时,单击鼠标会选定一行,垂直拖动鼠标可以选定连续多行。若把鼠标指针移到表格顶部并接触到第一条表线,它会变成一个向下的黑色箭头,这时单击鼠标将选择一列,平行拖动鼠标可以选定连续多列。

3.4.1.3 选定表格的操作对象

使用鼠标快速选择表格对象。

(1)选择单元格:将鼠标指针指向单元格的左边,当鼠标指针变为一个指向右上方的黑色箭头时,单击可以选定该单元格。

(2)选择行:将鼠标指针指向行的左边,当鼠标指针变为一个指向右上方的白色箭头时,单击可以选定该行;如拖动鼠标,则拖动过的行被选中。

(3)选择列:将鼠标指针指向列的上方,当鼠标指针变为一个指向下方的黑色箭头时,单击可以选定该列;如水平拖动鼠标,则拖动过的列被选中。

(4)选择连续单元格:在单元格上拖动鼠标,拖动的起始位置和终止位置间的单元格被选定;也可单击位于起始位置的单元格,然后按住 Shift 键单击位于终止位置的单元格,起始位置和终止位置间的单元格被选定。

(5)选择整个表格:单击表格左上角的表格移动控点,可选择整个表格。

(6)选择不连续单元格:在按住"Ctrl"键同时拖动鼠标可以在不连续的区域中选择单元格。

3.4.2 编辑表格

表格建立之后,可以对表格进行编辑。如调整行高与列宽、合并、拆分、增加、删除单元格等。

3.4.2.1 移动和缩放表格

(1)移动表格:将鼠标指针指向左上角的移动标记,然后按下左键拖动鼠标,拖动过程中会有一个虚线框跟着移动,当虚线框到达需要的位置后,松开左键即可将表格移动到指定位置。

(2)缩放表格:将鼠标指针指向右下角的缩放标记,然后按下左键拖动鼠标,拖动过程中也有一个虚线框表示缩放尺寸,当虚线框尺寸符合需要后,松开左键即可将表格缩放为需要的尺寸,如图 3-48 所示。

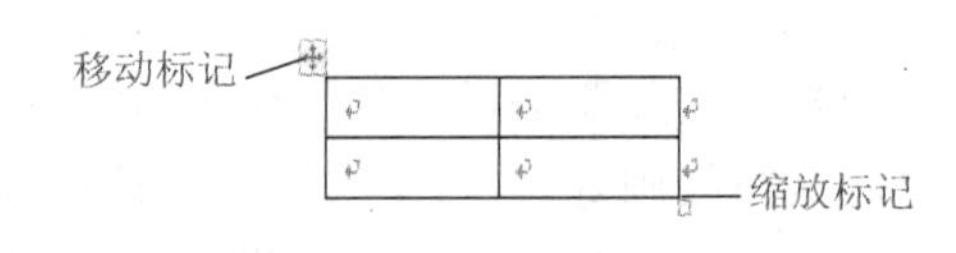

图 3-48 移动和缩放表格

3.4.2.2 设置行高、列宽

调整列宽实际上是改变本列中所有单元格的宽度。可以用鼠标直接拖动,也可以使用"表格属性"菜单进行选择。

方法 1:用鼠标指针指向表格的列边线或水平标尺上的表格列标记进行调整列宽;同理用鼠标指针指向表格的行边线或垂直标尺上的表格列标记进行调整行高。

(1)按住鼠标左键时,列边框线变成一条垂直虚线,水平拖动虚线可以调整本列的列宽。

(2)按住鼠标左键时，行边框线变成一条水平虚线，垂直拖动虚线可以调整本行的行宽。

若选定了一个或几个单元格，调整时只对选定的单元格起作用，而不影响同一列中其他单元格行高列宽。如果在拖动标尺上的列标记的同时按住“Alt”键，Word将显示列宽数值。

方法2：若选中某单元格，会出现“布局”选项卡。

(1)单击“属性”按钮，打开“表格属性”对话框；

(2)选择“行”，设置行高；

(3)选择“列”，设置列宽；

(4)单击“确定”完成设置，如图3-49所示。

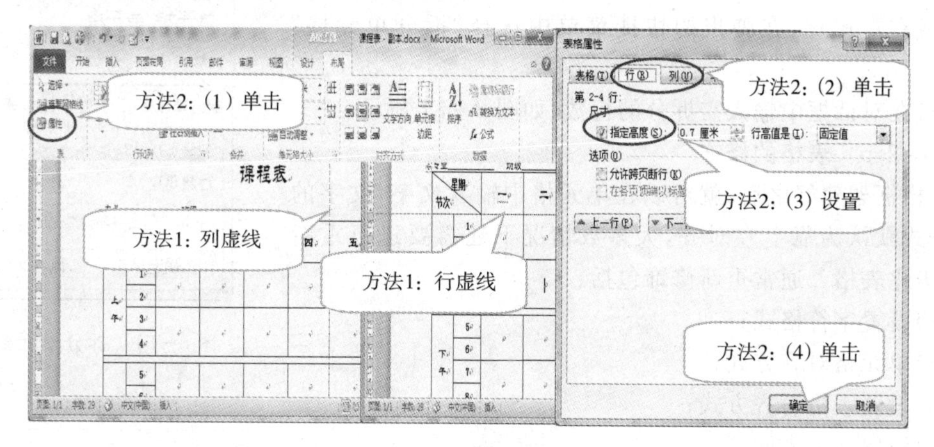

图3-49　设置行高列宽

3.4.2.3　插入、删除行或列

1．插入行或列

(1)选定行或列，右击鼠标，在弹出的快捷菜单中选择“插入”，在打开的下拉列表中选择要插入的选项，如图3-50(a)所示；

(2)也可以在选定行或列后，选择“布局”选项卡中的“行和列”组的扩展按钮，进行插入，如图3-50(b)所示；

(3)在整个表格的最右侧添加一列，可在紧靠最后一列的外侧单击鼠标，右击，选择下拉菜单中的“选择”命令中的“列”项，再右击选择下拉菜单中的“插入”命令中的“列项”。

2．删除单元格、行、列和表格

如果要删除某行或列，先选定某行或列，右击，选择下拉菜单中的“删除行”或“删除列”命令，或“布局”选项卡中选择“删除”选项，如图3-50(c)所示。

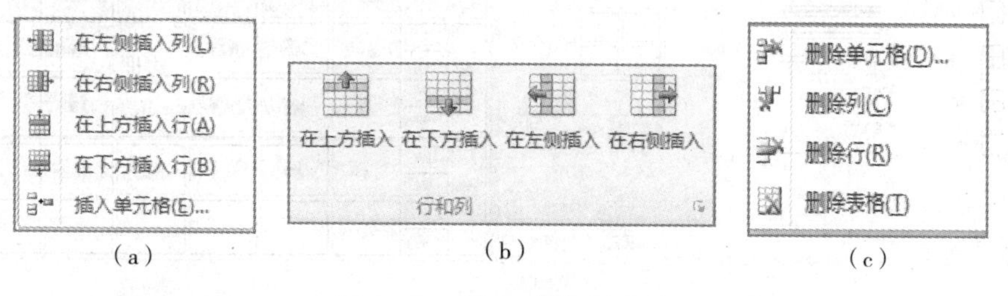

(a)　　(b)　　(c)

图3-50　插入、删除行或列

当删除行后，被删除行下方的行自动上移；删除列后，被删除列右侧的列自动左移。

3.4.2.4　合并、拆分单元格

1. 合并单元格

(1)选定要合并的两个或多个单元格；

(2)选择“布局”选项卡的“合并”组中的“合并单元格”按钮；或右击鼠标，在弹出的快捷菜单中选择“合并单元格”选项。

2. 拆分单元格

(1)选定要拆分的一个或多个单元格；

(2)选择“布局”功能区，单击“合并”组中的“拆分单元格”按钮；或右击鼠标，在弹出的快捷菜单中选择“拆分单元格”选项；

(3)在对话框中输入需拆分的行数，如图 3-51 所示。

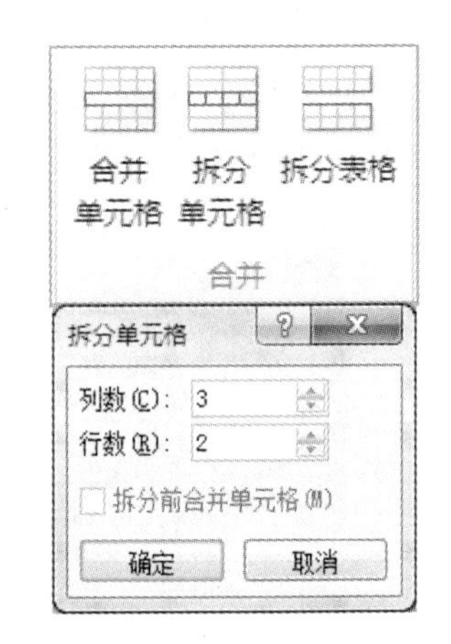

图 3-51　拆分单元格

3.4.2.5　表格的修饰

表格框架建好之后，就可以在单元格中输入文字，文字的对齐方式默认为靠上左对齐，大多数情况下还需要进行重新调整，美化表格。通常重新修饰包括：

(1)设置字符格式；

(2)单元格对齐方式；

(3)设置表格对齐方式；

(4)设置文字方向。

选择“布局”功能区的“对齐方式”组中的选项，从中根据实际要求进行设置，如图 3-52 所示。

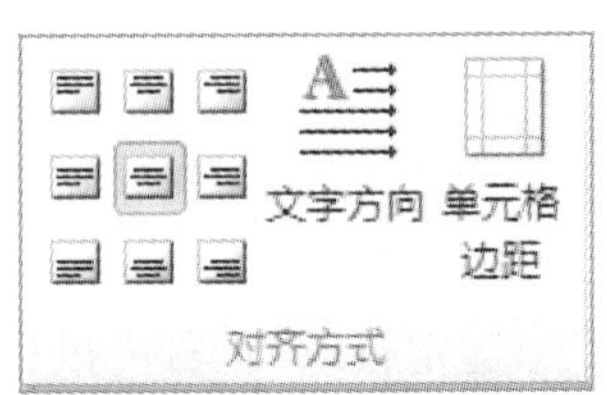

图 3-52　表格修饰

3.4.2.6　边框与底纹的设置

1. 添加边框

(1)单击表格选定柄，选定整个表格；

(2)单击“表格工具/设计”选项卡中“表格样式”组中的“绘图边框”选项；

(3)单击“绘图边框”右边三角，弹出“边框和底纹”对话框，进行线条、颜色设置，如图 3-53 所示。

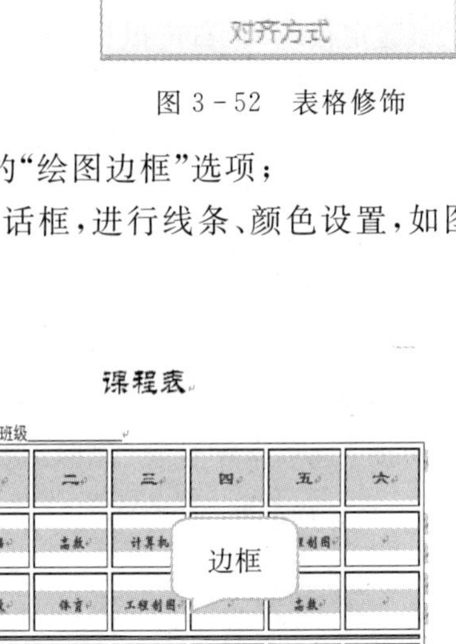

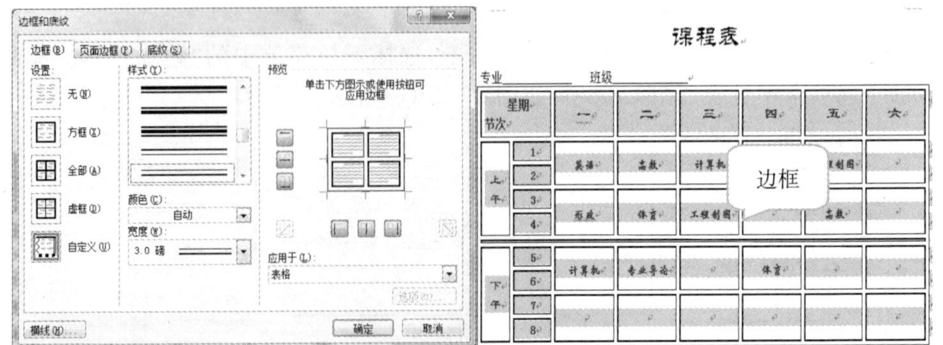

图 3-53　设置边框

2. 改变底纹

(1)在表格中选定单元格、行或列；

(2)单击“表格工具/设计”选项卡中“表格样式”组中的“绘图边框”选项；

(3)单击“绘图边框”右边三角，弹出“边框和底纹”对话框，选择“底纹”选项，从中选择颜色进行设置，如图 3-54 所示。

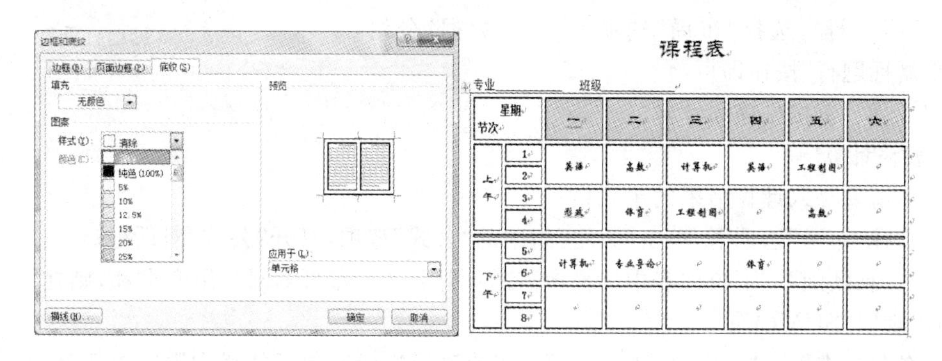

图 3-54　设置底纹

3.4.2.7　斜线表头与重复行

1. 制作斜线表头

斜线表头是指使用斜线将一个单元格分隔成多个区域，然后在每一个区域中输入不同的内容。在 Word 2003 和 2007 版本中都有“绘制斜线表头”选项，而在 2010 版本中取消了此项功能，所以只有自己通过画斜线的方法来解决。具体方法：

(1)在“表格工具”面板中，单击“设计”选项组中的“边框”按钮，打开下拉列表；

(2)选择“斜下框线”选项；

(3)或用“绘制表格”笔自己画，如图 3-55 所示。

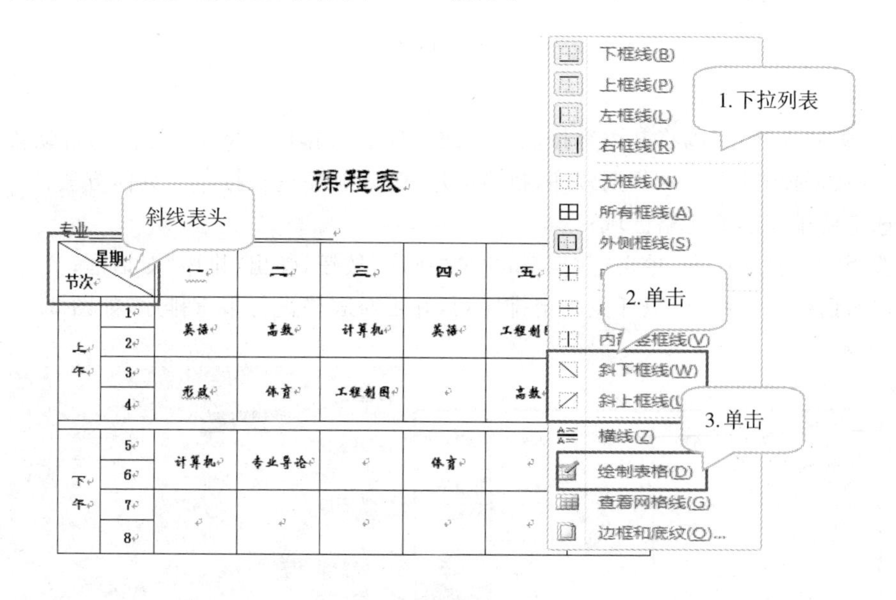

图 3-55　绘制斜线表头

2. 标题行重复

如果表格很长,分排在好几页上,则可以指定表格中作为标题的行,被指定的行会自动显示在每一页的开始部分,以方便阅读,如图 3-56 所示。

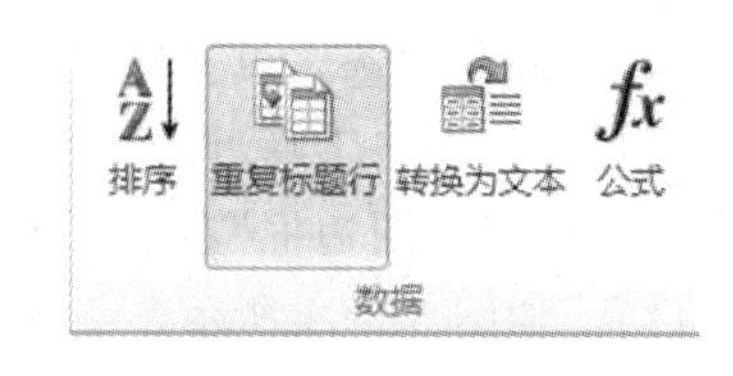

图 3-56 标题行重复

指定标题行重复的方法:选定作为标题的行(必须包括表格的第一行),选择“布局”选项卡中的“数据”分组,单击“重复标题行”按钮即可。

3.4.2.8　表格排序和计算

1. 表格计算

(1)单击要存入计算结果的单元格;

(2)选择“布局”选项卡,单击“数组”组中的“公式”选项,打开“公式”对话框;

(3)在“粘贴函数”下拉列表中选择所需的计算公式。如“SUM”,用来求和,则在“公式”文本框内出现“=SUM()”;

(4)在公式中输入“=SUM(LEFT)”可以自动求出所有单元格横向数字单元格的和,输入“=SUM(ABOVE)”可以自动求出纵向数字单元格的和,如图 3-57 所示。

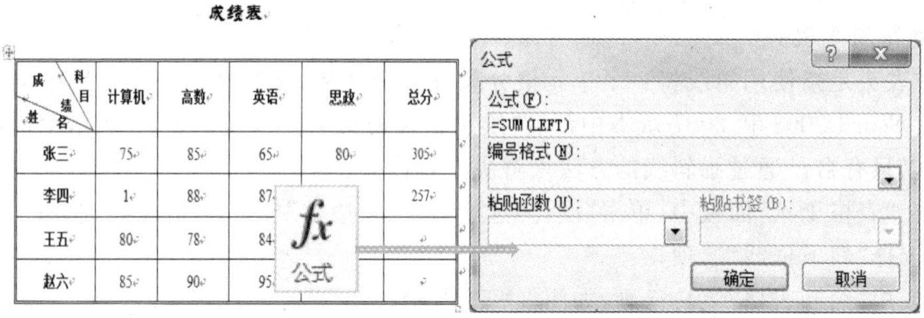

图 3-57　表格计算

2. 表格的排序

对有规则的表格,可以将其内容按照升序或降序进行排序。Word 提供的自动排序功能,包括对表格数据按数字顺序、日期顺序、拼音顺序、笔画顺序进行排序。具体方法:

(1)选定要排序的单元格区域;

(2)选择“布局”选项卡,单击“数据”组中的“排序”按钮,弹出“排序”对话框;

(3)在对话框中,我们可以任意指定排序列,并可对表格进行多重排序,如图 3-58 所示。

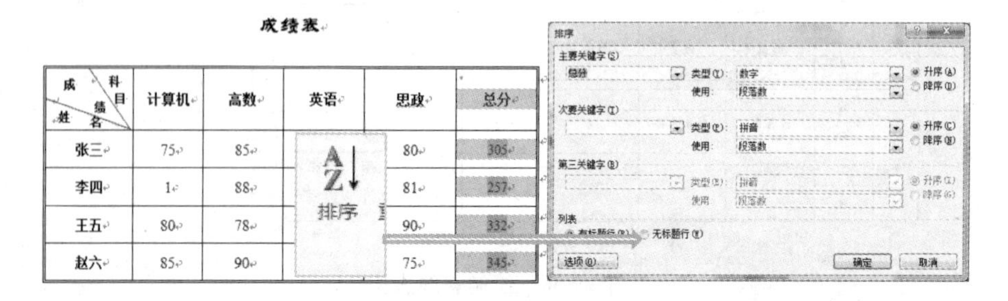

图 3-58　表格排序

在 Word 中最多可以指定三个关键字进行排序，若要取消按“Ctrl+Z”。

3.5 图文混排

Word 允许在文档中插入多种格式的图形文件、图片和艺术字，并且可以将其任意放大、缩小、改变纵横比例、裁剪、控制色彩、修改图片等，也可在文档中直接绘图。

3.5.1 插入和编辑图片

3.5.1.1 插入图形

在文档中，可以插入各种图形。图形来自多方面：可以从 Word 剪辑库中插入图片；也可以从其他程序和位置插入图片或扫描照片；也可自己绘制或截图。

1. 插入剪贴画

Word 的剪贴画存放在剪辑库中，用户可以由剪辑库中选取图片插入到文档中。

(1)把插入点定位到要插入的剪贴画的位置；

(2)选择“插入”功能区，单击“插图”组中的“剪贴画”按钮；

(3)弹出“剪贴画”窗格，在“搜索文字”文本框中输入要搜索的图片关键字，单击“搜索”按钮，如选中“包括 Office. com 内容”复选框，可以搜索网站提供的剪贴画；

(4)搜索完毕后显示出符合条件的剪贴画，单击需要插入的剪贴画即可，如图 3-59 所示。

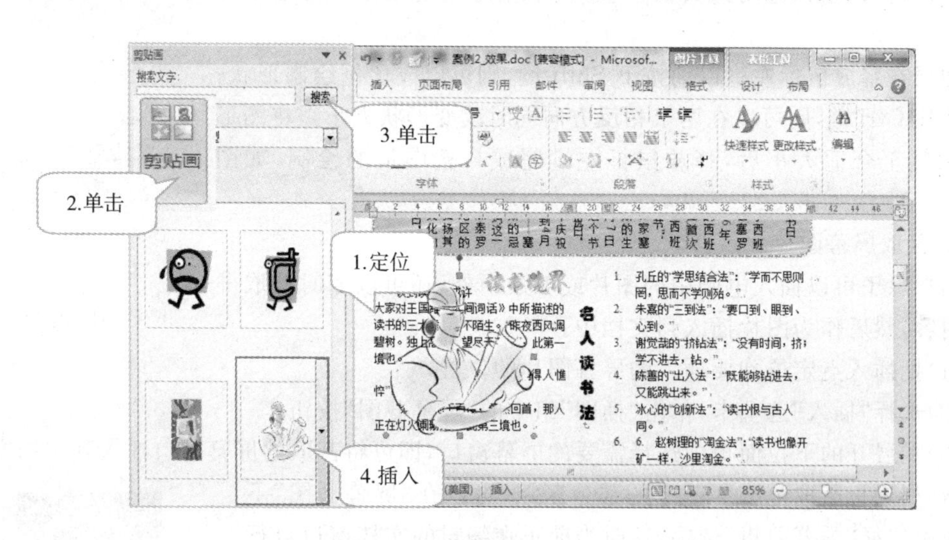

图 3-59 插入剪贴画

2. 插入图片

用户可以插入图片文档，如 . bmp、. jpg、. png、. gif 等。

(1) 把插入点定位到要插入的图片位置；

(2) 选择“插入”功能区，单击“插图”组中的“图片”按钮；

(3) 弹出“插入图片”对象框中，找到需要插入的图片，单击“插入”按钮或单击“插入”按钮旁边的下拉按钮，在打开的下拉列表中选择一种插入图片的方式，如图 3-60 所示。

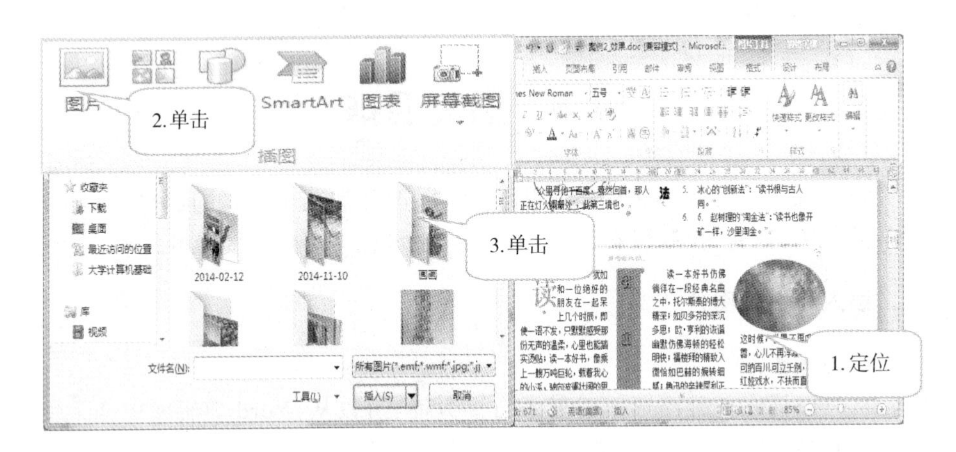

图 3－60　插入图片

3. 绘制图形

在 Word 的自选图形库中内置多种多边形:例如三角形、长方形、星形、线条等。我们可以使用这些图形合成绘制自己喜爱的各种图形或者是更加复杂的形状。具体方法:

(1)选择“插入”功能区,单击“插图”分组中“形状”按钮,在下拉列表中选择需要绘制的形状。

(2)将鼠标指针移动到文档位置,按下左键拖动鼠标即可绘制椭圆形。

如果在释放鼠标左键以前按下 Shift 键,则可以成比例绘制形状;如果按住 Ctrl 键,则可以在两个相反方向同时改变形状大小。将图形大小调整至合适大小后,释放鼠标左键完成自选图形的绘制,如图 3－61所示。

图 3－61　绘制图片

4. 截取屏幕图片

用户除了可以插入电脑中的图片或剪贴画外,还可以随时截取屏幕的内容,然后作为图片插入到文档中。

(1)把插入点定位到要插入的屏幕图片的位置;

(2)选择“插入”选项卡,单击“插图”组中的“屏幕截图”按钮;

(3)在展开的下拉面板中选择需要的屏幕窗口,即可将截取的屏幕窗口插入到文档中。

(4)如果想截取电脑屏幕上的部分区域,可以在“屏幕截图”下拉面板中选择“屏幕剪辑”选项,这时当前正在编辑的文档窗口自行隐藏,进入截屏状态,拖动鼠标,选取需要截取的图片区域,松开鼠标后,系统将自动重返文档编辑窗口,并将截取的图片插入到文档中,如“360 杀毒”图标就是从屏幕上截取的,如图 3－62 所示。

图 3－62　360 杀毒图标

也可以按“PrintScreen”键把全部屏幕或按“Alt＋PrintScreen”键把当前活动窗口或对话框复制到剪贴板,然后在 Word 文档中,单击“开始”功能区中的“粘贴”按钮把剪贴板中的内容粘贴到文档中,再设置图片格式。

3.5.1.2 编辑图片

对于插入到 Word 文档中的图片、图形，可以在 Word 文档中直接编辑。

单击文档中的图形，这时该图形边框会出现 8 个控点，表示已选中该图形，这时会出现“图片工具格式”选项卡，利用“格式”功能区的按钮，就可以对该图片进行简单的编辑。

(1)在文档中插入一张图片；

(2)选中图片，打开“图片工具”面板，如图 3-63 所示。单击“格式”功能区中的按钮，可以完成对图片进行对比度、亮度、透明度的调整，阴影效果的设置，图片边框的处理等。

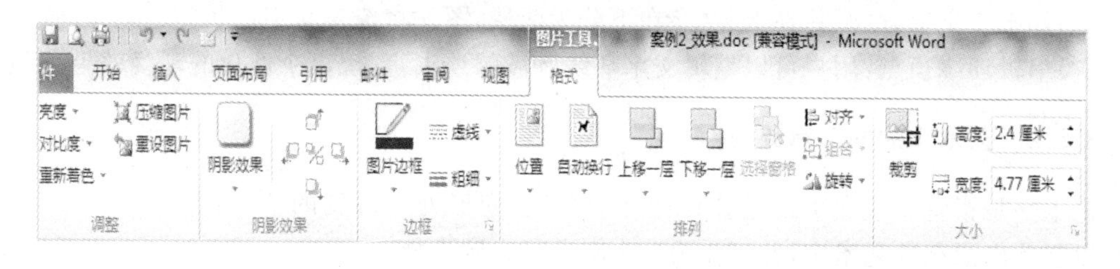

图 3-63 编辑图片

3.5.1.3 图片文字环绕

环绕是指图片与文本的关系，图片一共有 7 种文字环绕方式，分别为嵌入型、四周型、紧密型、穿越型、上下型、衬于文字下方和浮于文字上方。具体方法：

(1)选中需要设置文字环绕的图片；

(2)在打开的“图片工具”功能区的“格式”选项卡中，单击“排列”分组中的“位置”按钮，则在打开的预设位置列表中选择合适的文字环绕方式；

(3)或单击“格式”选项卡下“排列”组中的“自动换行”按钮，在弹出的“文字环绕方式”下拉列表中选择一种适合的文字环绕方式，如图 3-64 所示。

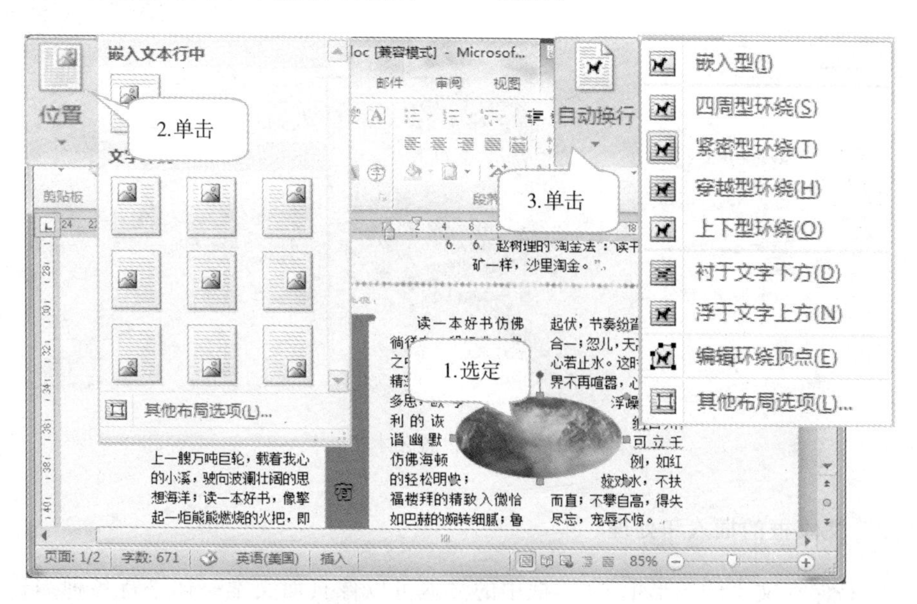

图 3-64 图片文字环绕

Word“自动换行”中的文字环绕方式含义：

(1)四周型环绕：不管图片是否为矩形图片，文字以矩形方式环绕在图片四周；

(2)紧密型环绕：如果图片是矩形，则文字以矩形方式环绕在图片周围，如果图片是不规则图形，则文字将紧密环绕在图片四周；

(3)穿越型环绕：文字可以穿越不规则图片的空白区域环绕图片；

(4)上下型环绕：文字环绕在图片上方和下方；

(5)衬于文字下方：图片在下、文字在上分为两层，文字将覆盖图片；

(6)浮于文字上方：图片在上、文字在下分为两层，图片将覆盖文字；

(7)编辑环绕顶点：用户可以编辑文字环绕区域的顶点，实现更个性化的环绕效果。

3.5.2 艺术字的插入和处理

艺术字是指将一般文字经过各种特殊的着色、变形处理得到的艺术化的文字。在 Word 中可以创建出漂亮的艺术字，并可作为一个对象插入到文档中：

(1)选择“插入”功能区，单击“文本”组中的“艺术字”按钮A，弹出选项卡；

(2)选择一种艺术字形式，在文本框中键入相应的文字；

(3)单击“绘图工具格式”选项卡中的“艺术字样式”组中打开“设置文本效果格式”对话框，进行相应的设置；

(4)单击“绘图工具格式”选项卡中的“艺术字样式”组中打开“形状格式”对话框，进行相应的设置，如图 3－65 所示。

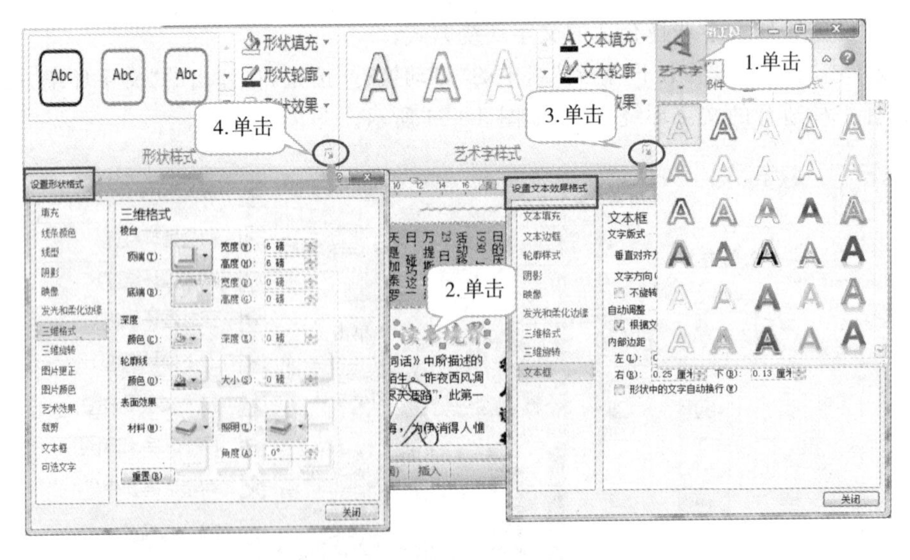

图 3－65 设置艺术字

3.5.3 文本框的插入和处理

文本框是储存文本的图形框，文本框中的文本可以像页面文本一样进行各种编辑和格式设置操作，而同时对整个文本框又可以像图形、图片等对象一样在页面上进行移动、复制、缩放等操作，并可以建立文本框之间的链接关系。文本框可以应用于已有的文本、段落或图形，也可以应用于待插入的文本、段落或图形。

文本框可以放置文档页面的指定位置，而不必受到段落格式、页面设置等因素的影响。Word 2010 内置了多种样式的文本框供用户选择使用。具体方法：

(1)选定需设置文本框的文本、段落或图形；

(2)选择“插入”功能区，单击“文本”组的“文本框”工具；

(3)选择“横排”或“竖排”，或选择已有的文本框模板，拖动鼠标画出文本框；

(4)打开“格式”功能区的“形状样式”的下拉对话框；

(5)在“设置形状格式”对话框中，单击“文本框”，对其进行“文字版式”“文字方向”“内部间距”等设置；

(6)在“设置形状格式”对话框中，分别选择“线条颜色”“阴影”“三维格式”等其他选项进行设置，如图 3－66 所示。

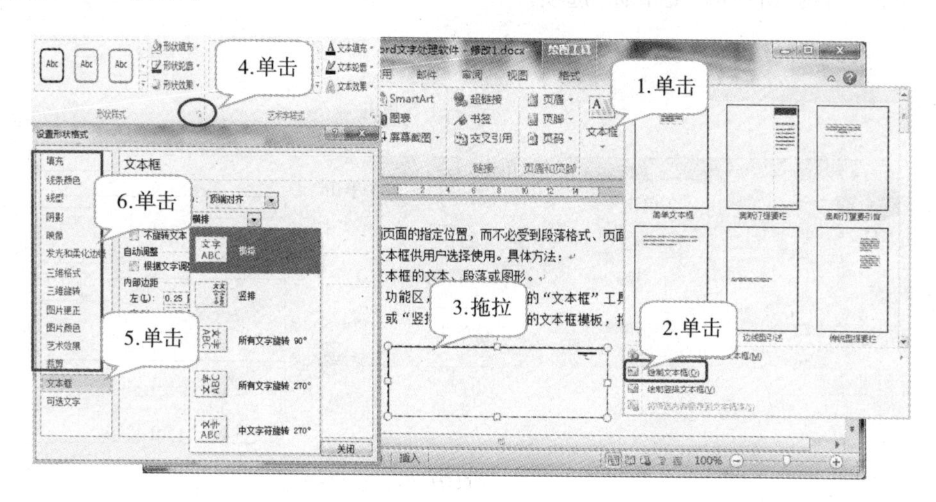

图 3－66　设置艺术字

3.5.4　数学公式的输入与编辑

利用公式编辑器，只要选择了工具栏上的符号并键入数字和变量就可以建立复杂的数学公式。建立公式时，公式编辑器就会根据数字方面的排字惯例自动调整各元素的大小、间距和格式，还可以在工作时调整格式设置并重新定义自动样式。

将插入点定位于要加入公式的位置，单击“插入”选项卡中的“符号”组中的“公式”π，在下拉菜单中有一些我们数学中的固定公式，也可以选择“其他新公式”进行编辑，这时在功能区出现“公式工具设计”选项卡，如图 3－67 所示，从中选择所需符号按钮即可。

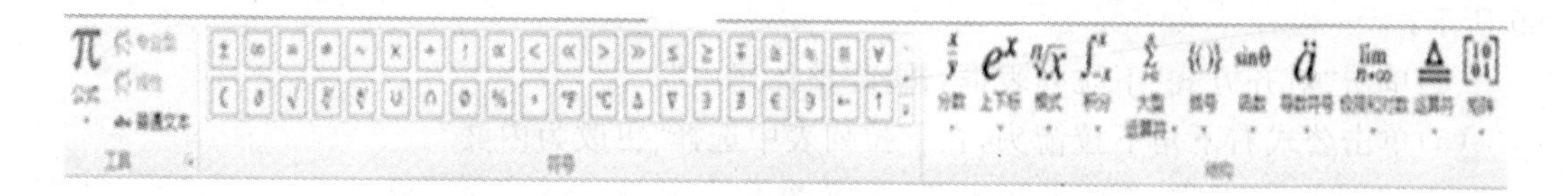

图 3－67　“公式工具设计”功能区

例如，编辑公式：$F(\varphi,k)=\int_{0}^{\varphi}\frac{d\varphi}{\sqrt{1-k^{2}\sin^{2}\varphi}}$

1. 插入公式

(1)单击“插入”功能区的“符号”组中的“公式”下拉列表中的“插入新公式”选项，此时自动跳转到“公式工具设计”功能区，如图 3-68 所示；

(2)单击“公式工具设计”选项卡，在“在此建公式”框输入符号与结构，单击“符号”组的“其他”按钮，从下拉列表中选择符号；

(3)单击“结构”组中的“积分”选项；

(4)单击“结构”组中的“分数”选项；

(5)单击“结构”组中的“根式”选项；

(6)单击“结构”组中的“上下标”选项。

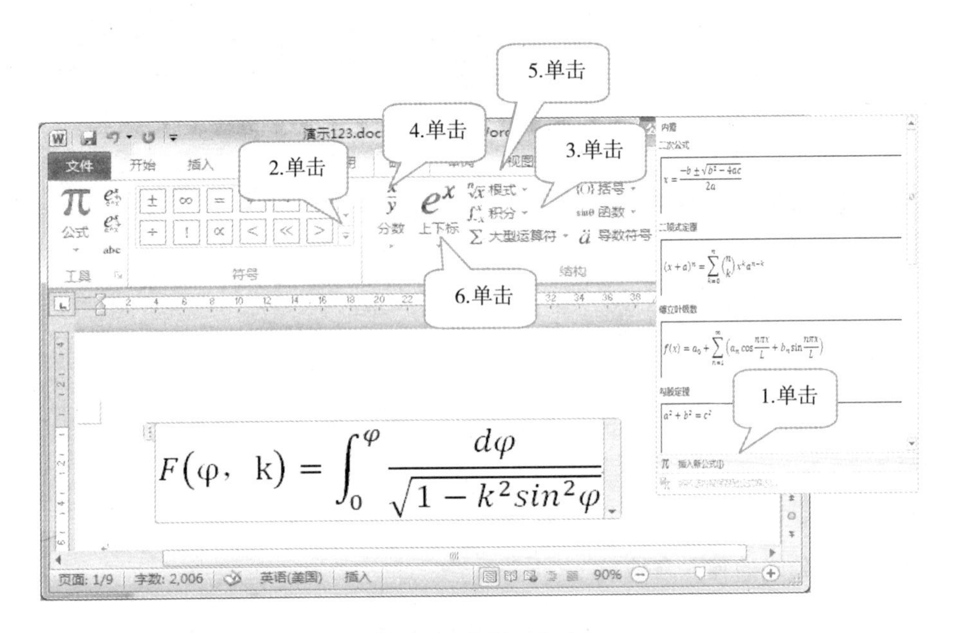

图 3-68　插入公式

2. 编辑公式

(1)选定公式；

(2)单击“开始”功能区的“字体”组中的“字号”改变公式的大小；

(3)单击“公式工具设计”功能区的“工具”组右下角图标，打开“公式选项”对话框，如图 3-69 所示；

(4)单击“对齐方式”下拉列表框，选择“整体居中”；

(5)单击公式右下角下拉箭头，在下拉列表中选择“更改为内嵌”。

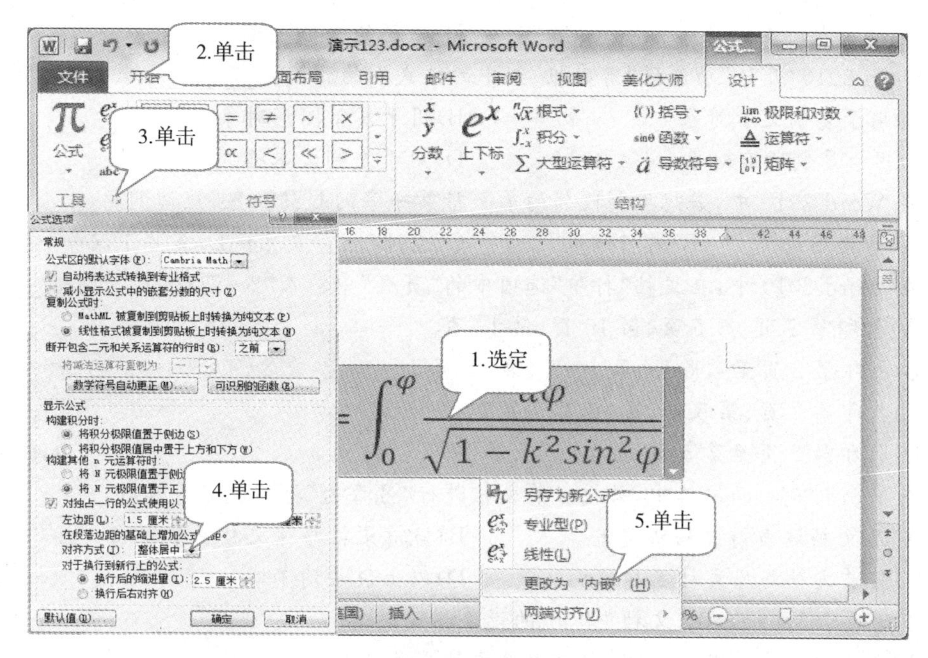

图 3-69　编辑公式

3.6　本章小结

本章通过不同案例，详细介绍了 Word 2010 文字处理的基本知识和具体操作。包括文档的输入、编辑、保存、字符格式设置、段落格式设置、页面设置，表格的制作与编辑以及图文混排(包括艺术字、文本框、自选图形、公式的插入和编辑)等。

通过本章的学习，学生应该能够熟练地进行办公业务管理中文字的处理工作，对日常学习、工作中的简单文档工作如学习总结、工作计划等能够进行娴熟地输入、排版和打印。

习 题 3

一、单项选择题

1. 在 Word 2010 中，默认保存后的文档格式扩展名为________。

   A) *.dos　　B) *.docx　　C) *.html　　D) *.txt

2. 选用中文输入法后，可以用________实现全角和半角的切换。

   A)按 CapsLock 键　　B)按 Ctrl+圆点键

   C)按 Shift+空格键　　D)按 Ctrl+空格键

3. 如果用户想保存一个正在编辑的文档，但希望以不同文件名存储，可用________命令。

   A)保存　　B)另存为　　C)比较　　D)限制编辑

4. 在 Word 2010 的编辑状态，进行字体设置操作后，按新设置的字体显示的文字是________。

   A)插入点所在段落中的文字　　B)文档中被选择的文字

C)插入点所在行中的文字　　D)文档的全部文字

5. Word 2010“开始”功能区“剪贴板”组中的格式刷的作用是________。

A)用于复制文本对象　　B)用于复制图形对象

C)用于复制所有对象　　D)用于复制文本格式

6. 在 Word 2010 中,若想控制段落的第一行第一字的起始位置,应该调整________。

A)悬挂缩进　　B)首行缩进　　C)左缩进　　D)首字下沉

7. 在 Word 2010 中,在文档“打印”选项中的“页数”中输入“2-5,10,12”,则________。

A)打印第 2 页、第 5 页、第 10 页、第 12 页

B)打印第 2 页至第 5 页、第 10 页、第 12 页

C)打印第 2 页、第 5 页、第 10 页至第 12 页

D)打印第 2 页至第 5 页、第 10 页至第 12 页

8. 在 Word 2010 的编辑中,若把当前文档进行“另存为”操作换名存盘后,则________。

A)原文档被当前文档所覆盖　　B)当前文档与原文档互不影响

C)当前文档与原文档互相影响　　D)以上说法均不对

9. 下列关于 Word 2010 文档中“节”的说法错误的是________。

A)整个文档可以是一个节,也可以将文档分成几个节

B)分节符由两条点线组成,点线中间有“节的结尾”4 个字

C)分节符只能在草稿视图和页面视图中看见

D)每个节可采用不同的格式排版

10. 在 Word 2010 中,页码与页眉页脚的关系是________。

A)页眉页脚就是页码

B)页码与页眉页脚分别设定,所以二者彼此毫无关系

C)不设置页眉和页脚,就不能设置页码

D)如果要求有页码,那么页码是页眉或页脚的一部分

11. 下列说法不正确的是________。

A)在“宽度和间距”选项下,不能根据需要设置每个栏的宽度和间距

B)“分隔线”是加在相邻两栏之间的

C)在“分栏”对话框的右下部分是预览框

D)在进行分栏前先将要进行分栏的文字选中

12. 在 Word 2010 中,查找操作________。

A)只能无格式查找　　B)只能有格式查找

C)可以查找某些特殊的非打印字符　　D)查找的内容不能夹带通配符

13. 在 Word 2010 表格中,如果输入的内容超过了单元格的宽度,________。

A)多余的文字放在下一单元格中

B)多余的文字被视为无效

C)单元格自动增加宽度,以保证文字的输入

D)单元格自动换行,增加高度,以保证文字的输入

14. 在 Word 2010 中,可以通过________功能区对所选内容添加批注。

A)插入　　B)页面布局　　C)引用　　D)审阅

15. 下面有关 Word 2010 表格功能的说法不正确的是________。

A)可以通过表格工具将表格转换成文本

B)表格的单元格中可以插入表格

C)表格中可以插入图片

D)不能设置表格的边框线

16. 左右页边距是指________。

A)正文到纸的左右两边之间的距离　B)屏幕上显示的左右两边的距离

C)正文和显示屏左右之间的距离　D)正文和 Word 左右边框之间的距离

17. 在 Word 2010 中,可以通过________功能区对不同版本的文档进行比较和合并。

A)页面布局　B)引用　C)审阅　D)视图

18. 在 Word 2010 中,选定文本后,连击两次工具栏中"倾斜"按钮,则________。

A)选定文本呈左倾斜格式　B)选定文本呈右倾斜格式

C)选定文本的字体格式不变　D)显示错误信息

19. 关于分栏的说法,正确的是________。

A)最多可以设四栏　B)各栏的宽度必须相同

C)各栏的宽度可以不同　D)各栏之间的距离是固定的

20. 当前活动窗口是文档 d1. docx 的窗口,单击该窗口的"最小化"按钮后________。

A)在窗口中不显示 d1. docx 文档内容,但 d1. doc 文档并未关闭

B)该窗口和 d1. docx 文档都被关闭

C)d1. docx 文档未关闭,且继续显示其内容

D)关闭了 d1. docx 文档但当前活动窗口并未关闭

二、填空题

1. 在 Word 2010 中,想对文档进行字数统计,可以通过________________功能区来实现。

2. Word 2010 上的段落标记是在输入键盘上的________________之后产生的。

3. 在 Word 2010 文档编辑区的右侧有一纵向滚动条,可让文档页面作________________方向的滚动。

4. "合并"字符位于________________选项卡。

5. 剪贴板中最多能存放剪贴或复制操作的________________项内容。

6. 在 Word 2010 中的邮件合并,除需要主文档外,还需要已制作好的____________支持。

7. 在"插入"功能区的"符号"组中,可以插入________________和符号、编号等。

8. Word 2010 最多可同时打开____________个文档,当前活动文档有____________个。

9. 对 Word 2010 文档中的图片可以进行的编辑操作有________________等。

10. 在 Word 2010 中,进行各种文本、图形、公式、批注等搜索可以通过________________来实现。

三、多选题

1. 在 Word 2010 中"审阅"功能区的"翻译"可以进行________操作。

A)翻译文档　B)翻译所选文字　C)翻译屏幕提示　D)翻译批注

2. 在 Word 2010 中插入艺术字后,通过绘图工具可以进行________操作。

A)删除背景　　B)艺术字样式　　C)文本　　D)排列

3. 在 Word 2010 中,"文档视图"方式有哪些________。

A)页面视图　　B)阅读版式视图

C)web 版式视图　　D)大纲视图

4. 插入图片后,可以通过"图片工具"功能区对图片进行________操作美化设置。

A)删除背景　　B)艺术效果　　C)图片样式　　D)裁剪

5. 在 Word 2010 中,可以插入________元素。

A)图片　　B)剪贴画　　C)形状　　D)屏幕截图

6. 在 Word 2010 中,插入表格后通过"表格工具"选项卡中的"设计""布局"可以进行________操作。

A)表格样式　　B)边框和底纹

C)删除和插入行列　　D)表格内容的对齐方式

7."开始"功能区的"字体"组可以对文本进行哪些操作设置________。

A)字体　　B)字号　　C)消除格式　　D)样式

8. 下列关于"插入符号"的说法中不正确的有________。

A)"符号"命令选项在"插入"选项卡的"符号"功能组

B)在选定了要插入的字符后单击"确定"按钮即可插入字符

C)"符号"对话框的底部有一个预览框

D)"符号"对话框由符号和特殊字符两部分组成

9. 在 Word 2010 中,下列关于文档分页的叙述,正确的是________。

A)分页符也能打印出来

B)Word 文档可以自动分页,也可人工分页

C)将插入点置于硬分页符上,按 Del 键便可将其删除

D)分页符标志前一页的结束,一个新页的开始

10. 关于 Word 2010 的撤销操作,正确的有________。

A)只能撤销一步　　B)可以撤销多步

C)撤销操作可以恢复　　D)撤销操作可以指定

四、综合练习

案例一:录入"教学大纲说明"文档,如图 3-70 所示,并对其作如下编辑:

1. 在文档"教学大纲说明"上面加上大标题"《大学计算机基础》课程",将"教学大纲说明"作为副标题。并在三个自然段上面分别加上小标题:1.1 课程教学目的与任务、1.2 课程的基本要求、1.3 与其他课程的联系和分工。

2. 将文档 1.1 节中的"随着知识经济……"另起一行。

3. 将 1.2 节与 1.3 节互换。

4. 将 1.1 节中的第一个自然段复制到最后。

5. 将文档中的所有"计算机"词替换为"Computer",使之呈斜体红色。

6. 利用"拼写和语法"功能,检查输入的单词是否有拼写错误,若有错请修改。

7. 将文档以五种视图方式显示，最终切换到“页面”视图并以“案例 1.docx”命名，保存在桌面上。

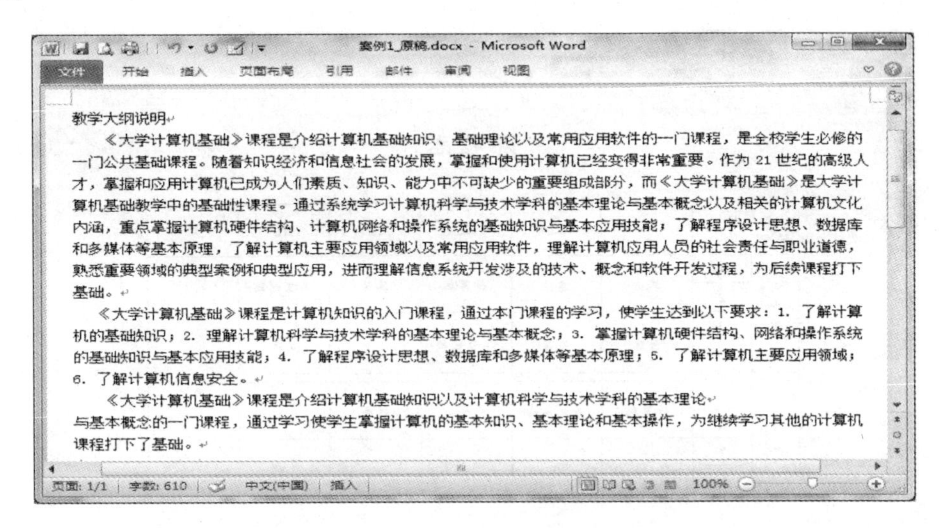

教学大纲说明

《大学计算机基础》课程是介绍计算机基础知识、基础理论以及常用应用软件的一门课程，是全校学生必修的一门公共基础课程。随着知识经济和信息社会的发展，掌握和使用计算机已经变得非常重要。作为 21 世纪的高级人才，掌握和应用计算机已成为人们素质、知识、能力中不可缺少的重要组成部分，而《大学计算机基础》是大学计算机基础教学中的基础性课程。通过系统学习计算机科学与技术学科的基本理论与基本概念以及相关的计算机文化内涵，重点掌握计算机硬件结构、计算机网络和操作系统的基础知识与基本应用技能；了解程序设计思想、数据库和多媒体等基本原理，了解计算机主要应用领域以及常用应用软件，理解计算机应用人员的社会责任与职业道德，熟悉重要领域的典型案例和典型应用，进而理解信息系统开发涉及的技术、概念和软件开发过程，为后续课程打下基础。

《大学计算机基础》课程是计算机知识的入门课程，通过本门课程的学习，使学生达到以下要求：1. 了解计算机的基础知识；2. 理解计算机科学与技术学科的基本理论与基本概念；3. 掌握计算机硬件结构、网络和操作系统的基础知识与基本应用技能；4. 了解程序设计思想、数据库和多媒体等基本原理；5. 了解计算机主要应用领域；6. 了解计算机信息安全。

《大学计算机基础》课程是介绍计算机基础知识以及计算机科学与技术学科的基本理论

与基本概念的一门课程，通过学习使学生掌握计算机的基本知识、基本理论和基本操作，为继续学习其他的计算机课程打下了基础。

图 3-70　“教学大纲说明”文档

案例二：制作“世界读书日”文档，如图所示。

排版要求：原稿如图 3-71(左)所示，排版后如图 3-71(右)所示。

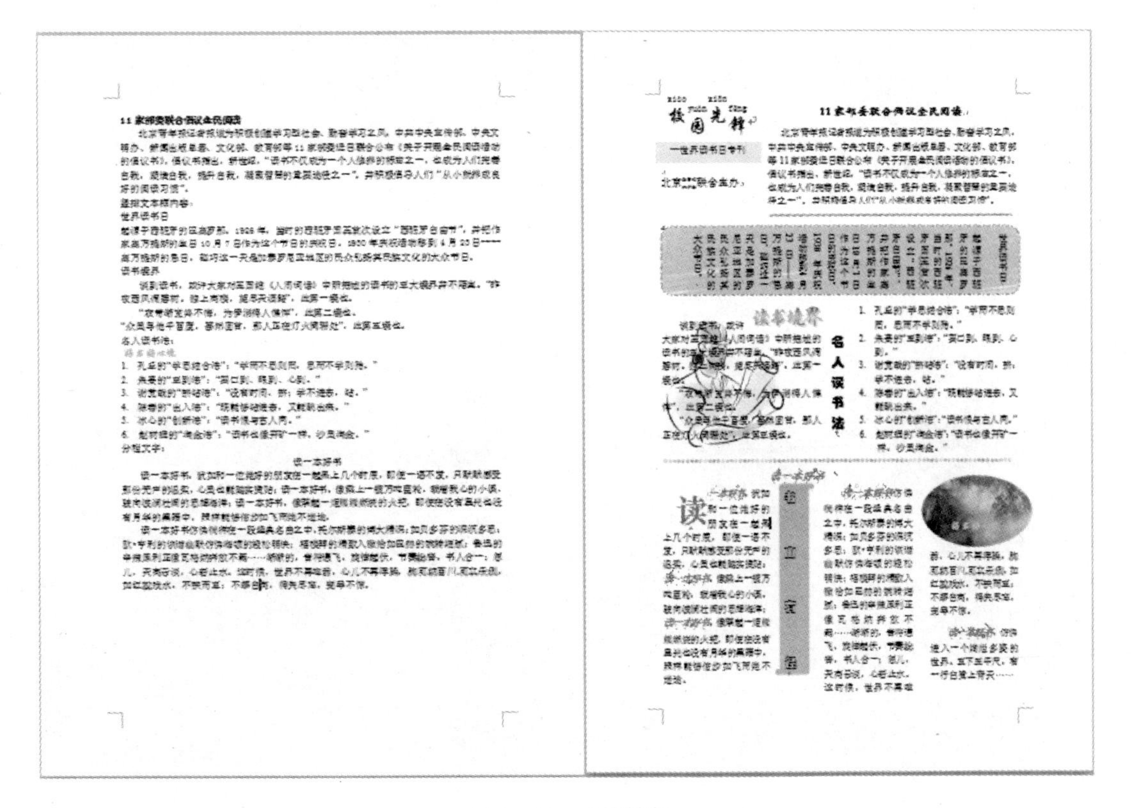

图 3-71　文档排版

案例三:制作"课程表",如图 3-72 所示。

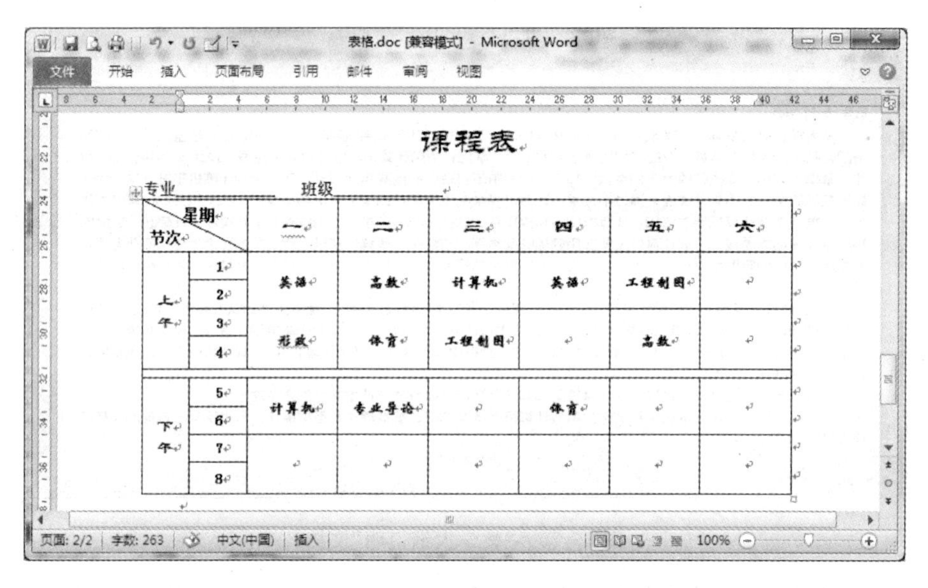

课程表

专业＿＿＿＿＿　班级＿＿＿＿＿

节次 \ 星期		一	二	三	四	五	六
上午	1	英语	高数	计算机	英语	工程制图	
	2						
	3	形政	体育	工程制图		高数	
	4						
下午	5	计算机	专业导论		体育		
	6						
	7						
	8						

图 3-72　表格制作

第 4 章　Excel 表格处理软件

【本章教学目标】

(1)掌握 Excel 的基本使用方法及输入数据的相关技巧;
(2)掌握工作簿和工作表的基本操作:添加、删除、移动、复制、重命名等;
(3)掌握 Excel 的公式与函数的使用;
(4)理解单元格的相对地址、绝对地址、混合地址的作用及引用;
(5)熟悉常用函数的使用方法;
(6)掌握数据图表的创建与编辑;
(7)掌握数据的排序、筛选与汇总的基本操作。

4.1　数据库的基本概念

数据库是按照数据结构来组织、存储和管理数据的仓库,用数据库保存和管理大量的数据,方便、有效地为不同用户和各种应用程序提供资源。数据库有很多种类型,从最简单的存储有各种表格到能够进行海量数据存储的大型数据库系统都在各个方面得到了广泛的应用。

4.1.1　数据库概述

数据库中处理的对象为数据。在数据库中的数据(Data)是泛指一切可以被计算机接受并能被计算机处理的符号,是信息的具体表示形式。在数据库中,各类数据按一定的组织方式存储在一起。数据库不仅存放数据,而且还存放数据之间的关系。

4.1.1.1　数据管理技术的发展

数据管理是指对数据进行分类、组织、编码、存储、检索和维护等。数据管理技术的发展与计算机的硬件、软件和计算机应用的范围有密切的联系。数据管理技术的发展主要经历了三个阶段:人工管理阶段、文件系统阶段、数据库阶段。

1. 人工管理阶段

人工管理阶段处于 20 世纪 50 年代中期以前,这一阶段在软件上没有操作系统、没有管理数据的软件,数据直接依附于应用程序;在硬件上没有直接存储设备(磁盘、磁带等),一旦断电后,程序和数据全部丢失。

2. 文件管理阶段

文件管理阶段处于 20 世纪 50 年代后期至 60 年代中期,文件管理方式本质上是把数据组织成文件形式存储在磁盘上,文件是操作系统管理数据的基本单位。这一阶段硬件方面已有了磁盘、磁鼓等直接存取设备,因而把几个数据按文件的方式单独组织在一起,存放在磁盘上;在软件领域出现了操作系统和高级语言,此时借助操作系统中的文件管理系统来存取数据。

3. 数据库管理阶段

在20世纪60年代后期,随着计算机硬件和软件技术的发展,开展了对数据组织方法的研究,并开发了对数据进行统一管理和控制的数据库管理技术,在计算机科学领域逐步形成了数据库技术这一独立的分支。在软件上有维护系统软件及应用程序,并有用于专门管理数据的软件。在硬件上已有大容量的磁盘,硬件价格下降。数据库中数据的组织是面向整个系统,供多个用户共享的。其指导思想是对所有的数据实行统一的、集中的、独立的管理。数据库系统克服了文件系统的不足,提供了对数据更高级、更有效的管理。

数据管理技术三个阶段的特点,如表4-1所示。

表4-1　数据管理技术三个阶段的特点

人工管理阶段	文件管理阶段	数据库管理阶段
(1) 数据不能保存; (2) 数据不能独立存在; (3) 无专门的软件管理; (4)数据面向应用,不能共享; (5)数据存在大量冗余。	(1)数据可以长期保存; (2)数据可以独立存在; (3)有文件管理系统管理; (4)数据可以共享; (5)易造成数据不一致。	(1)数据结构化; (2)数据共享; (3)减少数据冗余; (4)有较高的数据独立性; (5)数据操作方便。

4.1.1.2　数据模型

数据模型就是数据对象之间存在的相互关系的集合。在数据库技术中,使用模型的概念描述数据库的结构和语义。根据应用不同,数据模型可分为两类:概念数据模型和结构数据模型。

1. 概念数据模型

这是一种独立于计算机系统的模型。它不涉及信息在系统中的表示,只是用来描述某个特定组织所关心的信息结构,而不涉及信息在计算机中的表示,是现实世界到信息世界的第一层抽象。常用的是实体-联系(E-R)模型。在概念模型中的常用的术语:

(1)实体:客观存在并且可以相互区别的事物称为实体。

(2)属性:实体所具有的某一特性称为属性。

(3)码:唯一标识实体的属性集称为码。

(4)域:属性的取值范围称为该属性的域。

(5)实体型:具有相同属性的实体必然具有共同的特征和性质,用实体名及其属性名集合来抽象和刻画同类实体,称为实体型。

(6)实体集:同型实体的集合称为实体集。

(7)联系:在现实世界中,事物内部以及事物之间是有联系的,这些联系在信息世界中反映为实体(型)内部的联系和实体(型)之间的联系。实体内部的联系通常是指组成实体的各属性之间的联系。实体之间的联系通常是指不同实体集之间的联系。

实体集之间的对应关系称为联系。两个不同实体集的实体间联系方式有三种:

(1)一对一联系(1∶1):若两不同型实体集中,一方的一个实体唯一与另一方的一个实体相对应,称1∶1联系。

(2)一对多联系(1∶n):若两不同型实体集中,一方的一个实体对应另一方多个实体;反之另一方一个实体最多只与本方一个实体相对应,称1∶n联系。

(3)多对多联系(m∶n):若两不同型实体集中,任何方一个实体都与对方一个或多个实体相对应，称 m ∶ n 联系。

2．结构数据模型

结构数据模型是直接面向数据库的逻辑结构，是现实世界的第二层抽象。这类模型涉及计算机系统和数据库管理系统，所以称为“结构数据模型”。结构数据模型应包含：数据结构、数据操作、数据完整性约束三部分。它主要有：层次、网状、关系三种模型。

(1)层次模型(Hierarchical Model)。用树型结构表示实体类型及实体间联系的数据模型称层次模型，也叫树状模型。它是以实体(记录型)为结点构成的树，结点间树枝表示实体间的某种关系。

(2)网状模型(Network Model)。用有向图结构表示实体类型及实体间联系的数据模型称网状模型。

(3)关系模型(Relational Model)。用二维表结构表达实体集，用键表示实体间联系的数据模型称关系模型。

4.1.1.3　数据库体系结构

在数据库系统中，用户看到的数据与计算机中存放的数据是两回事，两者之间是有联系的，但实际上它们之间已经进行了两次交换。一是系统为了减少冗余，实现数据共享，把所有用户的数据进行综合，抽象成一个统一的数据视图；二是为了提高存取效率，改善性能，把全局视图的数据按照物理组织的最优形式存放。

1．数据库三级组织结构

数据库系统有着严谨的体系结构，通常采用三级模式结构。

(1)外模式。又称子模式或用户模式，它是数据库用户能够看见和使用的局部数据的逻辑结构和特征的描述，是数据库用户看到的数据视图，是与某一应用有关的数据的逻辑表示。

(2)模式。又称逻辑式或概念模式，是数据库中全体数据的逻辑结构和特殊描述，也是所有用户看到的数据视图。

(3)内模式。又称存储模式，是数据物理结构和存储方式的描述，是数据在数据库内部的表示方式，用来定义所有内部记录类型、索引和文件的组织方式，以及数据控制方面的细节。

三种模式反映了对数据库的三种不同观点：

内模式表示了物理级数据库，体现了对数据库的存储观；模式表示了概念级数据库，体现了对数据库的总体观；外模式表示了用户级数据库，体现了对数据库的用户观。

注意

在三级模式中，只有内模式是真正存储数据的。

数据库的三级模式结构是对数据的三个抽象级别。它把数据的具体组织留给数据库管理系统(DBMS)去做，用户只要抽象地处理数据，而不必关心数据在计算机中的表示和存储，这样就减轻了用户使用系统的负担。

2．三级模式之间的映象

三级结构之间往往差别很大，为了实现这三个抽象级别的联系和转换，数据库管理系统

(DBMS)在三级结构之间提供两个层次的映象(Mapping)来实现的:外模式/模式的映象,模式/内模式的映象。

(1)外模式/模式的映象。表达了概念级数据库与用户级数据库之间的联系。当整个系统要求改变模式时,可以改变映射关系而保持外模式不变,从而保证了逻辑数据的独立性。

(2)模式/内模式的映象。表达了概念级数据库与物理级数据库之间的对应关系。由于模式/内模式这两级的数据结构可能不一致,即记录类型、字段类型的命名和组成可能不一样,因此需要这个映象说明概念记录和内部记录之间的对应性。

当为了某种需要改变物理模式时,可以同时改变两者之间的映射而保持模式和外模式不变。数据库管理系统(DBMS)的主要工作之一,就是完成三级数据库之间的转换,把用户对数据库的操作转换到物理级去执行,从而保证了物理数据的独立性。

4.1.2　数据库系统

数据库系统(Data Base System,DBS),是由计算机的硬件、软件、数据库、数据库管理系统和用户等部分组成。

1. 硬件

硬件(Hardware)是数据库系统的物质基础,是存储数据库及运行数据库管理系统(DBMS 的)硬件资源,主要包括主机、存储设备、I/O 通道等,以及计算机网络环境。

2. 软件

软件(Software)是计算机程序、方法及相关文档的集合。在数据库系统中,软件包括操作系统、数据库系统开发工具、与数据库接口的高级语言及其编译系统、为特定应用环境开发的数据库应用系统等。

3. 数据库

数据库(Date Base,DB)是指数据库系统中以一定组织方式将相关数据组织在一起,存储在外部存储设备上所形成的、能为多个用户共享的、与应用程序相互独立的相关数据集合。数据库中的数据由 DBMS 进行统一管理和控制,用户对数据库进行的各种操作都是 DBMS 实现的。

4. 数据库管理系统

数据库管理系统(Data Base Management System,DBMS)是负责数据库存取、维护和管理的系统软件。DBMS 提供对数据库中数据资源进行统一管理和控制的功能,将用户、应用程序与数据库数据相互隔离,是数据库系统的核心,其功能的强弱是衡量数据库系统性能优劣的主要指标。DBMS 必须运行在相应的系统平台上,有操作系统和相关系统软件的支持。

5. 用户

用户(User)是指管理、开发、使用数据库系统的所有人员,通常包括数据库管理员、应用程序员和终端用户。数据库管理员(DBA)负责管理、监督、维护数据库系统的正常运行;应用程序员(Application Programmer)负责分析、设计、开发、维护数据库系统中运行的各类应用程序;终端用户(End－User)是在 DBMS 与应用程序支持下,操作使用数据库系统的普通用户。

综上所述,数据库中包含的数据是存储在存储介质上的数据文件的集合;每个用户均可使用其中的部分数据,不同用户使用的数据可以重叠,同一组数据可以为多个用户共享;DBMS 为用户提供对数据的存储组织、操作管理功能;用户通过 DBMS 和应用程序实现数据库系统的操作与应用。

4.1.3　关系数据库

以数据的关系模型为基础设计的数据库系统称为关系数据库系统，简称关系数据库。

4.1.3.1　关系数据库的基本概念

在关系模型中，实体以及实体间的联系都是用关系表示的。关系模型是把数据库组织为满足一定条件的二维表形式。每个二维表称为一个关系，见表 4－2 所示。

表 4－2　学生关系表

学号	姓名	性别	出生日期	是否团员	数学	物理	计算机	平均分
201101	高小正	女	82/09/12	Y	88	77	88	84.3
201102	李　梧	男	81/12/24	N	79	88	96	87.6
201103	王继信	男	79/10/20	Y	92	95	79	88.6
201115	孙杨霞	女	81/12/24	N	85	98	86	86.3
201116	吴子友	男	82/09/15	Y	89	65	92	82.0

关系模型的主要特点在于它的数据描述的统一性，即所描述对象间的联系都能用关系来表示，它的结构规范、简单，数据独立性高，理论严格，表达力强，容易被一般人所接受。因此，以关系模型为基础的关系数据库已成为目前最流行的数据库。在关系数据库中涉及几个常用的概念：

1. 表

关系数据库的表采用二维表格来存储数据，是一种按行与列排列的具有相关信息的逻辑组，它类似于工作单表。一个数据库可以包含任意多个数据表。如表 4－2 所示，就是一个二维表，一个用于存储学生成绩的数据库。表中的所有记录必定是同格式、等长度的，而且不存在完全相同的两条记录。

2. 字段

数据表中的每一列称为一个字段。它是关系数据库文件中最基本的、不可分割的数据单位。表是由其包含的各种字段定义的，每个字段描述了它所含有的数据的意义，数据表的设计实际上就是对字段的设计。创建数据表时，为每个字段分配一个数据类型，定义它们的数据长度和其他属性。字段可以包含各种字符、数字甚至图形，各个字段包含了不同的数据类型。

3. 记录

记录是描述某一个体的数据集合，它由若干个字段组成，相当于二维表中的一行。一般来说，数据表中的任意两行都不能相同。

4. 关键字

关键字用来确保表中记录的唯一性，可以是一个字段或多个字段，常用作一个表的索引字段。每条记录的关键字都是不同的，因而可以唯一地标识一个记录，关键字也称为主关键字，或简称主键。例如，学生关系表中，把“学号”作为表的主键，用来标识学生的记录。在实际应用中，表间关系是通过主键来实现的。

5. 索引

索引可以更快地访问数据,索引是表中单列或多列数据的排序列表,每个索引指向其相关的数据表的某一行。索引提供了一个指向存储在表中特定列的数据的指针,然后根据所指定的排序顺序排列这些指针。

6. 关系数据库

描述某一对象的所有数据表的集合称为关系数据库。关系数据库不是对数据表的简单组合,而是按照一定的法则对数据表进行了优化组合,以便数据具有更大的独立性和最小的冗余度,并实现对数据的共享。

4.1.3.2 关系运算

在关系数据库的核心部分是查询,而查询的条件要使用关系运算表达式来表示。关系运算按运算符的不同主要分为两类:一类是传统的集合运算:把关系看成元组的集合,以元组作为集合中元素进行运算,其运算是从关系的"水平"方向即行的角度进行的。它包括并、差、交、广义笛卡尔积。另一类是专门的关系运算:不仅涉及行运算,而且涉及列运算。这种运算是为数据库的应用而引进的特殊运算,即选择、投影、连接。

(1)选择:是从二维表中选出符合条件的记录。它是从行的角度对关系进行的运算。

(2)投影:是从二维表中选出所需要的列。它是从列的角度对关系进行的运算。

(3)连接:是同时涉及两个二维表的运算。它是将两个关系在给定的属性上满足给定条件的记录连接起来而得到的一个新的关系。

4.1.3.3 关系的三类完整性规则

通过关系数据描述语言定义的关系模式是稳定的,但是关系数据库是随时变化的。因为,随着数据库的数据插入、删除和修改,数据在不断更新。为了维护数据库中的数据与现实世界的一致性,关系数据库必须遵循以下三类完整性约束规则。

1. 实体完整性

约束规则:若属性 A 是基本关系 R 中主键对应的主键性,则属性 A 不允许取空值。

因为表中的每一个记录都代表一个实体,而任何实体都是可标识的。如果主键的属性(即主属性)值为空,就意味着存在不可标识的实体。

例如:学生(学号、姓名、性别、年龄、专业号、所在系名)中,学号不能为空值。

学习(学号、课程号、成绩)中,学号和课程号任一属性都不能为空。

2. 参照完整性

参照完整性是对关系间引用数据的一种限制。

约束规则:关系 R 中元组的外键 F 上的值只允许有两种可能,或者为空值(F 的每个属性值均为空值);或者与相应的被参照关系 S 中的某个元组的主键 K 的值相同。

例如:学生(学号、姓名、性别、年龄、专业号、所在系名)

课程(课程号、课程名、任课教师名)

学习(学号、课程号、成绩)

按照参照完整性规则:"学习"关系的"学号"和"课程号"是外键,可以取两类值,即空值或目标关系中已存在的值。但由于(学号、课程号)属性组是学习关系的主键,"学号"和"课程号"都是主属性,按实体完整性规则,它们均不能取空值,所以"学习"关系中属性"学号"和"课程号"实际只能取相应被参照关系中已经存在的某个元组的主键值。

3. 用户定义的完整性

约束规则：针对某一具体数据的约束条件，由应用环境来决定。它反映某一具体应用涉及的数据必须满足的语义要求。系统应提供定义这类完整性的机制，以便用统一的系统方法处理它们，不再由应用程序承担这项工作。

例如：学生的成绩应该大于或等于零；职工的工龄应小于年龄；人的身高不能超过 3 米等。

4.2 认识 Excel 2010

Excel 为一个基础数据表，它可以帮助用户组织、计算和分析各种类型的数据，也可以生成各种统计图表，从而被广泛应用于统计、财务、会计、金融和审计等众多领域。

4.2.1 Excel 2010 的启动与退出

启动 Excel 2010 雷同 Word 2010 的方法：

(1)在 Windows 中单击“开始/程序/Microsoft Office/ Microsoft Excel 2010”启动 Excel。

(2)双击桌面上“Excel 的快捷方式”图标，启动 Excel。

(3)在 Windows 桌面的空白处右击，在快捷菜单中选择“新建/Microsoft Excel 文档”，也可启动 Excel。

完成对文档的编辑处理后可退出 Excel 文档。常用方法：

(1)点击 Excel 文档左上角的“文件”点击“退出”。

(2)Excel 文档的右上角点击红色的叉号退出。

(3)在任务栏找到正在使用的 Excel 文档，右击点击“关闭”。

(4)按“Alt＋F4”快捷键关闭。

4.2.2 Excel 2010 的界面

Excel 2010 在各方面发生了不小的改变，界面的主题颜色和风格有所改变，其功能也有很大的提高，取消了传统的菜单方式，使用功能区，每个功能区又包含了若干个组。

Excel 2010 启动后，自动创建一个名为“工作簿 1. xlsx”的新空白工作簿。一个工作簿可由多个工作表组成，默认有 3 张工作表，分别用 Sheet1、Sheet2、Sheet3 命名，在工作簿的底部以选项卡形式出现，如图 4－1 所示。

Excel 2010 的界面主要有由快速访问工具栏、功能区、编辑栏、工作表编辑区、工作表标签、状态栏等部分组成。

(1)快速访问工具栏：该工具栏位于工作界面的左上角，包含一组用户使用频率较高的工具，如“保存”“撤销”和“恢复”。用户可单击“快速访问工具栏”右侧的倒三角按钮，在展开的列表中选择要在其中显示或隐藏的工具按钮。

(2)功能区：位于标题栏的下方，是一个由 8 个选项卡组成的区域，包括“文件”“开始”“插入”“页面布局”“公式”“数据”“审阅”和“视图”。各功能页中收录相关的功能群组，方便用户切换、选用。单击不同的选项卡标签，可切换功能区中显示的工具命令。在每一个选项卡中，命令又被分类放置在不同的组中。组的右下角通常都会有一个对话框启动器按钮，用于打开与该组命令相关的对话框，以便用户对要进行的操作做更进一步的设置。

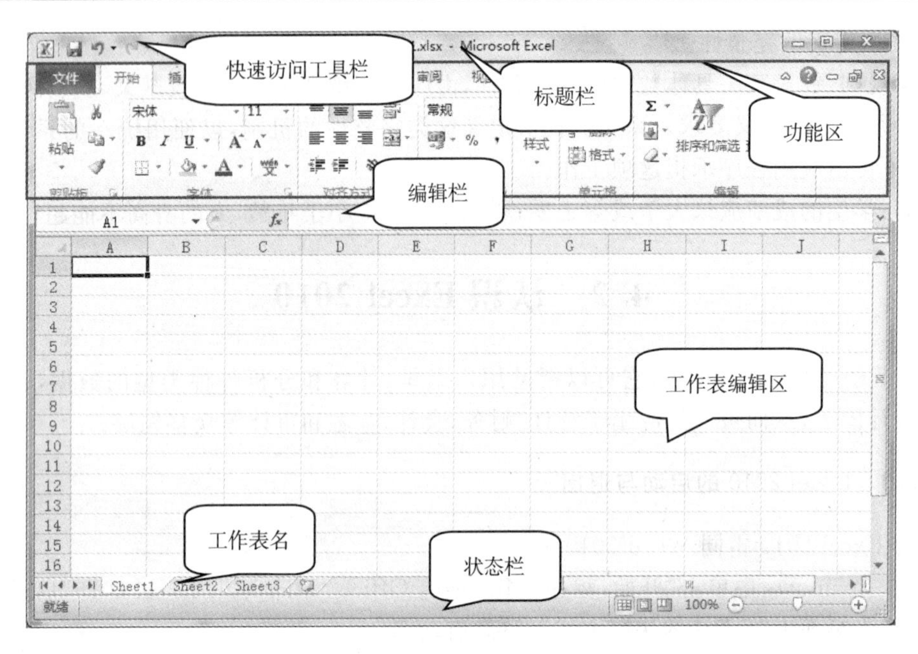

图 4-1　Excel 2010 界面

(3)编辑栏:编辑栏主要用于输入和修改活动单元格中的数据。当在工作表的某个单元格中输入数据时,编辑栏会同步显示输入的内容。

(4)工作表编辑区:用于显示或编辑工作表中的数据。

(5)工作表标签:位于工作簿窗口的左下角,默认名称为 Sheet 1、Sheet 2、Sheet 3 等等,单击不同的工作表标签可在工作表间进行切换。

4.2.3　工作簿、工作表、单元格

在 Excel 中,用户接触最多就是工作簿、工作表和单元格,如图 4-2 所示。

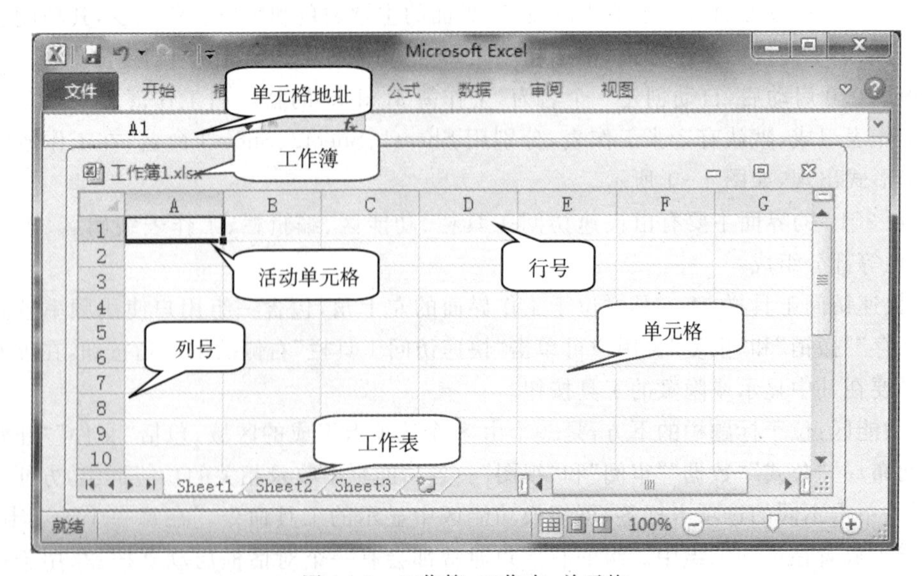

图 4-2　工作簿、工作表、单元格

1. 工作簿

工作簿是指 Excel 环境中用来储存并处理工作数据的文件，是 Excel 使用的文件架构。工作簿可以被形象地理解为一个工作夹，在这个工作夹里面有许多工作纸，这些工作纸就是工作表。一个工作簿可以包含多张具有不同类型的工作表，用户可以将若干相关工作表组成一个工作簿，操作时可直接在同一文件的不同工作表中方便地切换。工作簿与工作表间的关系，如图 4－3 所示。

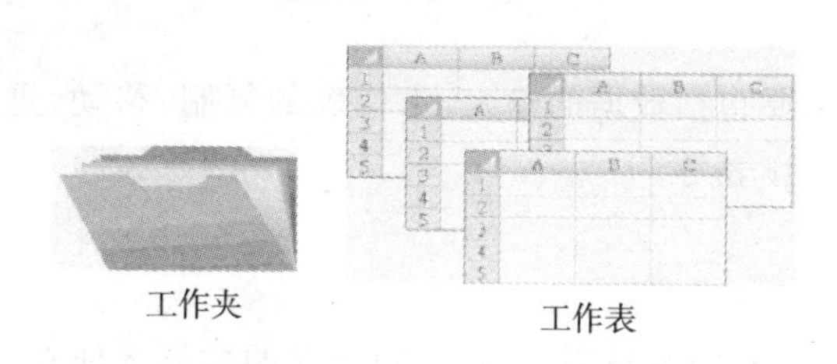

图 4－3　工作簿与工作表的关系

启动 Excel 后，用户首先看到的是称为"工作簿 1. xlsx"的工作簿。工作簿 1 是一个默认的、新建的和未保存的工作簿，当用户在该工作簿输入信息后第一次保存时，Excel 弹出"另存为"对话框，可以让用户给出新的文件名(即工作簿名)。如果启动 Excel 后直接打开一个已有的工作簿，则工作簿 1 会自动关闭。

2. 工作表

工作表是 Excel 存储和处理数据的最重要的部分，它是 Excel 进行数据处理和管理的地方，用户可以在工作表上输入各类数据，对数据进行编辑处理等。

工作表在工作簿窗口中显示为由行和列构成的表格。它主要由单元格、行号、列标和工作表标签等组成。行号显示在工作簿窗口的左侧，依次用数字 1，2…，1048576 表示；列标显示在工作簿窗口的上方，依次用字母 A，B…，XFD 表示。同时按下"Ctrl＋→"可以看见最后一列列标，同时按下"Ctrl＋↓"可以看见最后一行行标。各工作表由左下角的工作标签加以区别，默认情况下，一个工作簿包含 3 个工作表，分别以 Sheet 1、Sheet 2、Sheet 3 命名，用户可以根据需要添加或删除工作表，如图 4－4 所示。

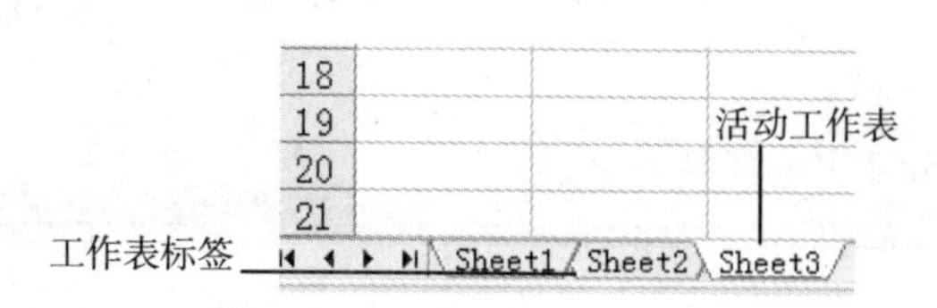

图 4－4　系统默认的工作表

3. 单元格

单元格是表格中行与列的交叉部分，它是组成表格的最小单位，单个数据的输入和修改都是在单元格中进行的。可通过单元格输入：文字，数字和公式；可进行各种设置：字体，颜色，长度，宽度，对齐方式等。

单击任何一个单元格，这个单元格的四周就会被粗线条包围起来，它就成为"活动单元格"，表示用户当前正在操作该单元格，"活动单元格"的地址在编辑栏的名称框中显示，通过使用单元格地址可以很清楚地表示当前正在编辑的单元格，用户也可以通过地址来引用单元格的数据。例如:地址“B5”指的是“B”列与第5行交叉位置上的单元格,规定列号在前,行号写在后。它有三种引用方式:相对引用、绝对引用和混合引用(三种引用方式后面详解)。

在“活动单元格”的右下角有一个小黑方块,称为“填充柄”,利用此“填充柄”可以填充某个单元格区域的内容。

4.3 工作表的基本操作

工作表的基本操作主要包括数据的输入,工作表的复制、移动、重命名、插入与删除、美化工作表以及保护与隐藏工作表等。

4.3.1 数据的输入

Excel 中使用的数据有不同的类型,只有相同类型的数据才能在一起运算,否则就会出现语法错误。在工作表中输入数据是一个最基本的操作,Excel 的数据不仅可以从键盘直接输入,还可以自动输入,输入时还可以检查其正确性。

Excel 2010 中每个单元格最多可输入32000个字符。输入结束后,按回车键、Tab 键或鼠标点击编辑栏的“√”按钮均可确认输入;按 Esc 键或用鼠标单击编辑栏的“×”按钮可取消输入。输入的数据分:文本型、数值型和日期型。

4.3.1.1 各类数据输入

1. 文本数据的输入

文本数据包括汉字、英语字母、空格、数字及其他键盘能键入的符号。文本数据输入时,Excel 自动将内容沿单元格左边界对齐,各种文本数据的输入,如图4-5所示。

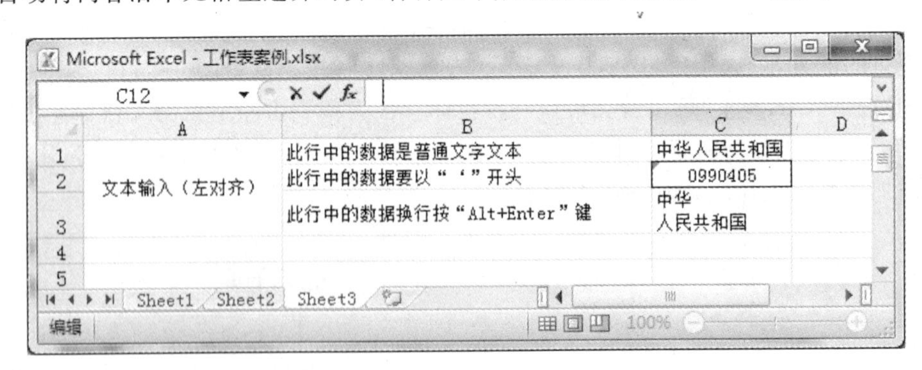

图4-5　文本数据输入示例

(1)普通文字文本,直接输入。当用户输入的文字过多,超过了单元格宽度,会产生两种结果:

① 如果右边相邻的单元格中没有数据,则超出部分会显示在右边相邻单元格中;

② 如果右边相邻的单元格已有数据,则超出部分不显示,但超出部分内容依然存在,只要扩大列宽就可以看到全部内容。

(2)数字字符文本。如果数据全部由数字组成,如学号、电话号码、邮编等,输入时应在数据前输入单引号“‘”。

(3)单元格换行。若要在一个单元格分段落输入,可按 Alt+Enter 键,或在“开始”选项卡中的“对齐方式”组中选中“自动换行”按钮，则输入文本时，内容超过单元格的宽度将自动换行。

2. 数值数据的输入

在 Excel 中，数值型数据使用得最多，它由数字 0～9、正号、负号、小数点、顿号、分数号“/”、百分号“%”、指数符号“E”或“e”、货币符号“￥”或“＄”、千位分隔号“,”等组成。输入数值型数据时，Excel 自动将其沿单元格右边对齐。

(1)一般情况下，输入的数字默认为正数，并将单一的“.”视为小数点。

(2)输入分数时，以“0”加空格开始，然后输入分数值。例如输入分数 4/5，则应顺序输入“0 4/5”，则单元格内显示为 4/5。

(3)当输入负数时，以负号“－”开始，也可以用括号“()”表示。如输入“－100”或“(100)”，都可以在单元格中获得－100，如图 4－6 所示。

(4)当用户输入的数值过多而超出单元格宽时，会产生两种结果：

① 当单元格格式为默认的常规格式时会自动采用科学记数法来显示；

② 若列宽已被规定，输入的数据无法完整显示时，则显示为“＃＃＃＃”，用户可以通过调整列宽使之完整显示，如图 4－6 所示。

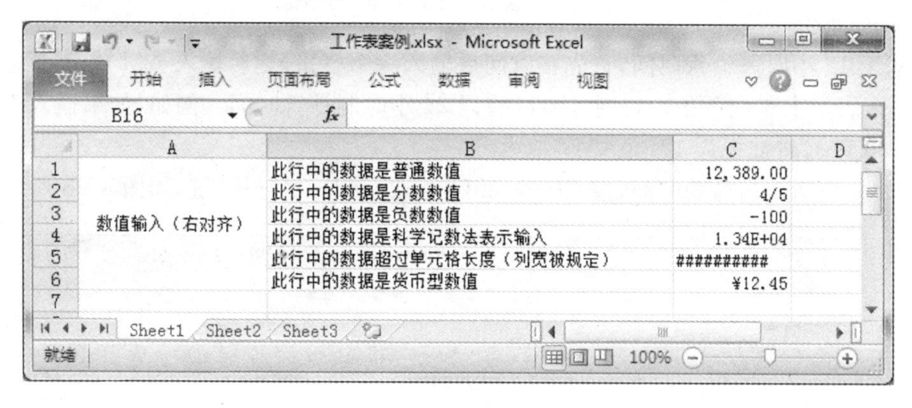

图 4－6　数值输入示例

(5)其他数值数据的设置：

① 单击“开始”功能区的“数字”组右下角小图标，打开“设置单元格格式”对话框；

② 单击“数字”选项卡；

③ 选择某一选项，以“货币”为例；

④ 单击“货币符号”下拉框，选择货币符号；

⑤ 单击“确定”按钮，如图 4－7 所示。

3. 输入日期时间数据

默认情况下，日期和时间项在单元格中右对齐。如果输入的是 Excel 不能识别的日期或时间格式，输入的内容将被视为文字，并在单元格中左对齐。

(1)直接输入日期时，年、月、日可以用“/”符号分隔；

(2)输入“1/2”，单元格内显示为“1 月 2 日”；

(3)如果要输入当天的日期，按 Ctrl＋;(分号)键；

(4)输入时间时，小时、分、秒可以用“:”符号分隔。在 Excel 中，时间分 12 和 24 小时制，

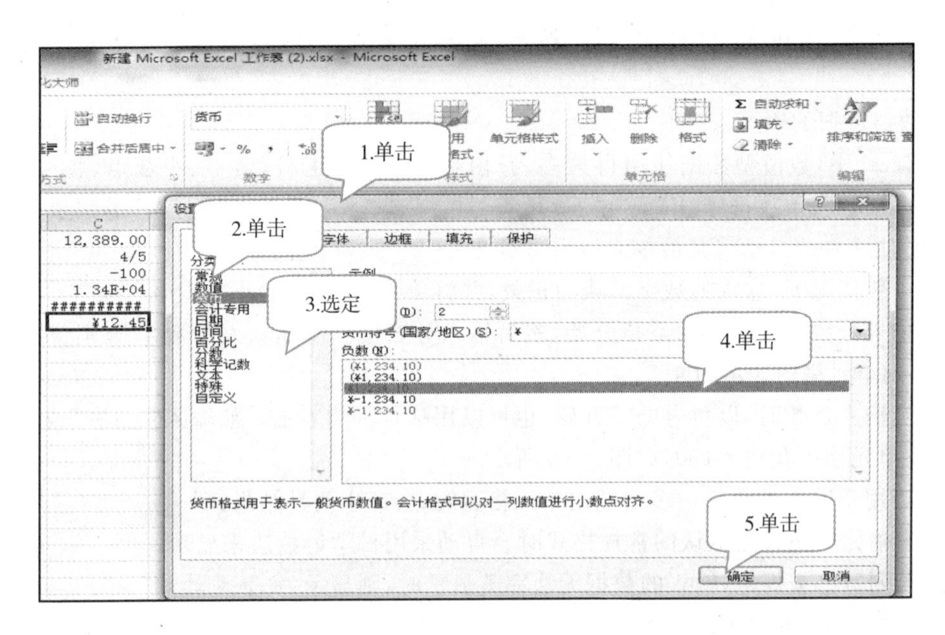

图 4-7　“设置单元格格式”对话框

如果要基于 12 小时制输入时间，首先在时间后输入一个空格，然后输入 AM 或 PM(也可用 A 或 P)，用来表示上午或下午。否则，Excel 将以 24 小时制计算时间。例如，如果输入 10:30 而不是 10:30 PM，将被视为 10:30AM；

(5)如果要输入当前的时间，按 Ctrl+Shift+;或 Ctrl+:(冒号)键，如图 4-8 所示。

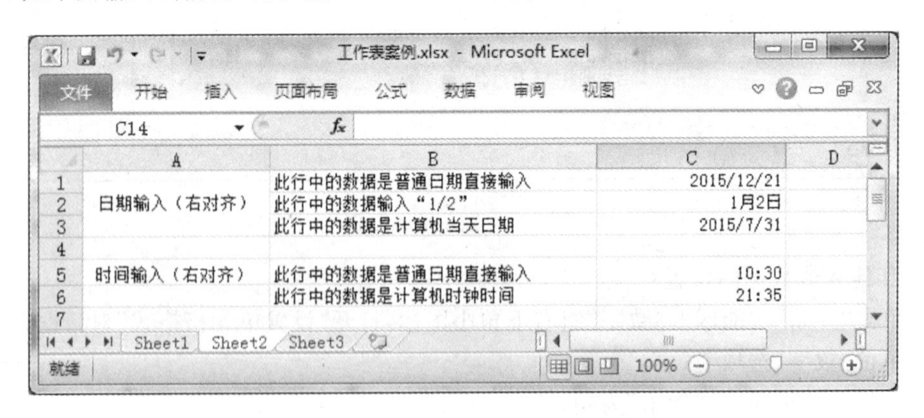

图 4-8　日期时间输入示例

4. 有效数据的输入

用户可以预先设置某一单元格允许输入的数据类型、范围，并可设置数据输入提示信息和输入错误提示信息。设置有效数据的步骤如下：

(1)选定要定义的有效数据的单元格；

(2)单击“数据”功能区的“数据工具”组中的“数据有效性”，打开“数据有效性”对话框，如图 4-9 所示；

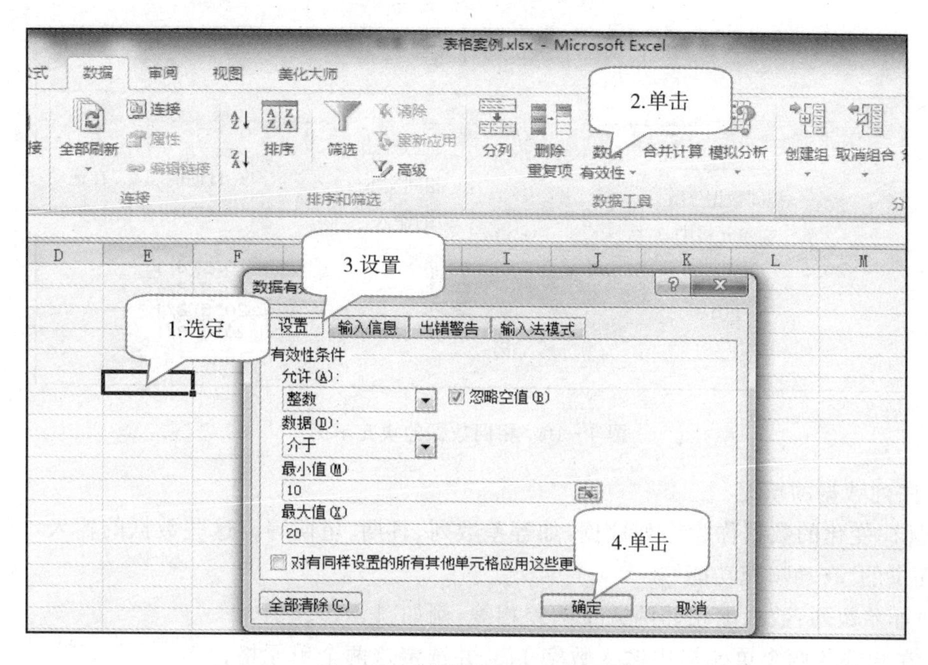

图 4－9　“数据有效性”对话框

(3)设置：

① 有效性条件，单击“设置”选项卡，在“允许”下拉列表框中选择允许输入的数据类型，如“整数”，在“数据”下拉列表框中选择所需的操作符，如“介于”，然后在数值栏中填入最小值 10、最大值 20；

② “输入信息”选项卡中设置的是有关数据输入的提示信息，在用户选定该单元格时，就会出现在其旁边；

③ “出错警告”选项卡中设置的信息是用于当用户在选定的单元格中输入的数据超出设置范围时，屏幕上将出现一个“出错警告”提示信息，以提醒用户更正。

(4)单击“确定”按钮。

4.3.1.2　数据的填充技巧

当工作表中的一些行、列或单元格的内容是有规律的数据时，可以使用 Excel 提供的自动填充数据功能，加速数据的输入。

1. 自动填充相同数据

(1)相同数字。大量重复的数据需输入在分散的单元格中，可先选定欲输入相同数据的单元格(可用 Ctrl 键配合选中多个单元格)，在活动单元格中输入数据，再按 Ctrl＋Enter 键，即可在选定的单元格中填充相同的数据。

(2)相同汉字。当某行、某列有相同的文本、数据输入时，可将含有此数据的单元格选定为活动单元格，用鼠标指向该格右下角的填充柄，这时鼠标光标变为“＋”，拖动填充柄向下或向右到所需要的单元格，所经过的单元格均被填充相同的内容。

(3)相同日期。对于填充日期、时间、月份等类型的数据，在鼠标拖动时，应同时按住 Ctrl 键，如图 4－10 所示。

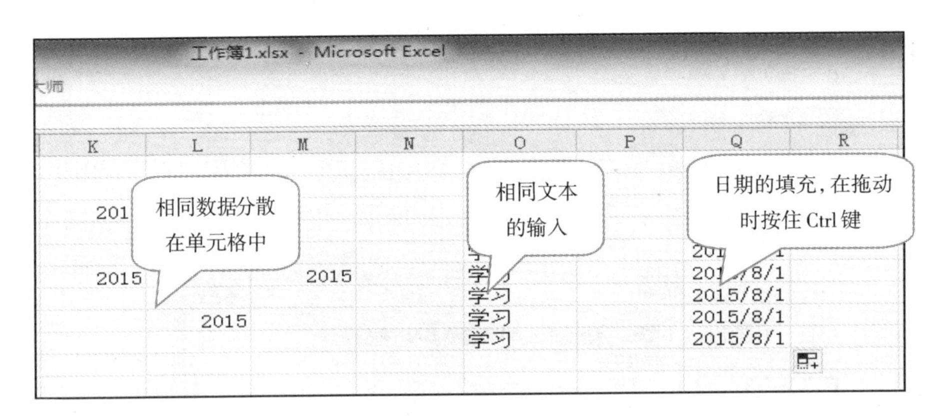

图 4-10　相同数据的填充示例

2. 序列数据的填充

有规律变化的数据称为序列数据，如等差数列、日期、星期等。这些数据的输入，可以利用 Excel 提供的“自动填充功能”。

(1)等差数列：数列中相邻两数字的差相等，例如：1、3、5、7……

① 在相邻的两个单元格中输入数字 1、3，并选定这两个单元格；

② 当鼠标变成“+”时，拖动鼠标至 A7 单元格；

③ 松开鼠标，如图 4-11 所示。

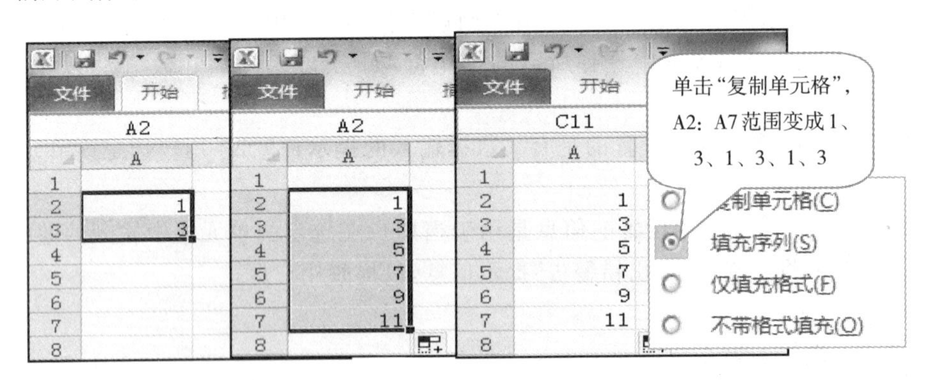

图 4-11　等差数列示例

(2)等比数列：数列中相邻两数字的比值相等，例如：1、3、9、27……等比数列无法像等差数列以拖拽填满控点的方式来建立。

① 在 A2 单元格输入 1，接着选定 A2：A7 的范围；

② 单击“开始”功能区的“编辑”组中的“填充”按钮，在其下拉框中选择“系列”选项，打开“序列”对话框；

③ 单击“序列产生在”选项中的“列”按钮；

④ 单击“类型”选项中的“等比序列”按钮；

⑤ 在“步长值”文本框中输入“3”；

⑥ 单击“确定”按钮；

⑦ 生成序列，如图 4-12 所示。

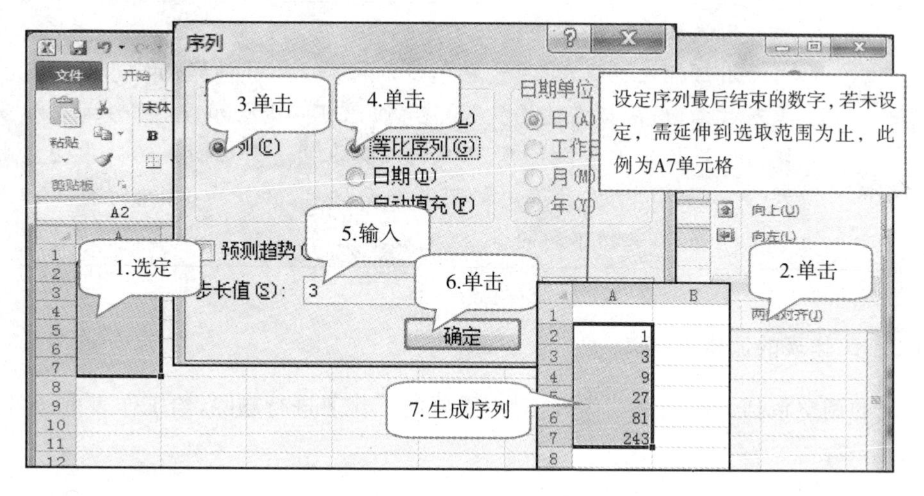

图 4－12　等比序列

(3)日期序列，例如：2015/08/01、2015/08/02、2015/08/03、2015/08/04、2015/08/05……

① 输入起始日期；

② 拖拽至 E1 单元格；

③ 松开鼠标即可，如图 4－13 所示。

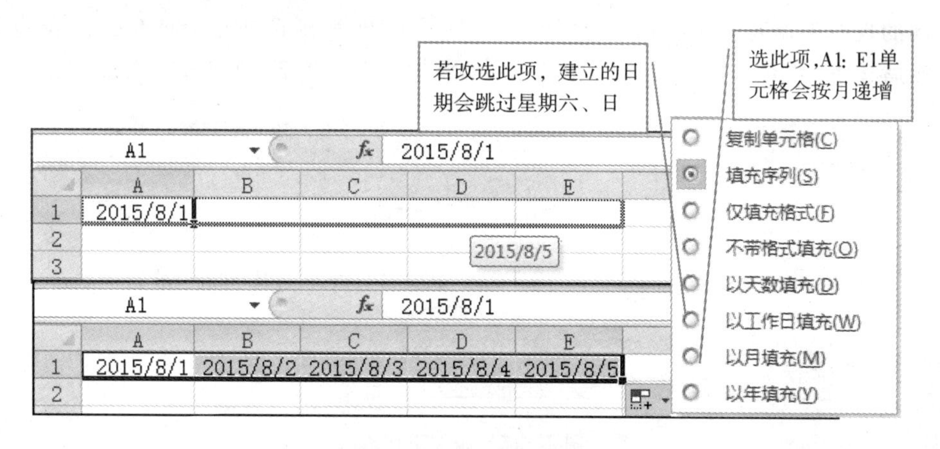

图 4－13　“日期序列”示例

(4)建立文字序列

Excel 2010 内还建立许多常用的自动填入数列，例如甲、乙、丙、丁……

① 输入起始文字；

② 拽至 A8 单元格；

③ 松开鼠标即可，如图 4－14 所示。

建立不同的自动填入数列，可在自动填充按钮下拉菜单中进行设置。

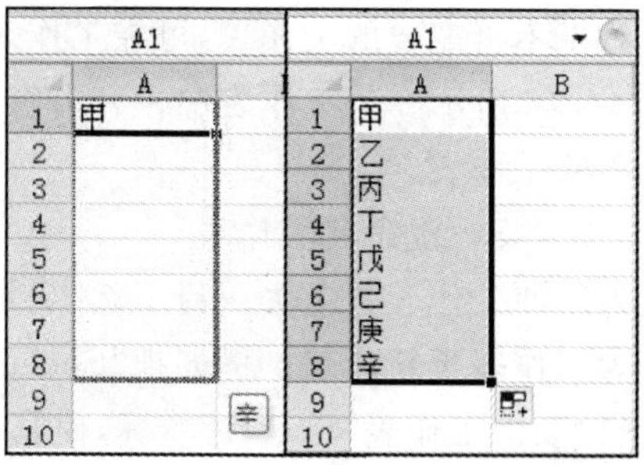

图 4－14　“文字序列”示例

答疑

用鼠标左键和右键拖动填充柄有何区别?

用鼠标左键拖动"填充柄",可以按照 Excel 的预测填充趋势自动填充数据,用鼠标右键拖曳"填充柄"也可以进行填充,但形式更加多样。填好起始单元格数据,用鼠标右键在同一行(或同一列)中向左向右(或向上向下)拖动填充柄预定单元格后,放开右键,此时会弹出一个快捷菜单,选择不同的命令,完成不同的操作。

4.3.2 工作表的调整

工作表的调整包括了添加新工作表,对不需要的工作表进行删除,给工作表重命名以及复制、移动工作表。

4.3.2.1 添加工作表

默认情况下,一个工作簿中只提供三个工作表。有时一个工作簿中可能需要更多的工作表,这时用户根据要求来添加一个或多个工作表。

在工作表的页面上,单击"插入工作表"按钮即可。或在工作表标签上单击鼠标右键,打开一个快捷菜单,然后单击"插入"。

若一次性想添加多个工作表,可以按住 Shift,在打开的工作簿中选择与要插入的工作表数目相同的现有工作表标签(例如,若要添加三个新工作表,则选择三个现有工作表的工作表标签),然后按下"插入工作表"按钮,系统会自动添加多个工作表,如图 4-15 所示。

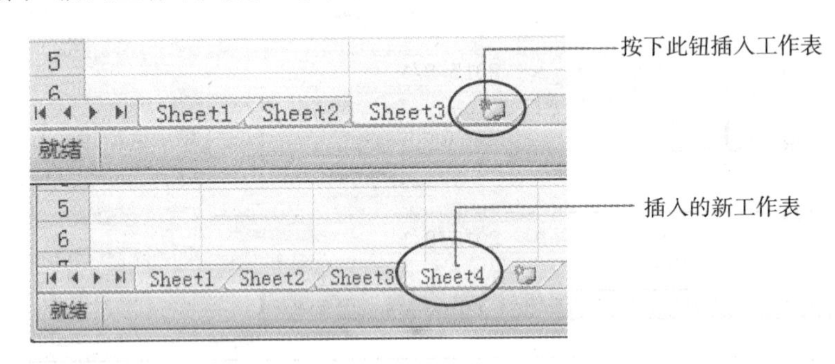

图 4-15 添加工作表

4.3.2.2 删除工作表

对于不再需要的工作表,可在工作表页面的卷标上按鼠标右钮执行"删除"命令将它删除,如图 4-16 所示。若工作表中含有内容,还会出现提示交谈窗请你确认是否要删除,避免误删了重要的工作表。

4.3.2.3 重命名工作表

为了使工作表看上去一目了然,更加形象,可以让别人一看就知道工作表中有什么,用户可以为工作表重新命名。例如把"Sheet1"改名为"学生成绩表"。

(1)双击工作表"Sheet1"卷标,使其呈选取状态,如图 4-17(a)所示;

(2) 输入"学生成绩表"再按下 Enter 键,工作表就重新命名了,如图 4-17(b)所示。

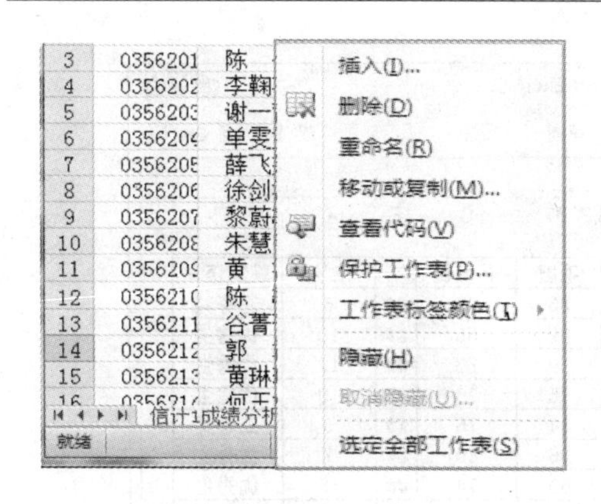

图 4-16 删除工作表

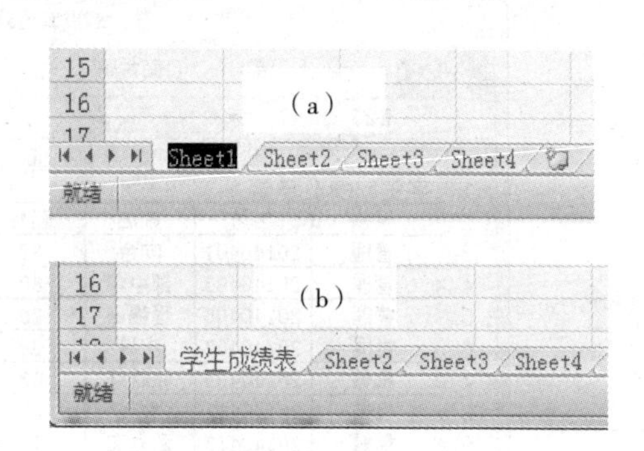

图 4-17 重命名工作表

4.3.2.4 移动和复制工作表

移动、复制工作表在 Excel 中的应用相当广泛，用户可以在同一个工作簿上移动或复制工作表，也可以将工作表移动到另一个工作簿中。在移动或复制工作表时要特别注意，因为工作表移动后与其相关的计算结果或图表可能会受到影响。

1. 移动工作表

① 选取“学生成绩表”标签；

② 按住左键将“学生成绩表”拖动至“Sheet 3”的后面，此时出现黑色三角形标记，松开鼠标左键实现移动，如图 4-18 所示。

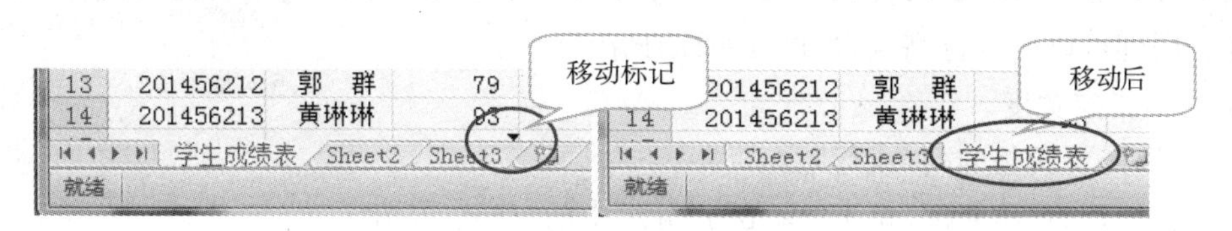

图 4-18 移动工作表

2. 复制工作表

① 选取“学生成绩表”标签；

② 按住 Ctrl 键和鼠标左键拖动至“Sheet 2”的后面，松开鼠标左键就复制了一个同样的工作表，工作表名自动命名为“学生成绩表(2)”，如图 4-19 所示。

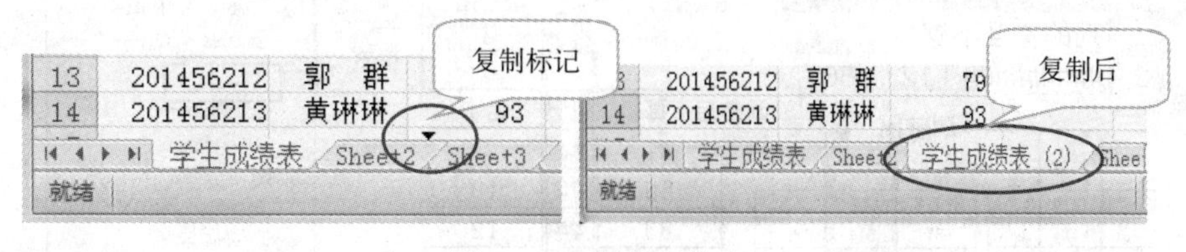

图 4-19 复制工作表

4.3.3 工作表的编辑

工作表录入以后，要对其工作表进行基本的编辑：工作表行列的调整、字符格式的设置、增加与删除行和列、合并单元格、复制和移动单元格的数据等。下面对“学生成绩汇总表”案例进行基本编辑，如图 4-20 所示。

表格案例.xlsx - Microsoft Excel

	A	B	C	D	E	F	G	H	I	J
1	学生成绩汇总表									
2	系别	学号	姓名	高数	英语	毛概	计算机	总分	名次	获奖情况
3	管理	20140401	向余	88	74	65	87	##	5	三等奖
4	管理	20140403	邵中华	80	70	82	55	##	10	优秀生
5	管理	20140405	程锡山	70	64	69	83	##	12	优秀生
6	管理	20140407	庄碟	68	65	75	79	##	10	优秀生
7	机械	20140409	张晓红	83	83	84	75	##	3	二等奖
8	机械	20140411	季飞	59	75	96	80	##	7	优秀生
9	机械	20140413	武立志	74	69	63	74	##	15	优秀生
10	机械	20140415	王达	67	76	53	90	##	12	优秀生
11	电气工程	20140417	肖蓉	83	72	71	80	##	8	优秀生

图 4-20　“学生成绩汇总表”案例

4.3.3.1　调整行列大小

在实际录入时,有时行高不够,显得表格太窄;有时表格的列宽不够,会产生“#”号,所以要对工作表进行行列大小的调整。通常有两种方法:

方法 1:用鼠标直接调整。

把鼠标指到需要调整的行或列的分界线上,使其变成双箭头“✣”,拖动鼠标,即可改变列宽度。同理可以改变行高度,如图 4-21 所示。

方法 2:指定宽度。

(1)选取需要调整的列(或行);

(2)选择“开始”功能区,单击“单元格”分组中的“格式”按钮;

(3)单击 “列宽”(或“行高”),弹出“列宽”(或“行高”)对话框;

(4)在“列宽”(或“行高”)对话框中输入数字,如“6”;

(5)单击“确定”,这时已将列宽(或“行高”)调整为 6,如图 4-22 所示。

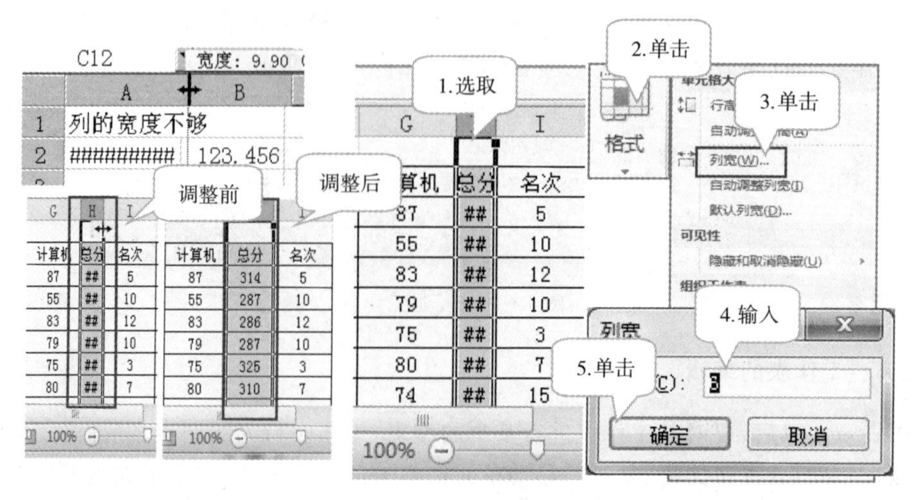

图 4-21　鼠标调整列宽　　　　图 4-22　对话框调整列宽

4.3.3.2　单元格格式编辑

单元格是表格中行与列的交叉部分，它是组成表格的最小单位，单个数据的输入和修改都是在单元格中进行的。单元格按所在的行列位置来命名，例如：地址“B5”指的是“B”列与第 5 行交叉位置上的单元格。

1. 单元格内容自动换行

在单元格中输入数据时，可能由于数据太多无法显示全部内容，可以设置单元格为自动换行，从而让数据可以在多行中显示。具体方法：

方法 1：在单元格输入内容时，可以在指定位置按“Alt＋Enter”键，实现换行。

方法 2：

(1)选中要设置为自动换行的单元格或单元格区域；

(2)选择“开始”功能区，单击“对齐方式”组中的“自动换行”命令按钮。

方法 3：

(1)选中要设置为自动换行的单元格或单元格区域；

(2)单击鼠标右键，在弹出的快捷菜单中选择“设置单元格格式”命令，打开“设置单元格格式”对话框；

(3)在对话框中选择“对齐”选项卡，在“文本控制”下方钩选“自动换行”复选框按钮。

2. 合并单元格

合并单元格是将一个连续的区域的多个单元格合并为一个单元格。在合并时要先选中所要合并的区域，注意合并只能是相连的单元格才行。具体方法：

方法 1：

(1)选中 A1:J1 区域；

(2)选择“开始”功能区，直接单击“对齐方式”分组中的“合并后居中”按钮，或打开“合并后居中”右边的下拉菜单，选择“合并单元格”命令；

(3)选定区域被合并，如图 4－23 所示。

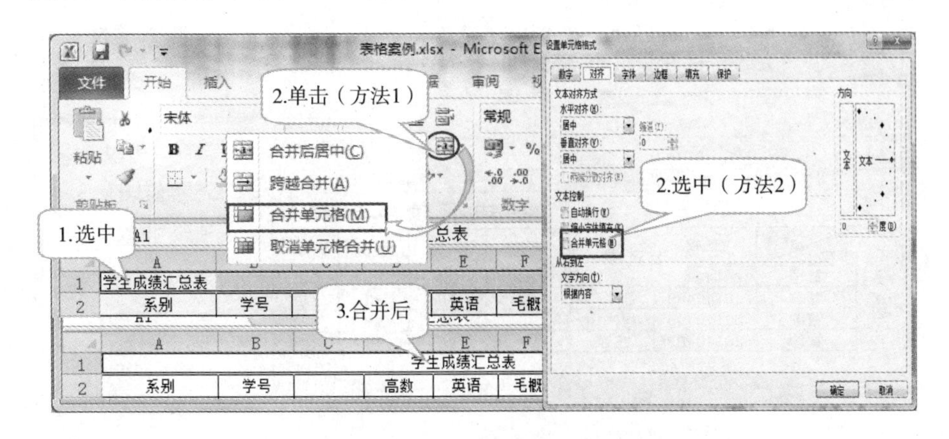

图 4－23　合并单元格

方法 2：

(1)选中 A1:J1 区域；

(2)选择“开始”功能区，单击“对齐方式”分组右下角下拉按钮，打开“设置单元格格式”对

话框,选择“对齐”选项卡,在“文本控制”下方钩选“合并单元格”按钮;

(3)按“确定”实现合并。

3. 拆分单元格

拆分单元格是将原来为一体的大单元格拆分成多个小单元格。具体方法:

方法1:

(1)选中要拆分的单元格区域;

(2)选择“开始”功能区,直接单击“对齐方式”分组中的“合并后居中”按钮,或打开“合并后居中”右边的下拉菜单,选择“取消单元格”命令。

方法2:

(1)选中要拆分的单元格区域;

(2)右击鼠标,在弹出的快捷菜单中,单击“设置单元格格式”命令,在弹出的“设置单元格格式”对话框中,将“合并单元格”取消。

4. 清除单元格内容及格式

在实际操作时,经常要清除单元格区域中的数据内容及所设置的格式。对其数据内容清除很简单,可以选中后直接按“Delete”即可,但其格式并没有清除。此格式可能包含了所设置的批注等,要全部清除,具体方法:

方法1:

(1)选中要清除的单元格或单元格区域;

(2)选择“开始”功能区,单击“编辑”分组中的“清除”右边的箭头按钮,打开“清除”下拉菜单;

(3)选择清除方式:全部清除、清除格式、清除内容、清除批注、清除超链接,如图4-24所示。

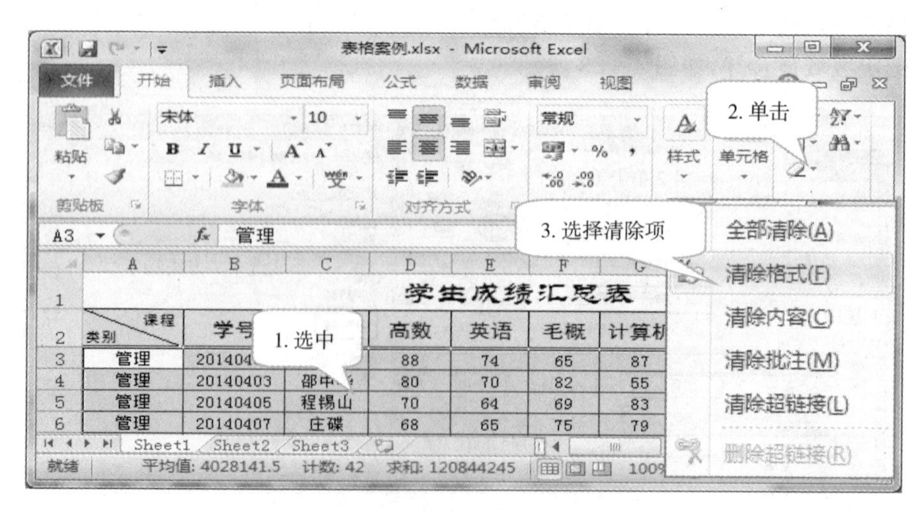

图4-24　清除单元格格式

方法2:

(1)选中要清除的单元格或单元格区域;

(2)单击鼠标右键,在弹出的快捷菜单中,单击“清除内容”命令,这种方法只能清除单元格或单元格区域的内容。

4.3.3.3　设置字符格式

首先给表格当中的所有字符设置一定的格式，如果我们对表格当中所有的字符进行设置，可直接选中表格，单击名称框下空白区域，当鼠标变成空心十字时，即可选中，也可拖动鼠标选中需要设置字符的区域。

如果只对某一个单元格进行设置，例如：表格的表头名称（学生成绩汇总表），我们可以单击单元格，当单元格四周出现黑色边框，表示选中，就可利用“字体”组中的按钮进行设置，例如字体、字号、加粗、文字效果等。或者双击单元格，当单元格显示光标时，拖动鼠标，选中要设置的字符，然后就可利用“字体”组中的按钮进行设置。

（1）选中标题“学生成绩汇总表”，将字体设置成“华文隶书”，字号为“18”；

（2）表头字符设置成“黑体”，字号“12”；

（3）表体字符设置成“宋体”，字号“10”，效果如图 4－25 所示。

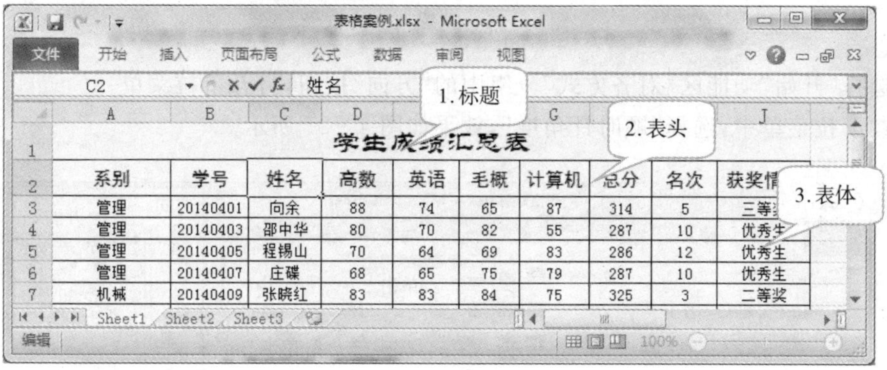

图 4－25　设置字符格式

4.3.3.4　对齐方式及设置文字方向

1. 对齐方式

输入单元格中的数据通常具有不同的数据类型，在 Excel 中不同类型的数据在单元格中以某种默认的方式对齐。例如文字左对齐、数字右对齐、逻辑值和错误值居中对齐等。如果对默认的对齐方式不甚满意，可以利用“设置单元格格式”对话框中的“对齐”选项卡栏重新设置。

（1）选中表格区域；

（2）选择“开始”功能区，单击“对齐方式”下拉三角；

（3）打开“单元格格式”对话框，单击“对齐”选项卡；

（4）选择水平对齐“居中”，垂直对齐“居中”；

（5）单击“确定”，如图 4－26 所示。

2. 设置文字方向

默认情况下工作表中的文字以水平方向从左进行显示，用户可以按自己的实际需要，移动方向指针，改变文字方向。

方法 1：

（1）选中需要改变文字方向的单元格；

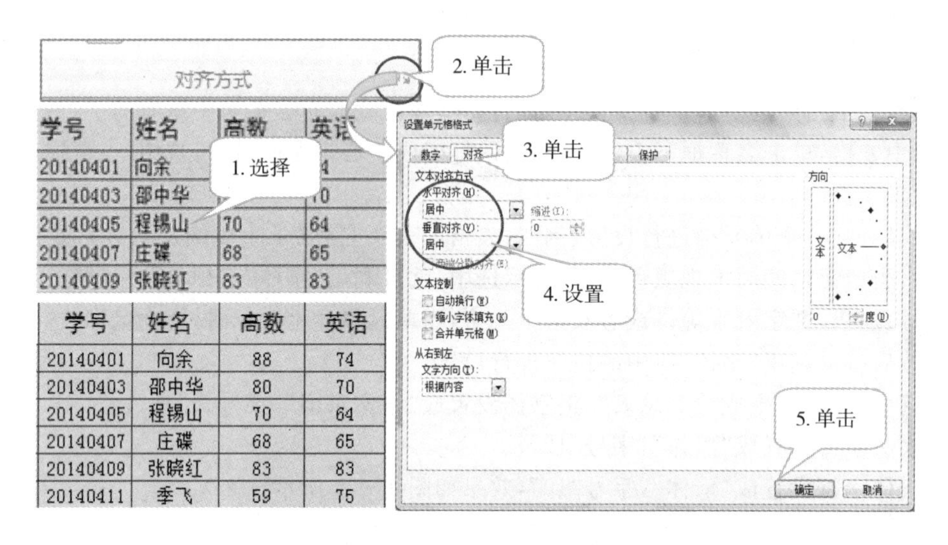

图 4－26　设置对齐方式

(2)选择“开始”功能区“对齐方式”分组中的“方向”按钮，打开下拉菜单；

(3)在下拉菜单中，选择“顺时针角度”，效果如图 4－27 所示。

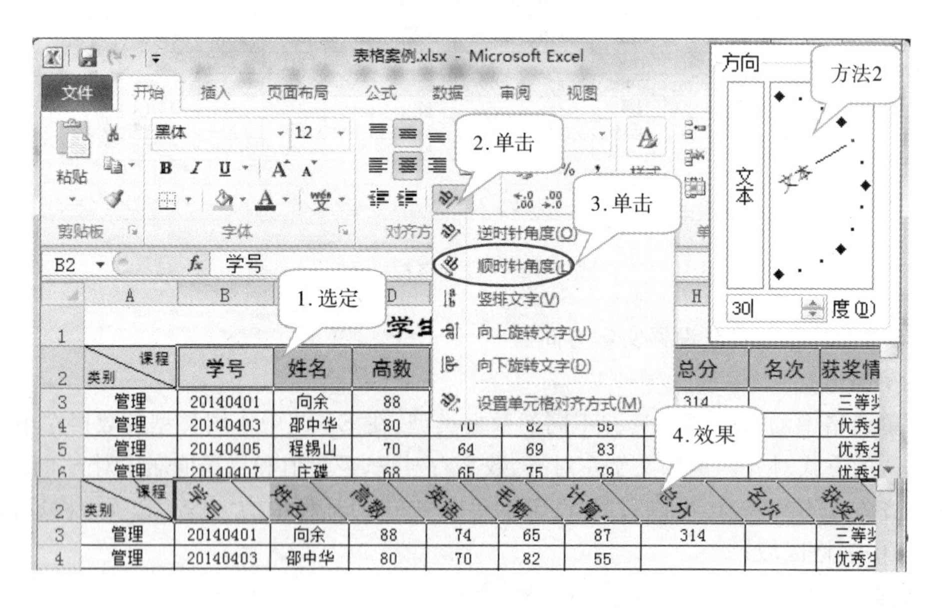

图 4－27　设置文字方向

方法 2：

(1)选中需要改变文字方向的单元格；

(2)选择“开始”功能区“对齐方式”分组中的“方向”按钮，打开下拉菜单；

(3)在下拉菜单中，选择“设置单元格对齐方式”选项；

(4)打开“设置单元格格式”对话框；

(5)在对话框中，选择“对齐”选项卡，在“方向”选项中直接调整指针或输入度数。

4.3.3.5　插入与删除单元格、行和列

数据输入时难免会出现遗漏，有时是漏输一个数据，有时可能漏掉一行或一列，这些可通过“开始”功能区“单元格”分组中的“插入”或“删除”按钮来弥补。

1. 插入单元格、行和列

(1)单击要插入单元格(或行，或列)的位置；

(2)选择“开始/单元格/插入”命令或右击快捷菜单，单击“插入”，打开“插入”对话框；

(3)选择对话框中的插入项，单击“确定”按钮，如图 4－28 所示。

2. 删除单元格、行和列

(1)选取要删除的单元格(或行，或列)；

(2)选择“开始/单元格/删除”命令或右击快捷菜单，单击“删除”，打开“删除”对话框；

(3)选择对话框中需要的删除项，单击“确定”按钮，如图 4－29 所示。

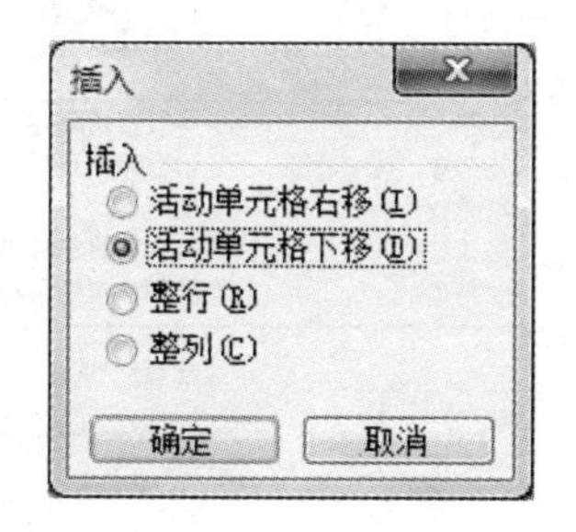

图 4－28　插入

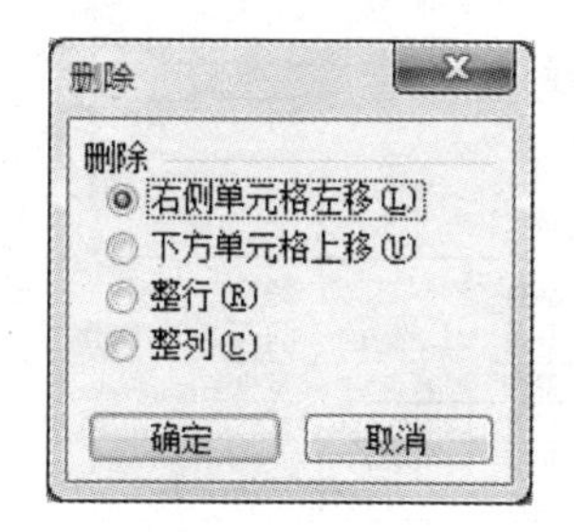

图 4－29　删除

如果要清除单元格的内容，先选取欲清除的单元格，然后按下 Delete 键或者按下鼠标右键，在弹出的对话框中选择“清除内容”。

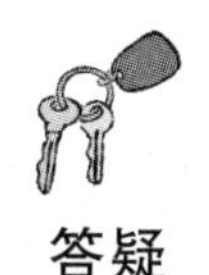

答疑

删除单元格与清除单元格的区别：

删除单元格是指将选定的单元格从工作表中移走，并自动调整周围的单元格填补删除后的空位；清除单元格是指将选定的单元格中的内容、格式或批注等从工作表中删除，单元格仍保留在工作表中。

4.3.3.6　数据的复制与移动

在 Excel 2010 中复制和移动单元格或行或列或某个区域内容，通常有 2 种方法：

1. 鼠标拖曳的方法

利用鼠标拖曳方法复制或移动数据的操作方法也与 Word 有点不同，选择源区域按下鼠标左键，指针应指向源区域的四周边界，而不是源区域的内部，此时鼠标指针变成右上角有小加号的空心箭头。若要移动，则直接拖放到目标地；若要复制，则按下 Ctrl 键放到目标地即可。

2. 剪贴板的方法

利用剪贴板复制或移动数据与前一章的 Word 中操作相似，稍有不同的是在源区域执行复制或剪切命令后，区域周围会出现闪烁的虚线。只要闪烁虚线不消失，粘贴就可以进行多次，一旦虚线消失，粘贴就无法进行。如果只粘贴一次，则可在虚线闪烁的同时，选择目标区域直接按回车键。

3. 选择性粘贴

一个单元格含有多种特性,如:内容、格式、批注等,另外它还可能是一个公式,含有有效规则等,数据复制时往往只须复制它的部分特性。此外复制数据的同时还可以进行算术运算、行列转置等。这些都可以通过选择性粘贴来实现。

选择性粘贴的操作步骤如下:

(1)选定要复制单元格数据的区域;

(2)右击,打开快捷菜单,单击“复制”按钮;

(3)右击,打开快捷菜单,单击“选择性粘贴”;

(4)打开“选择性粘贴”对话框,在“粘贴”栏中选择所要的粘贴方式;

(5)单击“确定”完成操作,如图 4-30 所示。

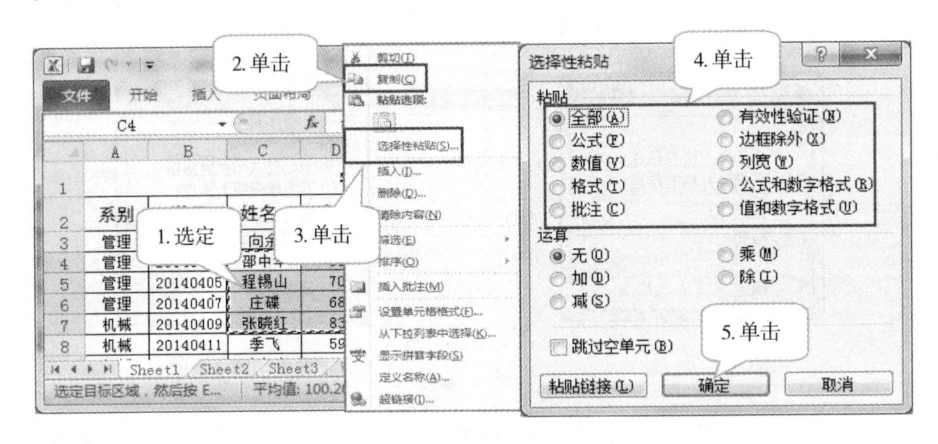

图 4-30 “选择性粘贴”对话框

需要注意的是,“选择性粘贴”命令对使用“剪切”命令定义的选定区域不起作用,而只能将使用“复制”命令定义的数值、格式、公式或附注粘贴到当前选定区域的单元格中。

答疑

复制与填充的区别:

复制是将选定单元格区域的内容及格式原封不动地复制到目标单元格区域;填充是将数据按照某种规律自动填写到一系列连续的单元格区域中,填充时,数据通常是以起始值为依据而进行变化。

4.3.4 工作表的美化

当工作表内容已编辑好,下一步要对工作表适当的作些修饰,让工作表看着更美观。

4.3.4.1 设置边框

默认情况下,Excel 2010 的表格线都是统一的淡虚线,这样的边线不适合突出重点数据,为工作表添加各种类型的边框和底纹,可以美化工作表,使相关的重点数据更加清晰明了。

方法 1:命令组设置法

Excel 2010 为用户提供了 13 种边框样式,可以根据实际要求添加。

(1)选择要添加的单元格区域;

(2)选择“开始”选项卡中的“字体”组；

(3)单击“边框”命令，如图 4-31 所示；

(4)在下拉列表中选择“框线”选项即可。

方法 2:对话框设置法

利用“设置单元格格式”对话框中的“边框”选项中的选项设置。

(1)选择要添加的单元格区域；

(2)选择“开始”选项卡中的“字体”组；

(3)单击“字体”右角下拉按钮，打开“设置单元格格式”对话框；

(4)选择“边框”选项卡设置，如图 4-31 所示。

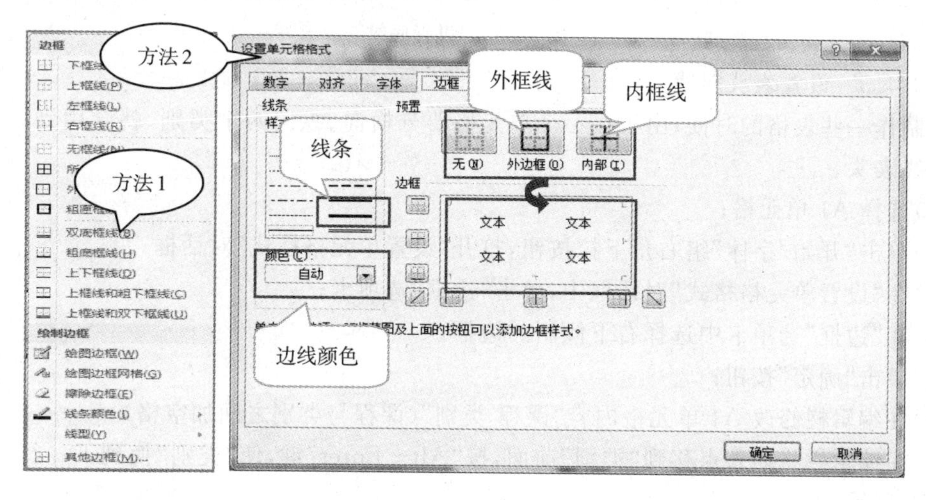

图 4-31　设置边框

4.3.4.2　设置底纹

除了为工作表加上边框外，还可以给工作表加上背景颜色或图案。默认情况下，工作表中的背景色为白色，用户可以根据不同的数据类型，利用填充功能来设置单元格的背景颜色，不仅可以达到美化工作表外观的目的，而且还可以区分工作表中的各类数据，使其重点突出。

方法 1:设置纯色填充

(1)选择要填充的区域；

(2)选择“开始”功能区，单击“字体”组，选择“填充颜色”命令。

方法 2:设置渐变颜色

渐变颜色是一种过渡现象，是一种颜色或多种颜色过渡的填充效果。

(1)选择要填充的区域；

(2)选择“开始”选项卡中的“字体”组；

(3)单击“字体”右角下拉按钮，打开“设置单元格格式”对话框；

(4)在“设置单元格格式”对话框中，选择“填充”选项卡；

(5)单击“填充效果”按钮，在弹出的“填充效果”对话框中设置各项；

(6)单击“图案样式”下拉按钮，选择所需的样式；

(7)单击“图案颜色”下拉按钮，选择喜欢的颜色，如图 4-32 所示。

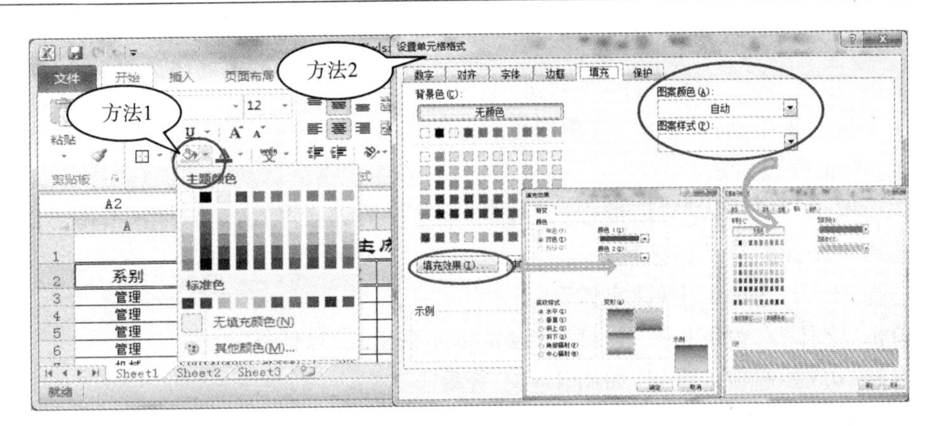

图 4-32　设置底纹

4.3.4.3　设置表头斜线

在制作一些表格的时候,由于在一个单元格要分横向、纵向两个类别,就会用到单斜线或者多斜线表头。

(1)选择 A1 单元格;

(2)单击“开始/字体”组右角下拉按钮,打开“设置单元格格式”对话框;

(3)在“设置单元格格式”对话框中,单击“边框”选项卡;

(4)在“边框”选项卡中选择右下倾斜的边框;

(5)单击“确定”按钮;

(6)在编辑栏修改 A1 单元格内容“课程 类别”(课程与类别之间加空格);

(7)在编辑栏将插入点移到“类别”前面,按“Alt+Enter”键,使“类别”换到下一行,效果如图 4-33 所示。

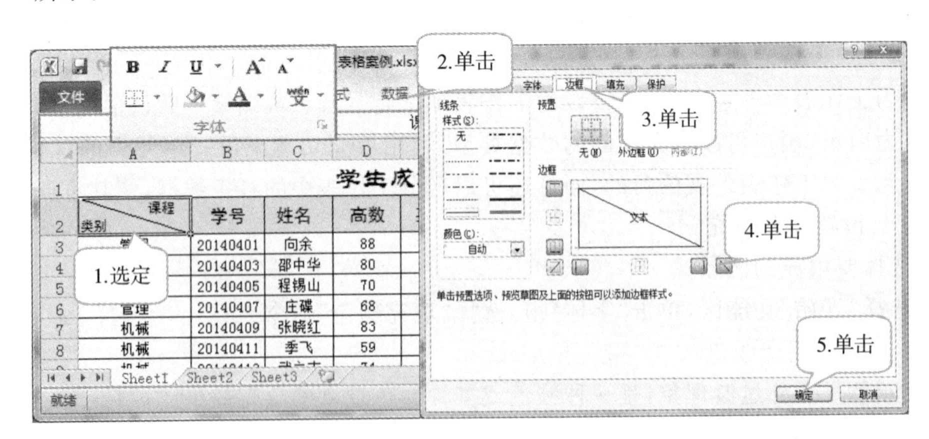

图 4-33　设置表头斜线

4.3.4.4　设置条件格式

在编辑数据时,可以通过使用数据条、色阶和图标集加以突出。条件格式可以理想地突出所关注的单元格或单元格区域,强调特殊值和可视化数据。例如,将“学生成绩汇总表”中各科成绩不及格的同学成绩突显出来。

(1)选定要应用条件格式的范围,选:D3:I17;

(2)单击“开始”选项卡中的“样式”组中的“条件格式”按钮;

(3)在其下拉菜单中选择“突出显示单元格规则”,在其子菜单中选择“小于”选项;

(4)在“小于”条件对话框中,输入“60”;

(5)设置颜色为“红色文本”;

(6)单击“确定”,这时低于 60 分的成绩就全显示为红色,如图 4-34 所示。

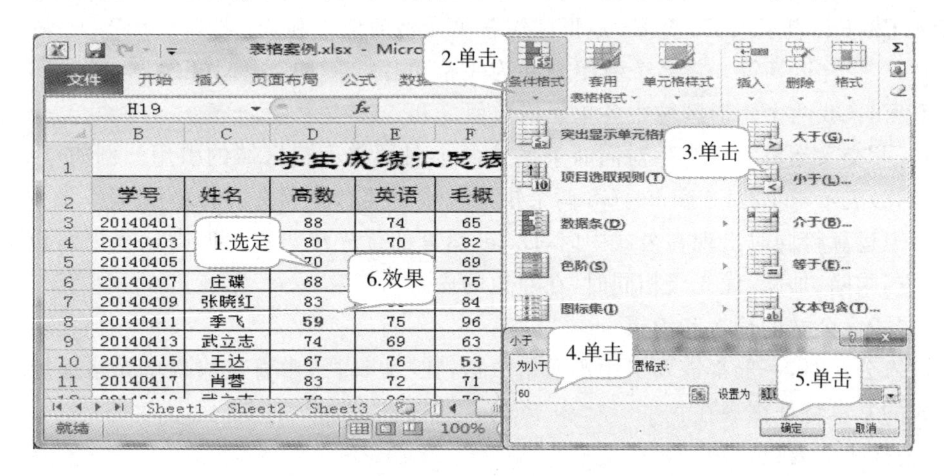

图 4-34 设置条件格式

4.4 公式与函数

电子表格中涉及的数据不只是一些简单的数字和文本,在大型数据报表中,计算、统计工作是不可避免的。Excel 的强大功能正是体现在计算上,通过在单元格中输入公式和函数,可以对表中数据进行总计、平均、汇总以及其他更为复杂的运算,从而避免用户手工计算的繁杂和出错。数据修改后,公式计算结果的自动更新则更是手工计算无法比及的。

4.4.1 公式

公式是利用单元格的引用地址对存放在其中的数值数据进行计算的等式。Excel 中的公式最常用的是数学运算公式,此外它也可以进行一些比较运算、文字连接运算。它的特征是以“=”开头,由常量、单元格引用、函数和运算符组成。

4.4.1.1 公式运算符

公式中可使用的运算符包括:数学运算符、比较运算符、文字运算符和引用运算符。

1. 数学运算符

包括:加(+)、减(-)、乘(*)、除(\)、百分号(%)和乘方(^)等。

2. 比较运算符

包括:=、>、<、>=(大于等于)、<=(小于等于)、<>(不等于)。比较运算符公式返回的计算结果为 True 或 False。

3. 文字运算符

文字运算符 &(连接)可将两个文本连接起来,其操作数可以是带引号的文字,也可以是单元格地址。例如:A2 单元格内容为“李新”,B2 单元格的内容为 98,要使 C2 单元格中得到

“李新的成绩为98”,则公式为:=A2&“的成绩为”&B2。

4. 引用运算符

引用运算符包括“:”(冒号)、“,”(逗号)和“□”(空格)三种。用于指明包含的区域。

(1)“:”区域运算符。对两个引用之间,包括两个引用在内的所有单元格进行引用。例如,SUM(E2:E5)表示求E2至E5矩形区域各单元格数值之和。

(2)“,”联合运算符。将多个引用合并为一个引用。例如,SUM(E2:E7,F3:G8)表示求E2:E7和F3:G8两个矩形区域中各单元格数值之和。

(3)“□”交叉运算符。产生对同时隶属于两个引用单元格区域的引用。例如,SUM(E2:F7□F4:G8)表示求E2:F7和F4:G8两个矩形区域中共有单元格数值之和。

当多个运算符同时出现在公式中时,Excel运算的优先级与算术四则运算规则相同,依次为()、乘方、乘除、加减,优先级相同时,在左边的先参与运算。

4.4.1.2　公式的输入和编辑

在输入公式时,一般都需要引用单元格数据,在“编辑栏”中直接输入单元格地址,实现计算。公式的基本特征体现在:

(1)公式全部要以(=)开始;

(2)输入公式后,其计算结果显示在单元格中;

(3)单击含有公式的单元格,该单元格公式显示在“编辑栏”中;双击含有公式的单元格,该单元格公式显示在单元格中。

在公式编辑框中输入和编辑公式十分方便,下面以求“学生成绩汇总表”中的总分为例。

(1)选定要输入公式的单元格(例中选H3单元格);

(2)在单元格中或公式编辑框中输入“=”;

(3)输入设置的公式(例中输入“=D3+E3+F3+G3”),按Enter键;

(4)则公式自动计算的结果显示在单元格中,公式本身显示在“编辑栏”中,如图4-35所示。

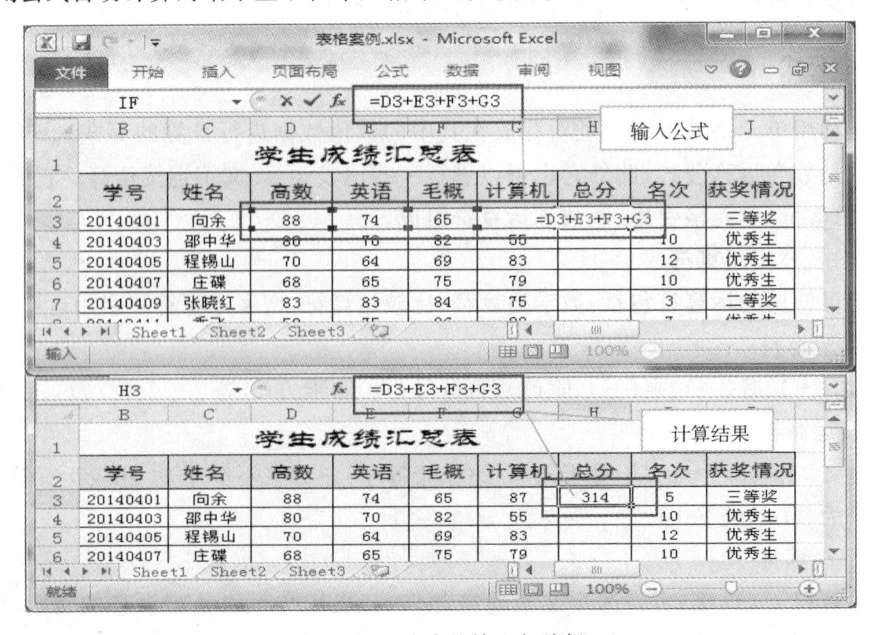

图4-35　公式的输入与编辑

4.4.1.3　公式的地址引用

如果某个单元格中的数据是通过公式计算得到的，而在公式的使用中，往往需要引用其他单元格或区域来指明运算数据在工作表中的位置，那么对此单元格的数据进行复制或移动时，就不是一般数据的简单复制和移动，而是对公式的复制和移动。在公式被复制和移动时，有时需要引用的单元格发生相应的变化，而有时不需要引用的单元格发生变化，这就要求引用的单元格具有不同的性质。因此，单元格的引用分为相对引用、绝对引用和混合引用。

1. 相对引用

相对引用是指以某一特定单元格为基准来确定其他引用单元格的位置，在公式的复制操作中，公式中的单元格引用将根据移动的位置发生相应的变化。

相对引用表示方法为：列标行号。表示该列、行交叉点的单元格。其特点：复制公式时单元格的地址是变化的。下面仍以“学生成绩汇总表”为例，说明相对地址的引用，如图 4－36 所示。

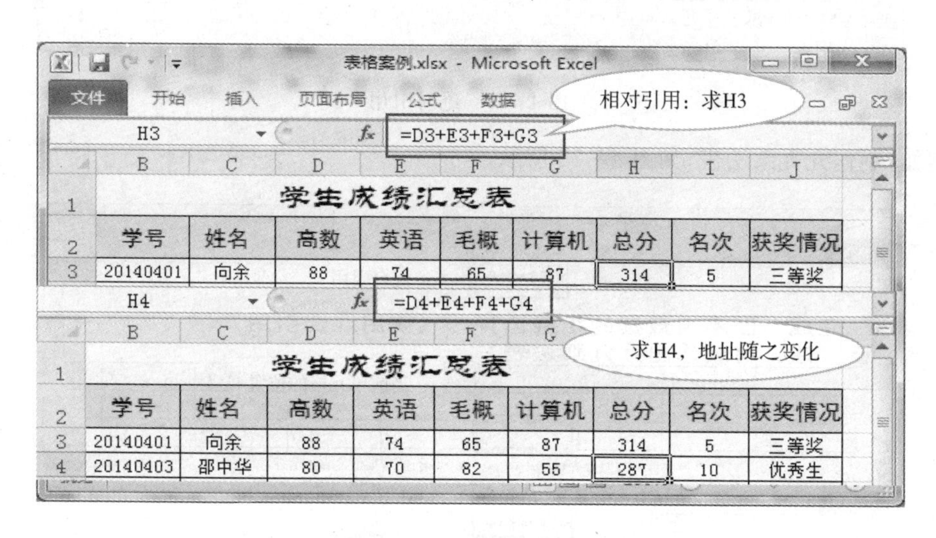

图 4－36　相对引用

计算总分时，在 H3 单元格地址输入了计算公式，此时把 H3 的地址作为基准，而 H4、H5 等的地址通常用自动填充来实现。从表中可以看出，在自动填充过程中 H4 的地址随着位置的变化作了相应的变化，其他行的总分依次类推。这种公式在复制操作中，随着移动的位置发生相应的变化，称为相对引用。

2. 绝对引用

绝对引用指工作表中固定的单元格，在公式的复制操作中，公式中的单元格引用不发生变化。绝对引用的表示方法为：$列标$行号。如B2 表示第 B 列、第 2 行位置处的单元格绝对引用，如图 4－37 所示的计算。

从表中可知，税款的计算公式为：应发工资＊5%，也就是每个人要交 5%的税款。5%单元格的位置固定在 G 列 2 行，所以计算时要用绝对地址引用。

3. 混合引用

相对引用和绝对引用同时使用称为混合引用。公式中的单元格引用或者列是相对引用、行是绝对引用，或者列是绝对引用、行是相对引用（如$B2 或 B$2）。

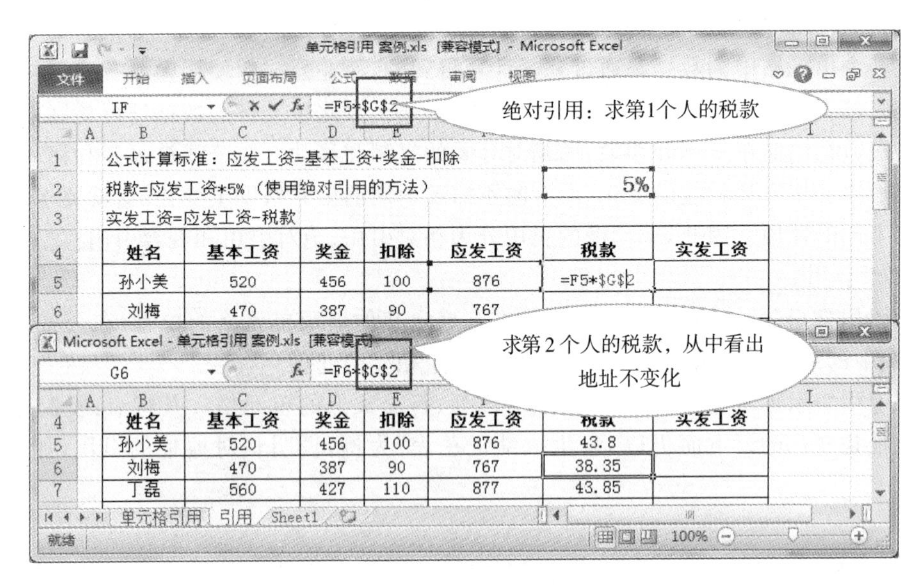

图 4-37　绝对引用

例如：制作九九乘法表，如图 4-38 所示。

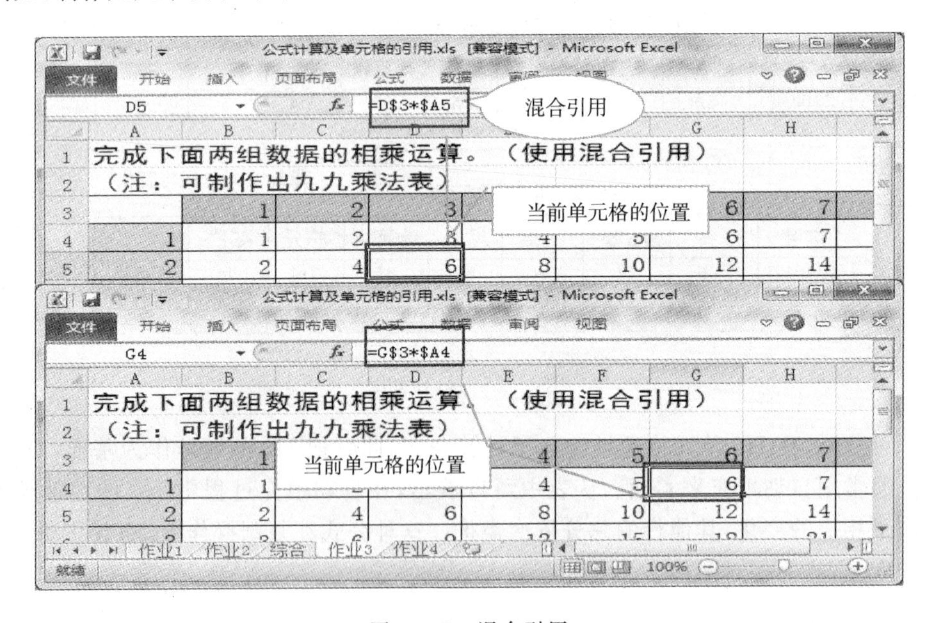

图 4-38　混合引用

从表中移动位置可以看出：在公式中的第 1 个地址(D＄3)为列变化行不变；第 2 个地址(＄A5)为列不变行变化。这 2 种地址表示均为混合引用。

4. 区域的引用

在公式的使用中，大量的是对单元格区域的引用。在实际使用中，引用表达式也可以是绝对引用或混合引用。

如果引用同一工作簿的其他工作表中的单元格区域，需要在引用单元格区域前加工作表名和“!”字符，如引用 Sheet 2 中的 A2:E2 单元格区域，则表示为 Sheet 2! A2:E2。

如果引用的是不同工作簿中某一工作表中的单元格区域，则需在引用名称前再加上用方括号括上的工作簿的名称。如引用 Book2. xls 工作簿中 Sheet 3 工作表中的 B2:C3 单元格区域，则应表示为[Book2. xls]Sheet 3！ B2:C3。

如果引用同一工作簿的多张连续工作表中相同位置的单元格区域，需要在引用单元格区域前加工作表名区域和“!”字符。如引用 Sheet 2，Sheet 3，Sheet 4 中的 A2:D3 单元格区域，则表示为 Sheet 2:Sheet 4！ A2:D3。

例如：“学生成绩汇总表”中“总分”使用公式“=RANK(H3，H3：H18)”，按 Enter，即在 H3 单元格出现第 1 位学生的名次，然后利用填充功能，拖动鼠标，在 H3 到 H18 这些单元内都会出现名次的数值，如图 4-39 所示。

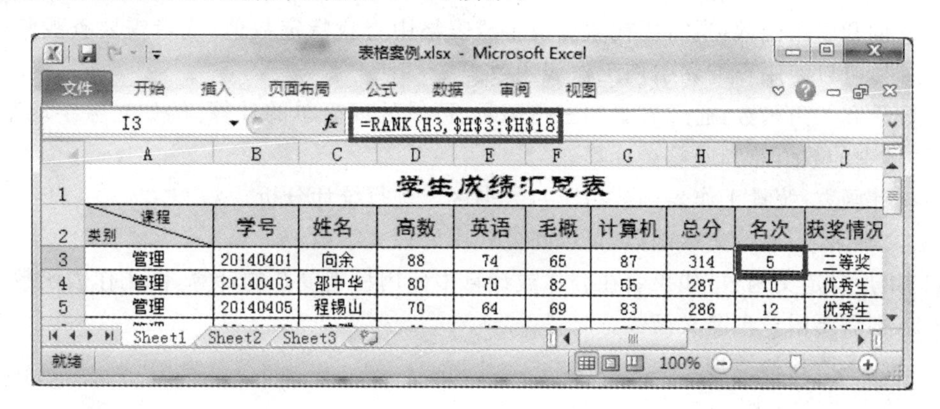

图 4-39　区域引用

技巧

当移动公式时，公式中的单元格引用不会改变。当复制公式时，单元格中的绝对引用不会改变而相对地址要发生变化。

4.4.2　函数

Excel 函数即是预先定义，执行计算、分析等处理数据任务的特殊公式。它有其特定的格式与用法，通常每个函数由一个函数名和相应的参数组成。参数位于函数名的右侧并用括号括起来，它是一个函数用以生成新值或进行运算的信息，大多数参数的数据类型都是确定的，而其具体值由用户提供。

函数处理数据的方式与直接创建的公式处理数据的方式是相同的。例如，使用公式“=(B2+B3+B4+B5+B6+B7+B8+B9+B10)/9”与使用函数的公式“=Average(B2:B10)”，其作用是相同的。使用函数不仅可以减少输入的工作量，而且可以减小输入时出错的概率。

4.4.2.1　函数的分类

在 Excel 2010 中，函数按其功能可分为财务函数、日期时间函数、数学与三角函数、统计函数、查找与引用函数、数据库函数、文本函数、逻辑函数以及信息函数等 11 种。

(1)数据库函数：当需要分析数据清单中的数值是否符合特定条件时，可以使用数据库工作表函数。

(2)日期与时间函数:通过日期与时间函数,可以在公式中分析和处理日期值和时间值。

(3)工程函数:工程工作表函数用于工程分析。这类函数中的大多数可分为三种类型:对复数进行处理的函数、在不同的数字系统(如十进制系统、十六进制系统、八进制系统和二进制系统)间进行数值转换的函数、在不同的度量系统中进行数值转换的函数。

(4)财务函数:财务函数可以进行一般的财务计算,如确定贷款的支付额、投资的未来值或净现值,以及债券或息票的价值。

(5)信息函数:可以使用信息工作表函数确定存储在单元格中的数据的类型。信息函数包含一组称为 IS 的工作表函数,在单元格满足条件时返回 TRUE。

(6)逻辑函数:使用逻辑函数可以进行真假值判断,或者进行复合检验。

(7)查询和引用函数:当需要在数据清单或表格中查找特定数值,或者需要查找某一单元格的引用时,可以使用查询和引用工作表函数。

(8)数学和三角函数:通过数学和三角函数,可以处理简单的计算,例如对数字取整、计算单元格区域中的数值总和或复杂计算。

(9)统计函数:统计工作表函数用于对数据区域进行统计分析。

(10)文本函数:通过文本函数,可以在公式中处理文字串。

(11)用户自定义函数:如果要在公式或计算中使用特别复杂的计算,而工作表函数又无法满足需要,则需要用户自定义函数。

4.4.2.2 函数的结构

函数的语法形式为:

函数名称(参数 1,参数 2 等)

例如:

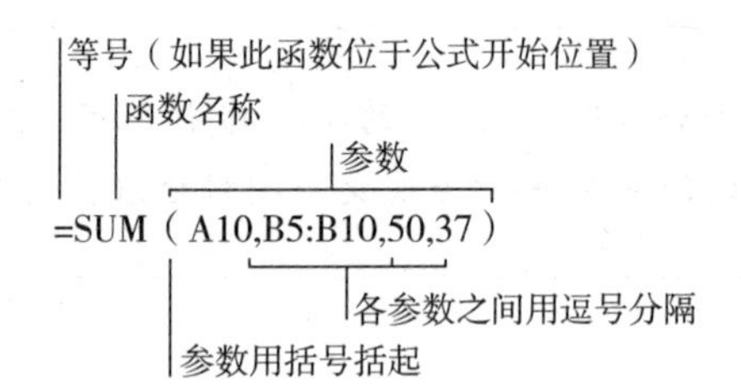

其中:

(1)函数名后面的括号必须成对出现,且必须是英文半角圆括号;

(2)括号与函数名之间不能有空格;

(3)函数的参数可以是文本、数值、日期、时间、逻辑值或单元格的引用、区域等;

(4)每个参数必须有一个确定的有效值;

(5)区域是连续的单元格,用“区域左上角单元格:区域右下角单元格”表示,例如对D3:G6区域求和,如图 4-40 所示。

图 4-40 SUM 公式

函数名代表了该函数具有的功能，不同类型的函数要求给定不同类型的参数。例如：

SUM(A1:A8)：要求区域 A1:A8 存放的是数值数据。

ROUND(8.676,2)：要求指定两位数值型参数，并且第二位参数被当作整数处理。该函数根据指定小数位数，将前一位数字进行四舍五入，其结果值为 8.68。

LEN("这句话由几个字组成")：要求判断的参数必须是一个文本数据，其结果为 9。

4.4.2.3　函数的使用

1. 单工作表中函数计算

Excel 2010 有几百个函数，记住函数的所有参数难度很大，为此，Excel 提供了粘贴函数的方法，引导用户正确输入函数。下面以"学生成绩汇总表"为实例，用函数求"总分"。

方法 1：插入函数法

(1)选定要输入函数的单元格(如 H3)；

(2)选择 "公式"功能区，单击"插入函数"命令，即打开"插入函数"对话框；

(3)在"插入函数"对话框中的"选择类别"列表框中选择函数 SUM；

(4)单击"确定"按钮，弹出"函数参数"对话框，如图 4-41 所示。

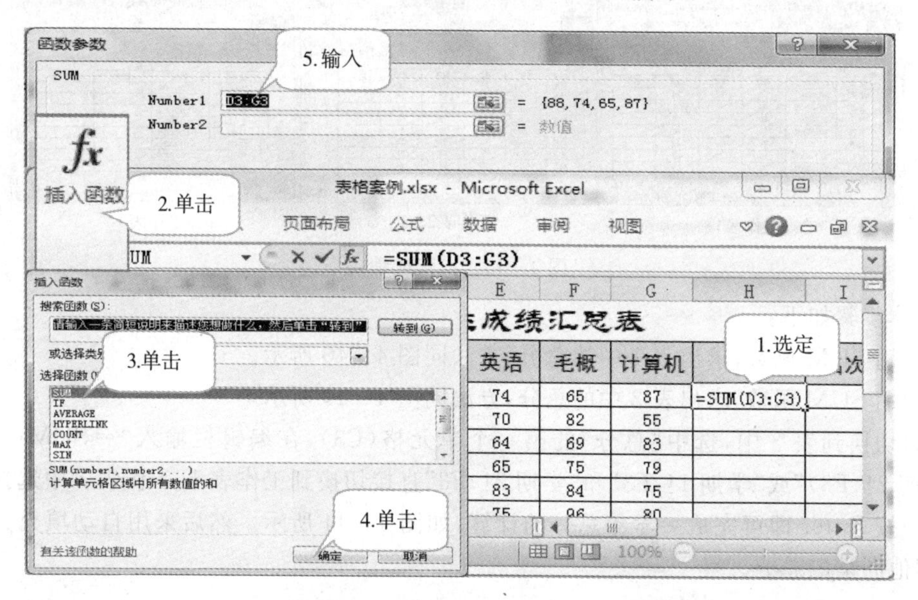

图 4-41　插入函数法

(5)在参数框中输入单元格或区域，后按"确定"按钮，在单元格中显示计算结果。

方法 2：快速插入函数

(1)选定要输入函数的单元格(如 H3)；

(2)选择"公式"功能区中，单击"Σ自动求和"按钮；

(3)选择 SUM 函数后，自动框住求和区域并显示公式；

(4)按 Enter 后，自动在 H3 显示结果，如图 4-42 所示。

2. 多工作表中函数计算

多工作表中函数计算指计算对象和计算结果在多个工作表中，公式与被计算的对象在不同工作表中的不同单元格中。

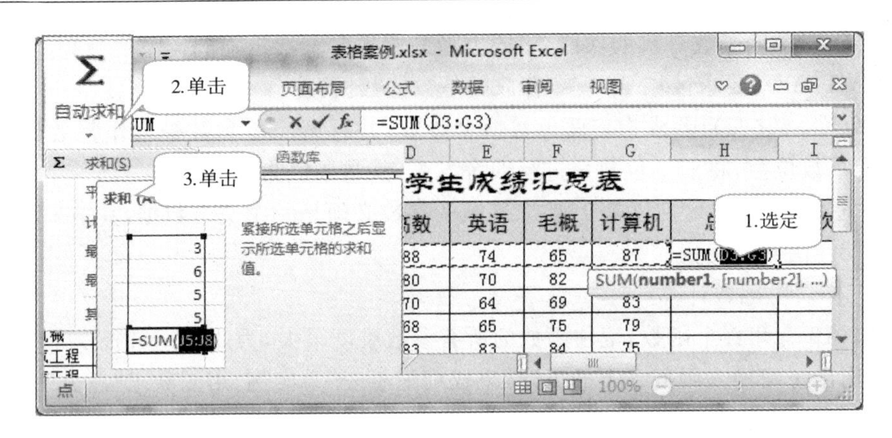

图 4-42　快速插入函数

现有 3 张工作表:工作表 1 为第一学期的成绩,工作表 2 为第二学期的成绩,工作表 3 为一学年的成绩,现要计算表 3 的总分和平均分,如图 4-43 所示。

图 4-43　三张成绩表

具体步骤如下:

(1)用 SUM 函数,求出表 1 中的总分,方法同图 4-40 所示。

(2)用 SUM 函数,求出表 2 中的总分,方法同图 4-40 所示。

(3)切换到表 3 中,选中"总分"的第一个单元格(C3),在编辑栏输入"=SUM(学期 1! F3,学期 2! F3)"或"学期 1! F3"和"学期 2! F3"直接切换到工作表 1、工作表 2 中选择。

(4)按 Enter 即可完成一学年总分的计算,如图 4-44 所示。然后采用自动填充方法,计算出其他同学的总分。

图 4-44　多工作表的计算

4.5　数据图表

Excel 图表可以将数据图形化，能更直观地显示数据，具有较好的视觉效果，方便用户查看数据的差异和预测趋势。使用 Excel 图表还可以让平面的数据立体化，更加直观、易懂。Excel 内建了多达 70 余种的图表样式，只要选择适合的样式，马上就能制作出一张具有专业水平的图表。

4.5.1　图表的组成和类型

4.5.1.1　图表的组成

图表由许多部分组成，每一部分就是一个图表项，如图表区、绘图区、标题、坐标轴、数据系列等，如图 4－45 所示。

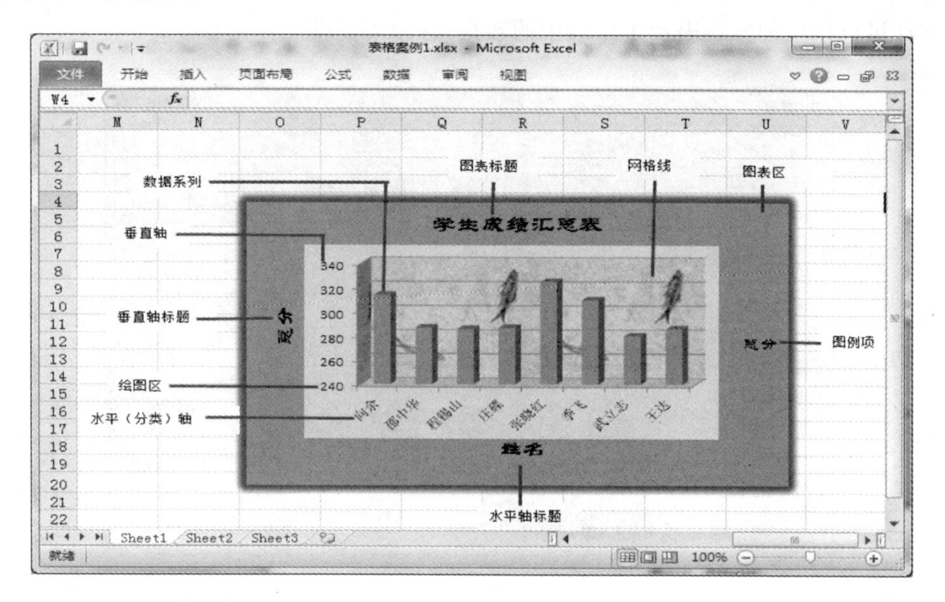

图 4－45　图表组成

(1)图表区：整个图表及其包含的元素。

(2)绘图区：在二维图表中，以坐标轴为界并包含全部数据系列的区域。在三维图表中，绘图区以坐标轴为界并包含数据系列、分类名称、刻度线和坐标轴标题。

(3)图表标题：一般情况下，一个图表应该有一个文本标题，它可以自动与坐标轴对齐或在图表顶端居中。

(4)数据分类：图表上的一组相关数据点，取自工作表的一行或一列。图表中的每个数据系列以不同的颜色和图案加以区别，在同一图表上可以绘制一个以上的数据系列。

(5)数据系列：图表中的条形面积圆点扇形或其他类似符号，来自于工作表单元格的单一数据点或数值。图表中所有相关的数据标记构成了数据系列。

(6)数据标志：根据不同的图表类型，数据标志可以表示数值、数据系列名称、百分比等。

(7)坐标轴：为图表提供计量和比较的参考线，一般包括 X 轴、Y 轴。

(8)刻度线:坐标轴上的短度量线,用于区分图表上的数据分类数值或数据系列。

(9)网格线:图表中从坐标轴刻度线延伸开来并贯穿整个绘图区的可选线条系列。

(10)图例:图例项和图例项标示的方框,用于标示图表中的数据系列。

(11)图例项标示:图例中用于标示图表上相应数据系列的图案和颜色的方框。

(12)背景墙及基底:三维图表中包含在三维图形周围的区域。用于显示维度和边角尺寸。

(13)数据表:在图表下面的网格中显示每个数据系列的值。

在 Excel 中有两种类型图表:一种是创建的图表位于一个单独的工作表中,即与源数据不在同一个工作表内,这种工作表称为图表工作表。另外一种是图表与源数据在同一工作表内,作为该工作表的一个对象,称为嵌入式图表。无论是哪一种类型的图表,只要工作表中源数据发生变化,图表都会随之发生变化。

4.5.1.2　图表类型

Excel 2010 中图表的类型很多,如图 4-46 所示。利用内置的模板可以创建各种类型的图表,这样可以以多种方式表示工作表中的数据,各图表类型的作用如下。

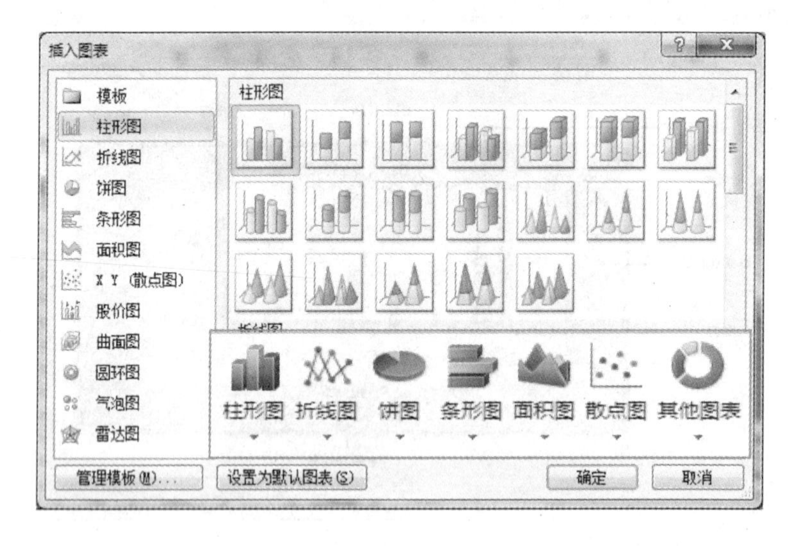

图 4-46　图表

(1)柱形图:柱形图是使用最普遍的图表类型,它很适合用来表现一段时期内数量上的变化,或是比较不同项目之间的差异,各种项目放置于水平坐标轴上,而其值则以垂直的长条显示。

(2)折线图:显示一段时间内的连续数据,适合用来显示相等间隔(每月、每季、每年……)的资料趋势。在折线图中,类别数据沿水平轴均匀分布,所有值数据沿垂直轴均匀分布。

(3)饼图:饼图只能有一组数列数据,每个数据项都有唯一的色彩或是图样,饼图适合用来表现各个项目在全体数据中所占的比例。饼图中的数据点显示为整个饼图的百分比。

(4)条形图:可以显示每个项目之间的比较情形,Y 轴表示类别项目,X 轴表示值。条形图主要是强调各项目之间的比较,不强调时间。

(5)面积图:强调一段时间的变动程度,可由值看出不同时间或类别的趋势。

(6)散点图:显示若干数据系列中各数值之间的关系,或者将两组数绘制为 XY 坐标的一个系列。散点图通常用于科学、统计及工程数据，也可以拿来做产品的比较。

(7)股价图：经常用来显示股价的波动。例如可以依序输入成交量、开盘价、最高价、最低价、收盘价的数据，来当作投资的趋势分析图。

(8)曲面图：显示两组数据之间的最佳组合。

(9)圆环图：像饼图一样，圆环图显示各个部分与整体之间的关系，但是它可以包含多个数据系列，而饼图只能包含一组数列。

(10)气泡图：排列在工作表列中的数据可以绘制在气泡图中。气泡图可比较 3 组数值，其数据在工作表中是以栏进行排列，水平轴的数值(*X* 轴)在第一栏中，而对应的垂直轴数值(*Y* 轴)及泡泡大小值则列在相邻的栏中。

(11)雷达图：比较若干数据系列的聚合值。

对于大多数 Excel 图表，如柱形图和条形图，可以将工作表的行或列中排列的数据绘制在图表中，而有些图形类型，如饼图和气泡图，则需要特定的数据排列方式。

4.5.2　创建图表

在工作表中建立图表对象，将令人眼花的数据转变成美观、易于辨别高低趋势变化的图表，看起来也更为专业、更有说服力！在 Excel 2010 中可以新建：嵌入式图表、图表工作表、MS GRAPH 图表、迷你图四种不同的形式，下面以“学生成绩汇总表”为案例，介绍如何创建各类图表。

1. 嵌入式图表

嵌入式图表，就是把图表作为工作表的一部分，表示源数据与由此数据生成的图表在一张工作表中。下面建立一个嵌入式柱形图表。

(1)选定数据源；

(2)选择“插入”功能区，单击 “图表”组中的“柱形图”按钮；

(3)单击“圆柱图”中的“簇状圆形图”；

(4)新建的图表嵌入在表格下面，效果如图 4－47 所示。

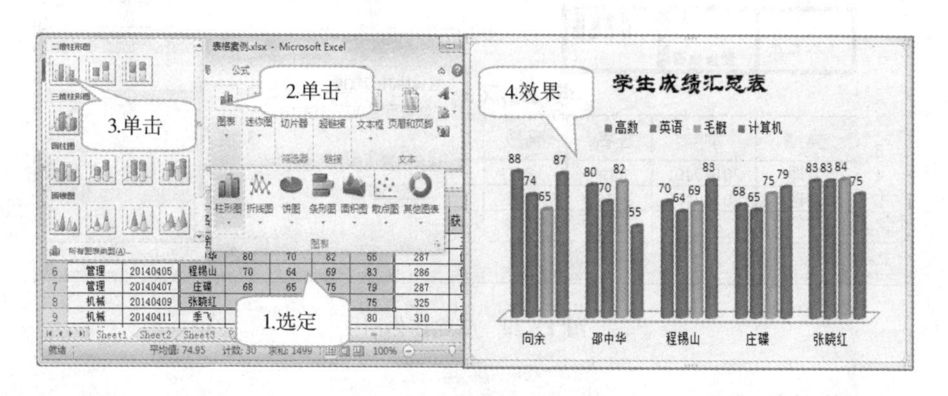

图 4－47　新建嵌入式图表

2. 独立式图表

独立式图表就是把图表作为工作表插到工作簿中，自己独占一张表。

(1)选定数据源；

(2)按 F11,在工作簿中自动建立一个二维簇状柱形图,工作表命名为 Chart1,效果如图 4－48(左)所示;

(3)可以利用菜单对图表类型和布局进行调整,如图 4－48(右)所示。

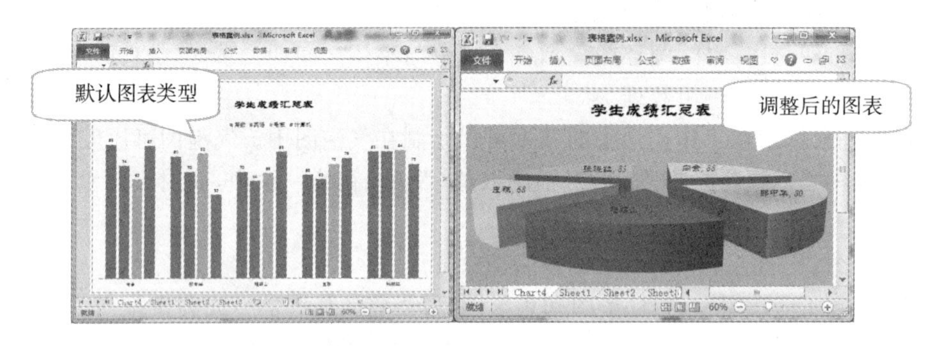

图 4－48　新建独立式图表

3. 迷你图

迷你图是 Excel 2010 新增的样式,它是放置在单元格中的图表。

(1)选定数据源;

(2)选择"插入"功能区,单击 "迷你图"组中的"柱形图"按钮;

(3)打开"创建迷你图"对话框;

(4)在对话框"位置范围"中输入"B1",则在 B1 位置建立了柱形迷你图;

(5)在 A1 单元格建立了一个拆线迷你图;

(6)在 C1 单元格建立了一个盈亏迷你图,效果如图 4－49 所示。

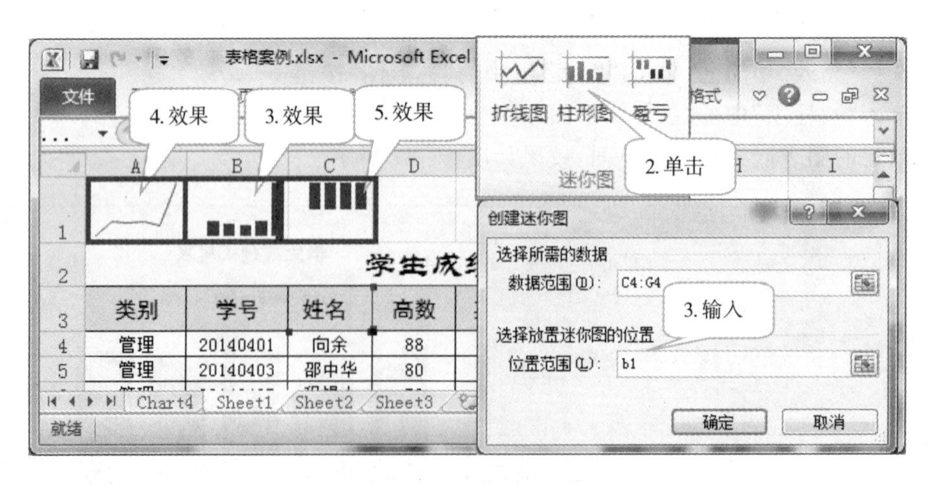

图 4－49　新建迷你图

4.5.3　图表的编辑

在创建图表之后,还可以对图表进行编辑,包括数据的增加、删除、图表类型的更改、数据格式化等。

在 Excel 中,单击图表即可将图表选中,然后可对图表进行编辑。这时功能区会出现"绘图表工具布局”“设计”“格式”选项，我们可以利用它们功能区的命令进行图表编辑。

1. 图表的移动、复制、缩放和删除

对选定的图表的移动、复制、缩放和删除操作与其他图形的操作类似。

(1)移动：单击图表区域，将它激活，图表边框出现 8 个操作柄，在图表区域按住鼠标左键不放，拖动鼠标将图表移到需要的地方。

(2)复制：单击图表区域，将它激活，图表边框出现 8 个操作柄，在图表区域按住鼠标左键不放，拖动鼠标将图表移到需要的地方，按 Ctrl 键，然后放开鼠标。若需要将图表复制到其他工作表或其他文件中，可选中图表，按“Ctrl＋C”键，再在需要安置图表的工作表或其他文件的适当位置，按“Ctrl＋V”键。

(3)缩放：单击图表区域，将它激活，图表边框出现 8 个操作柄，用鼠标指向某个操作柄，当鼠标指针呈现双箭头时，按住左键不放，拖动操作柄到需要的位置上，然后放开鼠标左键，即可完成。

(4)删除：选中图表，按 Delete 键即可删除。

2. 图表类型的改变

Excel 提供了丰富的图表类型，对已创建的图表，可根据需要改变图表的类型。例如，将“学生成绩汇总表”的圆柱图改为折线图。具体方法：

(1)单击圆柱图表将其选中；

(2)选择“插入”功能区，单击“图表”组中的“折线图”按钮，在展开的二维折线图上，单击“带数据的折线图”；

(3)选中的图表类型已改变，如图 4－50 所示。

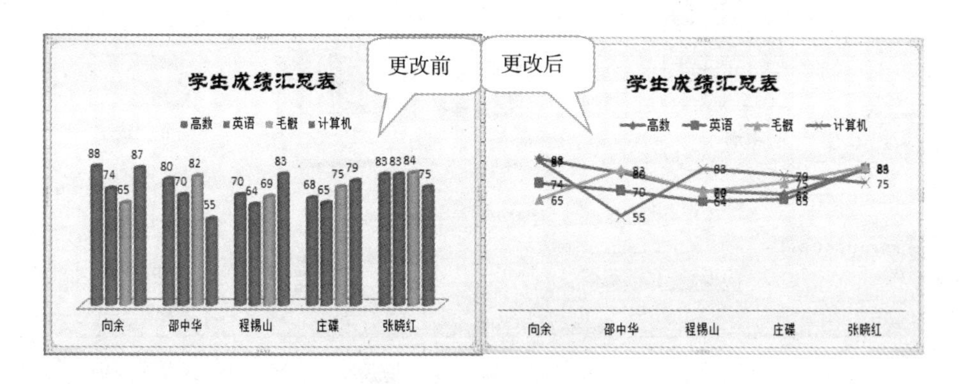

图 4－50　更改图表类型

3. 图表中数据的编辑

当创建了图表后，图表和创建图表的工作表的数据区域之间建立了联系，当工作表中的数据发生了变化，则图表中的对应数据也自动更新。

(1)删除数据系列

方法 1：

① 选定所需删除的数据系列“高数”；

② 按 Delete 即可，如图 4－51 所示。

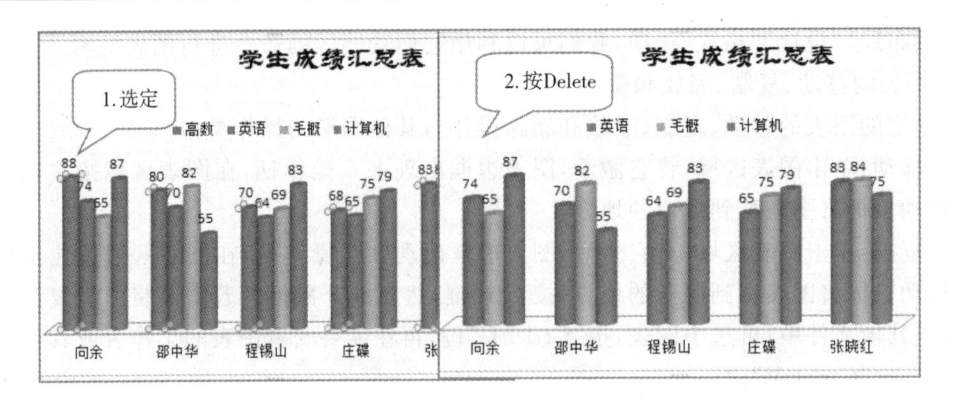

图 4-51　删除数据系列

方法 2:删除工作表中的源数据,则图表中对应的数据系列也自然随之被删除。

(2)在图表中添加数据系列

① 选中图表;

② 单击"图表工具设计"功能区的"数据"组中的"选择数据",打开"选择数据源"对话框,如图 4-52 所示;

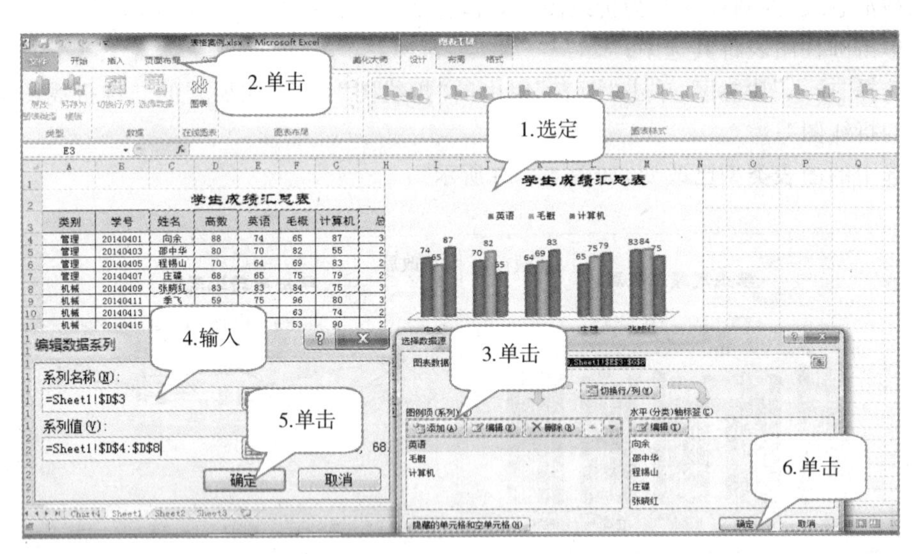

图 4-52　添加数据系列

③ 单击"图例项"下的"添加"按钮,弹出"编辑数据系列"对话框;

④ 在"系列名称"框内输入名称区域,在"系列值"框中输入数据的区域;

⑤ 单击"确定"按钮;

⑥ 单击"选择数据源"的"确定"按钮,效果如图 4-53 所示。

(3)图表中系列次序的调整:有时为了便于数据之间的对比和分析,可以对图表中的数据系列进行重新排列。

① 选定图表;

② 单击"图表工具设计"功能区的"数据"组中的"选择数据",打开"选择数据源"对话框,如图 4-54 所示;

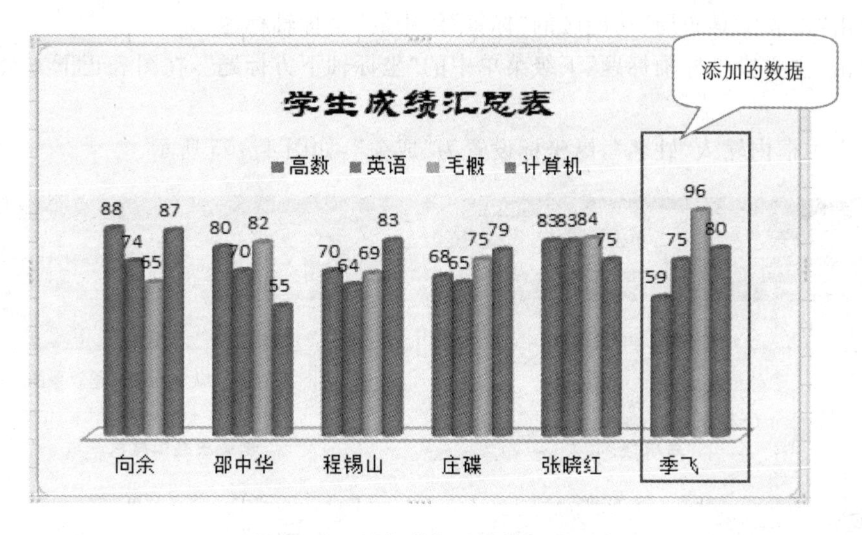

图 4-53　添加数据系列以后的图表

③ 单击选定“图例项”中的“高数”；

④ 单击“上移”按钮，直至移到“英语”上方；

⑤ 单击“确定”，即得到图 4-53 的效果图。

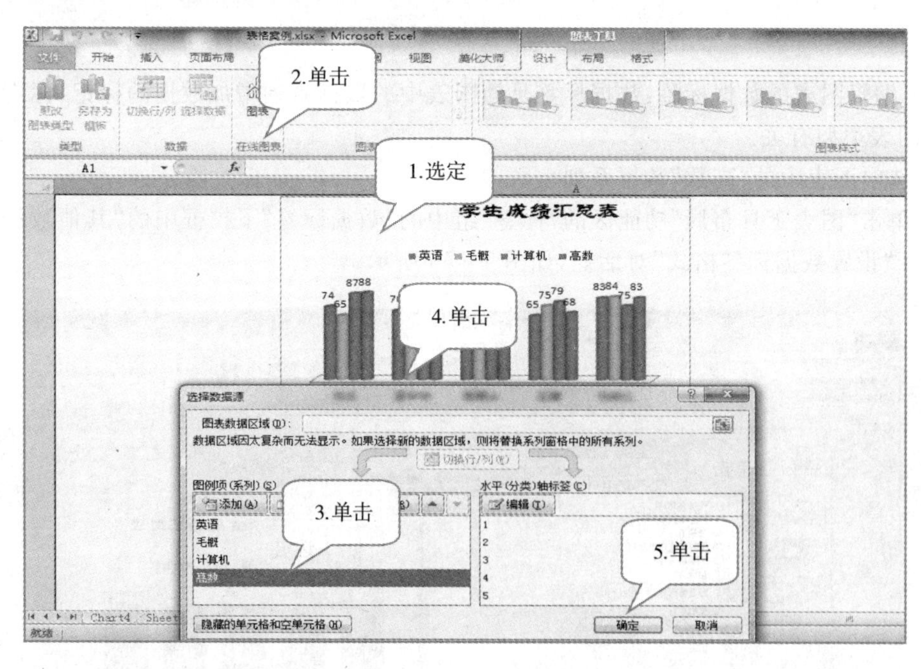

图 4-54　移动数据系列

4. 图表上添加说明性文字

(1)文字的编辑是指对图表增加说明性的文字，以便更好地说明图表的有关内容；也可删除或修改文字的内容。

例如，编辑图表标题和坐标轴标题。

① 选定图表；

② 单击“图表工具布局”功能区的“标签”组中的“坐标轴标题”；

③ 单击“主要横坐标轴标题”下级菜单中的“坐标轴下方标题”，在图表正下方会出现一个文本框；

④ 在文本框内输入“姓名”，纵坐标设置为“成绩”，如图 4－55 所示。

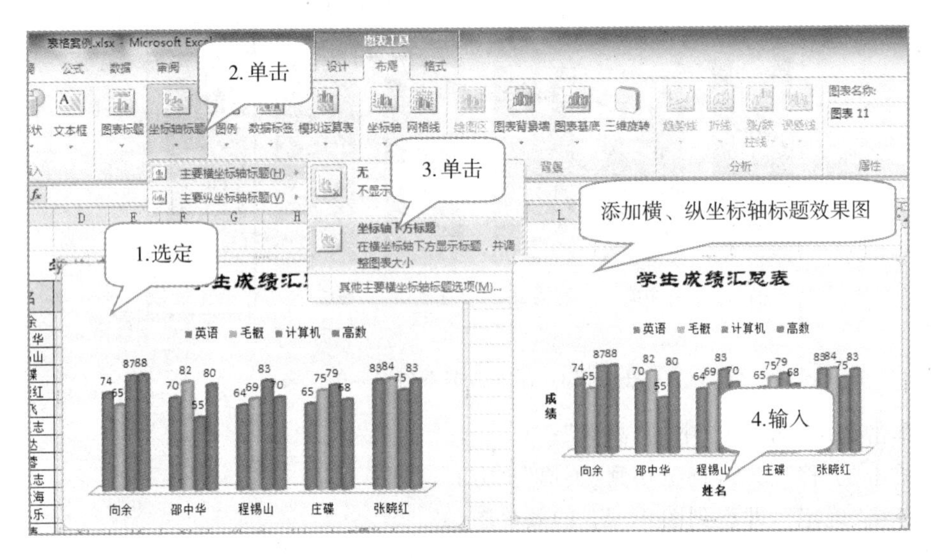

图 4－55　编辑图表标题和坐标轴标题

（2）编辑图表的数据标签：数据标签是为图表中的数据系列增加数据的标记，标志形式与创建的图表类型有关。

① 选定图表中的“高数”数据系列；

② 单击“图表工具布局”功能区的“标签”组中的“数据标签”下拉框中的“其他数据标签选项”，打开“设置数据标签格式”对话框，如图 4－56 所示；

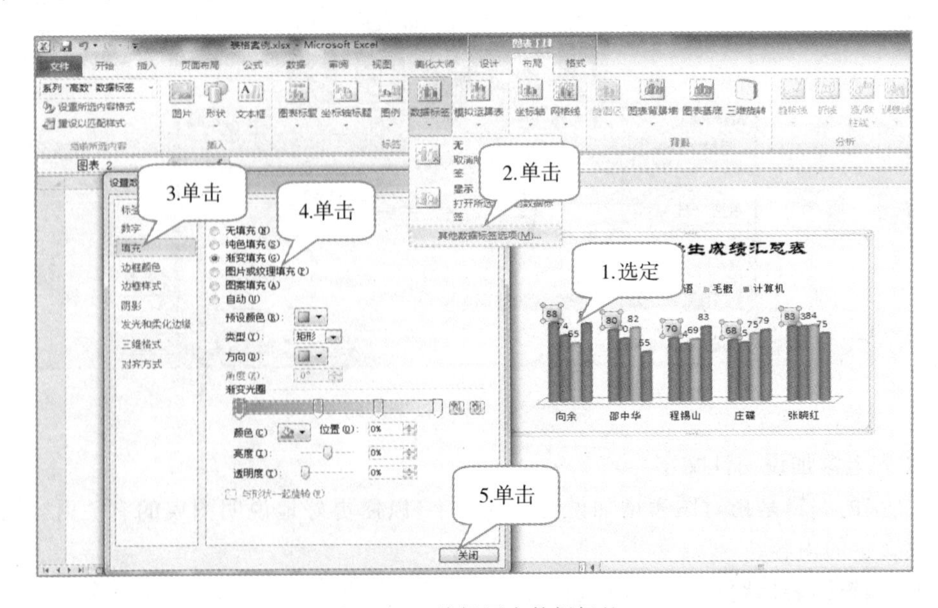

图 4－56　编辑图表数据标签

③ 单击“填充”选项；

④ 单击“渐变填充”单选按钮，从“类型”下拉列表中选择“矩形”；

⑤ 单击“关闭”按钮。

4.5.4　修饰图表

当图表编辑完成后，图表上的对象都是按照缺省的外观显示的，为了获得更理想的显示效果，就需要对图表中的各个对象重新进行格式化，以改变它们的外观。

对图表进行格式化，首先要选中需要进行格式化的对象，如“图例”“数据系列”“坐标轴”乃至整个“图表区”等，然后利用相应的格式对话框进行格式化。

1. 设置图表背景墙

(1)选定图表区域；

(2)单击“图表工具布局”功能区的“背景”组中的“图表背景墙”下拉列表中的“其他背景墙选项”，打开“设置背景墙格式”对话框，如图 4 - 57 所示；

(3)单击“设置背景墙格式”对话框中的“填充”按钮；

(4)单击“图片或纹理填充”单选按钮，在“纹理”下拉列表中选择“纸莎草纸”；

(5)单击“关闭”按钮。

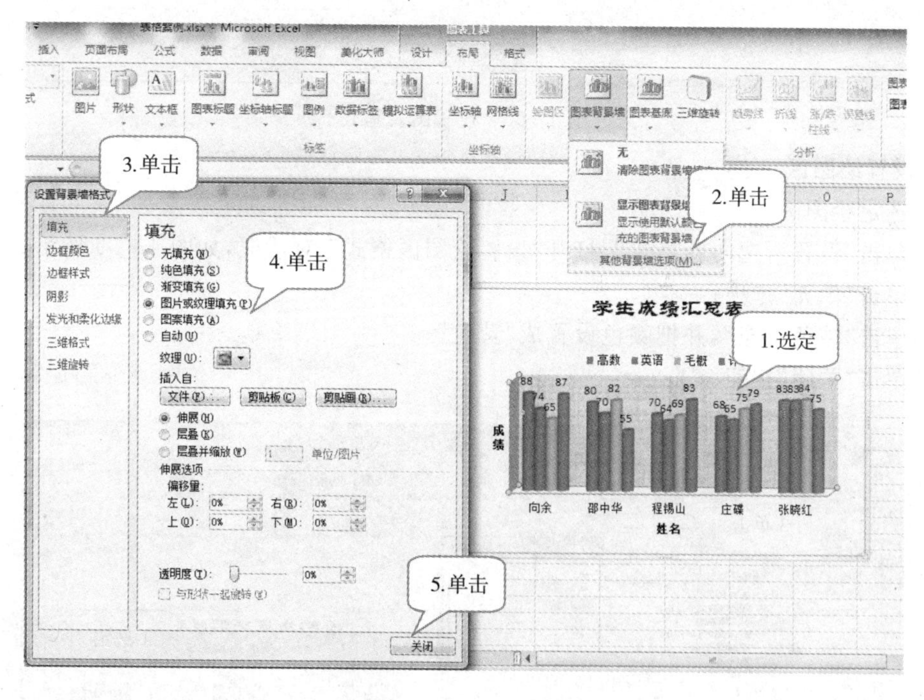

图 4 - 57　设置背景墙

2. 设置图表基底

(1)选定图表区域；

(2)单击“图表工具布局”功能区的“背景”组中的“图表基底”下拉列表中的“其他基底选项”，打开“设置基底格式”对话框，如图 4 - 58 所示；

(3)单击“设置基底格式”对话框中的“填充”按钮；

(4)单击“渐变填充”单选按钮；

(5)设置“预设颜色”为“红日西斜”,并拖动“渐变光圈”的滑块改变颜色；

(6)单击“关闭”按钮。

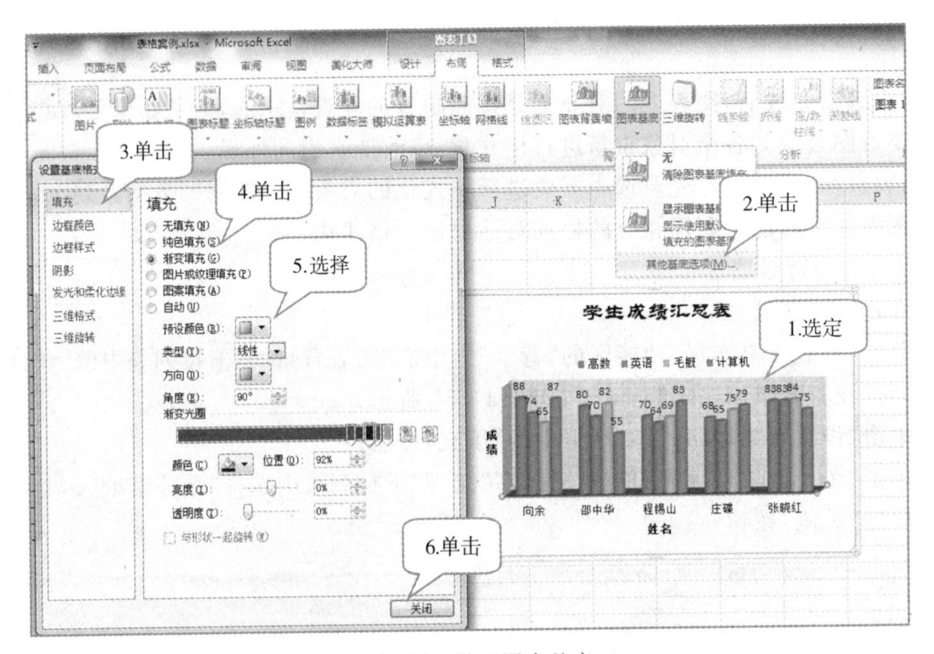

图 4－58　设置图表基底

3. 设置绘图区

(1)选定绘图区；

(2)单击“设置所选内容格式”,打开“设置绘图区格式” 对话框,如图 4－59 所示；

(3)单击“填充”选项；

(4)单击“纯色填充”,并把颜色设置成“黄色”；

(5)单击“关闭”按钮。

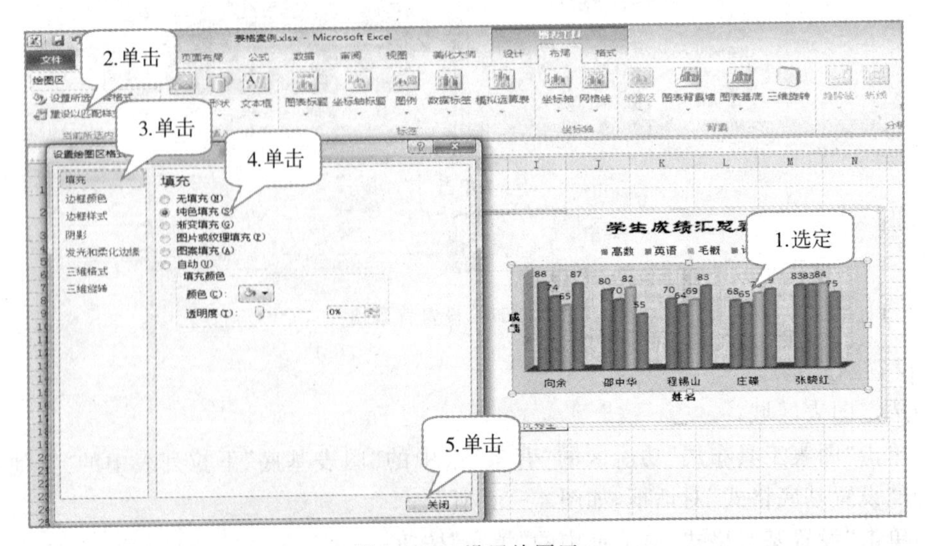

图 4－59　设置绘图区

4. 设置图表格式

(1)选定图表；

(2)单击“设置所选内容格式”，打开“设置图表区格式”对话框，如图 4－60 所示；

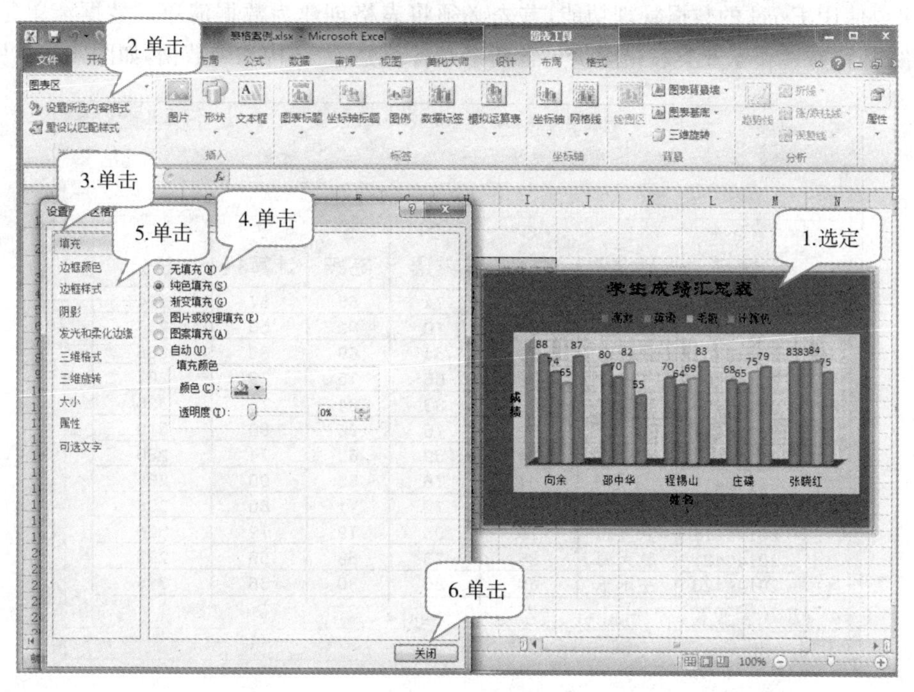

图 4－60 设置图表区

(3)单击“填充”选项；

(4)单击“纯色填充”，并把颜色设置成“墨绿色”；

(5)单击“边框颜色”，设置为“实线”，颜色为“紫色”，单击“边框样式”，宽度为“2.25 磅”；

(6)单击“关闭”按钮。

答疑

如何向嵌入图表中添加数据系列？

向嵌入式图表添加数据系列，且添加的是工作表中连续的数据区域，则只需选定该区域后，按住鼠标左键，直接将数据拖动到希望更新的嵌入图表中即可。

4.6 数据管理

Excel 除了上面介绍的若干功能外，在数据管理方面也有强大的功能，在 Excel 中不但可以使用多种格式的数据，而且还可以对不同类型的数据进行各种处理，包括筛选、排序、分类汇总等操作。

4.6.1 数据清单

数据清单，又称数据列表，也可称为工作表数据库，与一张二维数据表非常相似，由若干列数据组成。每列有一个列标题,相当于数据库的字段名称,列也就相当于字段,数据清单中的行相当于数据库的记录。借助于数据清单,Excel 就能把应用于数据库中的数据管理功能——筛选、排序以及一些分析操作,应用到数据清单中的数据上。

如果要使用 Excel 的数据管理功能,首先必须将表格创建为数据清单。数据清单是一种特殊的表格,其特殊性在于此类表格至少包含两个必备部分:表结构和纯数据,如图 4-61 所示。

	A	B	C	D	E	F	G
3	学号	姓名	高数	英语	毛概	计算机	总分
4	20140401	向余	88	74	65	87	314
5	20140403	邵中华	80	70	82	55	287
6	20140405	程锡山	70	64	69	83	286
7	20140407	庄碟	68	65	75	79	287
8	20140409	张晓红	83	83	84	75	325
9	20140411	季飞	59	75	96	80	310
10	20140413	武立志	74	69	63	74	280
11	20140415	王达	67	76	53	90	286
12	20140417	肖蓉	83	72	71	80	306
13	20140419	武立志	79	96	79	72	326
14	20140421	耿大海	85	73	68	69	295
15	20140423	王乐乐	69	80	80	86	315

图 4-61　数据清单示例

表结构为数据清单中的第一行列标题,Excel 将利用这些标题名对数据进行查找、排序以及筛选等。纯数据部分则是 Excel 实施管理功能的对象,该部分不允许有非法数据内容出现。所以要正确创建数据清单,必须遵循下列准则:

(1)避免在一张工作表中建立多个数据清单,如果在工作表中还有其他数据,必须要与数据清单之间留有空行、空列。

(2)在数据清单的第一行里创建列标题,列标题使用的各种格式应与列表中其他数据有所区别。

(3)列标题名唯一,且同列数据的数据类型和格式应完全相同。

(4)单元格中数据的对齐方式可用格式工具栏上的对齐方式按钮来设置,不应用输入空格的方法调整。

数据清单的具体创建操作同普通表格的创建完全相同。首先,根据数据清单内容创建表结构(第一行列标题),然后移到表结构下的第一个空行,并键入信息,就可把内容添加到数据清单中,完成创建工作。

另外,Excel 还提供了记录单的功能,它采用了一个对话框,如图 4-62 所示,展示出数据清单中所有字段的内容,并且提供了添加、修改、删除和查找记录

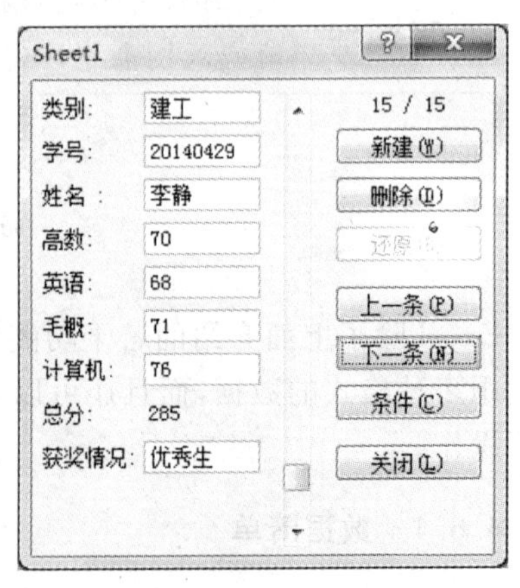

图 4-62　记录单

的功能。在记录单的标题栏中，显示了当前数据清单所在的工作表名。记录单的左半部分显示各字段的名字；右半部分显示数据清单中一条记录的内容，带有公式的字段是不可以编辑的。当数据清单很大时，使用记录单来管理数据清单非常方便。

4.6.2 数据排序

排序是数据组织的一种手段，通过排序管理操作，可将表格中的数据按字母顺序、数值大小以及时间顺序进行排序。可以按行或列、以升序或降序的方式、考虑或不考虑字母大小写等方式进行排序，也可以采用自定义排序方式。具体做法如下：

(1)选定整个表格；

(2)单击“数据”功能区的“排序和筛选”组中的“排序”命令，会弹出“排序”对话框，如图 4-63 所示；

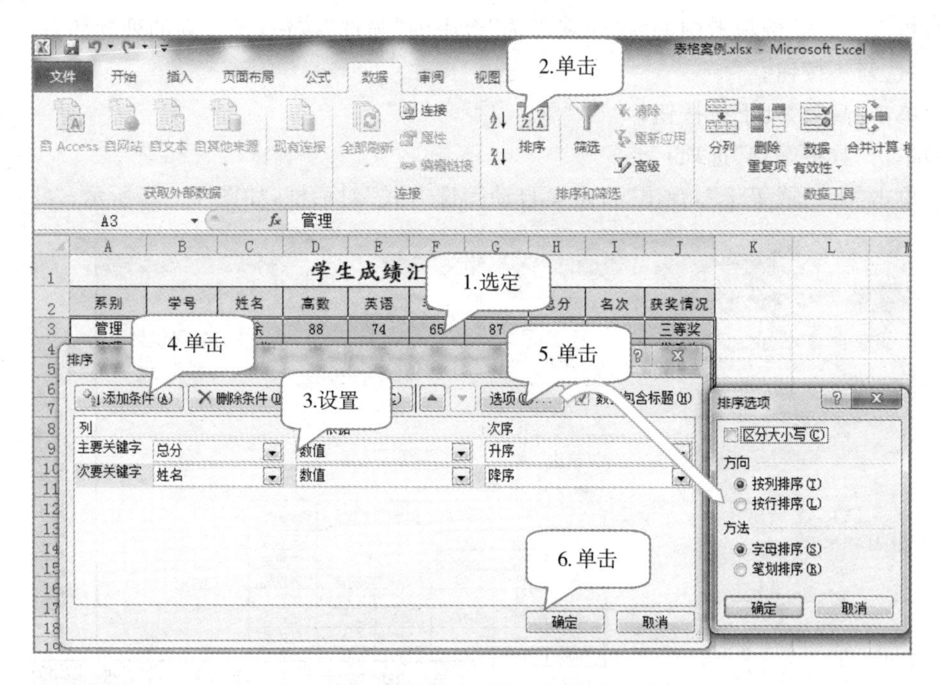

图 4-63 “排序”和“排序选项”对话框

(3)设置“主要关键字”；

(4)单击“添加条件”选项卡，出现“次要关键字”一行，可设置次要关键字的排序；

(5)单击“选项”选项卡，弹出“排序选项”对话框：

① 单击“方向”中的“按列排序”按钮；

② 单击“方法”中的“字母排序”按钮；

③ 单击“确定”。

(6)单击“确定”。

在此对话框中可以设定多个层次的排序标准：主要关键字一个、次要关键字多个，通过单击“添加条件”选项即可设定多个次要关键字。通过“排序依据”选择要排序的依据，“次序”选择“升序”或“降序”，然后按“确定”按钮。从排序的结果中发现，在主要关键字相同的情况下，会自动按次要关键字排序，如果次要关键字也相同，则按下一次要关键字排序。

如果想按自定义次序排序数据,或排列字母数据时想区分大小写,可在“排序”对话框中单击“选项”按钮,打开“排序选项”对话框,如想区分大小写,可选中“区分大小写”复选框,大写字母将位于小写字母前面,或对“方向”“方法”进行设定。

4.6.3 数据筛选

筛选功能可实现在数据清单中列出满足筛选条件的数据,不满足条件的数据只是暂时被隐藏起来(并未真正被删除掉);一旦筛选条件被撤销,这些数据又可重新出现。Excel 提供了以下两种筛选列表的命令。

1. 自动筛选

自动筛选包括选定内容筛选,它适用于简单条件的筛选。方法如下:

(1)选定“学生成绩汇总表”中的任一单元格;

(2)单击“数据”选项卡中的“排序和筛选”组中的“筛选”按钮,每一列的列标题右侧都出现了自动筛选箭头按钮;

(3)单击“高数”列下拉按钮;

(4)单击“数字筛选”选项;

(5)单击“大于或等于”,弹出“自定义自动筛选方式”对话框,如图 4-64 所示;

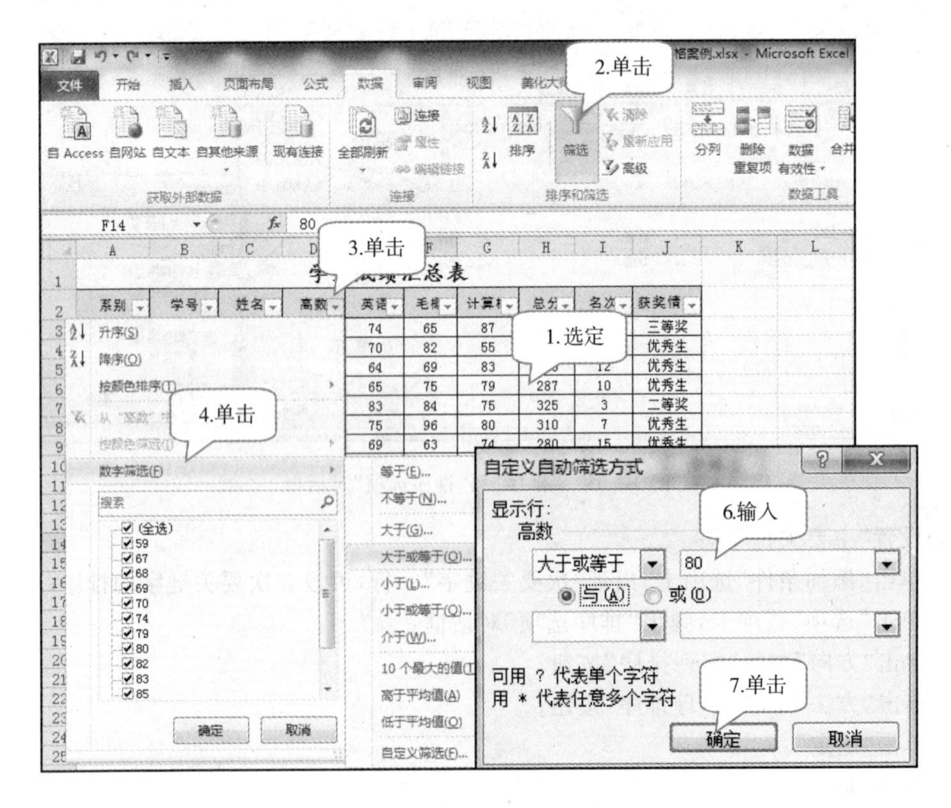

图 4-64 “自动筛选”示例

(6)输入筛选的数值,在“系别”列筛选出“电气工程”专业的学生,方法类似;

(7)单击“确定”按钮,筛选的结果如图 4-65 所示。

	A	B	C	D	E	F	G	H	I	J
1	学生成绩汇总表									
2	系别	学号	姓名	高数	英语	毛概	计算机	总分	名次	获奖情
11	电气工程	20140417	肖蓉	83	72	71	80	306	8	优秀生
13	电气工程	20140421	耿大海	85	73	68	69	295	9	优秀生
18										

图 4 - 65 “自动筛选”示例结果

2. 高级筛选

高级筛选适用于复杂条件的筛选。

(1)在“学生成绩汇总表”的空白单元格中输入筛选的条件，如图 4 - 61 所示；

(2)单击“数据”选项卡中的“排序和筛选”组中的“高级”按钮，弹出“高级筛选”对话框；

(3)用鼠标拖动选择列表区域 A2:J17；

(4)用鼠标拖动选择条件区域 K4:L5；

(5)单击“确定”按钮即可得到图 4 - 66 的结果。

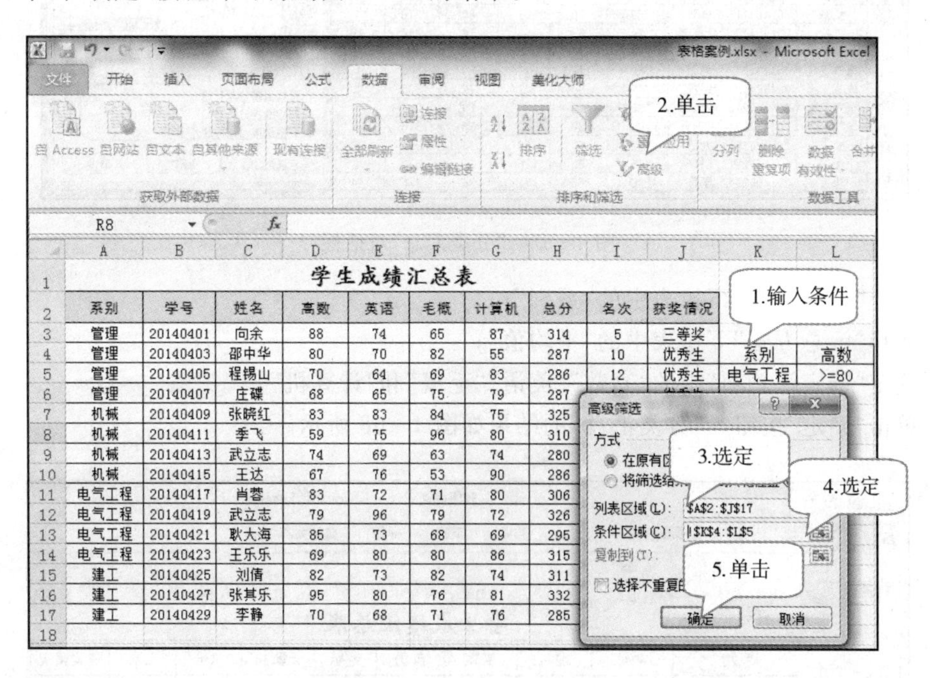

	A	B	C	D	E	F	G	H	I	J	K	L
1	学生成绩汇总表											
2	系别	学号	姓名	高数	英语	毛概	计算机	总分	名次	获奖情况		
3	管理	20140401	向余	88	74	65	87	314	5	三等奖		
4	管理	20140403	邵中华	80	70	82	55	287	10	优秀生	系别	高数
5	管理	20140405	程锡山	70	64	69	83	286	12	优秀生	电气工程	>=80
6	管理	20140407	庄碟	68	65	75	79	287				
7	机械	20140409	张晓红	83	83	84	75	325				
8	机械	20140411	季飞	59	75	96	80	310				
9	机械	20140413	武立志	74	69	63	74	280				
10	机械	20140415	王达	67	76	53	90	286				
11	电气工程	20140417	肖蓉	83	72	71	80	306				
12	电气工程	20140419	武立志	79	96	79	72	326				
13	电气工程	20140421	耿大海	85	73	68	69	295				
14	电气工程	20140423	王乐乐	69	80	80	86	315				
15	建工	20140425	刘倩	82	73	82	74	311				
16	建工	20140427	张其乐	95	80	76	81	332				
17	建工	20140429	李静	70	68	71	76	285				
18												

图 4 - 66 “高级筛选”示例

4.6.4 分类汇总

分类汇总，顾名思义，就是首先将数据分类(排序)，然后再按类进行汇总分析处理。

在实际应用中经常用到分类汇总，如仓库的库存管理经常要统计各类产品的库存总量，商场的销售管理经常要统计各类商品的售出总量等等。它们共同的特点是首先要进行分类，将同类别数据放在一起，然后再进行数量求和之类的汇总运算。下面通过求各系学生各科平均成绩为例说明分类汇总功能。

(1)选定“学生成绩汇总表”中的任一单元格;

(2)单击“数据”选项卡中的“分级显示”组中的“分类汇总”按钮,弹出“分类汇总”对话框,如图 4-67 所示;

(3)选择“数据”选项中的“分级显示”组中的“分类汇总”命令,出现如图 4-67 所示分类汇总对话框。其中:

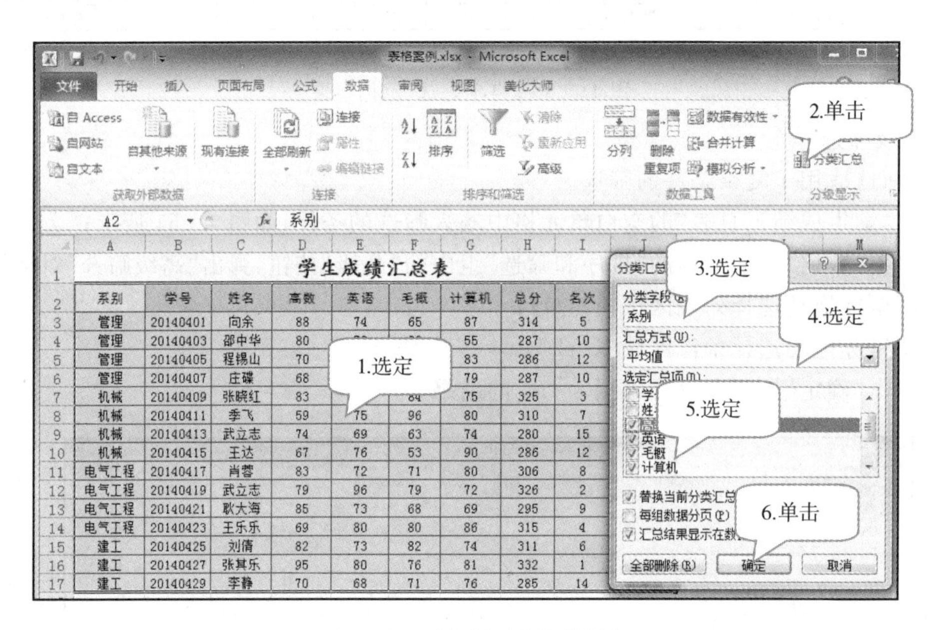

图 4-67　“分类汇总”对话框

① 选择“分类字段”下拉表中的“系别”;

② 选择“汇总方式”下拉表中的“平均值”;

③ 选定“选定汇总项”中的“高数”“英语”“毛概”和“计算机”;

④ 单击“确定”按钮。“分类汇总”的结果如图 4-68 所示。

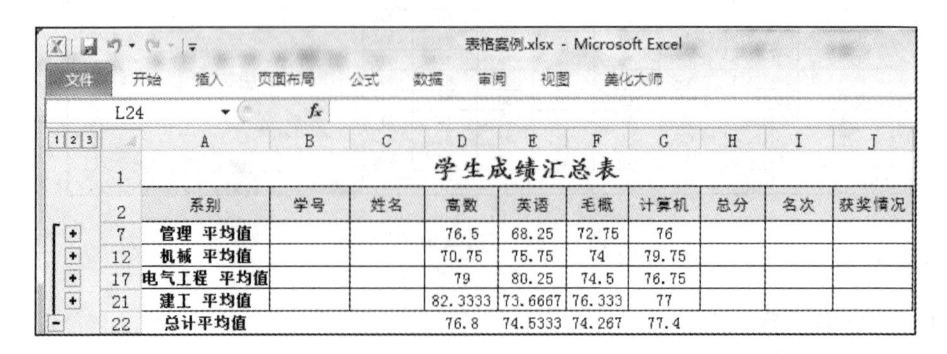

	系别	学号	姓名	高数	英语	毛概	计算机	总分	名次	获奖情况
7	管理 平均值			76.5	68.25	72.75	76			
12	机械 平均值			70.75	75.75	74	79.75			
17	电气工程 平均值			79	80.25	74.5	76.75			
21	建工 平均值			82.3333	73.6667	76.333	77			
22	总计平均值			76.8	74.5333	74.267	77.4			

图 4-68　“分类汇总”效果图

在进行分类汇总时,Excel 会自动对列表中数据进行分级显示,在工作表窗口左边会出现分级显示区,列出一些分级显示符号,允许对数据的显示进行控制。在默认的情况下,数据会分三级显示,可以通过单击分级显示区上方的“1”“2”和“3”三个按钮进行控制,单击“1”按钮,只显示列表中的列标题和总计结果;“2”按钮显示各个分类汇总结果和总计结果;“3”按钮显示所有的详细数据。

如果想对同一批数据进行不同方式的汇总,既想求各系各学科的平均成绩,又想对各系人数计数,则可再次进行分类汇总。选择“计数”汇总方式,“学号”为汇总对象,清除其余汇总对象,并在“分类汇总”对话框中取消“替换当前分类汇总”复选框,即可叠加多种分类汇总。

答疑

若几个字段的汇总方式不同,如何进行?

在对数据清单进行分类汇总时,一次只能用一种方式汇总。若几个字段的汇总方式不同,则需要分别进行分类汇总,并在“分类汇总”对话框中,不要选中“替换当前分类汇总”复选框。

4.7　本章小结

在办公业务实践中,常常需要对大量的业务数据进行分析和处理,此时就可以在 Excel 中通过建立数据库表格来实现。利用有关功能可以对 Excel 表格进行数据分析,包括数据排序、数据筛选、分类汇总以及数据透视分析等。利用数据清单可以制作精美的数据图表,利用公式和函数能够进行各种复杂、烦琐的数据计算和数据处理。

对于数据的排序操作,需要掌握排序依据,单个字段排序和多个关键字段排序的操作方法。数据筛选有自动筛选与高级筛选,两种操作方法但要注意二者的适用情况。对于高级筛选,还必须掌握如何正确设置筛选条件区域。

数据分类汇总可以将数据库中的数值,按照某一项内容进行分类核算,使得汇总结果清晰明了,操作时注意必须首先按照汇总字段排序。数据透视表是一种对大量数据快速汇总和建立交叉列表的动态工作表,而数据透视图是形象生动的图表,还可以根据数据透视表制作不同格式的数据透视报告。

数据计算主要通过使用 Excel 的公式和函数进行,操作时需要注意以下问题:函数多层嵌套时的括号匹配;公式中的符号必须使用英文状态下的符号;各个函数的正确使用;单元格引用方式的正确选择;关联表格之间数据引用的正确表达方法。

本章的学习要求读者掌握 Excel 操作数据库表格的快速创建方法,能进行特殊格式设置,熟练掌握数据排序、筛选、分析、汇总以及公式、函数计算、数据图表制作。

习 题 4

一、单选题

1. 关于 Excel 2010 的工作表与工作簿,下面说法正确的是________。

A)一个工作表包含了若干个工作簿

B)一个工作簿包含了若干个工作表

C)工作表与工作簿是两个相互独立的文件,没有关系

D)工作表是 Excel 2010 的默认文件

2. 在 Excel 2010 中,插入单元格时,会弹出一个对话框,________不是其中的选项。

A)活动单元格　　B)活动单元格右移

C)整行　　D)活动单元格左移

3. 在 Excel 2010 中,给当前单元格输入数值型数据时,默认为________。

A)居中　　B)左对齐　　C)右对齐　　D)随机

4. 在 Excel 2010 中的电子工作表是建立的数据表,通常把每一行称为一个________。

A)记录　　B) 二维表　　C)属性　　D)关键字

5. 若想输入数字字符串 070615(该字符串特征是以 0 字符打头,例如电话区号),则应输入________。

A) 070615　　B)"070615"　　C)'070615'　　D) '070615

6. 在 Excel 2010"开始"选项卡的"剪贴板"组中,不包含的按钮是________。

A)剪切　　B) 粘贴　　C) 字体　　D) 复制

7. 在 Excel 2010 中,编辑数据是以________为单位。

A)工作簿　　B)工作表　　C)单元格　　D)工作区域

8. 如在 Excel 2010 单元格中输入公式"=SUM(A1:A2,B1:C2)",其功能是________。

A)=A1+A2+B1+B2+C2　　B)=A1+A2+A3+B2+C2

C)=A1+A2+B1+B2+C1+C2　　D)=A1+A2+B1+C2

9. 在 Excel 2010 中,若要表示当前工作表中 B2 到 F4 的整个单元格区域,则应书写为________。

A)B2　F4　　B)B2:F4　　C)B2;F4　　D)B2,F4

10. Excel 2010 工作表的单元格 A1 中已经填写了"星期一",想要在 A2:A7 中分别填写"星期二""星期三"…"星期日",则________。

A)只能在这些单元格中分别用键盘输入

B)先选择区域 A1:A7,再选择"开始"→"编辑"→"填充"→"向下"命令

C)先单击单元格 A1,再拖动 A1 的填充柄经过区域 A2:A7

D)以上 B 和 C 中的方法都对

11. 在 Excel 2010 工作表中,欲隐藏选定单元格显示在编辑栏中的公式,则应________。

A)通过"设置单元格格式"将该单元格设置为"隐藏"

B)先通过"设置单元格格式"将该单元格设置为"隐藏",再保护工作表

C)通过"设置单元格格式"将该单元格设置为"锁定"

D)先通过"设置单元格格式"将该单元格设置为"锁定",再保护工作表

12. 在 Excel 2010 中要录入身份证号,数字分类应选择________格式。

A)常规　　B)数字(值)　　C)科学计数　　D)文本

13. 在 Excel 2010 工作表中,________是绝对地址。

A) A33　　B) $A33　　C)A$33　　D) A33

14. 在 Excel 2010 高级筛选中,条件区域中不同行的条件是________。

A)"或"关系　　B) "与"关系　　C) "非"关系　　D) "异或"关系

15. Excel 2010 中,若在 Sheet2 的 C1 单元格引用 Sheet1 的 A2 单元格的数据,正确的是________。

A)Sheet1！A2　　B)Sheet1(A2)

C)Sheet1A2　　D)Sheet1！(A2)

16. 在电子表格中处理学生成绩时，有时需要对不及格的成绩用醒目的方式表示(例如设置为红色)，假如现在需要处理大四的学生成绩，可利用________命令按钮最为方便。

A)查找　B) 定位　C) 数据筛选　D) 条件格式

17. 在 Excel 2010 中，如果 A1、A2 中的数分别是 3、6，选定 A1、A2 区域并进行智能填充至 A6，则 A3:A6 区域中的数据是________。

A)7、8、9、10　B)5、6、7、8　C)3、6、3、6　D)9、12、15、18

18. 在 Excel 2010 中，工作表中可以输入的两类数据是________。

A)常量和函数 B)常量和公式　C)函数和公式　D)数字和文本

19. 在 Excel 2010 中的图表是用于________。

A)可视化地显示数字　B)可视化地显示文本

C)可以说明一个进程　D)可以显示一个组织的结构

20. 在 Excel 2010 中，数据清单中列标记被认为是数据库的________。

A)字数　B)字段名　C)数据类型　D)记录

二、填空题

1. 数据库的三级模式体系结构是指________、________和________。

2. 数据的独立性包括________和________。

3. 在 Excel 2010 工作表中，当相邻单元格中要输入相同数据或按某种规律变化的数据时，可以使用________功能实现快速输入。

4. Excel 2010 的筛选功能包括________和高级筛选。

5. 若在 Excel 2010 A2 单元中输入"=8^2"，则显示结果为________。

6. 在 Excel 2010 工作表中，单元格 D5 中有公式"=B2+C4"，删除第 A 列后 C5 单元格中的公式为________。

7. Excel 2010 默认保存工作薄的格式扩展为________。

8. 当向 Excel 2010 工作表单元格输入公式时，使用单元格地址 D$2 引用 D 列 2 行单元格，该单元格的引用称为________。

9. 现要向 A5 单元格输入分式"4/5"，正确输入方法为________。

10. 在 A1 单元格内输入"30001"，然后按下"Ctrl"键，拖动该单元格填充柄至 A8，则 A8 单元格中内容是________。

11. 在 Excel 2010 中，函数公式：=SUM(10,min(15,max(2,1),3))，结果是________。

12. 在 Excel 2010 中新增"迷你图"功能，可选定数据在某单元格中插入迷你图，同时打开________功能区进行相应的设置。

三、多选题

1. 关系模型可以表示________。

A)1：1 关系　B)1：m 关系　C)m：n 关系　D)1：1 和 1：m 关系

2. 在数据库系统中，有________数据模型。

A)网状模型　　B)层次模型　　C)关系模型　　D)实体联系模型

3. Excel 2010 中“开始”选项卡中的“编辑”组中的“清除”命令,可以________。

A)清除全部　　B)清除格式　　C)清除内容　　D)清除批注

4. 在 Excel 2010 中,工作簿视图方式有________。

A)普通　　B)页面布局　　C)分页预览　　D)自定义视图

5. Excel 2010“文件”按钮中的“信息”有________等内容。

A)权限　　B)检查问题　　C)管理版本　　D)帮助

6. 关于 Excel 的数据库叙述正确的是________。

A)一行为一个记录　　B)一列为一个字段

C)数据库通常又称数据清单　　D)它是一个二维表

7. Excel 2010 的“页面布局”功能区可以对页面进行________设置。

A)页边距　　B)纸张方向、大小

C)打印区域　　D)打印标题

8. 如果要对 B2、B3、B4 三个单元格中的数值求平均值,则公式应该为________。

A)=AVERAGE (B2:B4)　　B)=SUM(B2:B4)

C)=AVERAGE(B2,B3,B4)　　D)=(B2+B3+B4)/3

9. Excel 2010 中预置了很多种常用的格式,用户可以方便地套用这些预先定义好的格式。下面有关美化表格格式的描述中,你觉得哪几项说法比较合理________。

A) 套用中等深浅样式更适合内容复杂的表格

B) 套用深色样式时,为保证字体显示更清晰,可将字体“加粗”

C) 套用浅色样式,不利于用户阅读

D) 套用格式后,虽然表格美观了,但不便于使用了

10. 有关 Excel 2010 图表,下面表述错误的是________。

A)要往图表增加一个系列,必须重新建立图表

B)修改了图表数据源单元格的数据,图表会自动跟着刷新

C)要修改图表的类型,必须重新建立图表

D)修改了图表坐标轴的字体、字号,坐标轴标题就自动跟着变化

11. 关于 Excel 2010 图表中“系列”的正确描述包括________。

A)一个系列对应工作表中的一行或一列数据

B)一个系列对应工作表中一个矩形区域的数据

C)一个系列在图表上用同一种颜色表示

D)一个图表中可以有多个系列

12. 在 Excel 2010 中,下列关于分类汇总的叙述,正确的有________。

A)分类汇总前数据必须按关键字排序

B)分类汇总的关键字段只能是一个字段

C)汇总方式只能是求和

D)分类汇总可以删除

四、综合练习

案例一、录入“学生成绩汇总表”，如图 4－69 所示。

学生成绩汇总表

类别	学号	姓名	高数	英语	毛概	计算机	总分	获奖情况
管理	20140401	向余	88	74	65	87	314	三等奖
管理	20140403	邵中华	80	70	82	55	287	优秀生
管理	20140405	程锡山	70	64	69	83	286	优秀生
管理	20140407	庄碟	68	65	75	79	287	优秀生
机械	20140409	张晓红	83	83	84	75	325	二等奖
机械	20140411	季飞	59	75	96	80	310	优秀生
机械	20140413	武立志	74	69	63	74	280	优秀生
机械	20140415	王达	67	76	53	90	286	优秀生
电气工程	20140417	肖蓉	83	72	71	80	306	优秀生
电气工程	20140419	武立志	79	96	79	72	326	二等奖
电气工程	20140421	耿大海	85	73	68	69	295	优秀生
电气工程	20140423	王乐乐	69	80	80	86	315	三等奖
建工	20140425	刘倩	82	73	82	74	311	三等奖
建工	20140427	张其乐	95	80	76	81	332	一等奖
建工	20140429	李静	70	68	71	76	285	优秀生

图 4－69　录入“学生成绩汇总表”

(1)标题格式：华文隶书、20 号字、字符颜色为蓝色。

(2)将标题跨列居中，在标题下插入一个空行，将标题与表格分开。

(3)将表格内的数据居中排列对齐。

(4)将表格线改为田字表格线，外框为细线。

(5)将表格设置为“最适合的”列宽、行高 15.5。

(6)表头加上底纹。

(7)用函数分别求总分和获奖情况。

案例二、制作一张三门课程的专业考试成绩统计表，其效果如图 4－70 所示。

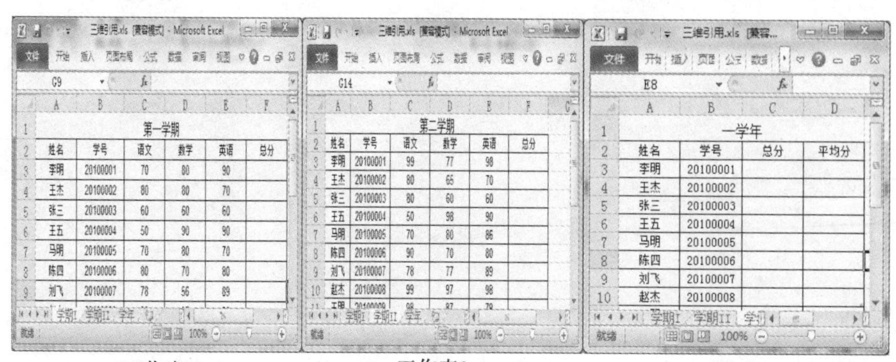

第一学期

姓名	学号	语文	数学	英语	总分
李明	20100001	70	80	90	
王杰	20100002	80	80	70	
张三	20100003	60	60	60	
王五	20100004	50	90	90	
马明	20100005	70	80	70	
陈四	20100006	80	70	80	
刘飞	20100007	78	56	89	

工作表1

第二学期

姓名	学号	语文	数学	英语	总分
李明	20100001	99	77	98	
王杰	20100002	80	65	70	
张三	20100003	80	60	60	
王五	20100004	50	98	90	
马明	20100005	70	80	86	
陈四	20100006	90	70	80	
刘飞	20100007	78	77	89	
赵杰	20100008	99	97	98	

工作表2

一学年

姓名	学号	总分	平均分
李明	20100001		
王杰	20100002		
张三	20100003		
王五	20100004		
马明	20100005		
陈四	20100006		
刘飞	20100007		
赵杰	20100008		

工作表3

图 4－70　多工作表的操作

完成以下要求:

(1)录入工作表1和工作表2。

(2)分别计算工作表1和工作表2中的“总分”。

(3)求出工作表3中的“总分”和“平均分”。

(4)将工作表1顺序为单号的同学成绩制作“三维簇状柱形图”。

(5)将工作表2顺序为双号的同学成绩制作“三维饼图”。

(6)将工作表3所有同学的成绩制作“折线图”。

(7)对三张图表作适当的修饰。

第 5 章　PowerPoint 演示文稿

【本章教学目标】

(1)掌握 PowerPoint 2010 演示文稿的创建方法；

(2)掌握演示文稿的基本操作；

(3)熟练掌握各种多媒体对象的插入和编辑；

(4)掌握幻灯片的放映方式的设置方法；

(5)掌握幻灯片超链接的使用；

(6)了解幻灯片的打印、打包、解包的方法。

5.1　认识 PowerPoint 2010

PowerPoint 2010 是文字、图片、声音和动画多种媒体集于一体的演示文稿软件。利用它不仅可以创建演示文稿，还可以在互联网上召开面对面会议、远程会议或在网上给观众展示演示文稿，可以演示教师教学的讲稿。用户可以在投影仪或者计算机上进行演示，也可以将演示文稿打印出来，制作成胶片，以便应用到更广泛的领域中。

利用 PowerPoint 2010 做出来的演示文稿，其格式后缀名为：pptx，也可以保存为：pdf、图片格式等。演示文稿中的每一页就叫幻灯片，每张幻灯片都是演示文稿中既相互独立又相互联系的内容。

PowerPoint 2010 与以前版本相比，除了新增更多幻灯片切换特效、图片处理特效之外，还增加了更多视频功能，用户可直接在 PowerPoint 2010 中设定(调节)开始和终止时间剪辑视频，也可将视频嵌入 PowerPoint 文件中。

PowerPoint 2010 左侧的幻灯片面板也新增了分区特性，用户可将幻灯片分区归类，也可对整个区内的所有幻灯片进行操作。另外还增加了动画刷，类似 Word 中的格式刷的工具，可将动画效果应用至其他对象中。

5.1.1　PowerPoint 2010 的启动与退出

启动 PowerPoint 2010 的方法与启动 Word 2010 的方法雷同：

(1)单击“开始/程序/Microsoft Office/ Microsoft PowerPoint 2010”启动。

(2)双击桌面上“PowerPoint”的快捷方式图标启动。

(3)在 Windows 桌面的空白处右击，在快捷菜单中选择“新建/Microsoft PowerPoint 演示文稿”启动。

完成对文档的编辑处理后可退出 PowerPoint 文档。常用方法：

(1)点击 PowerPoint 文档左上角的"文件"点击"退出"。

(2)点击 PowerPoint 文档右上角的红色的叉号退出。

(3)在任务栏找到正在使用的 PowerPoint 文档,右击点击"关闭"。

(4)按"Alt+F4"快捷键关闭。

5.1.2　PowerPoint 2010 的工作界面

PowerPoint 2010 工作界面由 9 部分组成,如图 5-1 所示。

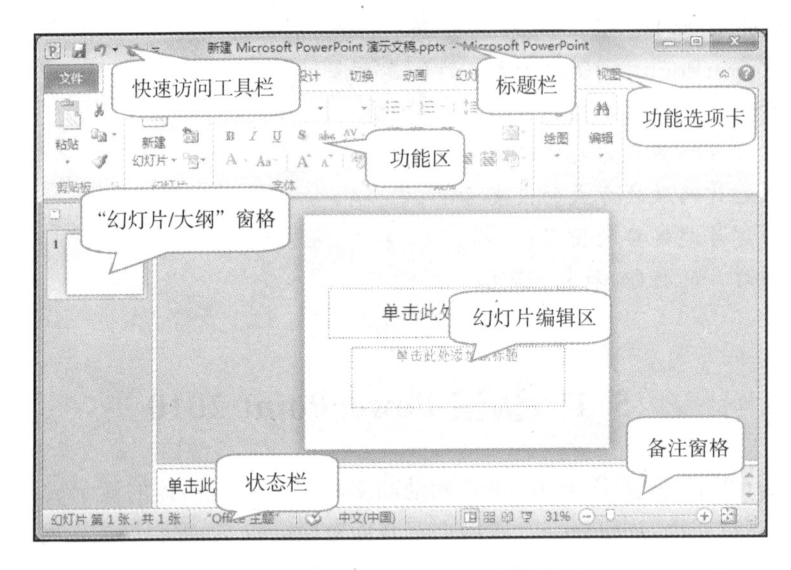

图 5-1　PowerPoint 2010 工作界面

(1)标题栏:位于 PowerPoint 工作界面的右上角,它用于显示演示文稿名称和程序名称,最右侧的 3 个按钮分别用于对窗口执行最小化、最大化和关闭等操作。

(2)快速访问工具栏:该工具栏上提供了最常用的"保存"按钮、"撤销"按钮和"恢复"按钮。单击按钮,在弹出的菜单中选择所需的命令即可。

(3)"文件"菜单:用于执行 PowerPoint 2010 演示文稿的新建、打开、保存和退出等基本操作;该菜单右侧列出了用户经常使用的演示文档名称。

(4)功能选项卡:相当于菜单命令,它将 PowerPoint 2010 的所有命令集成在几个功能选项卡中,选择某个功能选项卡可切换到相应的功能区。

(5)功能区:在功能区中有许多自动适应窗口大小的工具栏,不同的工具栏中又放置了与此相关的命令按钮或列表框。

(6)"幻灯片/大纲"窗格:用于显示演示文稿的幻灯片数量及位置,通过它可更加方便地掌握整个演示文稿的结构。在"幻灯片"窗格下,将显示整个演示文稿中幻灯片的编号及缩略图;在"大纲"窗格下列出了当前演示文稿中各张幻灯片中的文本内容。

(7)幻灯片编辑区:是整个工作界面的核心区域,用于显示和编辑幻灯片,在其中可输入文字内容、插入图片和设置动画效果等,是使用 PowerPoint 制作演示文稿的操作平台。

(8)备注窗格:位于幻灯片编辑区下方,可供幻灯片制作者或幻灯片演讲者查阅该幻灯片信息或在播放演示文稿时对需要的幻灯片添加说明和注释。

(9)状态栏:位于工作界面最下方,用于显示演示文稿中所选的当前幻灯片以及幻灯片总张数、幻灯片采用的模板类型、视图切换按钮以及页面显示比例等。

5.1.3　PowerPoint 2010 视图方式

视图是工作的环境,每种视图按自己不同的方式显示和加工文稿,进行修改,会自动反映在其他视图中,PowerPoint 2010 有四种视图方式,如图 5-2 所示。

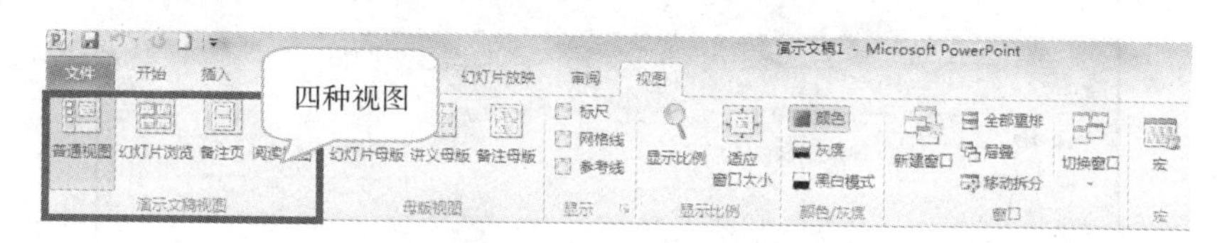

图 5-2　PowerPoint 2010 视图方式

1. 普通视图

普通视图是主要的编辑视图,可以实现幻灯片对象的输入,查看幻灯片的主题、小标题以及备注,并且可以移动幻灯片图像位置和备注页方框,或是改变其大小。该视图有选项卡和窗格,选项卡分"大纲"和"幻灯片"两种,窗格有幻灯片和备注窗格。

2. 幻灯片浏览视图

浏览视图可以同时显示多张幻灯片,可以看到整个文稿,也就是添加、删除、复制和移动幻灯片页,还可以使用"幻灯片浏览"工具栏中的按钮来设置幻灯片的播放(放映)时间,选择其动画切换方式。

3. 备注页视图

备注是演讲者在演示文稿时预先准备的演讲详细内容及注释。在备注页视图中输入的备注内容,在演示时通常不显示。如需要显示查看时,可单击鼠标右键激活快捷菜单,选备注及选项即可。备注页视图将一页分成两部分,上半部用来显示幻灯片,下半部分用来显示接收一些展示简报时的备忘内容。

4. 阅读视图

阅读视图用于查看演示文稿,在该视图下,就会开始放映视图,只是其放映方式不同。

四种不同的视图,如图 5-3 所示。

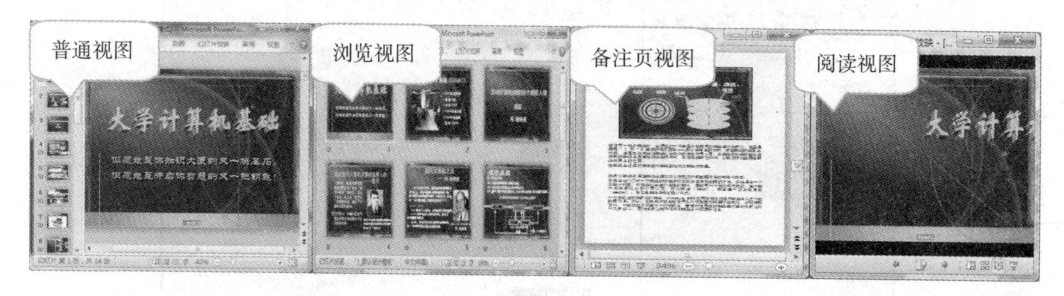

图 5-3　四种视图

5.1.4　创建演示文稿

启动 PowerPoint 后,系统将自动新建一个空白演示文稿。PowerPoint 2010 为创建演示文稿提供了四种方法:"新建""利用样本模板创建""利用模板创建"和"利用 office. com 模板"创建。

1. 创建空的演示文稿

(1)单击"文件"菜单的"新建"选项;

(2)选定"可用模板和主题"选项下的"空白演示文稿";

(3)单击右侧的"创建"按钮,如图 5-4 所示。

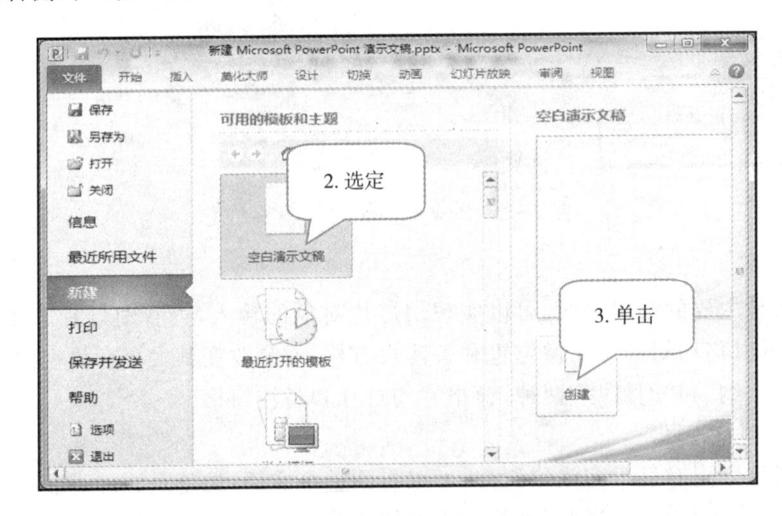

图 5-4 创建空白演示文稿

2. 利用样本模板创建演示文稿

PowerPoint 2010 提供了强大的模板功能,为用户增加了比以往更加丰富的内置模板,因此用户可以根据样本模板创建新的演示文稿。

(1)单击"文件"菜单,在其下拉菜单中选择"新建"选项;

(2)选定"可用模板和主题"选项中的"样本模板"选项;

(3)选定"样本模板"中需要的模板;

(4)单击"创建"按钮,如图 5-5 所示。

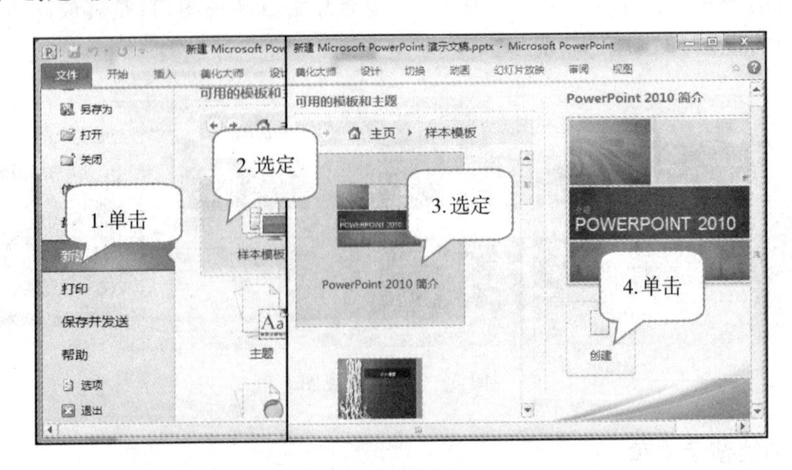

图 5-5 "样本模板"

3. 利用主题模板创建演示文稿

PowerPoint 2010 不仅提供了一些模板，还提供了一些主题，用户可以依据主题，创建基于主题的演示文稿。使用主题模板创建演示文稿的步骤如下：

（1）单击“文件”菜单，在其下拉菜单中选择“新建”选项；

（2）选定“可用模板和主题”选项中的“主题”选项；

（3）选定“主题”中需要的模板；

（4）单击“创建”按钮，如图 5－6 所示。

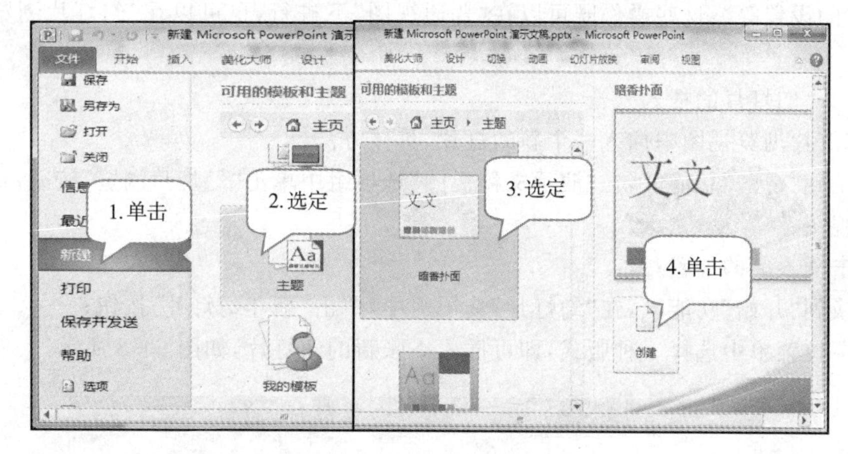

图 5－6　“主题”模板

4. 利用 Office. com 模板创建演示文稿

除了上面我们介绍的三种创建演示文稿方法外，PowerPoint 2010 还为我们办公提供了更强大的模板功能，即 Office. com 模板，里面基本包括了我们办公所能用到的全部模板，具体操作方法如下：

（1）单击“文件”菜单，在其下拉菜单中选择“新建”选项；

（2）选定“Office. com 模板”某个主题的文件夹，我们以“教育”为例；

（3）选定“Office. com/教育”选项中需要的模板；

（4）单击“下载”，如图 5－7 所示。

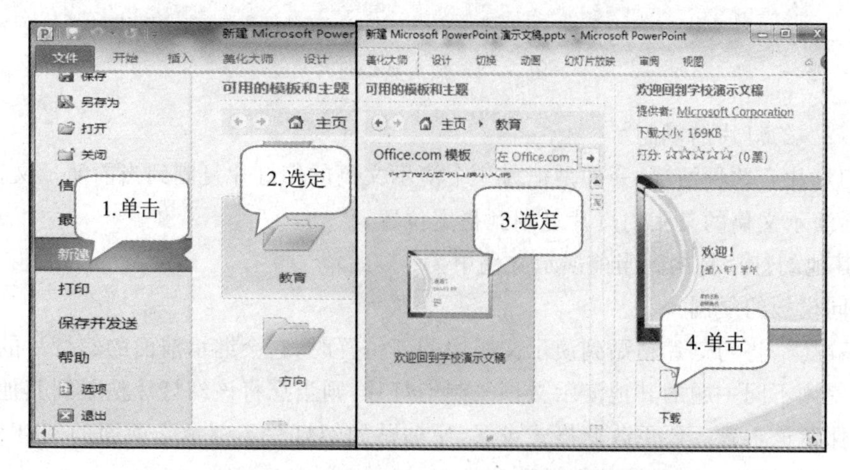

图 5－7　“Office. com/教育”模板

5.2　演示文稿的操作

在 PowerPoint 2010 中，所有文本、动画和图片等对象都在幻灯片中进行处理。

5.2.1　管理幻灯片

幻灯片制作后，要对幻灯片进行基本的管理，包括幻灯片的复制、移动、插入和删除，段落与字符格式的设置等。这些操作既可以在“普通视图”下进行，也可以在“幻灯片浏览视图”下进行。

5.2.1.1　幻灯片的插入

若在幻灯片浏览视图中插入一个新幻灯片，具体方法：

(1)切换到“视图”功能区，在“演示文稿视图”选项组中单击“幻灯片浏览”按钮，切换到“幻灯片浏览”视图；

(2)单击插入新的位置；

(3)切换到“开始”功能区，在“幻灯片”选项组中，单击“新建幻灯片”按钮；

(4)从下拉菜单中选择一种版式，即可插入一张新的幻灯片，如图 5-8 所示。

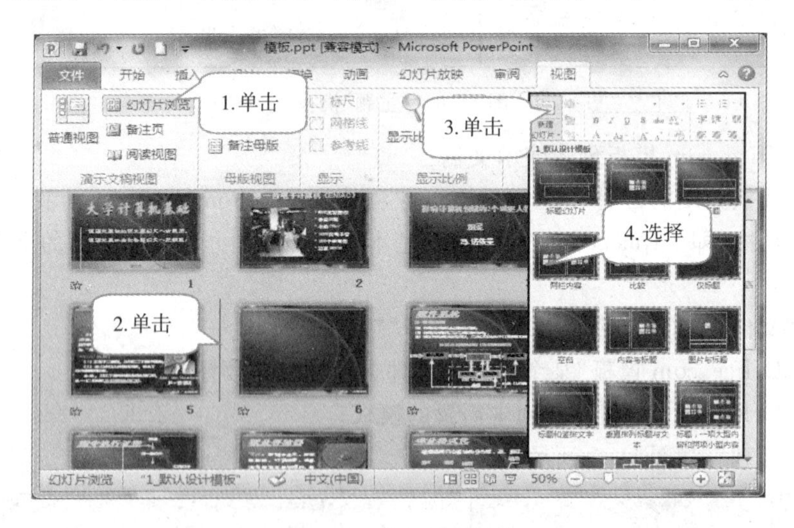

图 5-8　插入新幻灯片

5.2.1.2　幻灯片的复制

复制幻灯片有两种情况：一种是把另一个演示文稿的幻灯片复制到当前演示文稿中；另一种是把当前演示文稿的某张幻灯片复制到指定位置。

1. 将其他幻灯片复制到当前演示文稿中

(1)不同模板的复制

默认情况下，将幻灯片粘贴到演示文稿中的新位置时，它会继承前面的幻灯片的主题。但是，如果从使用不同主题的其他演示文稿复制幻灯片，则当您将该幻灯片粘贴到其他演示文稿中时，可以保留该主题。要更改此格式设置，使粘贴的幻灯片不继承它前面的幻灯片的主题，请使用粘贴的幻灯片旁边显示的粘贴选项按钮。

(2)相同模板的复制

将幻灯片复制并粘贴到采用不同设计的模板中,包含演示文稿样式的文件、项目符号、字体的类型和大小、占位符大小和位置、背景设计和填充、配色方案以及幻灯片母版和可选的标题母版等,则所粘贴的幻灯片将继承其前面的幻灯片的样式。

2. 在一个演示文稿内部复制幻灯片

(1)选定要复制的幻灯片(若选一张幻灯片,直接单击;若选多张连续的幻灯片,按 Shift 键选;若选多张不连续的幻灯片,按“Ctrl”键选);

(2)单击右键,在快捷菜单中选择“复制”;

(3)单击幻灯片需要存放的位置;

(4)在快捷菜单中,单击“粘贴选项”中“保持源格式”按钮,如图 5-9 所示。

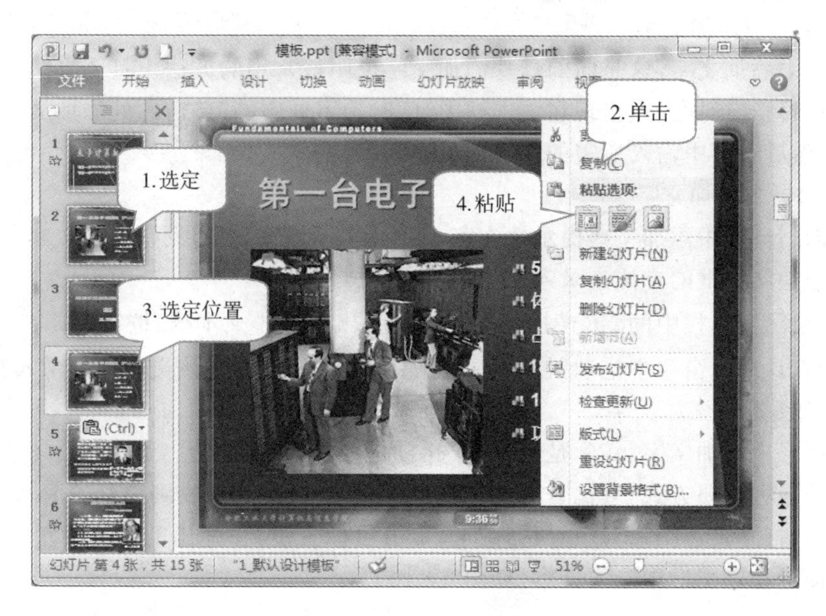

图 5-9　幻灯片的复制

5.2.1.3　幻灯片的移动

在操作中既可以用剪贴板的方法来移动幻灯片,也可以用拖动的方法来实现。

1. 用剪贴板的方法

(1)选定要移动的幻灯片;

(2)单击“开始”功能区中“剪贴板”组中的“剪切”按钮;

(3)单击幻灯片需要移到的位置;

(4)单击“开始”功能区中“剪贴板”组中的“粘贴”按钮。

2. 用拖动的方法

(1)选定要移动的幻灯片;

(2)移动鼠标使其指针指向所选中的一张,按下鼠标左键的同时拖动鼠标,把幻灯片拖到所需位置;

(3)若打开多个演示文稿并把这些演示文稿窗口平铺,用这种方法也可以实现不同演示文稿间的幻灯片的移动。

5.2.1.4　幻灯片的删除

用户在编辑幻灯片的过程中,难免会出现无用的幻灯片,需要删除的情况。在"普通视图"或"幻灯片浏览视图"中,可以方便地删除一张或多张幻灯片。

(1)选定需要删除的幻灯片;

(2)按"Delete"键即可。

5.2.2　演示文稿的编辑和格式化

5.2.2.1　添加文字

在幻灯片中可以直接在标题或文本占位符中添加文字,也可以利用文本框、自选图形添加文字。

1. 在占位符中添加文字

在占位符中添加文字,这是向幻灯片添加文字说明最常用的方法。具体方法:

单击占位符,光标插入点出现在文本框中,此时预留框中的"单击此处添加文本"提示处文字自动消失,然后在其中输入所需的文字即可。

2. 在文本框中添加文字

有时需向幻灯片中添加一些提示性文字,但新建的幻灯片中却没有为该文本预留占位符,这时可使用添加文本框的方法来录入文本,具体方法:

(1)单击绘图工具栏中的(横排文本框)按钮或(竖排文本框)按钮。

(2)在幻灯片编辑窗口中拖动鼠标添加相应的文本框,然后在该文本框中录入文本。

3. 在自选图形中添加文字

在自选图形中添加文字,实际是使用自选图形中的图形文本框。图形文本框也是向幻灯片添加文本的一种重要方式,它比普通文本框更具有艺术性,能够收到更好的演示效果。

具体方法:打开自选图形,选择所需图形,单击鼠标右键,在弹出的快捷菜单中选择"添加文本"命令,即可在该图形中录入文本,如图 5-10 所示。

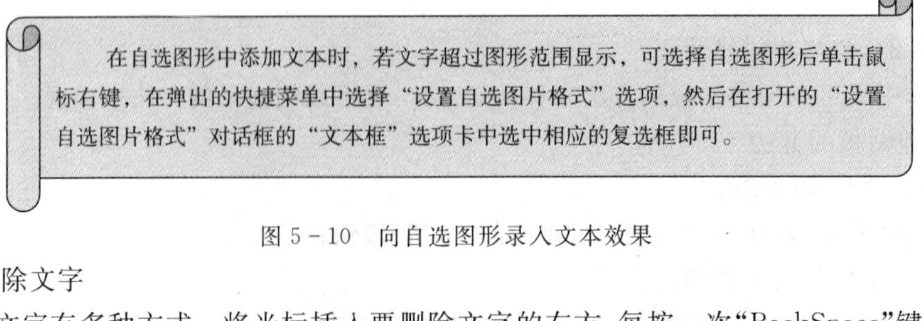

在自选图形中添加文本时,若文字超过图形范围显示,可选择自选图形后单击鼠标右键,在弹出的快捷菜单中选择"设置自选图片格式"选项,然后在打开的"设置自选图片格式"对话框的"文本框"选项卡中选中相应的复选框即可。

图 5-10　向自选图形录入文本效果

4. 删除文字

删除文字有多种方式。将光标插入要删除文字的右方,每按一次"BackSpace"键即删除一个文字;将光标插入要删除文字的左方,每按一次"Delete"键即删除一个文字;选中要删除的文字,点击"开始/剪切"。

5.2.2.2　字符格式的设置

在演示文稿中适当地改变字体、字形、字号可以使幻灯片结构分明、重点突出。

(1)选定要设置的文字;

(2)单击"开始"功能区的"字体"组;

(3)单击“字体”,从下拉列表中选择“华文隶书”;

(4)单击“字号”,从下拉列表中选择“36”;

(5)单击“字体颜色”,从下拉列表中选择“黄色”;

(6)单击“文字阴影”按钮,如图 5－11 所示。

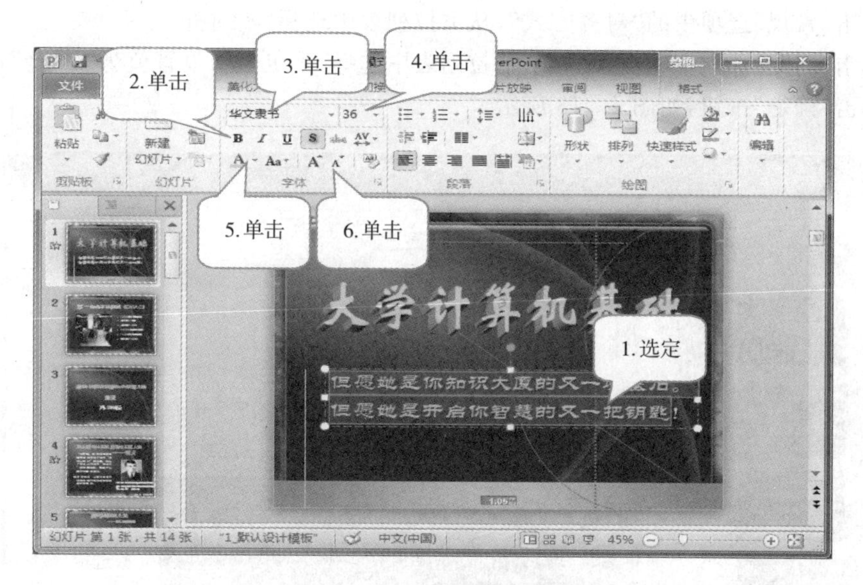

图 5－11　字符格式的设置

5.2.2.3　艺术字的插入与设置

艺术字不仅在 Word 中受广大用户所喜爱,在幻灯片制作中,加上艺术字能使幻灯片更加完美。

(1)选定文字;

(2)单击“插入”功能区的“文本”组中的“艺术字”按钮;

(3)单击“艺术字”下拉列表中的“渐变填充—水绿色”,如图 5－12 所示。

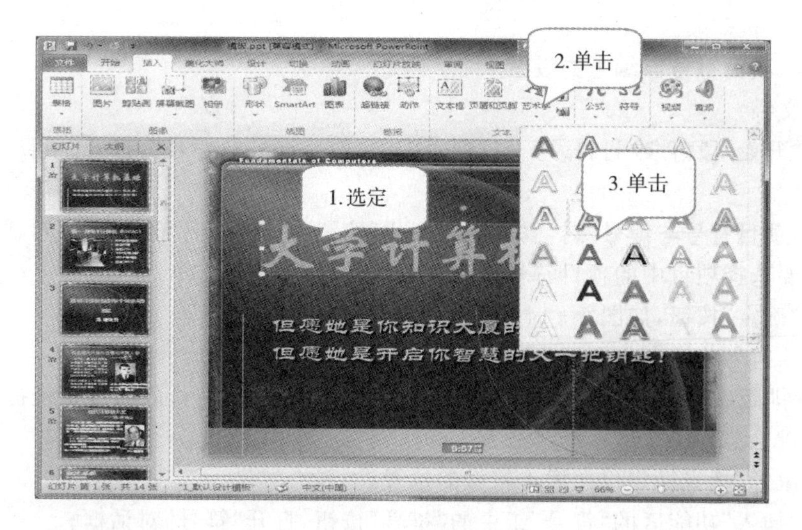

图 5－12　艺术字的设置

5.2.2.4　段落格式的设置

段落格式的设置,包括改变段落的对齐方式、段落行的间距及段落缩进等。

(1)选定要设置的文字;

(2)单击“开始”功能区的“段落”组右下角的小图标,打开“段落”对话框;

(3)单击“常规”选项中的“对齐方式”,从下拉列表中选择“左对齐”;

(4)单击“间距”选项中的“行距”,从下拉列表中选择“固定值”,设置值为“40 磅”;

(5)单击“确定”按钮,如图 5-13 所示。

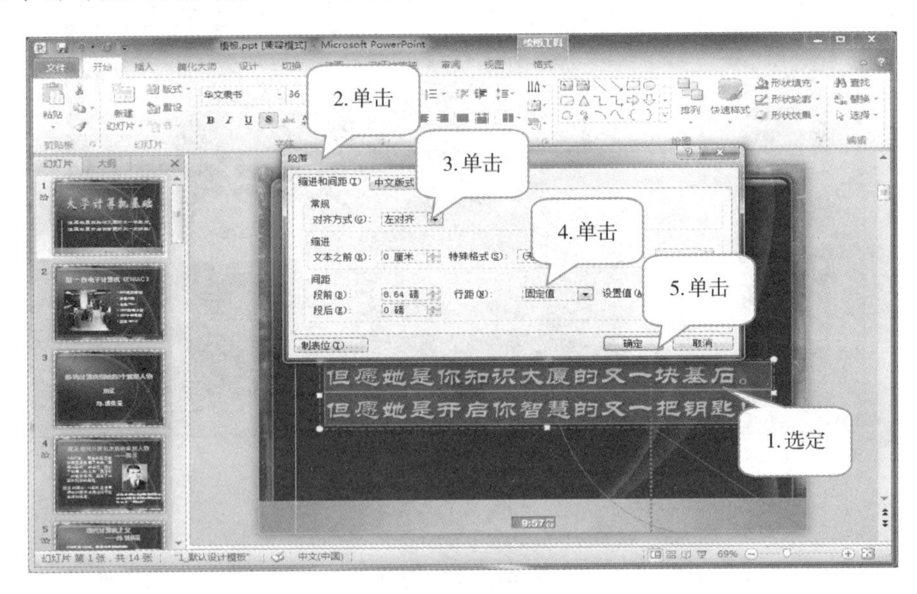

图 5-13　字符格式的设置

5.2.3　符号与项目符号的设置

PowerPoint 中的项目符号和编号是自动生成的,编入内容自动显示,也可以根据需要改动编号等。

5.2.3.1　项目符号与编号的设置

(1)选定文字;

(2)单击“开始/段落/项目符号”下拉列表中的“项目符号与编号”,打开“项目符号与编号”对话框;

(3)单击“项目符号与编号”对话框中的“图片”按钮,打开“图片项目符号”对话框;

(4)单击要选择项目中的项目符号或图片或编号;

(5)单击“确定”按钮,如图 5-14 所示。

5.2.3.2　符号的设置

与 Word 排版一样,有时要在幻灯片中插入一些特殊的符号,可以通过系统提供的符号来完成。

(1)单击鼠标,把光标定位在插入符号的位置;

(2)单击“插入”功能区的“符号”组中的“符号”按钮,打开“符号”对话框;

(3)单击需要插入的“【】”符号;

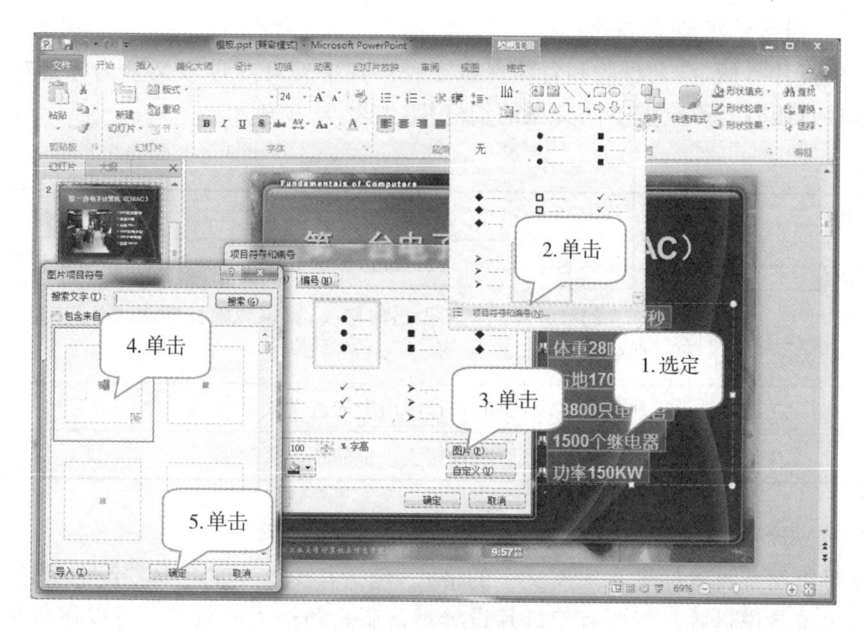

图 5-14　项目符号的设置

(4)单击"插入"按钮,如图 5-15 所示。

图 5-15　符号的设置

5.2.4　母版的设置

为了使幻灯片放映时具有基本统一的格调和外观特征,整体显得比较协调,而且每张幻灯片的底色和背景基本相同,这就需要通过制作母版来实现。母版是控制一个演示文稿中的所有幻灯片上所键入的标题、文本和背景格式的模板,是用于存储关于模板信息的特殊幻灯片。

5.2.4.1　母版的类型

母版有幻灯片母版、讲义母版和备注母版三种。其中幻灯片母版又分为标题母版和幻灯片母版。这些母版各自影响着不同类型的幻灯片,如表 5－1 所示。

表 5－1　幻灯片母版的类型

<table>
<tr><th colspan="2">类　型</th><th>用　途</th></tr>
<tr><td rowspan="2">幻灯片母版</td><td>标题母版</td><td>在标题母版上所做的修改,影响着应用标题版式的所有幻灯片</td></tr>
<tr><td>幻灯片母版</td><td>在幻灯片母版上所做出的修改,影响着除标题版式外,应用其他版式的所有幻灯片</td></tr>
<tr><td>讲义母版</td><td colspan="2">在讲义母版上所做的修改,影响着打印出来的讲义效果</td></tr>
<tr><td>备注母版</td><td colspan="2">在备注母版上所做的修改,影响着打印出来的备注页效果</td></tr>
</table>

5.2.4.2　母版的使用

幻灯片母版用于设置标题和主要文字的格式,包括其中文本的字体、字号、颜色和阴影等特殊效果。也就是说母版是为所有幻灯片设置默认版式和格式的地方。可以在每张幻灯片设定的位置上,出现默认的字体和图片,母版上的更改将反映在每张幻灯片上。如果要使个别的幻灯片外观与母版不同,可以直接修改该幻灯片。

(1)单击“视图”功能区的“母版视图”组中的“幻灯片母版”;

(2)单击“幻灯片窗格”中的第一个幻灯片“默认设计模板”;

(3)单击“插入”功能区的“文本”组中的“页眉和页脚”按钮,打开“页眉和页脚”对话框;

(4)单击“日期和时间”复选框;

(5)单击“自动更新”单元按钮,并在下面组合框中选择时间;

(6)单击“页脚”复选框;

(7)输入“第 2 章 计算机系统”;

(8)单击“全部应用”选项;

(9) 单击“幻灯片母版”功能区的“关闭”组中的“关闭母版视图”按钮,如图 5－16 所示。

5.3　演示文稿的修饰

5.3.1　主题和背景设置

5.3.1.1　主题的设置

主题是将一组设置好的文字、颜色以及外观效果组合到一起,形成多种不同的界面设计方案。可以在多个不同的主题之间进行切换,从而灵活地改变演示文稿的整体外观。

PowerPoint 2010 内置了多种主题,用户可以根据实际需要创建自定义主题,然后使用自己设计的主题来装饰演示文稿的外观。Word 2010、Excel 2010 和 PowerPoint 2010 共享相同的主题,即同一个主题可以分别在 Word、Excel 和 PowerPoint 中使用。这可以通过选择“设计”功能区,在“主题”组中进行主题字体、主题颜色以及主题效果的设置来实现。

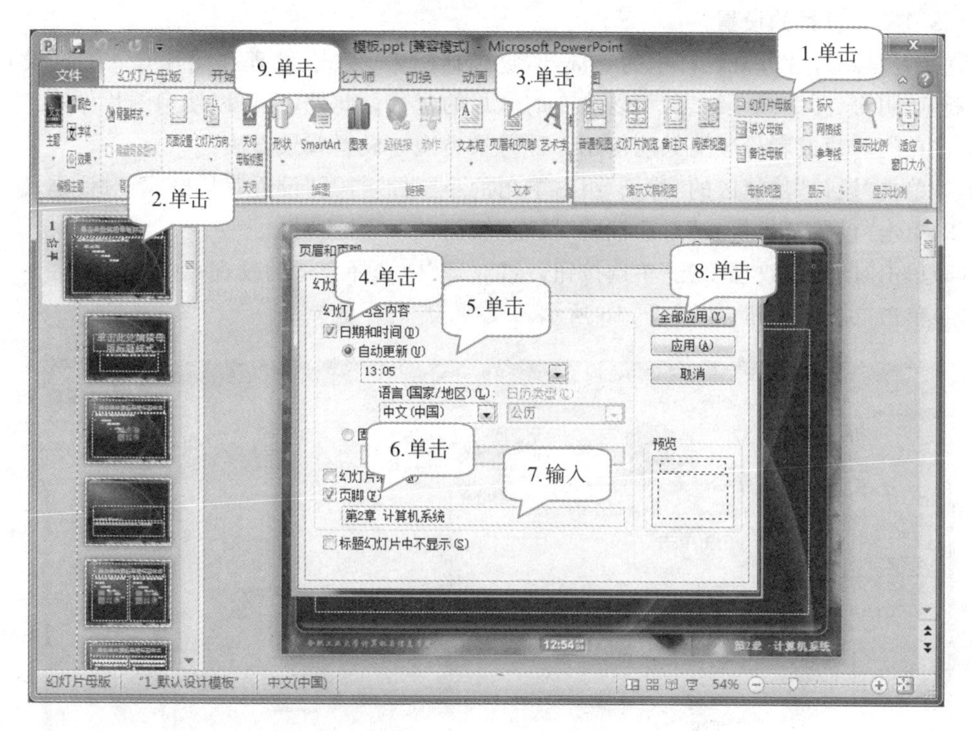

图 5 - 16　母版的设置

(1)单击“设计”功能区的“主题”组；

(2)选定一种主题类型；

(3)单击“颜色”按钮,进行颜色设置；

(4)单击“字体”按钮,进行字体设置；

(5)单击“效果”按钮,进行效果设置,如图 5 - 17 所示。

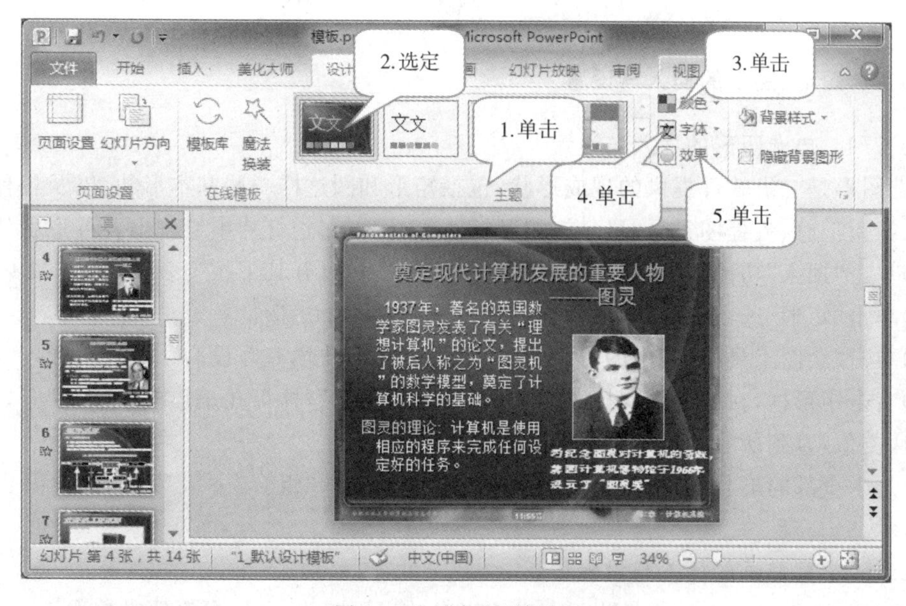

图 5 - 17　“主题”效果图

5.3.1.2　背景的设置

背景也是幻灯片外观设计中的一部分,它包括阴影、模式、纹理和图片等。通过设置幻灯片的颜色、阴影、图案或者纹理,可以改变幻灯片的背景。此外,也可以使用图片作为幻灯片背景,不过在幻灯片或者母版上只能使用一种背景类型。设置背景方法:

(1)单击“设计”功能区的“背景”组右下角的小图标,打开“设置背景格式”对话框;

(2)单击“设置背景格式”对话框的“填充”按钮;

(3)单击“图片或纹理填充”单选按钮,从“纹理”中选择合适的纹理;

(4)单击“关闭”按钮,如图 5-18 所示。

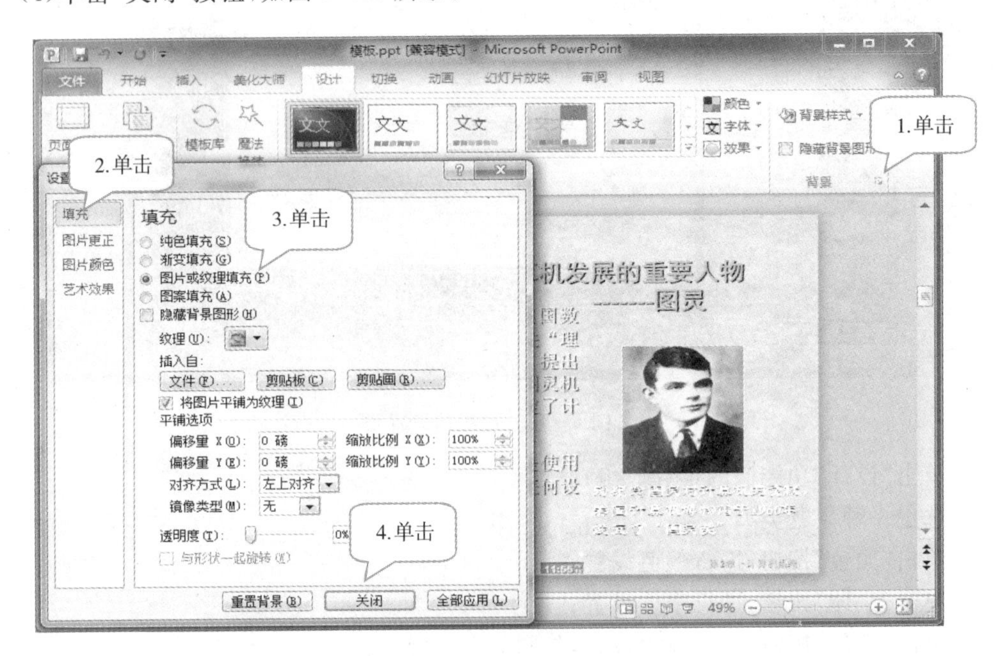

图 5-18　“设置背景格式”对话框

5.3.2　图形、图表的插入与设置

5.3.2.1　自选图形的插入与设置

自选图形是一组软件提供的现成形状,包括矩形和圆这样一些基本形状,以及各种线条和连接符、箭头汇总、流程图符号、星与旗帜及标注等,可以在幻灯片中绘制出各种形状的图形。

(1)单击“插入”功能区的“插图”组中的“形状”按钮,打开其下拉列表;

(2)单击“矩形”选项中的“矩形”,在幻灯片中画出一个矩形框;

(3)单击“绘图工具格式”中的“形状样式”组中的“形状填充”,设为“水绿色,深度 50%”;

(4)右击矩形框,在弹出的快捷菜单中选择“编辑文字”,即可在矩形框中输入“开始”;其他形状做法类似,直到所有的形状全部插入;

(5)选中全部的形状,右击,在弹出的快捷菜单中选择“组合”下级菜单中的“组合”,如图 5-19所示。

5.3.2.2　剪贴画的插入与设置

在 PowerPoint 2010 中的剪贴画带有相当多的实用图片,可以根据要求选取。

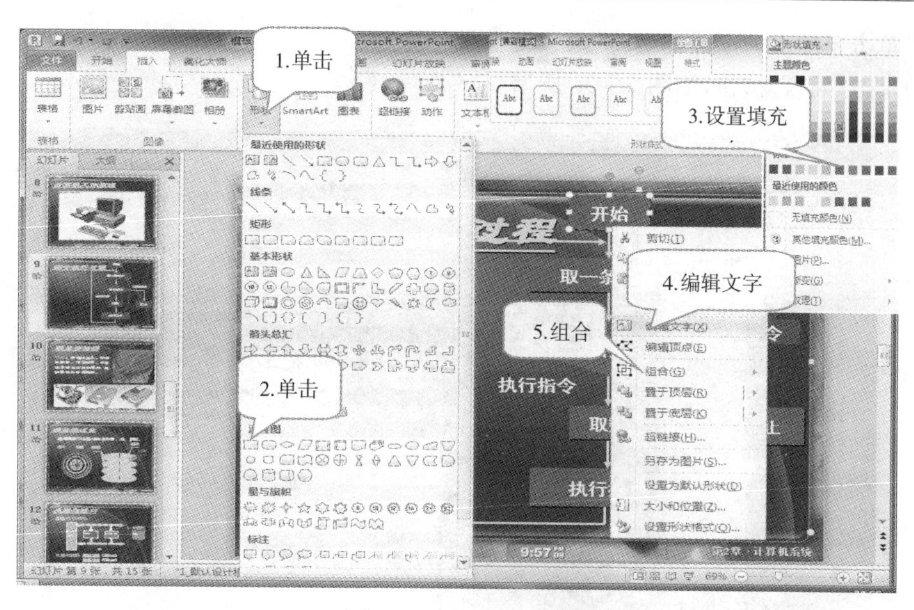

图 5－19　自选图形的插入

(1)单击“插入”功能区下“图片”组中“剪贴画”按钮；
(2)自动打开“剪贴画”窗格；
(3)点击“搜索”；
(4)选取需要插入的剪贴画，双击即可插入；
(5)效果如图 5－20 所示。

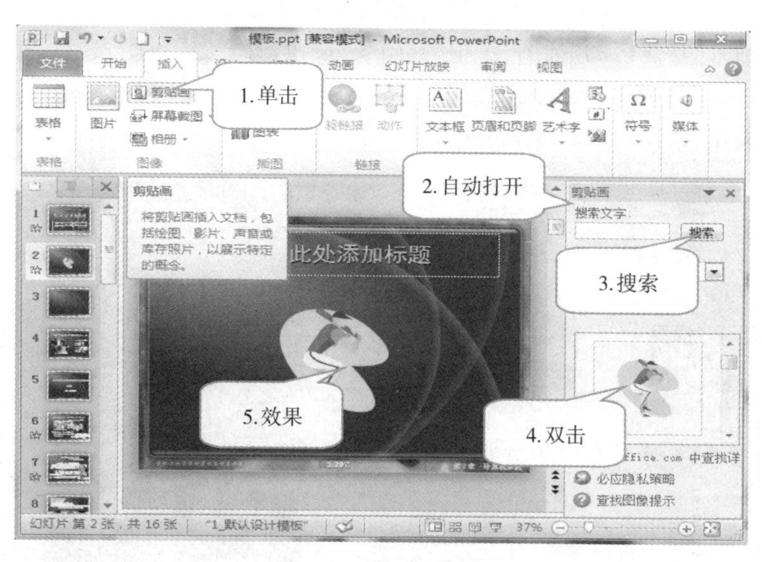

图 5－20　剪贴图形的插入

5.3.2.3　图片的插入与设置

演示文稿软件 PowerPoint 2010 还可用插入图片对幻灯片进一步美化。
(1)单击需要插入图片的位置；
(2)单击“插入”功能区的“图像”组中的“图片”按钮，打开“插入图片”对话框；

(3)单击要插入的图片的名称“第一台电子计算机”;

(4)单击“插入”按钮,如图 5-21 所示。

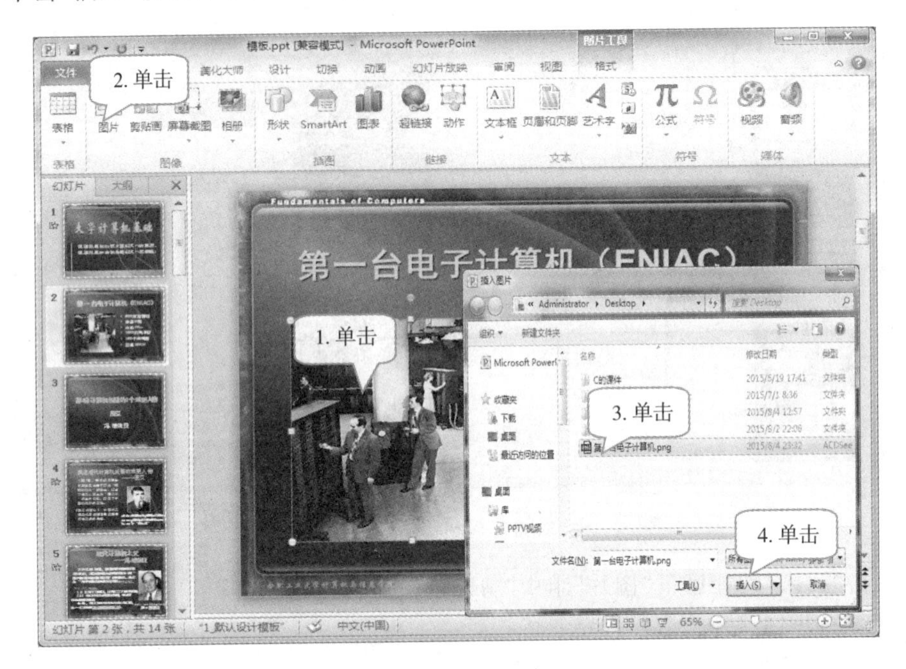

图 5-21　插入图片

5.3.2.4　图表的插入与设置

演示文稿处理软件 PowerPoint 2010 还有较强的表格功能。

(1)单击“插入”功能区的“插图”组中的“图表”按钮,打开“插入图表”对话框;

(2)单击“柱形图”中的“簇状柱形图”;

(3)单击“确定”按钮,如图 5-22 所示。

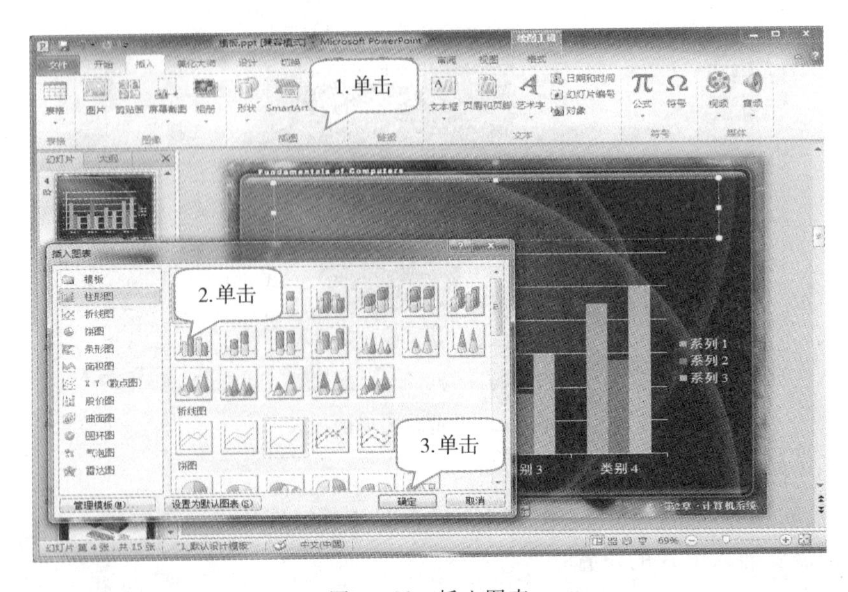

图 5-22　插入图表

5.3.3　插入多媒体

在幻灯片的演示的过程中，希望播放视频文件来增加演示的效果，PowerPoint 2010 中可以嵌入视频或链接视频。嵌入视频时，不必担心在拷贝演示文稿到其他位置时会丢失文件，所有文件都各自存放。视频文件可以限制演示文稿的大小，可以链接到本地硬盘的视频文件或者上传到网站上的视频文件。

5.3.3.1　插入声音

如果想在放映幻灯片的同时播放声音，可通过“媒体”组来实现。具体操作方法如下：

(1)单击“插入”功能区的“媒体”组中的“音频”，在弹出的下拉列表中选择“文件中的音频”选项，打开“插入音频”对话框；

(2)单击要插入的声音“声音文件 . mp3”；

(3)单击“插入”按钮，此时幻灯片上会出现一个小喇叭的标志。

(4)单击“音频工具播放”功能区中的“音频选项”组中的“放映时隐藏”复选框，此时的小喇叭标志就会在放映幻灯片时隐藏，如图 5 - 23 所示。

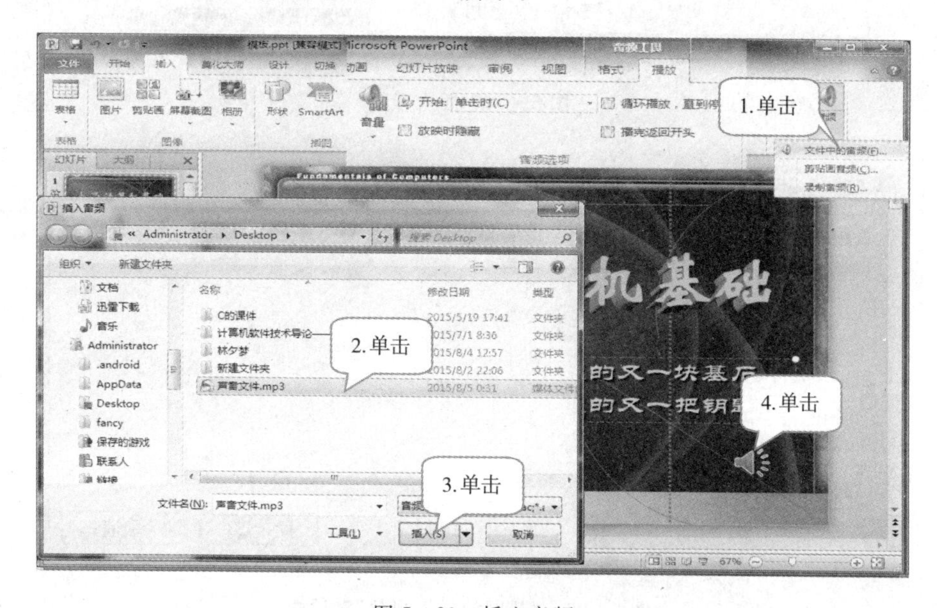

图 5 - 23　插入音频

5.3.3.2　插入视频

插入来自文件的视频，方法与插入声音类似。

(1)单击“插入”功能区的“媒体”组中的“视频”按钮，在弹出的下拉列表中选择“文件中的视频”，打开“插入视频文件”对话框；

(2)单击要插入的视频文件；

(3)单击“插入”按钮即可，如图 5 - 24 所示。

PowerPoint 2010 新增了支持插入网站视频功能，此功能只需单击“媒体”组中的“视频”按钮，在弹出的下拉列表中选择“来自网站的视频”选项，打开如图 5 - 25 所示的对话框，将网站中的视频嵌入代码复制到该对话框，单击“插入”即可。

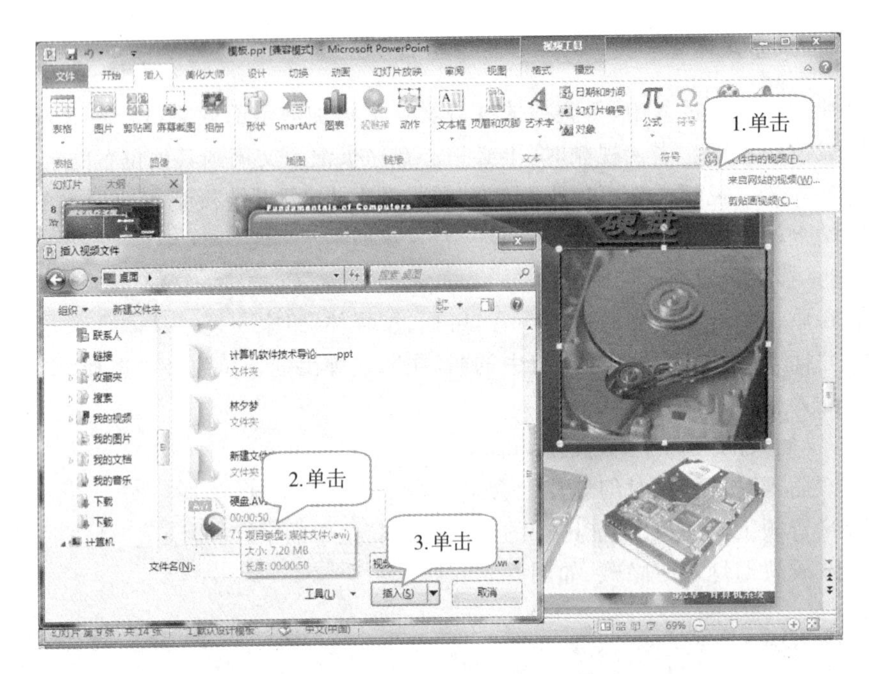

图 5 - 24　插入音频

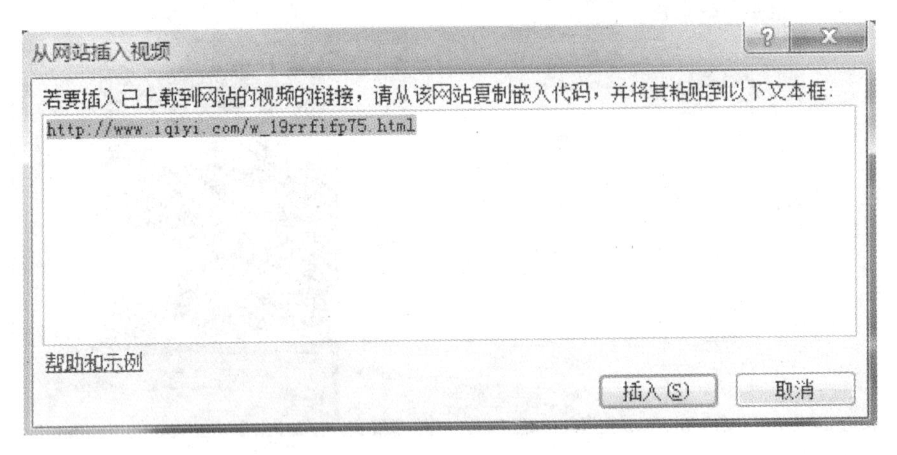

图 5 - 25　“从网站插入视频”对话框

5.4　演示文稿的高级编辑

为了让设计的演示文稿更加的形象逼真,展示教学或其他产品的技术资料,使幻灯片更加绚丽夺目,在制作幻灯片时可以加入动画切换效果。可以将文本、图片、形状、表格、SmartArt图形和其他对象制作成动画,赋予它们进入、退出、大小或颜色变化甚至移动等视觉效果。

5.4.1　幻灯片对象的动画设置

在幻灯片制作中,对层次小标题、自加文本框、图片、表格等对象进行动画效果设置,即对其在幻灯片上显现的顺序和进入幻灯片的方式预设,以获得特殊的视觉和听觉效果。

PowerPoint 2010 中有以下四种不同类型的动画效果：

(1)“进入”效果：可以使对象逐渐淡入焦点、从边缘飞入幻灯片或者跳入视图中。

(2)“退出”效果：包括使对象飞出幻灯片、从视图中消失或者从幻灯片中旋出。

(3)“强调”效果：包括使对象缩小或放大、更改颜色或沿着其中心旋转。

(4)动作路径：可以使对象上下移动、左右移动或者沿着星形或圆形图案移动(与其他效果一起)。

5.4.1.1　为同一个对象设置单个动画

(1)选定要添加动画效果的文本或其他对象；

(2)单击“动画”功能区的“其他”按钮；

(3)单击下拉列表中的“更多进入效果”，打开“更改进入效果”对话框。

(4)单击“基本型”中的“飞入”选项；

(5)单击“确定”按钮，如图 5-26 所示。

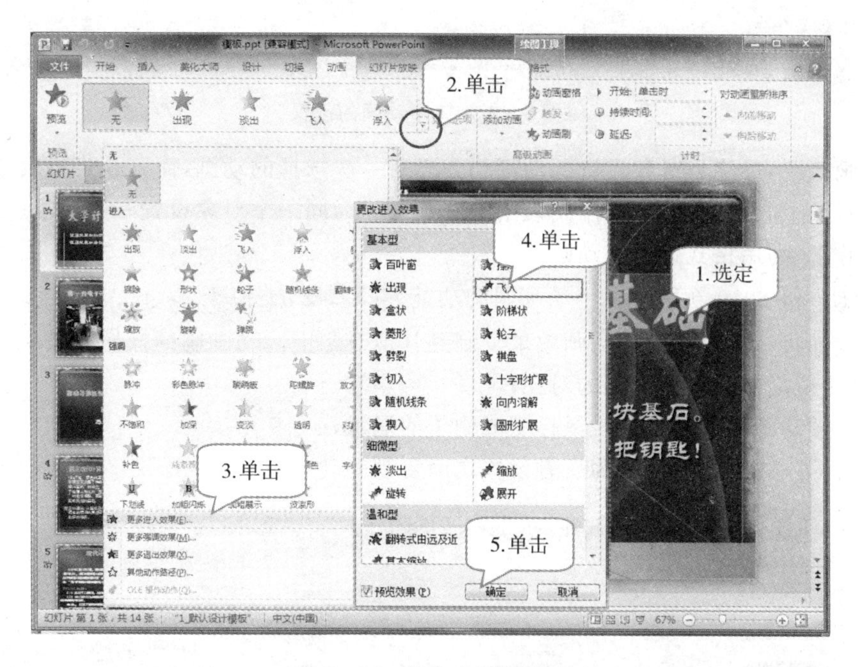

图 5-26　单个动画的设置

5.4.1.2　为同一个对象设置多个动画

如果希望某个对象可以表现出多种动画效果，可以为该对象设置多个动画。设置多个动画的方法与设置一个动画类似：

(1)选定对象；

(2)在图 5-26 的基础上，单击“动画”功能区的“高级动画”组中的“添加动画”按钮下的下拉按钮；

(3)单击下拉列表中的“更多进入效果”，弹出“添加进入效果”对话框，如图 5-27 所示；

(4)单击“温和型”中的“翻转式由远及近”选项；

(5)单击“确定”按钮，此时在设定的对象旁边出现动画序号。

需要注意的是，在使用“动画”组下拉列表中的选项为同一个对象添加动画时，即使反复选

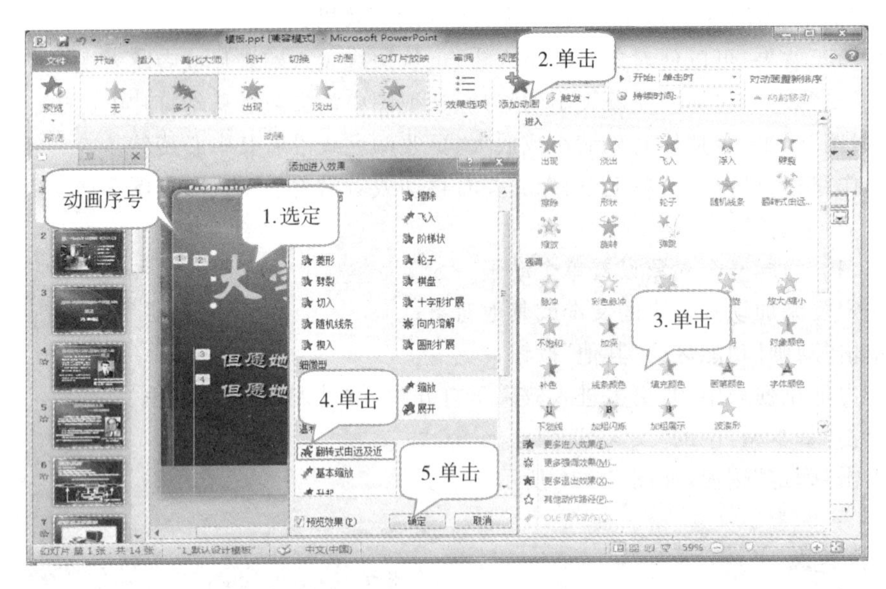

图 5 - 27　多个动画的设置

择多次动画效果,最终为对象设置的动画均为最后一次选择的动画,而不是将每次选择的动画叠加到该对象上。换句话说,使用列表中的选项只能为同一个对象设置一个动画。

5.4.1.3　利用格式刷复制动画

PowerPoint 2010 新增了一个动画刷的功能 动画刷,类似于 Word 中的格式刷,其功能是可以快速地将一个对象上的动画效果复制到其他对象上。动画刷的操作很简单:

(1)选定要复制的动画效果的对象;

(2)单击"动画刷"按钮,此时鼠标变成刷子的形状;

(3)单击另一个对象,即可为后者设置之前复制的动画效果,如图 5 - 28 所示。

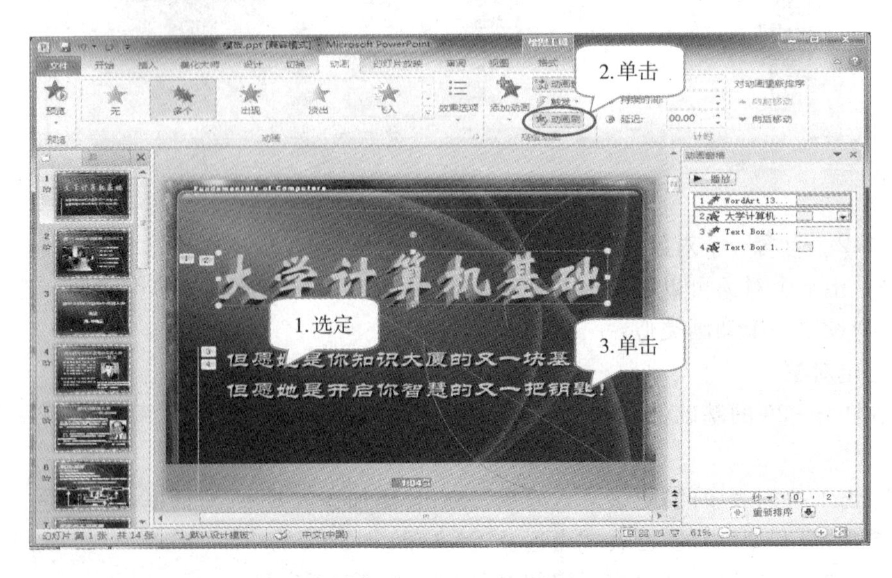

图 5 - 28　动画刷的使用

当为幻灯片中的某一个对象设置了一个自定义动画后，在幻灯片中该对象左侧会显示一个数字，该数字表示该动画在幻灯片中的动画序号。当继续为其他对象设置动画后，后设置的动画编号将继续递增，这样就可以很容易地分辨出幻灯片中每个动画的播放次序了。

5.4.1.4　调整多个动画间的播放顺序

当为同一个对象设置多个动画，或在一张幻灯片中为多个不同的对象设置动画后，可能需要制定这些动画的出现顺序，从而得到预期的效果，这时可以在 PowerPoint 2010 提供的动画窗格中调整动画的播放顺序。

(1)单击“动画”功能区中的“高级动画”组中的“动画窗格”按钮，打开“动画窗格”对话框，如图 5－29 所示；在“动画窗格”中显示出了当前幻灯片中所有对象的动画效果，将按照上面的序号依次播放动画列表中的每个动画。

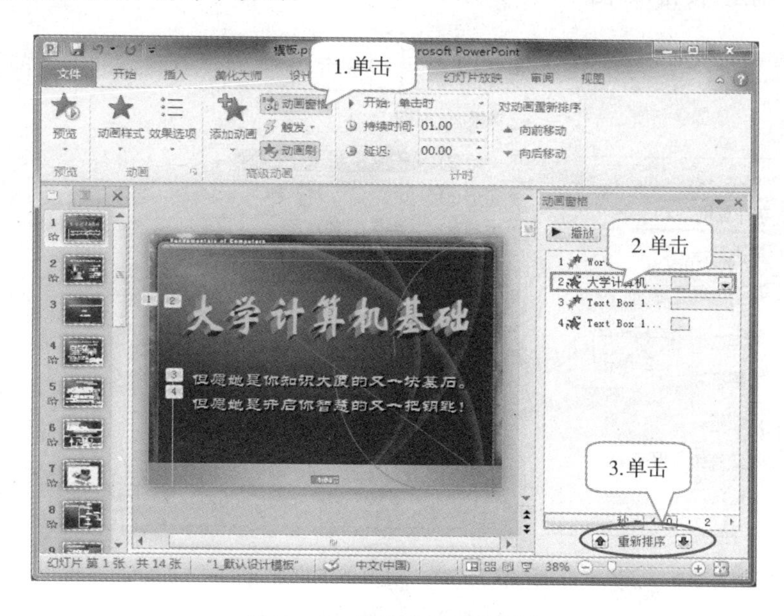

图 5－29　设置动画播放顺序

(2)单击要调整顺序的动画；

(3)单击⬆或⬇按钮将其向上或向下移动。

5.4.1.5　设置动画的细节

这里所说的动画细节是指在播放动画过程中，实际情况可能需要进行调整的一些细节，可用下面两种方式来完成。

1. 在功能区中进行设置

(1)单击“动画”功能区的“计时”组；

(2)单击“开始”下拉列表，选择“单击时”为开始方式；

(3)单击“持续时间”下拉列表，选择“01:00”为持续时间，如图 5－30 所示。

2. 使用专门的动画设置对话框进行设置

(1)单击“动画窗格”中第 2 个播放动画的下拉按钮；

(2)单击下拉列表中的“效果选项”或“计时”命令，打开“翻转式由远及近”对话框；

(3)单击“计时”选项卡，进行计时细节设置；

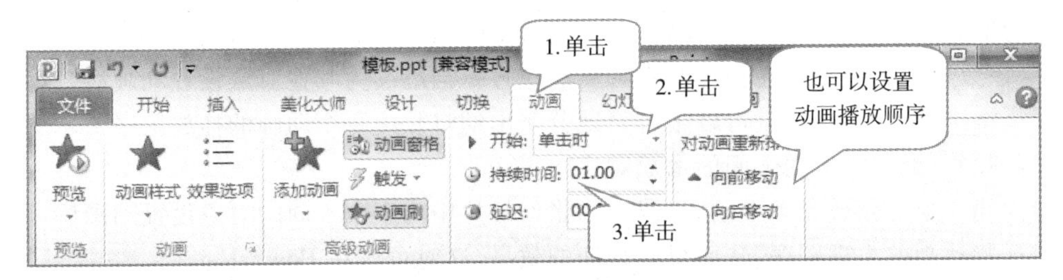

图 5-30　“计时”设置

(4)单击“效果”选项卡;

(5)单击“声音”下拉列表,选择“爆炸”为动画播放时的声音;

(6)单击“确定”按钮,如图 5-31 所示。

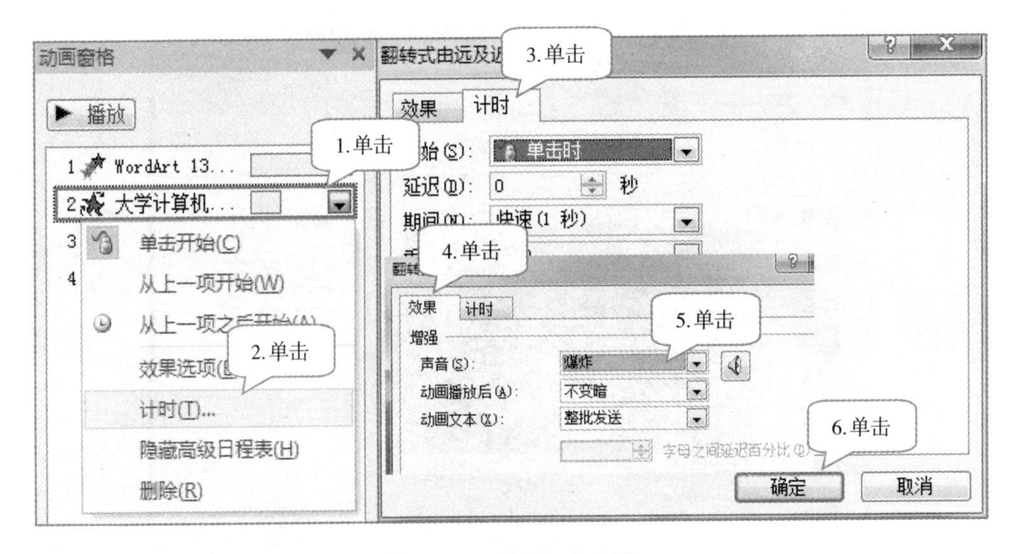

图 5-31　动画细节设置

5.4.2　幻灯片的切换动画

在 PowerPoint 2010 中,增加了许多令人眼花缭乱并且惊叹不已的幻灯片切换效果,用户可以为不同幻灯片设置切换动画,也可以为演示文稿中所有的幻灯片设置切换动画。

切换效果分为三大类:细微型、华丽型、动态内容。其中在“华丽型”中有很多切换效果,只有在 PowerPoint 2010 中才有。

5.4.2.1　设置切换动画

PowerPoint 2010 提供了 34 种内置的幻灯片切换动画效果:如切换、翻转、蜂巢、立方体等,其中每种切换动画效果还有四种效果选项。具体设置方法:

(1)单击“切换”功能区的“切换到此幻灯片”组中“其他”按钮;

(2)单击“其他”按钮下拉列表中的“细微型”中的“分割”选项;

(3)单击“切换”功能区的“切换到此幻灯片”组中“效果选项”按钮;

(4)单击“效果选项”下拉列表中的“上下向中央收缩”选项;

(5)单击“功能”功能区的“计时”组设置:

① 单击“声音”下拉框按钮,从下拉列表中选择“风铃”声音;

② 单击"持续时间"组合框中的上、下箭头，设置时间为"01.00"；

③ 单击"切换方式"下的"单击鼠标时"复选框；

④ 单击"设置自动切换片时间"复选框，并设置时间为"00.02.00"，如图5-32所示。

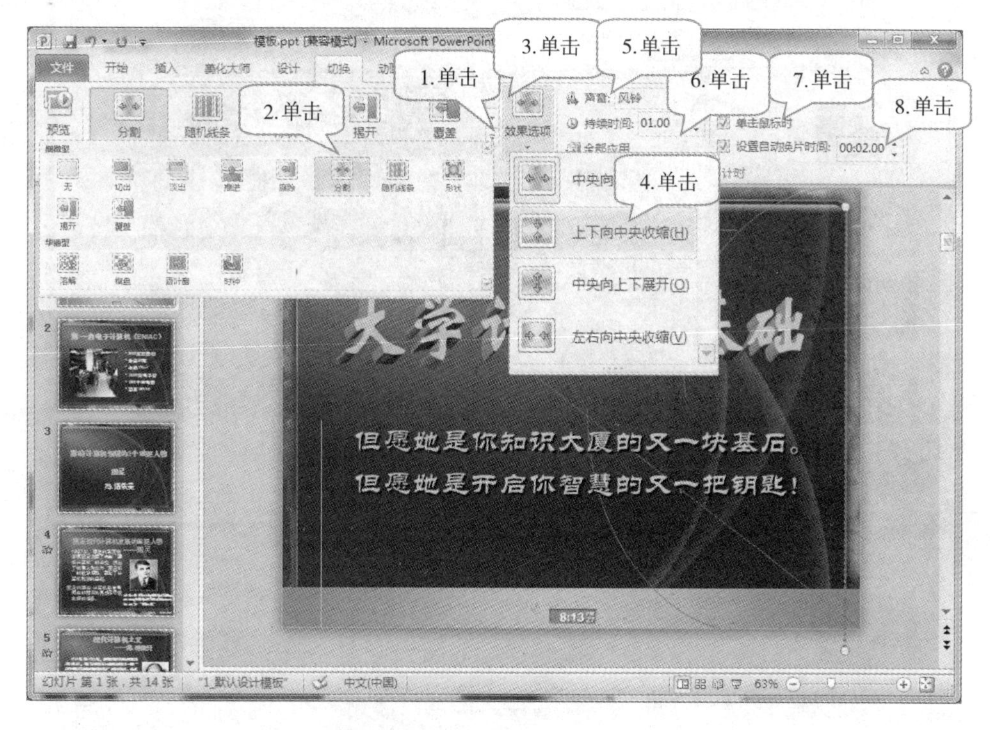

图5-32 幻灯片切换方式设置

5.4.2.2 删除幻灯片之间的切换效果

如果希望去掉幻灯片中已设置好的切换动画和音效，可以通过以下方法：

(1)单击"切换"功能区的"切换到此幻灯片"组中选择"无"选项；

(2)单击"计时"组中的"声音"下拉列表中选择"无声音"选项，可以去除切换时的声音效果，如图5-33所示。

5.4.3 幻灯片的放映设置

5.4.3.1 自定义放映

PowerPoint 2010中新增了放映方式的自定义放映方式，用户可以随意地调整幻灯片放映的顺序。具体设置方法如下：单击"幻灯片放映"功能区的"开始放映幻灯片"组中的"自定义幻灯片放映"按钮，打开"自定义放映"对话框，如图5-34所示。

(1)单击"自定义放映"对话框中的"新建"按钮，弹出"定义自定义放映"对话框；

(2)选定左侧需要设置自定义放映的幻灯片；

(3)单击"添加"按钮即可；

(4)选定"在自定义放映时的幻灯片"中的幻灯片；

(5)单击上或下箭头来设置幻灯片的放映顺序；

(6)单击"确定"按钮。

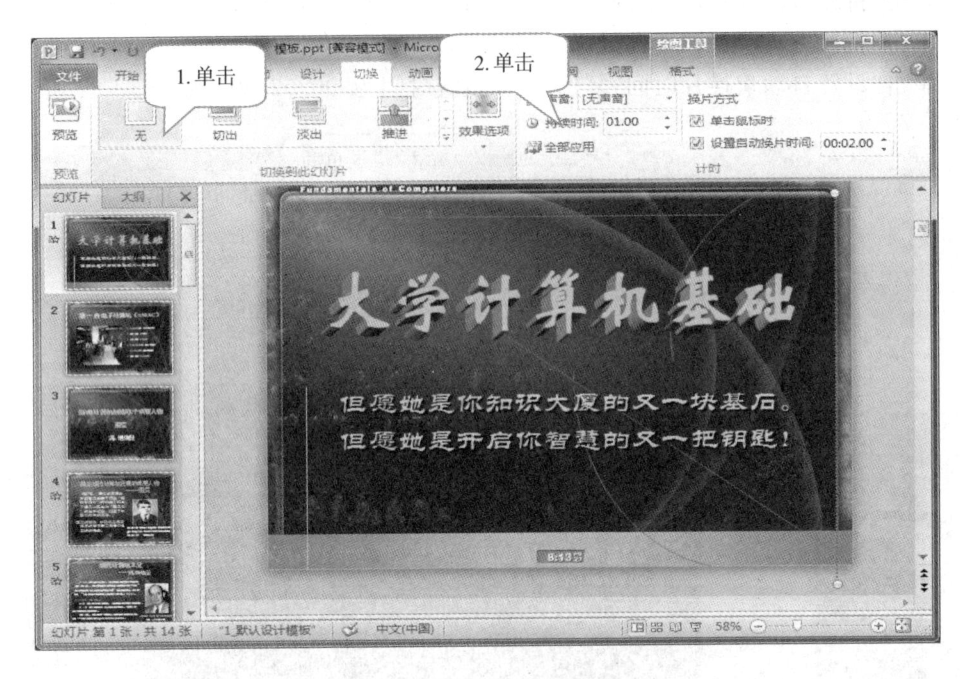

图 5 - 33　删除幻灯片切换效果

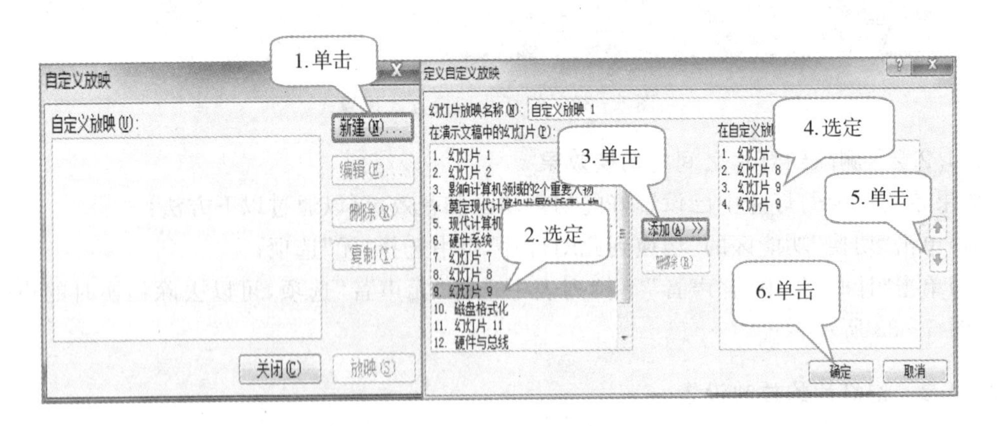

图 5 - 34　“自定义放映”对话框

5.4.3.2　设置放映方式

幻灯片的放映方式是指放映时的播放类型和播放范围，主要是为了适应不同演讲场合的需求。在 PowerPoint 2010 窗口中，打开需要放映的演示文稿后，单击“幻灯片放映”功能区的“设置”组中的“设置放映方式”命令，弹出如图 5 - 35 所示的对话框。

(1)单击“放映类型”选项下的“演讲者放映”单选按钮；

(2)单击“放映幻灯片”选项下的“全部”按钮；

(3)单击“换片方式”下的“手动”单选按钮；

(4)单击“确定”按钮。

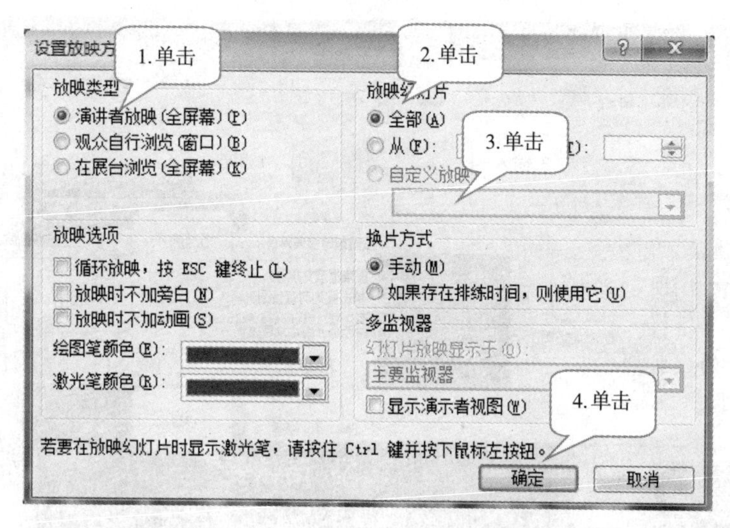

图 5-35　“设置放映方式”对话框

5.4.4　创建按钮与超链接

5.4.4.1　什么是超级链接

超级链接是指在执行演示文稿处理软件 PowerPoint 文件的时候，方便地转去演示与当前幻灯片不相邻的幻灯片，或演示别的演示文稿，或执行其他应用程序，然后又能方便地返回原演示文稿的这样一种功能。超级链接能极大地拓展演示范围。

在演示文稿中可以添加超级链接，利用它可以跳转到不同的位置。例如转到本演示文稿的某张幻灯片、其他演示文稿、Word 文档、Excel 电子表格、公司 Internet 地址等。单击鼠标激活超级链接，就跳转到超级链接的设定处。

5.4.4.2　超级链接的设置

创建超级链接的起点可以是任何文本或对象。设置了超级链接起点的文本会添加下划线，并且显示配色方案指定的颜色。创建超级链接方法可以用“超链接”命令或“动作”。

1.“超链接”命令

使用插入超链接命令设置超链接的步骤如下：

(1)选定文字“图灵”作为超链接载体；

(2)单击“插入”功能区的“链接”组中的“超链接”选项，打开“插入超链接”对话框；

(3)在“要显示文字”框处，键入在载体上显示对操作需要提醒的文字“图灵”；

(4)单击“屏幕提示”，打开“设置超链接屏幕提示”对话框；

(5)在“屏幕提示文字”下框内输入“单击此处可查看图灵简介”；

(6)单击“确定”按钮；

(7)单击选择要链接的文档的位置；

(8)单击“确定”按钮，如图 5-36 所示。

2.“动作”按钮

使用“动作”按钮设置超级链接的步骤如下：

(1)单击“插入”功能区的“链接”组中的“动作”按钮，打开“动作设置”对话框；

(2)单击“单击鼠标”选项；

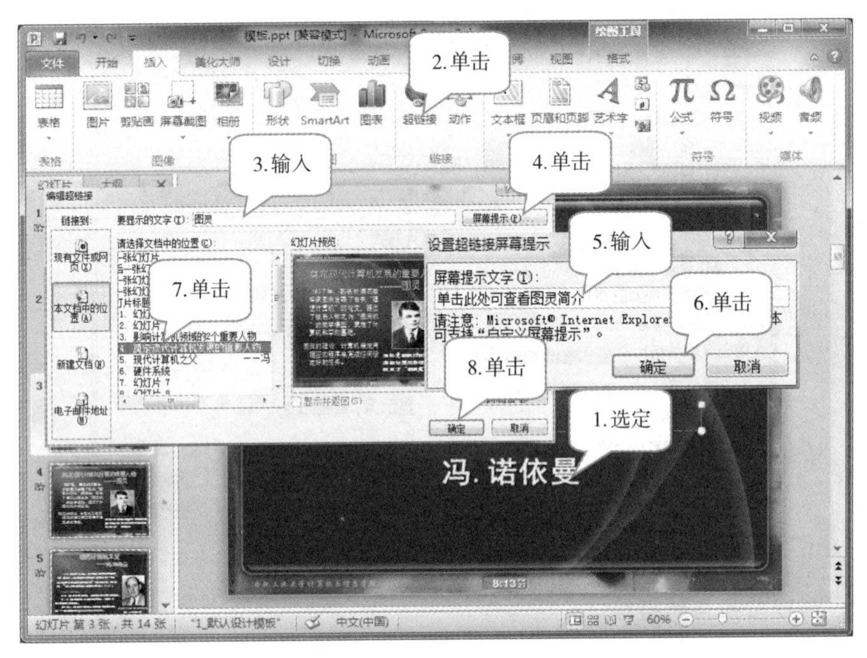

图 5-36 设置超链接

(3)单击“超链接到”单选按钮,并在下拉列表中选择要链接到的幻灯片;

(4)单击“播放声音”复选框,并在下拉列表中选择“照相机”声音;

(5)单击“确定”按钮,如图 5-37 所示。

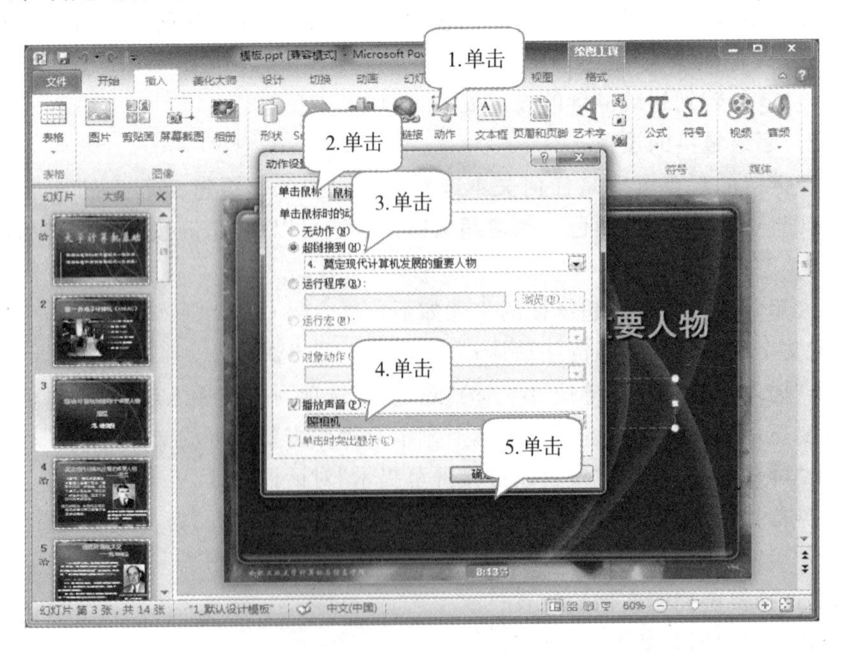

图 5-37 “动作”按钮设置

3. 超链接的应用

在幻灯片放映过程中,若当前幻灯片中有超级链接载体的按钮、文本框、图形等,只要用鼠标单击该载体,系统即转接到超级链接所指定的幻灯片,或演示文本文件,或其他应用程序去

执行。要返回当前幻灯片,也分三种情况:

(1)若是本演示文本的幻灯片,则在放映幻灯片的空白处击右键,在弹出菜单中单击“定位到幻灯片”,从下级菜单中选择当前幻灯片的名称即可,如图 5-38 所示;

(2)若是别的演示文本文件,则同样用右键单击空白处,在弹出菜单中点击结束放映命令;

(3)若是其他应用程序,如 Word 等,只要使用结束该应用程序的操作,均可使系统退回到当前幻灯片处。

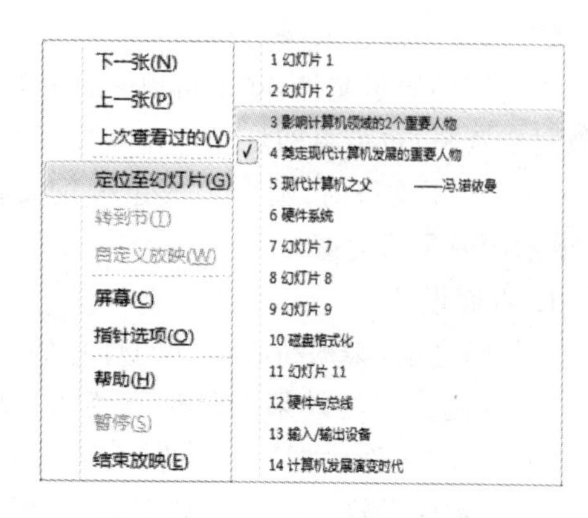

图 5-38 返回当前幻灯片操作

5.4.5 演示文稿的打包与打印

5.4.5.1 演示文稿的打包

打包演示文稿具体操作步骤:

(1)单击“文件”菜单中的“保存并发送”命令;

(2)双击“将演示文稿打包成 CD”按钮,打开如图 5-39 所示的“打包成 CD”对话框;

(3)修改“将 CD 命名为”文本框中的名称为“模板 CD”;

(4)单击“复制到文件夹”按钮,打开“复制到文件夹”对话框;

(5)单击“浏览”,选择路径;

(6)单击“确定”按钮;

(7)单击“关闭”按钮,如图 5-39 所示。

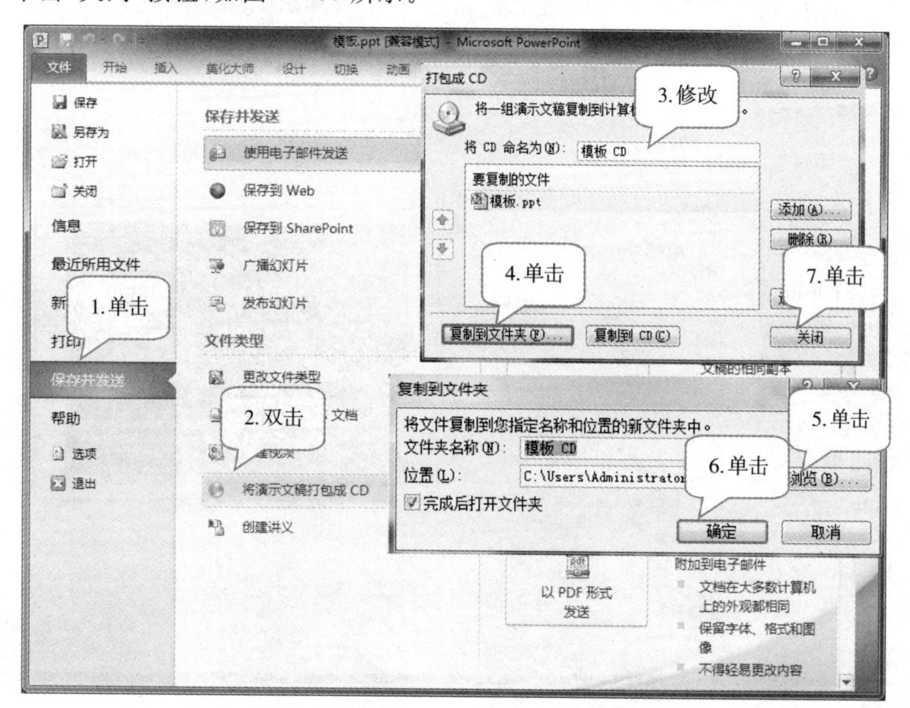

图 5-39 演示文稿打包设置

5.4.5.2　演示文稿的打印

建立完的演示文件，除了可以在计算机上做电子演示外，还可以将它们打印出来直接印刷成教材或资料；也可将幻灯片打印在投影胶片上，以后可以通过投影放映机放映。PowerPoint 2010 生成演示文稿时，辅助生成了大纲文稿、注释文稿等，如能在幻灯片放映前打印发给观众，演示的效果将更好。

1. 页面设置

在打印之前，必须精心设计幻灯片的大小和打印方向，以便打印的效果满足创意要求。单击“设计”功能区的“页面设置”组中的“页面设置”按钮，此时弹出“页面设置”对话框，如图5－40所示，实现下列设置：幻灯片大小的设置、幻灯片方向的设置、幻灯片高和宽的设置、幻灯片编号的设置。

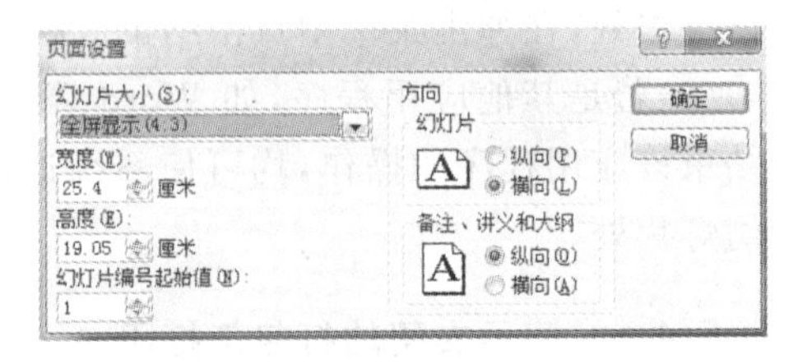

图 5－40　“页面设置”对话框

2. 设置打印

打印前应对打印机设置、打印范围、打印份数、打印内容等进行设置或修改。

(1)单击“文件”菜单中的“打印”命令，弹出“打印”选项框；

(2)在“打印”下的“份数”组合框内输入打印的份数“1”；

(3)单击“打印机”下拉按钮，从下拉列表中选择打印机型号；

(4)单击“设置”下的“打印全部幻灯片”，从下拉列表中选择需要打印的幻灯片；

(5)单击“设置”下的“整页幻灯片”，从下拉列表中选择幻灯片的版式；

(6)单击“打印”按钮，如图 5－41 所示。

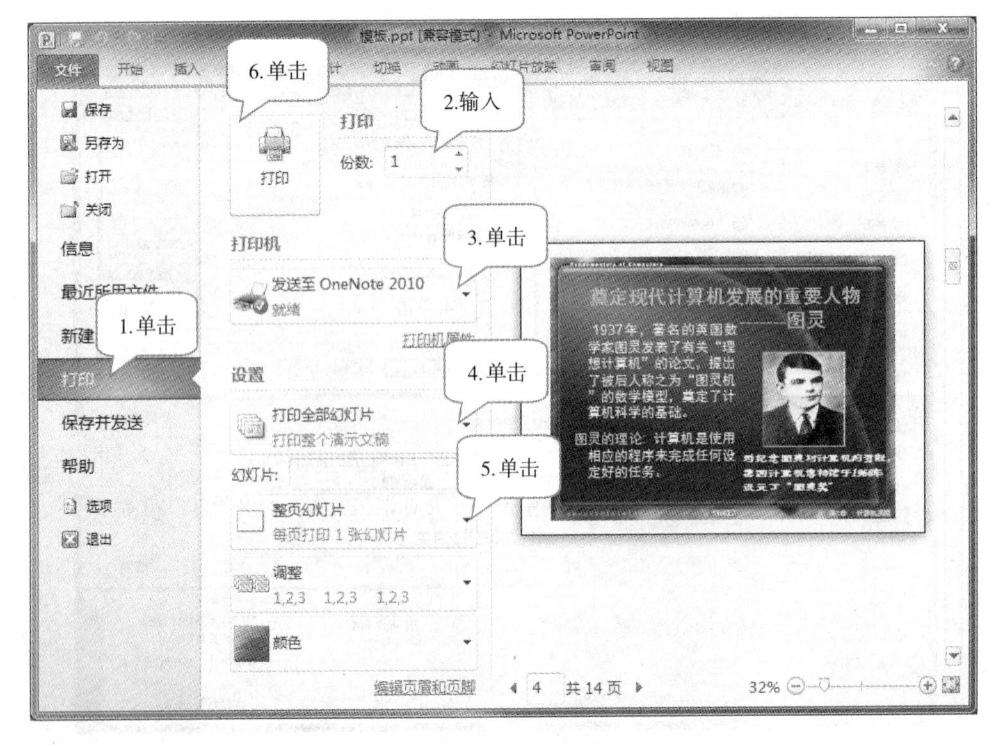

图 5－41　打印设置

5.5 本章小结

在各行各业的事务处理中，通过制作多媒体演示文稿并进行播放，可以解释一些较复杂的问题和现象，还可以对一些主题进行宣传。这样，将使问题直观、形象、生动，更能抓住人们的注意力，增强演示内容的显示效果。

建立演示文稿时，首先需要创建其框架结构，然后进行文字输入以及文字编排。根据需要，演示文稿的一些幻灯片中还可以进行图片与图形的添加、表格与图表的添加、SmartArt 的添加，以及进行幻灯片播放时旁白的录制。

演示文稿制作完成后，有时还需要进行调整和修饰，这就牵涉对幻灯片及对其中对象的复制、移动、修改、删除等操作；根据需要还可以进行幻灯片模板的更换、修改幻灯片的母版设置、更改幻灯片的背景等。幻灯片放映时，需要进行切换效果设置，幻灯片中各元素的动画设置、动作设置；在幻灯片中为了调整播放顺序，还可以建立和应用超级链接；如果需要，用户可以自定义放映内容并对放映方式进行设置。

如果想让演示文稿脱离 PowerPoint 播放，就需要对其进行打包操作。根据需要，还可以通过设置使演示文稿有不同的屏幕显示效果，可以进行各种打印操作。

总之，通过本章的学习，读者可达到熟练创建各种风格的多媒体演示文稿，并能娴熟地对各种观众放映内容丰富、界面生动的演示文稿。

习 题 5

一、单选题

1. PowerPoint 2010 演示文稿的扩展名是________。

   A). ppt　　B). pptx　　C). xslx　　D). docx

2. 在 PowerPoint 2010 的普通视图中，能进行的操作是________。

   A)输入、编辑文字对象　　B)输入、编辑图片对象

   C)复制、移动、删除幻灯片　　D)以上都可以

3. 在 PowerPoint 2010 浏览视图中，按住 Ctrl 键并拖动某幻灯片，可以完成的操作是________。

   A)移动幻灯片　　B)复制幻灯片　　C)删除幻灯片　　D)选定幻灯片

4. 在 PowerPoint 2010 中制作演示文稿时，若要插入一张新幻灯片，其操作为________。

   A)单击“文件”选项卡下的“新建”命令

   B)单击“开始”选项卡→“幻灯片”组中的“新建幻灯片”按钮

   C)单击“插入”选项卡→“幻灯片”组中的“新建幻灯片”按钮

   D)单击“设计”选项卡→“幻灯片”组中的“新建幻灯片”按钮

5. 关于插入在幻灯片里的图片、图形等对象，下列操作描述中正确的是________。

   A)这些对象放置的位置不能重叠

   B)这些对象放置的位置可以重叠，叠放的次序可以改变

C)这些对象无法一起被复制或移动

D)这些对象各自独立,不能组合为一个对象

6. 在 PowerPoint 2010 中,下列说法正确的是________。

A)不可以在幻灯片中插入剪贴画和来自文件的图片

B)可以在幻灯片中插入声音(即音频)和影像(即视频)

C)不可以在幻灯片中插入艺术字

D)不可以在幻灯片中插入超链接

7. 在 PowerPoint 2010 中,下列有关幻灯片背景设置的说法,正确的是________。

A)不可以为幻灯片设置不同的颜色、图案或者纹理的背景

B)不可以使用图片作为幻灯片背景

C)不可以为单张幻灯片进行背景设置

D)可以同时对当前演示文稿中的所有幻灯片设置背景

8. 幻灯片放映时的"超级链接"功能,指的是转去________。

A)用浏览器观察某个网站的内容

B)用相应的软件显示其他文档内容

C)放映其他文稿或本文稿的另一张幻灯片

D)以上 3 个都可能

9. 在 PowerPoint 2010 中,若要把幻灯片的设计模板(即应用文档主题),设置为"行云流水",应进行的一组操作是________。

A)"幻灯片放映"选项卡→"自定义动画"→"行云流水"

B)"动画"选项卡→"幻灯片设计"→"行云流水"

C)"设计"选项卡→"主题"→"行云流水"

D)"插入"选项卡→"图片"→"行云流水"

10. 如果要从第 2 张幻灯片跳转到第 8 张幻灯片,应使用"插入"选项卡中的________。

A)超链接或动作　　B)预设动画　　C)幻灯片切换　　D)自定义动画

11. 要使幻灯片在放映时能自动播放,需要为其设置________。

A)超级链接　　B)动作按钮　　C)录制旁白　　D)排练计时

12. 关于 PowerPoint 2010 幻灯片占位符说法正确的是________。

A)占位符是指定特定幻灯片位置的书签

B)空白幻灯片没有占位符

C)"标题和内容"版式没有图片占位符

D)以上说法都不正确

13. 在 PowerPoint 2010 中,超级链接可以建立在________上。

A)文本　　B)图形或图片　　C)表格　　D)以上全部

14. 要使幻灯片中的标题、图片、文字等按用户的要求顺序出现,应进行的设置是________。

A)设置放映方式　　B)幻灯片切换　　C)自定义动画　　D)幻灯片链接

15. PowerPoint 2010 提供的幻灯片模板(主题),主要是解决幻灯片的________。

A)文字格式　　B)文字颜色　　C)背景图案　　D)以上全是

16. 可以编辑幻灯片中文本、图像、声音等对象的视图方式是________。
A)幻灯片放映视图方式　　B)备注页视图方式
C)幻灯片浏览视图方式　　D)普通视图方式

17. 在 PowerPoint 2010 的幻灯片切换中,不可以设置幻灯片切换的是________。
A)换片方式　　B)颜色　　C)持续时间　　D)声音

18. 在 PowerPoint 2010 中,下列有关幻灯片背景设置的说法,正确的是________。
A)不可以为幻灯片设置不同的颜色、图案或者纹理的背景
B)不可以使用图片作为幻灯片背景
C)不可以为单张幻灯片进行背景设置
D)可以同时对当前演示文稿中的所有幻灯片设置背景

19. 关于母版的叙述中,不正确的一条是________。
A)母版可以预先定义前景颜色、文本颜色、字体大小等
B)标题母版为使用标题版式的幻灯片设置默认格式
C)对幻灯片母版的修改,不影响任何一张幻灯片
D)PowerPoint 2010 通过母版来控制幻灯片不同部分的表现形式

20. 在 PowerPoint 2010 的页面设置中,能够设置________。
A)幻灯片页面的对齐方式　　B)幻灯片的页脚
C)幻灯片的页眉　　D)幻灯片编号的起始值

二、填空题

1. 在 PowerPoint 2010 中,将文稿存盘时,保存后的文件其缺省的扩展名为________。

2. 在 PowerPoint 2010 中,幻灯片的放映方式有:________、________、________。

3. 在打印 PowerPoint 2010 的大纲视图的内容时,其打印格式是由________母版来规定的。

4. 在 PowerPoint 2010 的幻灯片切换中,不可以设置幻灯片切换的是________。

5. 在编辑幻灯片时,执行"复制"命令后,被选择的内容被复制到________。

6. 在 PowerPoint 2010 中对幻灯片放映条件进行设置时,应在________选项卡中进行操作。

7. 要在 PowerPoint 2010 中设置幻灯片动画,应在________选项卡中进行操作。

8. 欲设置幻灯片放映的范围,如从第 2 张到第 5 张,可单击________菜单,从中选择________。

9. 要在 PowerPoint 2010 中插入表格、图片、艺术字、视频、音频时,应在________选项卡中进行操作。

10. 在 PowerPoint 2010 中,若想设置幻灯片中图片对象的动画效果,应选择________。

三、多选题

1. 在"设置放映方式"对话框中,有________放映类型可以选择。
A)演讲者放映　　B)观众自行浏览　　C)在展台浏览　　D)投影仪放映

2. PowerPoint 2010 中自定义幻灯片的主题颜色,可以实现________设置。

A)幻灯片中的文本颜色

B)幻灯片中的背景颜色

C)幻灯片中超级链接和已访问链接的颜色

D)幻灯片中强调文字的颜色

3. 在放映幻灯片时,单击鼠标右键弹出的定位子菜单中有________命令。

A)幻灯片漫游　　B)按标题　　C)自定义放映　　D)上次查看过的

4. 下列哪些对象可以使用动画效果________。

A)文本框对象　　B)图表对象　　C)图片对象　　D)艺术字对象

5. 在幻灯片中使用组织结构图有________方法。

A)新建幻灯片时,选择带有组织结构图的版式

B)在编辑幻灯片时,执行"插入"选项卡中的"插图"组中的"SmartArt"命令

C)在编辑幻灯片时,在点位符中右击,选择"转换为 SmartArt"命令

D)从其他程序中复制组织结构图到 PowerPoint 幻灯片中

6. 选中对象以后,有________插入超级链接的方法。

A)按"Ctrl+K"键,选择链接目标

B)单击插入超级链接的按钮,选择链接目标

C)单击鼠标右键,选择超级链接目标

D)在"插入"选项卡中的"链接"组中选择超级链接,选择链接目标

7. PowerPoint 2010 的优点有________

A)为演示文稿带来更多活力和视觉冲击

B)添加个性化视频体验

C)使用美妙绝伦的图形创建高质量的演示文稿

D)用新的幻灯片切换和动画吸引访问群体

8. PowerPoint 2010 的功能区由________组成。

A)菜单栏　　B)快速访问工具栏　　C)选项卡　　D)工具组

9. PowerPoint 2010 的幻灯片可以________。

A)在计算机屏幕上放映

B)在投影仪上放映

C)打印成普通幻灯片使用

D)打印成 35mm 幻灯片使用

10. 在 PowerPoint 2010 中,若需将幻灯片从打印机输出,可以用下列快捷键________。

A)Shift+P　　B)文件→打印　　C)Ctrl+P　　D)Alt+P

四、综合练习

1. 用 PowerPoint 2010 制作个人简历。

要求:

(1)选取适当的设计模板,制作个人简历幻灯片,包括标题、照片、个人情况说明;

(2)通过幻灯片母版为每张幻灯片加上编号和适当的个人标志;

(3)在演示幻灯片时对标题幻灯片和其他幻灯片分别加上不同的动画效果。

2. 创建一个用于教学的 PowerPoint 2010 演示文稿，内容自拟。

要求：

(1)有文本内容、图像或图片、有表格等内容；

(2)有艺术字体、有动作按钮、有动画效果等内容；

(3)设置按钮之间的超级链接；

(4)至少要求有 5 张幻灯片以上的内容。

第6章　网络基础与Internet

【本章教学目标】

(1)了解计算机网络的发展;

(2)掌握计算机网络的功能、分类和体系结构;

(3)掌握计算机网络的拓扑结构及连接设备;

(4)掌握计算机接入 Internet 的方式;

(5)理解 IP 地址、域名分配和使用方法;

(6)掌握 Internet 提供的信息服务。

6.1　计算机网络概述

6.1.1　计算机网络的定义和发展

1. 计算机网络的定义

计算机网络是现代计算机技术与通信技术密切结合的产物,是随着社会对信息共享和信息传递的日益增强的需求而发展起来的。所谓计算机网络是指将地理位置不同的具有独立功能的多台计算机及其外部设备,通过通信线路连接起来,在网络操作系统、网络管理软件及网络通信协议的管理和协调下,实现资源共享和信息传递的计算机系统。

2. 计算机网络的发展

计算机网络经历了从简单到复杂、从单机到多机、从终端与计算机之间通信到计算机与计算机直接通信的发展时期。最早的网络,是由美国国防部高级研究计划局(ARPA)建立的。现代计算机网络的许多概念和方法,如分组交换技术都来自 ARPAnet。ARPAnet 不仅进行了租用线互联的分组交换技术研究,而且做了无线、卫星网的分组交换技术研究,其结果导致了 TCP/IP 问世。计算机网络的发展总体划分为四代:

第一代:远程终端连接。20 世纪 60 年代早期,面向终端的计算机网络:主机是网络的中心和控制者,终端(键盘和显示器)分布在各处并与主机相连;用户通过本地的终端使用远程的主机;只提供终端和主机之间的通信,子网之间无法通信。

第二代:计算机网络阶段(局域网)。20 世纪 60 年代中期,多个主机互联,实现计算机和计算机之间的通信。包括:通信子网、用户资源子网。终端用户可以访问本地主机和通信子网上所有主机的软硬件资源、电路交换和分组交换。

第三代:计算机网络互联阶段(广域网、Internet)。1981 年国际标准化组织(ISO)制定:开放体系互联基本参考模型(OSI/RM),实现不同厂家生产的计算机之间互联;TCP/IP 协议的诞生。

第四代：信息高速公路（高速，多业务，大数据量）。宽带综合业务数字网：信息高速公路，ATM 技术、ISDN、千兆以太网。交互性：网上电视点播、电视会议、可视电话、网上购物、网上银行、网络图书馆等高速、可视化。

3. 未来计算机网络的发展

未来网络的发展有以下几种基本的技术趋势：

（1）低成本微机所带来的分布式计算和智能化方向发展，即 Client/Server（客户/服务器）结构；

（2）向适应多媒体通信、移动通信结构发展；

（3）网络结构适应网络互联，扩大规模以至于建立全球网络，且应是覆盖全球的，可随处连接的巨型网；

（4）计算机网络应具有前所未有的带宽以保证承担任何新的服务；

（5）计算机网络应是贴近应用的智能化网络；

（6）计算机网络应具有很高的可靠性和服务质量；

（7）计算机网络应具有延展性来保证为迅速的发展做出反应；

（8）计算机网络应具有很低的费用。

6.1.2　计算机网络的功能和分类

6.1.2.1　计算机网络的功能

计算机的网络功能可归纳为信息交换、资源共享、提高可靠性、节省费用、便于扩充、分担负荷及协同处理等方面，这些方面的功能之间也是相辅相成的。

1. 资源共享

资源共享是建立计算机网络的目的，它包括硬件、软件和数据资源的共享，是计算机网络最有吸引力的功能。网上的用户通过网络能够部分或全部地使用计算机网络的资源，使计算机网络中的资源互通有无、分工协作，从而大大地提高各种硬件、软件和数据资源的利用率。

2. 数据通信

数据通信即数据传送，是计算机网络的最基本的功能之一。从通信角度看，计算机网络其实是一种计算机通信系统，它可以实现不同计算机之间的传输文件、收发电子邮件等重要功能。

3. 提高计算机系统的可靠性和可用性

在计算机网络中，每台计算机都可以依赖计算机网络相互为后备机，一旦某台计算机出现故障，其他的计算机可以立即承担起原先由该故障机所担负的任务，即计算机网络中拥有可替代的资源，这样就提高了整个系统的可靠性。而当计算机网络中某一台计算机负载过重时，计算机网络能够进行智能的判断，并将新的任务转交给计算机网络中较空闲的计算机去完成，这样就能均衡每一台计算机的负载，提高每一台计算机的可用性。

4. 易于进行分布处理

在网络操作系统的合理调度和管理下，一个计算机网络中的各个主机可以协同工作来解决一个依靠单台计算机无法解决的大型任务，这称为协调计算，也是分布式系统研究的目标之一。计算机网络支持下的协同工作是计算机应用的一个重要研究方向，必须依赖于计算机网络环境。

计算机网络有如此的功能，使得它在国民经济、文化教育、国防现代化及科学研究等领域获得越来越广泛的应用。工厂企业可用网络来实现生产的监测、过程控制、管理和辅助决策。邮电部门可利用网络来提供世界范围内快速而廉价的电子邮件、传真和 IP 电话服务。教育科研部门可利用网络的通信和资源共享来进行情报资料的检索、计算机辅助教育和计算机辅助设计、科技协作、虚拟会议以及远程教育。国防工程能利用网络来进行信息的快速收集、跟踪、控制与指挥等等。可见，计算机网络的应用范围是如此广泛，已经深入到社会的方方面面。

6.1.2.2　计算机网络的分类

由于计算机网络的广泛使用，目前在世界上已出现了各种形式的计算机网络。对计算机网络进行分类的方法很多，例如：按计算机网络通信涉及的地理范围可分为局域网(LAN)、城域网(MAN)和广域网(WAN)；按信息交换方式可分为线路交换网络、分组交换网络及综合交换网络；按网络拓扑结构可分为星形网、树形网、环形网及总线网等；按网络控制方式可分为集中式计算机网络和分布式计算机网络；按通信传输的方式可分为点到点传播型网和广播型网；按网络配置可分为对等网络和客户机/服务器网络等等。从不同的角度观察网络系统、划分网络，有利于全面地了解网络系统的特性。

在众多的分类中，最常见的分类方法是按网络通信涉及的地理范围来分的局域网(LAN)、城域网(MAN)和广域网(WAN)。

1. 局域网

局域网(LAN)又称为局部区域网。一般用微型计算机通过高速通信线路相连，覆盖范围为几百米到几千米，通常用于连接一幢或几幢大楼。在局域网内传输速率较高，一般为 1～20Mb/s；传输可靠，误码率低(为 10^{-7}～10^{-12})；结构简单容易实现。

2. 城域网

城域网(MAN)通常是使用高速的光纤的网络。在一个特定的范围内(例如校园、社区或城市)将不同的局域网段连接起来，构成一个覆盖该区域的网络，其传输速率比局域网高。城域网网络的所有者需自行安装通信设备和电缆。

3. 广域网

广域网(WAN)又称远程网。广域网的作用范围通常为几十米到几千千米，它的通信传输装置和媒体一般由电信部门提供。广域网子网主要使用分组交换技术，它可以使用分组交换网、卫星通信网和无线分组交换网。由于广域网常常借用传统的公共传输网，所以速率比局域网慢，传输错误率也较高。随着新的光纤标准和能够提供更宽、更快传输率的全球光纤通信网络的引入，广域网的数据传输率也将大大提高。

6.1.3　计算机网络的体系结构

计算机网络是以资源共享、信息交换为根本目的，通过传输介质将物理上分散的独立实体(如计算机系统、外设、智能终端、网络通信设备等)互联而成为网络系统。

所谓网络体系结构就是对构成计算机网络的各组成部分之间的关系及所要实现功能的一组精确定义。在计算机系统设计中，经常使用“体系结构”这个概念。它是指对系统功能进行分解，然后定义出各个组成部分的功能，从而达到用户需求的总体目标。因此，计算机的各层和在各层上使用的全部协议统称为网络系统的体系结构。

6.1.3.1　网络协议组成

协议是一组规则的集合，是进行交互的双方必须遵守的约定。在计算机网络系统中，为了使计算机之间正确传输信息，保证数据通信双方能正确而自动进行通信，针对通信过程的各种问题，制定了一整套规则和标准，这就是网络协议。

网络协议的内容很多，可供不同的需要使用。一个网络协议由三个要素组成：

(1)语义：是用于协调和进行差错处理的控制信息。

(2)语法：是数据与控制信息的结构或格式。

(3)同步：对事件实现顺序的详细说明。

协议只确定计算机各种规定的外部特点，不对内部的具体实现做任何规定。也就是说，计算机网络软、硬件的厂商在生产网络产品时，必须按照协议规定的规则生产产品，但生产商选择什么电子元件或使用何种语言不受约束。

6.1.3.2　OSI 参考模型

计算机网络体系结构的核心是如何合理地划分层次，并确定每个层次的特定功能及相邻层次之间的接口。由于各种局域网的不断出现，迫切需要异种网络及不同机种的互联，以满足信息交换、资源共享及分布式处理等需求，这就要求计算机网络体系结构标准化。为此，国际标准化组织(ISO)在 1984 年正式公布了网络系统的参考模型——开放系统互联基本参考模型(简称 OSI)。

1. OSI 参考模型

OSI 开放系统互联参考模型将整个网络的通信功能划分成七个层次。这七层由低层至高层分别是物理层、数据链路层、网络层、传输层、会话层、表示层和应用层，如图 6-1 所示。

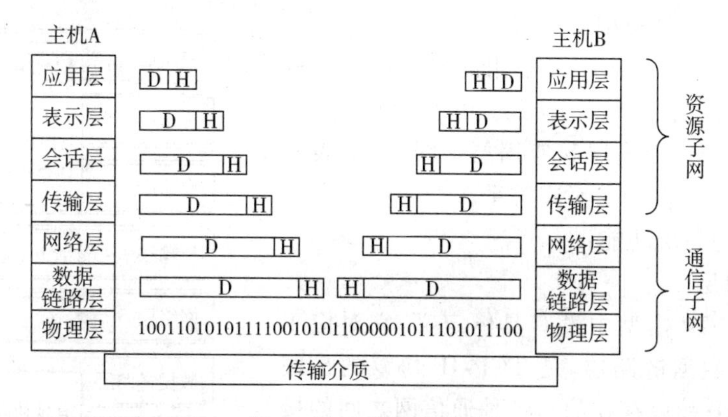

图 6-1　OSI 参考模型

(1)物理层：提供网络的物理连接，利用物理传输介质为数据链路层提供位流传输。

(2)数据链路层：建立和拆除数据链路；将信息按一定格式组装成帧，以便无差错地传送。

(3)网络层：提供路由，即选择到达目标主机的最佳路径，并沿该路径传送数据包。

(4)传输层：解决数据在网络之间的传输质量问题，以提供网络层服务质量。

(5)会话层：利用传输层来提供会话服务，负责提供建立、维护和拆除两个进程间的会话连接，并对双方的会话活动进行管理。

(6)表示层：负责管理数据的编码方法，对数据进行加密和解密、压缩和恢复。

(7)应用层:负责网络中应用程序与网络操作系统之间的联系,为用户提供各种具体的服务。

每层各完成一定的功能,并遵守相应的协议,信息流自上而下通过源设备的七层模型,再经过中介设备,然后又自下而上穿过目标设备的七层模型。主机 A 和主机 B 可以是任何类型的网络设备:如联网的计算机、打印机、传真机以及路由器等。

2. OSI 模型的主要特征

(1)OSI 模型定义是一种抽象结构,它给出的仅仅是功能上和概念上的标准框架,该模型与具体实现无关。

(2)每层完成所定义的功能,对其中一层的修改不影响其他层。

(3)不同系统的同层实体之间使用该层协议进行通信,只有最底层才能发生直接数据传送。

(4)同一系统内部相邻实体间的接口定义了服务原语以及向上层提供的服务。

(5)OSI 模型本身并不引起网络通信,必须执行某个实现某层功能的协议时,才执行有形的网络通信。

(6)两个不同的协议可能隶属于模型的同一层实现不同的功能,只有在同一层执行相同的协议才能彼此通信。

需要说明的是,OSI 参考模型的作用只是提供概念性和功能性结构,同时确定研究和改进标准的范围,并为维持所有有关标准的一致性提供共同的参考。因此,OSI 参考模型及其各有关标准都只是技术规范,而不是工程规范。在实际实现中,一般只取 OSI 中的一部分并有所变化,至今并没有一个与 OSI 完全一致的体系得以实现。这正说明了这个标准的开放性和优越性。

6.1.3.3 TCP/IP 模型

TCP/IP 模型是 Internet 上采用的网络体系结构模型,它把计算机网络分为四个层次,由下往上依次是网络接口层、网络层、传输层和应用层。图 6-2 表示 TCP/IP 模型与 OSI 模型的对应关系。

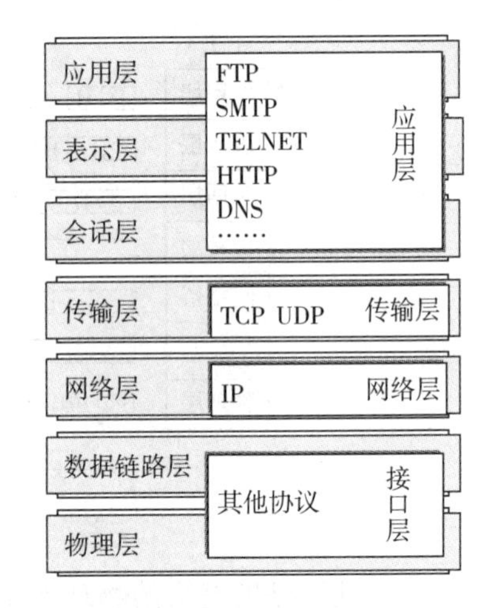

图 6-2　TCP/OSI 模型

TCP/IP 模型各层功能:

1. 网络接口层

该层在 TCP/IP 模型中没有具体定义,它对应于 OSI 的物理层和数据链路层,是 TCP/IP 协议的最底层。它是 TCP/IP 赖以存在的与各种通信网之间的接口,负责网络层与硬件设备间的联系。

2. 网络层

该层对应于 OSI 的网络层,在该层中定义了 IP (Internet Protocol)网际协议,其作用是把 IP 报文从源端送到目的端,协议采用无连接传输方式,不保证 IP 报文顺序到达,主要负责解决路由选择、跨网络传送等问题。

3. 传输层

该层对应于 OSI 的传输层,在该层中定义了 TCP(Transfer Control Protocol)传输控制协议,提供了 IP 数据包的传输确认、丢失数据包的重新请求及将收到的数据包按照它们的发送次序重新装配的机制。它是面向连接的协议。另外，该层还定义了另一个无连接 UDP(User Datagram Protocol)用户数据包协议。

4. 应用层

该层对应于 OSI 的会话层、表示层和应用层，是系统的终端用户接口，专门为用户提供应用服务，有很多协议。

6.1.4　网络的拓扑结构

拓扑结构是指网络中通信线路和站点(计算机或设备)的几何排列形式。它决定了网络的工作原理及信息传输方式。拓扑结构设计是建设计算机网络的第一步，它对整个网络的功能、可靠性与费用等方面都有重大的影响。

6.1.4.1　基本术语

由于把计算机网络的结构抽象成了点、线组成的几何图形，通常把工作站、服务器及通信设备等网络单元抽象为“点”，把网络中的电缆等通信媒体抽象为“线”，这样便可借以用图论拓扑的概念对网络结构进行分析。

1. 节点(网络单元)

节点是网络系统中的各种数据处理设备、数据通信控制设备和数据终端设备。网络节点分转节点和访问节点两类：转节点是支持网络连接性能的节点，它通过通信线路来转接和传递信息，如集中器、终端控制器等；访问节点是信息交换的源节点和目标节点，起信源和信宿的作用，如终端、主计算机等。

2. 链路(两个节点间的连线)

链路分三种：物理链路是实际存在的通信线路；逻辑链路是逻辑上起作用的网络通路；链路容量是指每个链路在单位时间内可接纳的最大信息量。

3. 通路

通路是从发出信息的节点到接收信息的节点之间的一串节点和链路，也就是一系列穿越通信网络而建立起的节点到节点的链路。

6.1.4.2　网络拓扑结构

网络的基本拓扑结构有总线结构、环形结构、星形结构和树形结构。在实际构造网络时，大量的网络是这些基本拓扑结构的结合。

1. 总线形拓扑结构

总线形拓扑结构采用单根传输线作为传输介质，所有的站点(包括工作站和文件服务器)均通过相应的硬件接口直接连接到传输介质或总线上，各工作站地位平等，无中心结点控制，如图 6－3 所示。

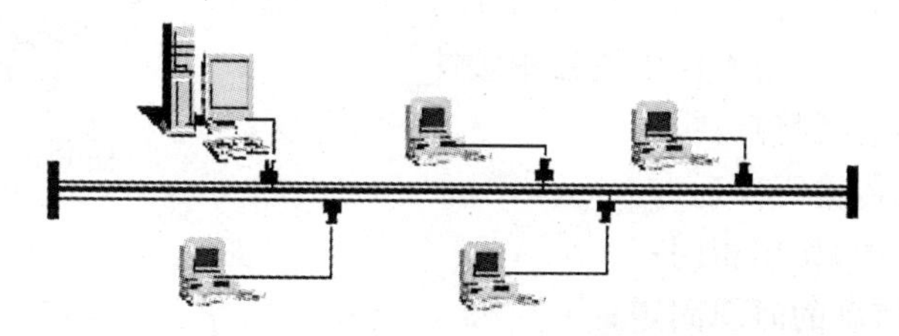

图 6－3　总线形拓扑结构

总线形网络采用广播通信方式,即由一个节点发出的信息,网络上的所有节点都可以接收,但只有与此信息的目的地址相同的节点才会接收信息。在总线上传送的信息最后由两端的终结器予以摘除。由于所有的节点共享一条公用的传输线路,所以一次只能由一个节点发送数据。这需要某种形式的访问控制策略来决定下一次哪一个节点可以发送信息。常用的方法是采用一种基于竞争的"载波监听多路访问与冲突检测"(CSMA/CD)控制策略。

总线形拓扑结构的主要特点在于:

(1)结构简单,可靠性高;

(2)布线容易,连线总长度小于星形结构;

(3)对站点易于扩充和删除;

(4)总线任务重,易产生瓶颈问题;

(5)总线本身的故障对系统是毁灭性的。

2. 星形拓扑结构

星形拓扑结构是由中心结点和通过点对点链路连接到中心结点的各站点组成,如图 6-4 所示。星形拓扑结构的中心结点是主结点,它接收各分散站点的信息再转发给相应的站点。

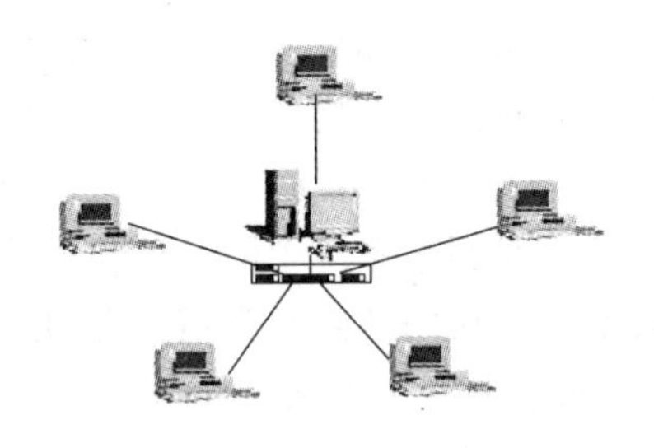

图 6-4　星形拓扑结构

星形拓扑结构的主要特点在于:

(1)通信协议简单;

(2)对外围站点要求不高;

(3)单个站点故障不会影响全网;

(4)电路利用率低,连线费用大;

(5)网络性能依赖中央结点;

(6)每个站点需要有一个专用链路。

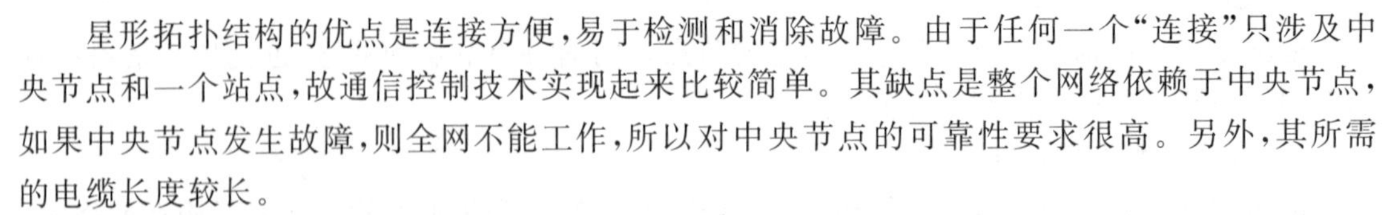

星形拓扑结构的优点是连接方便,易于检测和消除故障。由于任何一个"连接"只涉及中央节点和一个站点,故通信控制技术实现起来比较简单。其缺点是整个网络依赖于中央节点,如果中央节点发生故障,则全网不能工作,所以对中央节点的可靠性要求很高。另外,其所需的电缆长度较长。

3. 环形拓扑结构

环形拓扑结构是由网络中若干中继器通过点到点的链路首尾相连形成一个闭合的环,如图 6-5 所示。这种环形拓扑结构每个中继器与两条链路相连,由于环形拓扑的数据在环路上沿着一个方向在各节点间传输,这样中继器能够接收一条链路上来的数据,并以同样的速度串行地把数据送到另一条链路上,而不在中继器中缓冲。

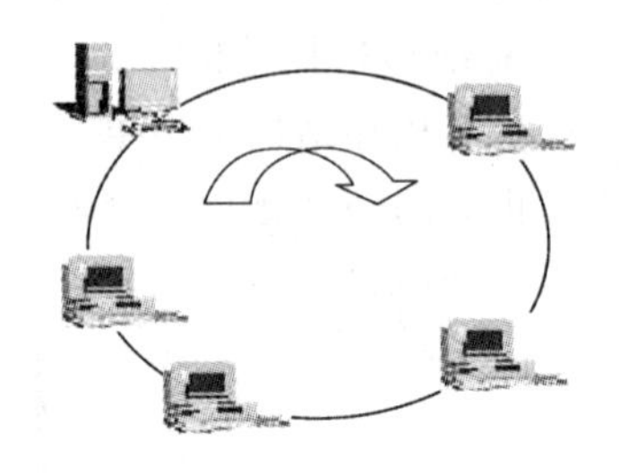

图 6-5　环形拓扑结构

环形拓扑结构的主要特点在于:

(1)传输速率高,传输距离远;

(2)各节点的地位和作用相同;

(3)各节点传输信息的时间固定;

(4)容易实现分布式控制;

(5)站点的故障会引起整个网络的崩溃。

环形网的优点是电缆长度短,抗故障性能好。其拓扑结构尤其适于传输速度高、能抗电磁干扰的光缆使用。其缺点是节点转发器的故障会引起全网的瘫痪,故障诊断也比较困难,且不易重新配置网络。

4. 树形拓扑结构

树形拓扑是从总线形拓扑演变过来的,形状像一棵倒置的树,顶端有一个带有分支的根,每个分支还可延伸出子分支,如图6-6所示。

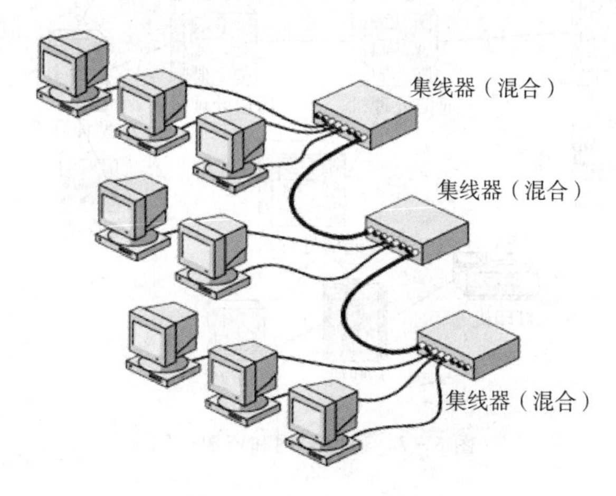

图6-6　树形拓扑结构

树形拓扑是一种分层的结构,适用于分级管理和控制系统。这种拓扑与其他拓扑的主要区别在于其根的存在。当下面的分支节点发送数据时,根接收该信号,然后再重新广播发送到全网。这种结构不需要中继器。与星形拓扑相比,由于通信线路总长度较短,故它的成本低,易推广,但结构较星形复杂。树形拓扑结构的主要特点在于:

(1)容易扩展,故障容易分离处理;

(2)对根的依赖性很大,根发生故障整个系统就崩溃。

6.2　计算机网络系统组成

6.2.1　计算机网络系统的逻辑组成

构成计算机网络的各种设备设施主要完成两方面的工作:数据处理和数据通信。根据这种功能的划分,可将计算机网络从逻辑上分为资源子网和通信子网两大部分,如图6-7所示。

1. 资源子网

把计算机网络中实现数据处理的设备和软件的集合称为资源子网。它包括各种功能的服务器(如文件服务器、打印服务器等)、工作站、共享设备(如打印机、提供计算用的超大规模计算机等)及相关的网络操作系统、应用软件和数据等。它为网络用户提供各种硬件、软件和数据资源,专门负责整个网络的数据处理和资源共享。

2. 通信子网

把网络中实现数据通信功能的设备及软件集合称为通信子网。它包括用户接口设备、数据传输设备(如调制解调器)、数据交换设备、通信处理机及其相应软件等,专门承担网络中数据的传输、交换和通信处理任务,为资源子网服务。

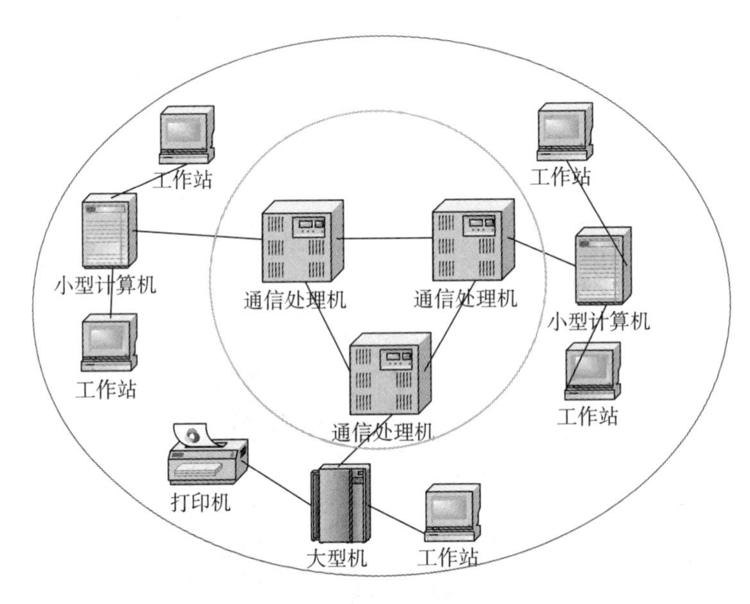

图 6-7　通信子网和资源子网

6.2.2　计算机网络系统的物理组成

计算机网络是一个非常复杂的系统,它通常由计算机软件、硬件及通信设备组成。下面分别介绍构成网络的主要组成部分。

6.2.2.1　网络中的主体设备

计算机网络中的主体设备称为主机(Host),由于主体设备在网络中所承担的任务不同,分别扮演了不同的角色,一般可分为中心站(服务器)、工作站(客户机)和同位体三类,如图 6-8 所示。

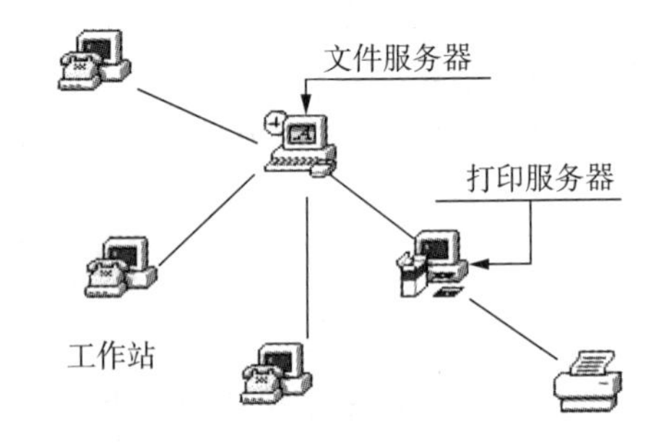

图 6-8　网络中的主体设备

1. 服务器(server)

服务器是为网络上的其他计算机提供服务的功能强大的计算机,在其上运行网络操作系统,是网络控制的核心。服务器一般由高档微机、工作站或专门设计的计算机(即专用服务器)担当。根据服务器在网络中所起的作用,又可将它们进一步划分为文件服务器、通信服务器、打印服务器、数据库服务器等。

2. 客户机(client)

客户机是使用服务器所提供服务的计算机,它可以有自己的操作系统。用户既可以通过运行工作站上的软件,共享网络上的公共资源,也可以不进入网络单独工作。客户机一般的配置要求不是很高,大多数采用 PC 机并携带相应的外部设备,如打印机、扫描仪、鼠标等。

3．同位体(peer)

同位体是可同时作为客户机和服务器的计算机。

6.2.2.2　共享的外部设备

连接在服务器上的硬盘、打印机、绘图仪等都可以作为共享的外部设备。除此之外，一些专门设计的外部设备，如网络共享打印机(SP，shared printer)，可以不经主机而直接连到网络上。局域网中的工作站都可以使用 SP，就像使用本地打印机一样。

6.2.2.3　网络的通信媒体

信息从一台计算机传输给另一台计算机，从一个节点把信息传输到另一个节点都是通过通信媒体实现的。通信媒体分有线通信媒体和无线通信媒体。双绞线、同轴电缆和光纤是常用的三种有线传输媒体；无线电通信、微波通信、红外线以及激光通信的信息载体都是无线传输媒体。

1．双绞线

双绞线是用两根绝缘铜线扭在一起的通信媒体。双绞线抗干扰作用较强，在电话系统中双绞线已被普遍使用。双绞线可以用于模拟或数字传输，传输信号时，双绞线可以在几千米之内不用对信号进行放大。由于双绞线性能好、成本低，在电器行业中得到广泛应用。

双绞线分为非屏蔽双绞线(UTP)和屏蔽双绞线(STP)，如图 6－9 所示。非屏蔽双绞线(UTP)不存在物理的电器屏蔽，既没有金属箔，也没有金属带绕在 UTP 上，UTP 对线结之间的串线干扰的电磁干扰，通过其自身的抵消作用来减少电能的吸收和辐射。

图 6－9　双绞线

屏蔽双绞线(STP)结合了同轴电缆和非屏蔽双绞线的特性，外部包有铝箔或铜编丝网。目前，在局域网中常用到的双绞线是非屏蔽双绞线(UTP)，它又分：3 类(10MB)、5 类(100MB)、6 类(200MB)等。

2．同轴电缆

同轴电缆的结构如图 6－10 所示。它的中央是铜质的芯线(单股的实心线或多股绞合线)，铜质的芯线外包着一层绝缘层，绝缘层外是一层网状编织的金属丝作外导体屏蔽层(可以是单股的)，屏蔽层把电线很好地包起来，再往外就是外包皮的保护塑料外层了。

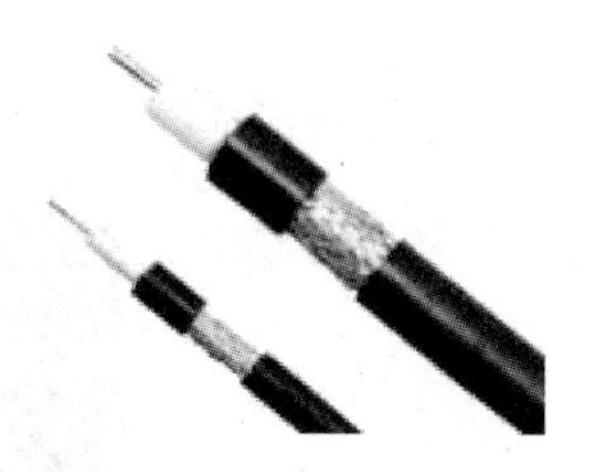

图 6－10　同轴电缆

同轴电缆具有较高的抗干扰能力，其抗干扰能力优于双绞线，并具有较宽的可用频带，所以常被用于较高速率的数据传输系统中。目前经常用于局域网的同轴电缆有两种：一种是专门用在符合 IEEE802.3 标准以太网环境中，阻抗为 50Ω 的电缆，只用于数字信号发送，称为基带同轴电缆；另一种是用于频分多路复用 FDM 的模拟信号发送，阻抗为 75Ω 的电缆，称为宽带同轴电缆。

3．光缆

光缆(即光纤)是一种细小、柔韧并能传输光信号的介质。一根光缆中包含有多条光纤，如图 6－11 所示。光缆上传输光脉冲数字信号，而不是电脉冲数字信号。通常用 1 表示有光脉冲信号,用0表示无光脉冲。在光缆通信系统中,由光端机、光中继器和光发送机组成。

(1)光端机:分成光发送机和光接收机。

(2)光中继器:用来延伸光纤或光缆的长度,防止光信号衰减。

(3)光发送机:将电信号调制成光信号,利用光发送机内的光源将调制好的光波导入光纤,经光纤传送到光接收机。光接收机将光信号变换为电信号,经放大、均衡判决等处理后送给接收方。

图6-11　光纤

光缆和同轴电缆相似,只是没有网状屏蔽层。中心是光传播的玻璃芯。光缆分为单模光缆和多模光缆两类(所谓“模”是指以一定的角度进入光纤的一束光)。光纤不仅具有通信容量非常大的特点,而且还具有其他的一些特点:

(1)抗电磁干扰性能好;

(2)保密性好,无串音干扰;

(3)信号衰减小,传输距离长;

(4)抗化学腐蚀能力强。

正是由于光缆的数据传输率高(目前已达到1Gb/s),传输距离远(无中继传输距离达几十千米至上百千米)的特点,所以在计算机网络布线中得到了广泛的应用。目前光缆主要是用于交换机之间、集线器之间的连接,但随着千兆位局域网应用的不断普及和光缆产品及其设备价格的不断下降,光缆连接到桌面也将成为网络发展的一个趋势。

4. 无线传输媒体

无线传输媒体是利用大气的电磁波传输信号。信号的发送和接收是通过天线完成的。目前常用的技术有:无线电波、微波、红外线和激光。

(1)微波通信

微波通信是计算机网络系统中的无线通信常使用的一种。主要分地面微波通信和卫星微波通信两种。

地面微波通信需要在适当的地点设置信号中继站,如图6-12所示。其主要目的是:

图6-12　微波通信示意图

① 信号放大：由于长距离传输后，波信号强度减弱，通过中继站来恢复信号强度。

② 信号失真恢复：由于波信号传输过程中，受到自然界等各种噪声的干扰，信号受到损坏并出现差错和失真，为此要通过中继站进行去干扰、去噪声，进行信号失真恢复等处理工作，以便使正常的控制信号向下一节点传递。

③ 信号转发：通过中继站把微波信号从一个中继站传送到下一个中继站，直到把信号传到信宿节点为止。

卫星微波通信是利用人造卫星做中继站转发微波信号，能使信号在非常大的范围内进行传播，其容量和可靠性更高。

微波通信的载波频率为2～40GHz范围。频率高，可同时传送大量信息。由于微波是沿直线传播的，故在地面的传播距离有限。

(2)红外线和激光通信

红外线和激光通信要把传播的信号分别转换为红外光信号和激光信号，直接在空间沿直线传播。现在，许多笔记本电脑和手持设备都配备有红外收发器端口，可以进行红外异步串行数据传输，其速度为115.2kb/s或4Mb/s。

微波、红外线和激光都需要在发送方和接收方之间有一条视线通路，它们统称为视线媒体。

(3)卫星通信

卫星通信是利用地球同步卫星作为中继来转发微波信号的一种特殊微波通信方式。卫星通信可以克服地面微波通信距离的限制，当地球同步卫星位于36000km高空时，其发射角可以覆盖地球上1/3的区域，如图6-13所示。只要在地球赤道上空的同步轨道上放置3颗间隔120°的卫星，就能实现覆盖地球上全部通信区域。

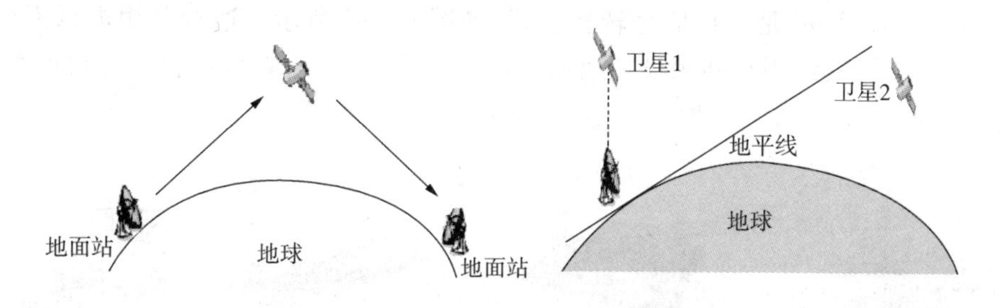

图6-13 卫星通信示意图

6.2.2.4 网络的连接设备

网络的连接设备是指计算机与通信线路之间按照一定通信协议传输数据的设备。包括网络适配器(网卡)、调制解调器、集线器、中继器、交换机、网桥、路由器和网关等。

1. 网络适配器

网络适配器又称网卡(NIC)，是计算机与传输介质进行数据交互的中间部件，任何一台计算机要想联网使用，必须通过网卡进行连接。

网卡通常插入主机的主板扩展槽中，一方面通过总线与计算机设备接口相连；另一方面又通过电缆接口与网络传输媒介相连。其作用主要是实现网络数据格式与计算机数据格式的转换，保证信号匹配、网络数据的接收与发送等。

按网卡的总线类型分：ISA工业标准结构总线网卡；MCA微通道结构总线网卡；EISA扩展工业标准结构总线网卡；PCI外围设备互联总线网卡。常用的网卡如图6-14所示。

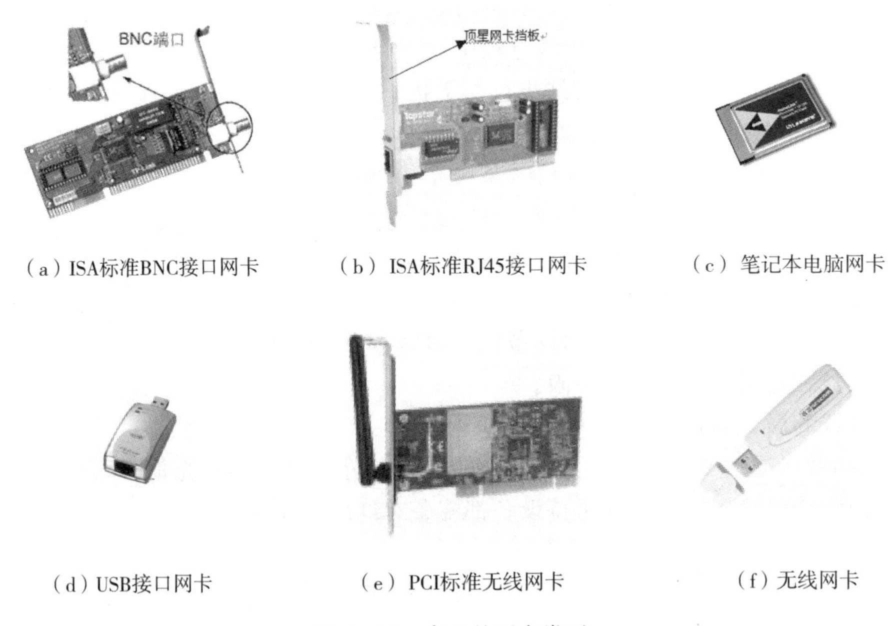

(a) ISA标准BNC接口网卡　(b) ISA标准RJ45接口网卡　(c) 笔记本电脑网卡

(d) USB接口网卡　(e) PCI标准无线网卡　(f) 无线网卡

图 6-14　常见的网卡类型

安装网卡后,还要进行协议的配置。例如,Windows 系统的计算机,可给网卡配置 IPX/SPX 协议和 NetBEUI 协议。如果要通过局域网或用 Modem 连接 Internet 网,必须配置 TCP/IP 协议。

2. 调制解调器

调制解调器(Modem)是一种信号转换装置,如图 6-15 所示。通过公用电话网(PSTN)连接计算机的设备。其作用是利用模拟通信线路传输数字信号,它可以将计算机的数字信号"调制"成通信线路的模拟信号,再将通信线路的模拟信号"解调"回计算机的数字信号。

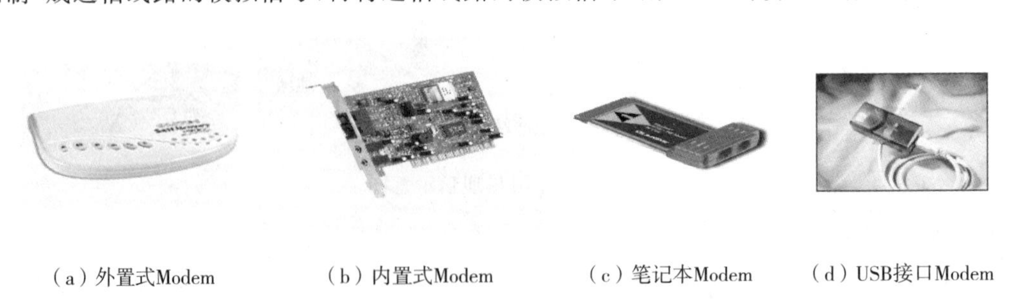

(a) 外置式Modem　(b) 内置式Modem　(c) 笔记本Modem　(d) USB接口Modem

图 6-15　常见调制解调器

3. 中继器

中继器属于网络物理层互联设备,由于信号在网络传输介质中有衰减和噪音,使有用的数据信号变得越来越弱。因此为了保证有用数据的完整性,并在一定范围内传送,要用中继器把所接收到的弱信号分离,并再生放大,以保持与原数据相同。

4. 集线器

集线器(Hub)和中继器类似,也属于网络物理层互联设备,可以说是多端口的中继器(Multi-port Reapter),如图 6-16 所示。作为网络传输介质间的中央节点,它克服了介质单一通道的缺陷。集线器具有信号再生转发功能，一个集线器上往往有 8 个、16 个或更多的端口，可使多个用户机通过双绞线电缆与网络设备相连，形成带集线器的总线结构。以集线器为中心的优点是：当网络系统中某条线路或某节点出现故障时，不会影响网上其他节点的正常工作。

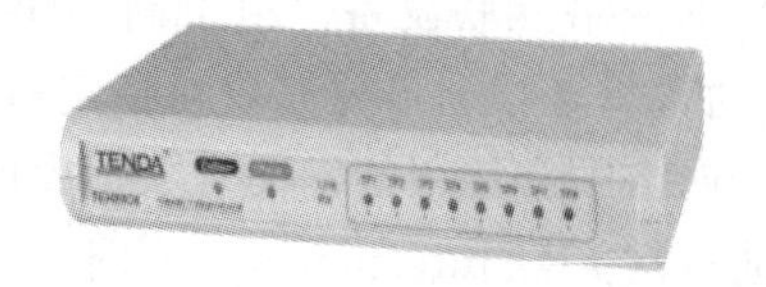

图 6－16　集线器

集线器的类型分无源、有源和智能三种。无源集线器不对信号做任何处理，工作站到集线器之间的距离在 30m 以内。有源集线器对信号可再生和放大，工作站到集线器之间的距离可达 600 米。智能集线器除具有有源集线器的全部功能外，还提供网络管理、智能选择网络传输通路等功能。

随着集线器技术的发展，又出现了一种新型的交换集线器，它在集线器内引入了交换技术，使集线器增加了线路交换功能和网络分段功能，从而提高了传输带宽。

5. 网桥

网桥(Bridge)是一个网段与另一个网段之间建立连接的桥梁，是一种数据链路层设备，如图 6－17 所示。网桥根据数据帧源和目标的物理地址(MAC)决定是否对数据帧进行转发，这在一定程度上提高了网络的有效带宽。

图 6－17　网桥

网桥一般分为内桥、外桥和远程网桥三类：内桥是指在服务器上通过多块网卡连接多个局域网所构建的网桥；外桥通常指用网络中的某台工作站通过插入多块网卡连接多个局域网所构建的网桥；远程桥则是实现远程网之间连接的网桥设备，一般通过调制解调器与通信媒体的连接。

6. 路由器

路由器(Router)属于网络层互联设备，用于连接多个逻辑上分开的网络。路由器有自己的操作系统，运行各种网络层协议(如 IP 协议、IPX 协议、Apple Talk 协议等)，用于实现网络层的功能。

路由器有多个端口，如图 6－18 所示。端口分成 LAN 端口和串行端口(即广域网端口)，每个 LAN 端口连接一个局域网，串口连接电信部门，将局域网接入广域网。路由器的主要功能是路由选择和数据交换。当一个数据包到达路由器时，路由器根据数据包的目标逻辑地址，查找路由表。如果存在一条到达目标网络的路径，路由器将数据包转发到相应的端口。如果目标网络不存在，数据包被丢弃。

图 6－18　路由器

7. 网关

网关是软件和硬件的结合产品，用于连接使用不同通信协议或结构的网络，使文件可以在这些网络之间传输。网关除传输信息外，还将这些信息转化为接收网络所用协议认可的形式。例如，一个使用 IPX 协议的 Netware 局域网通过网关可以访问 IBM 的 SNA 网络，这两个网络不仅硬件不同，而且使用的协议和数据结构也不同，只有通过网关才能相互访问。

网关的连接操作是在 OSI 模型的七层协议的传输层以上，承担高层协议的转换，它是最复杂的网络互联设备。由于高层协议非常多,所以,一个网关不可能实现对所有的协议的转换,通常只是根据需要完成对指定协议的转换。

网络中常使用的网关有数据库网关、电子邮件网关、局域网网关和 IP 电话网关等。局域网通过网关与 Internet 相连如图 6-19 所示。

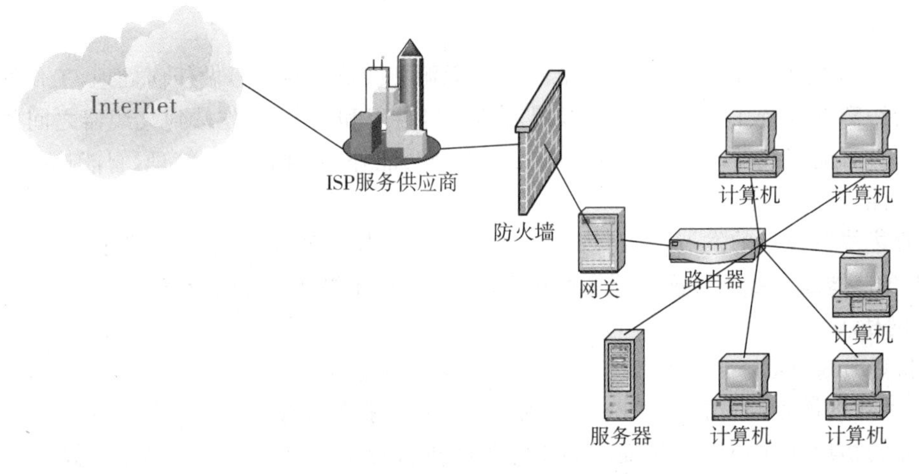

图 6-19　局域网通过网关连接 Internet

8. 交换机

交换机(Switch)属于数据链路层互联设备,可看作是多端口的桥(Multi-port Bridge),如图 6-20 所示。交换机能够通过检查数据包中的目标物理地址来选择目标端口。另外,交换机可以在很大程度上减少冲突的发生,因为交换机为通信的双方提供了一条独占的线路。比如,一个 16 端口的交换机,理论上在同一时刻允许 8 对网络接口设备交换数据。在网络传输密集的场合,交换机的效率要远高于 Hub。

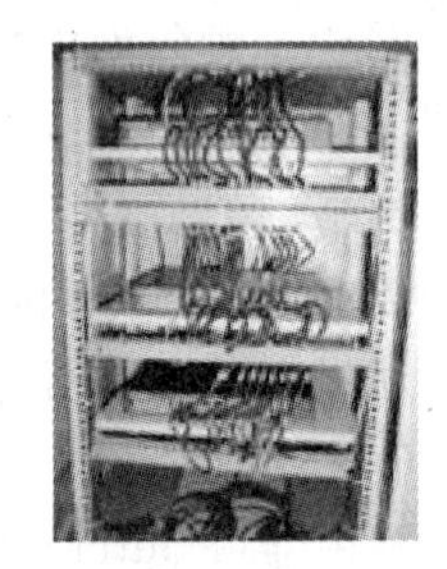

图 6-20　交换机

知识

网桥和网关的区别:网桥(Bridge)用于连接多个局域网,用于相同网络操作系统的互联。网关(Gateway)是连接两个协议差别很大的计算机网络时使用的设备,用于连接不同体系结构的计算机网络。

6.2.2.5　网络软件系统

在网络系统中,每一个网络用户都可享用系统中的各种资源,所以系统要对用户的访问操作进行控制。要协调系统资源也必须通过软件工具对网络资源进行管理,进行合理地分配,并采取一定的保密安全措施,防止用户的非法操作,防止数据破坏、丢失。所以网络软件是实现网络功能不可缺少的软环境。

1. 网络操作系统

网络操作系统是使网络上的各计算机能方便有效地共享网络资源,为网络用户提供所需的各种服务软件和有关规程的集合。网络操作系统具有网络功能的操作系统。它除了具有常规操作系统的功能外,还应具备网络通信、网络范围内的资源管理和网络服务等功能。因此,网络操作系统一般都具有以下独有的特征：

(1)硬件无关性：网络操作系统应可以运行在不同的硬件平台上。

(2)广域网连接：网络操作系统可以直接支持广域网的接入。

(3)支持不同类型的客户端：网络操作系统允许安装不同操作系统的网络客户端访问。

(4)目录服务：提供一种存储、更新、定位和保护目录中信息的方法。这里的目录指的是存储了各种网络对象(用户账户、网络上的计算机、服务器、打印机、容器、组等)及其属性的全局数据库。

(5)多用户、多任务支持：能同时支持多个用户对网络实时访问，对每个系统用户可以提供前后台的多道任务处理。

(6)网络管理：支持用户注册、系统备份、服务器性能控制、网络状态监视等一些最基本的网络管理功能。

(7)安全性和存取控制：除了注册和登录外，还应对系统内的资源设置访问控制表，使得不同类型的用户对同一资源的访问可以受到控制。

(8)系统容错能力：采取必要的技术提高系统可靠性，以确保网络服务器出现故障后不会使整个网络系统瘫痪或丢失用户数据。

根据对网络资源的管理方式来划分，从目前来看，网络操作系统主要分为两类：一类是对等方式的网络操作系统；另一类是客户机/服务器模式网络操作系统。

在对等方式的网络操作系统中，没有专用的服务器，每台计算机都是平等的。网络操作系统软件平等地分布在网络的所有节点上，此类网络软件通常是在 PC 机操作系统(如 DOS、Windows、Mac 等)的基础上增加了网络功能和通信驱动功能。

客户机/服务器模式的网络操作系统，能提供多种网络服务功能和高效可靠的通信能力，支持多用户、多任务。在专用服务器上运行网络操作系统的主要部分，控制服务器的操作、管理存储在服务器上的文件等。网上的服务器都是连续运行的，可以随时接受客户机的访问，为用户提供服务。对于与服务器进行通信的客户机，它也必须运行一小部分网络软件。一般客户机的功能很强，具有独立工作的能力，既可单机运行，也可随时上网访问服务器，还可以与其他客户机实现端对端的通信。因此，客户机的网络软件要承担与客户机上原本运行的操作系统进行通信和交互的任务。

网络中的计算机处于何种地位，取决于计算机使用的操作系统类型。对计算机网络来说，网络操作系统的选择是一个关键问题，因为很多网络功能是通过网络操作系统来体现的。目前常用的网络操作系统有 Microsoft 公司的 Windows 2000/NT Server 操作系统、Novell 公司的 Netware 操作系统、UNIX 操作系统和 Linux 操作系统。

网络操作系统是使网络上的各计算机能方便而有效地共享网络资源，为网络用户提供所需的各种服务软件和有关规程的集合。网络操作系统除具备常规操作系统应具备的功能外，还应具备网络通信、网络范围内的资源管理和网络服务等功能。

2. 网络通信协议软件

通信软件的目的就是使用户能够在不必详细了解通信控制规程的情况下，很容易地控制应用程序与多个站点进行通信，并能对大量的通信数据进行加工和管理。

网络协议是计算机网络中进行通信的各部分之间必须遵守的规则的集合，目前在局域网上流行的数据传输通信协议有三种：

(1)NetBIOS/NetBEUI:NetBIOS 协议,即网络基本输入输出系统,最初由 IBM 提出。NetBEUI 即 NetBIOS 扩展用户接口,是微软公司在 IBM 公司协议的基础上更新的协议,其传输速率很快,是不可路由协议,用广播方式通信,无法跨越路由器到其他网段。NetBEUI 适用于只有几台计算机的小型局域网,其优点是在小型网络上的速率很高。

(2)IPX/SPX:是面向局域网的高性能的协议,是一种可路由协议,和 TCP/IP 相比 IPX/SPX 更易于实现和管理。由于 Netware 在商业上的成功,IPX/SPX 曾经是 Windows 95 的缺省安装协议。现在,由于 Internet 的发展,人们更多的是安装 TCP/IP 协议。为了节省资源,如果不是在 Novell 网络中,在不使用 IPX/SPX 协议时,应将其卸载。

(3)TCP/IP:广泛应用于大型网络中,也是 UNIX 操作系统使用的协议。由于它是面向连接的协议,附加了一些容错功能,所以其传输速率不快,但它是可路由协议,可跨越路由器到其他网段,是远程通信时有效的协议。现在,TCP/IP 协议已经成为 Internet 的标准协议,又称 Internet 协议。

3. 网络应用软件

网络应用软件是在网络环境下直接面向用户的软件。计算机网络通过网络应用软件为用户提供信息资源的传输和资源共享服务。应用软件可分为两类:一类是由网络软件厂商开发的通用应用工具,像电子邮件、Web 服务器及相应的浏览和搜索工具等;另一类是基于不同用户业务的软件,如网络上的金融业务、电信业务管理、数据库及办公自动化等软件。随着网络技术的发展,如今的各种应用软件都应考虑到网络环境下的应用问题。就像一台计算机的运行必须有它独立的操作系统支持一样,计算机网络也必须有相应的网络操作系统的支持。

6.3 Internet 的基础

Internet 是全球范围的信息资源宝库,是遵循一定协议自由发展的国际互联网。它利用覆盖全球的通信系统使各类计算机网络及个人计算机相互联通,从而实现智能化的信息交流和资源共享。

6.3.1 Internet 概述

6.3.1.1 Internet 的发展

1. 因特网在国际上的发展

Internet 的起源是 ARPA 网。1973 年,英国和挪威加入了 ARPA 网,实现了 ARPA 网的首次跨洲连接。

1983 年,ARPA 网被划分为两个网:民用网 ARPANET 和军事网 ARPANET,两个网之间互联,实现资源共享和数据通信,它是 Internet 的雏形,标志着 Internet 的诞生。

1985 年,美国国家科学基金会组成一个全国性支持科研和教育的计算机网络 NSFNET,并与 ARPANET 相连。1992 年,美国高级网络和服务组织 ASN 建立了新网 ANSNET 取代了 NSFNET,这是 Internet 的主干网,Internet 步入了实际应用阶段。

1990 年以后,由于信息高速公路计划的推行,光纤、卫星通信成为 Internet 主干网的重要媒介,ISDN 功能越来越强。随着 PC 机联网能力的提高,网上电子商务已成必然趋势,Internet 自然进入商业网阶段。

随着计算机与网络技术的不断发展，网上的信息越来越丰富，也给人们带来了更多的便利和惊喜。

2. 因特网在我国的发展

随着全球信息高速公路的建设，我国也开始推进中国信息基础设施 CII（China Information Infrastructure）的建设。近年来，随着我国基础电信事业和计算机技术的蓬勃发展，以“三金”工程为龙头的一大批信息网络工程相继投入建设。公共电话网、中国光缆网、中国公用数字数据网（ChinaDDN）、中国公用分组交换网（ChinaPAC）等都取得了长足的发展，逐步形成了以北京为中心，覆盖全国的数据通信网络，为我国国家信息基础设施的建设奠定了坚实的基础。回顾中国互联网的发展，可以将其分为两个阶段：

第一阶段：1987～1993 年，是与 Internet 电子邮件的联通。1987 年 9 月，在北京计算机应用技术研究所内正式建成我国第一个 Internet 电子邮件节点，通过拨号 x.25 线路，联通了 Internet 的电子邮件系统，标志着我国开始进入 Internet 时代。CANet 成为我国第一个 Internet 国际电子邮件出入口后，数十个教育科研机构加入了 CANet，并于 1990 年 10 月正式向 Internet 的网管中心登记注册了我国的最高域名“CN”。继 CANet 之后，国内其他一些大学和研究所也相继开通了 Internet 的电子邮件连接。

第二阶段：1994～1996 年，同样是起步阶段。1994 年 4 月，中关村地区教育与科研示范网络工程进入 Internet，从此中国被国际上正式承认为有 Internet 的国家。之后，Chinanet、CERnet、CSTnet、Chinagbnet 等多个 Internet 项目在全国范围相继启动，Internet 开始进入公众生活，并在中国得到了迅速的发展。至 1996 年底，中国 Internet 用户数已达 20 万，利用 Internet 开展的业务与应用逐步增多。

第三阶段：1997 年至今，是 Internet 在我国发展最为快速的阶段。国内 Internet 用户数自 1997 年以后基本保持每半年翻一番的增长速度。据中国 Internet 信息中心（CNNIC）公布的统计报告显示，截至 2011 年 8 月 24 日，我国上网用户总人数为 4.85 亿。

中国目前有五家具有独立国际出入口线路的商用性 Internet 骨干单位，还有面向教育、科技、经贸等领域的非营利性 Internet 骨干单位。现在有 600 多家网络接入服务提供商（ISP），其中跨省经营的有 140 家。

随着网络基础的改善、用户接入方面新技术的采用、接入方式的多样化和运营商服务能力的提高，接入网速率慢形成的瓶颈问题将会得到进一步改善，上网速度将会更快，从而促进更多的应用在网上实现。随着我国国民经济信息化建设迅速发展，拥有连接国际出口的互联网又新增了五大网络，它们是：

中国联合通信网（中国联通）：http://www.cnuninet.com

中国网络通信网（中国网通）：http://www.cnc.net.cn

中国移动通信网（中国移动）：http://www.chinamobile.com.cn

中国长城宽带网：http://www.cgw.net.cn

中国国际经济贸易网：http://www.ciet.net

在建设现行信息高速公路的同时，我国也积极参与下一代互联网的研究和建设。1998 年，由 CERNET 牵头，以现有的网络设施和技术力量为依托，建设了中国第一个 Ipv6 试验床，两年后开始分配网络地址；2000 年，中国高速互联研究试验网络 NSFCNET 开始建设，NSFCNET 采用密集波分多路复用技术，已分别与 CERNET、CSTNET 以及亚太地区高速网络 APAN 互联;2002 年,中日 Ipv6 研究在合作的基础上开始起步;2004 年 1 月,中、美、俄环球科教网络开通。

6.3.1.2 因特网的工作方式和特点

1. 因特网的工作方式

Internet 采用客户机/服务器方式访问资源。

在分布式网络环境中,一个应用程序要么是客户,要么是提供服务的服务器。服务器是整个应用系统资源的存储和管理中心,客户机向服务器提出数据请求和服务请求。当用户使用 Internet 功能时,首先启动客户机,通过有关命令告知服务器进行连接以完成某种操作,而服务器则按照此请求提供相应的服务。

2. 因特网的特点

因特网之所以能够在短时间风靡全球,并得到发展,就是因为因特网有其独特的特点。

(1)开放性。因特网的核心协议具有开放性,它具有将不同的网络互联起来的功能。

(2)便捷性。因特网利用公用电话交换系统为用户提供各种服务,只要用户拥有可使用的电话,加上一台计算机和一个调制解调器,再配上适当的软件系统,就能方便地接入和使用因特网。

另外,因特网还有一个非常特殊的特点,这就是因特网本身没有强加给用户和用户必须接受的管理机构的管理,因特网是属于用户自己的网络;在这个网络上,它的许多服务和功能都是用户自己开发的;用户自己对系统进行经营和管理。

6.3.1.3 因特网的基本结构

因特网是一种分层网络互联群体的结构。从直接用户的角度,可以把 Internet 作为一个单一的大网络来对待,这个大网络可以被认为是允许任意数目的计算机进行通信的网络。

在美国,Internet 主要由如下三层网络构成:

(1)主干网。主干网是 Internet 的最高层,它是由国家科学基金会(NSFNET)、国防部(Milnet)、国家宇航局(NSI)及能源部(ESNET)等政府提供的多个网络互联构成的。主干网是 Internet 的基础和支柱网层。

(2)中间层网。它是由地区网络和商业用网络构成。

(3)底层网。它处于 Internet 的最下层,主要是由大学和企业的网络构成。

因特网代表着全球范围内一组无限增长的信息资源,是人类所拥有的最大的知识宝库之一。随着因特网规模的扩大,网络和主机数量的增多,它提供的信息资源及服务将更加丰富,其价值也愈来愈高。

6.3.1.4 因特网的组成

因特网是通过一种分层结构来实现的,从上到下分为四层:物理网、协议、应用软件和信息。

1. 物理网

物理网是实现因特网通信的基础。它的作用类似于现实生活中的交通网路,实现将数据通过网络接口卡(NIC)转换为物理脉冲(如电流脉冲和光学信号脉冲)送到通信系统中,在通信通道上传输原始比特流(位)。它包括信号电压振幅和比特持续期之类的参数,还包括机械、电气和规程特性,以建立、维持和断开物理链路。

2. 协议

协议是网络中的计算机进行通信的方式。它的作用类似于现实生活中的交通规则,目的是为了真正利用好交通网路资源。

3. 应用软件

应用软件在实际应用中，是通过一个个具体的应用软件与因特网打交道。每一个应用软件的使用都代表着我们要获取因特网提供的某种网络服务。它的作用类似于现实生活中的交通工具，为满足不同的交通需求而出现的各类轿车、客车、货车等。

4. 信息

没有信息，网络就没有任何价值。信息在网络世界中好比货物在交通网络中一样，修建公路(物理网)、制定交通规则(协议)和使用各式各样的交通工具(应用软件)的目的是为了运送货物(信息)。

6.3.1.5　因特网的关键技术

1. 分组交换

因特网中，各用户共享传输路径，因特网采用分割总量、轮流服务这种分组交换思想传输数据。

2. 协议

因特网使用的 IP 协议将全球多个不同的各种网络互联起来，IP 协议详细规定了计算机在通信对应遵循的全部细节，对因特网中的分组进行了精确定义。所有使用因特网的计算机都必须运行 IP 协议。

IP 协议使计算机之间能够发送和接收分组，但 IP 协议不能解决传输中出现的问题。TCP 协议与 IP 配合，使因特网工作得更可靠。TCP 协议能够解决分组交换中分组丢失、按分组顺序组合分组、检测分组有无重复等问题。IP 与 TCP 相互配合，协同工作，使因特网实现了数据的可靠传输。

3. 客户机/服务器模式

因特网所提供的服务都采用客户/服务器模式，这种模式把提供服务和用户应用分开。用户学习和因特网使用实际上是学习和使用客户程序。

6.3.1.6　因特网需要解决的关键问题

因特网需要解决的关键问题主要包括了四类：

1. 物理连接

网络的物理连接要根据连接距离和地理环境来采取不同的结构和方案来实施。

因特网是一个在全球范围内的计算机之间连接，进行数据通信的系统。物理连接是其要解决好的最关键的问题之一。

2. 通信协议

因特网将不同结构的计算机和不同类型的计算机连接起来，除物理连接问题要解决好外，必须解决好不同计算机之间的通信问题，而解决这个问题的关键在于通信协议。TCP/IP 协议可以很好地解决这个问题。

3. 计算机的主机号和域名

因特网连接着无数台计算机和无数个网络(包括:局域网、城域网和广域网)，在它们之间传输数据就必须能正确无误地识别出每个网络和每台计算机。这就是计算机的主机号和域名问题。

4. 数据安全与防病毒

数据安全与计算机病毒是周众所知的并具有普遍性的问题。其对因特网的影响是不言而喻的。

6.3.2 TCP/IP 协议

Internet 将世界各地的大大小小的网络互联起来，这些网络上又各自有许多计算机接入。如何能够方便、快速地找到需要访问的计算机是一个很重要的问题。因此，Internet 在统一全网的过程中，为了使这些网络之间能进行信息交流，Internet 上使用 TCP/IP 协议，TCP/IP 协议是 Internet 的标准协议。

6.3.2.1 IP 地址

Internet 采用一种全球通用的地址格式，为全网的每个网络的每台主机通信端口都分配一个全球唯一的 Internet 地址，又称“IP 地址”。

1. IP 地址格式

在 Internet 上，IP 地址采用分层结构，由网络地址和主机地址组成，用以标识特定主机的位置信息，如图 6－21 所示。

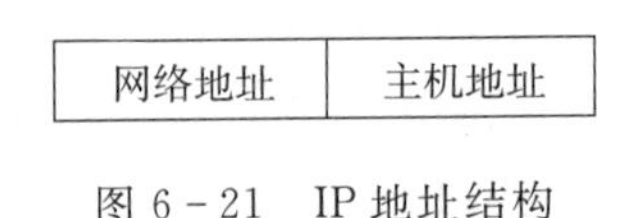

图 6－21　IP 地址结构

根据 TCP/IP 协议规定，IP 地址用 4 个字节(32 位)的二进制数字进行存贮和识别，每字节用一个小于 256 的十进制数表示，字节之间用点号隔开，形如：×××.×××.×××.×××，例如，202.102.192.68，这种格式的地址称为点分十进制地址。

2. IP 地址的类型

IP 地址的结构由网络标识和主机标识两部分组成。根据网络规模和应用的不同，IP 地址分为 A～E 五类。网络的种类决定了 IP 地址的哪部分用于表示该网络，哪部分用于标识网络上的主机。

A 类地址被分配给含有许多主机的大型网络。在这 126 个 A 类网络中，每个网络都能够容纳多达 16777214 个唯一的主机地址。

B 类地址提供了 16384 个网络，每个网络可拥有 65534 台主机。

C 类地址通常是为较小的局域网而准备的。它提供了 2097152 个网络，每个网络上有 254 台主机。

D 类地址用于多播(多播就是同时把消息发送给一组主机)，它的高位设置为 1110，该类地址不能分配给主机。

E 类地址是为将来保留的，同时也用于实验目的，它们不能分配给主机，该类地址的高位设置为 11110。

常用的是 A、B、C 三种基本类型，如图 6－22 所示。

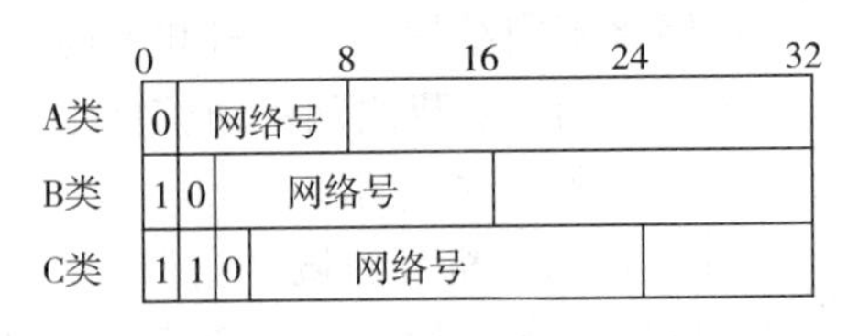

图 6－22　Internet 地址类型格式

IP 地址的一些规则：

(1)A 类地址中以 127 打头的保留作为内部回送地址；

(2)网络号的第一个 8 位组不能为 255，数字 255 作为广播地址；

(3)网络号的第一个 8 位组不能为 0，0 表示该地址是本地主机，不能传送；

(4)主机号部分各位不能全为“1”，全“1”地址是广播地址；

(5)主机号部分各位不能为全“0”,全“0”地址是表示本地网络。

例如,二进制 IP 地址:

11001010 010111101 01111000 00101100

用点分十进制表示法表示成:202.93.120.44。此地址为一个 C 类 IP 地址,前三个字节为网络号,通常记为 202.93.120.0,而后一个字节为主机号 44。

为了确保 IP 地址在 Internet 网上的唯一性,所有的 IP 地址都要由国际组织 DDNNIC 统一分配,但网络中心只分配 Internet 地址的网络号,而地址中的主机号则由申请单位自己负责规划。

随着 Internet 的不断发展,IP 地址的分配问题变得越来越紧张。目前 32 位二进制地址格式虽然可提供 40 亿个 IP 地址,但使用时由于组网的原因,使得 IP 地址有很大的浪费。由于 TCP/IP 的可扩充性,在新的 IP 协议版本 Ipng(IP next generation)中,地址长度将由原来的 32 位扩大到 128 位,可提供 160 亿个 IP 地址,允许更多的用户连入 Internet 网络中,全球越来越多的人可以通过 Internet 这根纽带紧密地联系在一起。

在 Internet 网络(广域网)中,计算机之间的通信是通过双方的 IP 地址进行相互联系的。IP 地址是一种在 Internet 用来标识主机的逻辑地址,它只能表明主机所在的网络,而与主机的物理位置无关。当数据信息在物理网络中传输时,必须把 IP 地址转换成主机的物理地址。通过网络适配器接入网络的每一台计算机都有一个唯一的物理地址用于标明“身份”。以以太网为例,以太网的物理地址也称 MAC(Media Access Control)地址,长度为 6 个字节(48 位),以 12 个 16 进制数来表示。

例如,32-5D-93-E0-A1-20 就是一个 MAC 地址。MAC 地址被固化在网卡上,是由局域网体系结构中数据链路层的“地址解析协议(ARP)”和“反向地址解析协议(RARP)”来实现主机的物理地址和逻辑地址之间的关联转换,从而完成两台计算机之间联系的建立。

3. 子网与子网掩码

由于 A 类地址太少,并且事实上也没有这样大的网络,因此在实际应用中,IP 地址还可以分层,即将一个网络分为多个子网,如可将一个 A 类网络分成 256 个 B 类子网络。同样,B 类地址、C 类地址也可以分层。

进行子网划分的原因很多,其中一个原因是 A 类网和 B 类网的地址空间太大,以致在单一未使用路由的网络中无法使用全部地址。为了更有效地使用地址空间,有必要把可用地址分配给更多较小的网络。

例如,168.113.0.0 进行再次分层,使其第三个字节代表子网号,其余为主机号。因此,对于 IP 地址为 168.113.81.1 的主机来说,它的网络号为 168.113.81.0,主机号为 1。

同一网络中的不同子网用子网掩码来划分,子网掩码是网络掩码的扩充。

子网掩码的用途是告知 TCP/IP 主机 32 位 IP 地址的哪些位对应网络地址,哪些位对应主机地址。若网络只由单个网段(一个子网)组成,则可以使用默认子网掩码。A 类、B 类和 C 类 IP 地址的默认子网掩码分别是 255.0.0.0、255.255.0.0 和 255.255.255.0。为了彼此通信,在同一个子网上的所有计算机,都应该具有相同的子网掩码。

子网掩码中对应网络号的所有位都被设为 1,而对应主机号的所有位都设为 0,TCP/IP 比较子网掩码与 IP 地址时,进行的是“逻辑位与”运算。

除了以上原因外,我们也可以将网络进行细分以获得有效的网管。子网缩小了网管人员的管理范围、资源和服务用户等,使其更容易管理。通过子网的划分,利用路由器指导通信,可减少网络的拥堵。

知识

如何查看本机的IP地址?

1. 控制面板/网络和Internet,点击"更改适配器设置"右键"本地连接"(无线一样)/属性/双击"Internet协议版本"。

2. 在"开始/附件/提示命令符"输入ipconfig,可以得到所需内容。

6.3.2.2　域名系统(DNS)

域名系统(Domain Name System,DNS)的设立,使得人们能够采用具有实际意义的字符串来表示既不形象、又难记忆的数字地址。域名系统采用层次结构,按地理域或机构域进行分层。字符串的书写是用圆点将各个层次域隔开,分成层次字段,从右到左依次为最高层域名、次高层域名等,最左的一个字段为主机名。其一般形式为:

计算机主机名.机构名.网络名.最高层域名

例如,email.hfut.edu.cn表示合肥工业大学里的一台电子邮件服务器。其中email为服务器名,hfut为合肥工业大学域名,edu为教育部门域名,最高域名cn为中国国家域名。

最高层域名分为两大类:机构性域名和地理性域名。

机构性域名共有14种,见表6-1所列。

表6-1　机构性域名

域　名	意　义	域　名	意　义	域　名	意　义
com	商业类	edu	教育类	gov	政府部门
int	国际机构	mil	军事类	net	网络机构
org	非营利性组织	arst	文化娱乐	arc	康乐活动
firm	公司企业	infu	信息服务	nom	个人
stor	销售单位	web	与WWW有关单位		

地理域指明了该域名源自的国家或地区,几乎都是两个字母的国家代码。例如:cn代表中国,jp代表日本,de代表德国,uk代表英国,hk代表香港,tw代表台湾等等。

值得一提的是,在Internet中,域名和IP地址的关系并非一一对应。已注册了的域名的主机一定有IP地址,但不一定每个IP地址都在域名服务器中注册域名。

6.3.3　Internet的连接

任何一台计算机要想接入Internet,只要以某种方式与已经连入的一台Internet主机进行连接即可。

6.3.3.1　怎样申请接入Internet

ISP(Internet Service Provider,Internet服务提供商)就是为用户提供Internet接入和Internet信息服务的公司和机构。由于接入国际互联网需要租用国际信道,其成本对于一般用户是无法承担的。而ISP提供接入服务的中介,通过投入大量资金建立中转站,还需要租用国际信道和大量的当地电话线，同时购置一系列计算机设备，通过集中使用，分散压力的方式，向本地用户提供接入服务。从某种意义上讲，ISP 是全世界数以亿计的用户通往 Internet 的必经之路。

1. ISP 的选择

选择一个好的 ISP，应从以下几个方面进行：

(1)入网方式；

(2)出口速率；

(3)服务项目；

(4)收费标准；

(5)服务管理。

2. ISP 应提供的信息

如果用户已经选定 ISP，并向 ISP 申请入网，那么 ISP 应该向用户提供以下信息：

(1)ISP 入网服务电话号码；

(2)用户账号(用户名，ID)；

(3)密码；

(4)ISP 服务器的域名；

(5)所使用的域名服务器的 IP 地址；

(6)ISP 的 NNTP 服务器地址；

(7)ISP 的 SMTP 服务器地址。

这些信息是接入 Internet 的必需信息，在以后安装配置使用 Internet 软件工具时将需要这些信息。

3. 常见的连接方式

目前，Internet 连接方式有很多种，而对于企业用户和个人用户又提供不同的选择。对于企业用户来说，一般通过局域网以专线方式接入 Internet；对于个人用户来说，一般采用拨号上网方式。现在各地的电信部门和 ISP 所提供的入网方式大体分为以下几种：

(1)通过调制解调器拨号上网；

(2)ISDN(综合业务数字网)；

(3)ADSL(非对称数字用户环路)；

(4)千兆以太网；

(5)CABLE MODEM；

(6)通过分组网上网方式；

(7)通过帧中继上网；

(8)通过 DDN 专线上网；

(9)通过微波无线上网。

6.3.3.2 单机直接连接

1. 单机连接方式

对于个人、家庭用单机连接 Internet 是一种最简单、最容易的方式。连接线路可以根据计算机所在的通信线路状况选择普通电话线、ADSL、有线电视网或宽带线路，另外还可以选择无线上网的方式。

如果想通过校园网接入 Internet,则需要向学校的校园网网络管理中心申请注册,使用网卡将计算机与校园网通信线路相连,并对主机进行静态 IP 地址或动态 IP 地址的配置。

以单机方式入网的计算机,一般是 Internet 网络上某台主计算机所连接的附属终端,或者是用户的本地计算机通过通信软件的终端仿真功能连接到 Internet 上的某台主机上,并成为该主机的一台仿真终端。单机用户没有 IP 地址,必须经由主机系统访问 Internet,且只能享受有限的 Internet 服务。

当用户 SLIP/PPP 单机方式入网时,需用拨号器软件,通过调制解调器拨通 ISP(Internet Service Provider)的远程服务器登录入网。若用户选用动态 IP 地址,服务器可分配一个临时 IP 地址给用户的本地计算机。家庭用户拨号上网就是采用此种方式。

2. 拨号入网的条件

如果用个人电脑以单机方式,通过拨号途径连接 Internet,必须具备以下条件:

(1)一台 PC 机。

(2)一条电话线路。拨号上网需要一条普通的电话线路(分机线也可以),以将计算机连入到 ISP 的远程服务器间接入网。

(3)一台调制解调器。由于电话线路是模拟通道,只能传输模拟信号,而计算机中处理的都是数字信号。为了能让计算机中的数字信号能在电话线路上传输,同时从电话线路中接收的模拟信号又能被计算机所处理,则需要一种既能将数字信号转换为模拟信号(调制),又能将模拟信号转换为数字信号(解调)的设备。调制解调器就是完成这种功能的设备。

(4)上网所需的软件。上网所需的软件包括上网计算机操作系统和常用的网络应用软件。上网计算机操作系统有很多种,建议使用目前流行的 Windows 7。现在操作系统已内置了上网所必需的大部分软件,如 Internet Explorer(用来浏览各种网站信息)、Outlook Express(用来收发电子邮件)、Netmeeting(可进行实时交流信息,如网上视频会议、聊天等)。另外,如果想在网上听音乐或看电影的话,还要安装相应的软件如 Realplayer。由于 Internet 没有国界的限制,那么在网上会有各种各样的语言文字信息,这时就要安装相应的软件进行转换,如 RichWin for Internet。除此之外,在处理 Internet 网上信息时还会用到一些工具软件,如网络下载工具(如网络蚂蚁、网络吸血鬼),网上聊天工具(如 QICQ)、压缩/解压缩的工具(如 WinZip)、防病毒工具(如瑞星杀毒软件)等。

(5)拥有一个由 ISP 提供的入网账号(包括入网用户名、注册密码)和拨号入网的电话号码。当用户得到合法的账号名与密码,同时 ISP 还会向用户提供以下信息:

① 电子邮件地址,打开电子信箱的密码;

② 接收电子邮件服务器的主机名和类型;

③ 发送电子邮件服务器的主机名;

④ 域名服务器的 IP 地址;

⑤ 拨号使用的电话号;

⑥ 其他服务器的 IP 地址。

拨号入网是借助一台调制解调器(或一块调制解调卡)和一根电话线,以公共电话网为基础连接入网。此类连接费用较低,但传输速率较低,通常为 14.4～56kbps。如果需要比调制解调器能够提供的更高的上网速度,可申请一个拨号 ISDN(综合服务数字网)账户。ISDN 允许通过普通电话线进行高速连接,能够提供双向 128kbps 的速度。用电话线实现宽带接入的主要方法是各种数字用户环路 XDSL。对于家庭用户主要是采用不对称的数字用户环路 ADSL，如图 6-23 所示。ADSL 可以提供下行 8Mbit/s，上行 2Mbit/s 的不对称的宽带接入。这些方法需要拨号上网，其速率虽然高于普通电话调制解调器，但仍然不能满足宽带接入的要求。这种方式主要是利用已经有的设备提供因特网接入服务，不会再建新网，但成本较高。

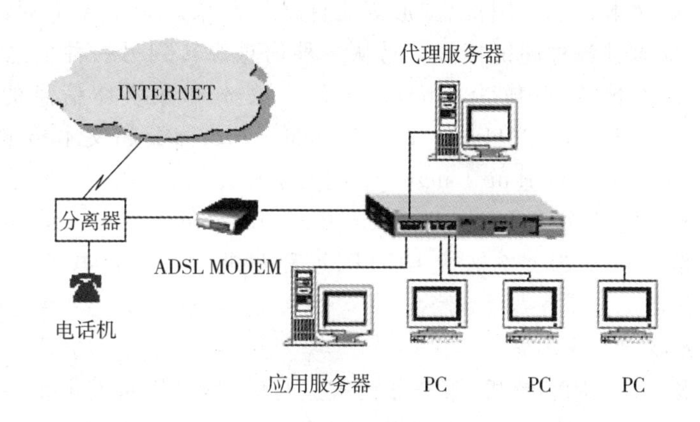

图 6-23　ADSL 接入模型

6.3.3.3　局域网连接方式

局域网接入方式是连接 Internet 最快捷和可靠的方式。对企业单位来说，如果能将自己的局域网与 Internet 的一台主机连接，那么，单位内的所有用户不用增加设备就能进入 Internet 进行访问。

局域网与 Internet 连接一般应采用专线接入方式。所谓专线接入，就是通过相对固定不变的通信线路（如 DDN、ADSL、帧中继）接入 Internet，以保证局域网上的每一个用户都能正常使用 Internet 上的资源。

当通过专线将局域网连接到 Internet 上后，局域网就变成 Internet 的一个子网，局域网中的每台计算机都可以拥有单独的 IP 地址。例如，DDN 专线连接，需要增加路由器和高带 Mdoem，以及租用 DDN 专线。在路由器和 Modem 不能直接达到 DDN 专线网络的地方，中途需要采用光缆或微波等手段。作为网络本身，还需要预先申请网络 IP 地址，或者从主机连接服务提供者获取 IP 地址。

在城市光缆网上用各种速率的以太网架构城市宽带 IP 接入网，是一种最合理、最实用、最经济有效的方法。

6.4　Internet 提供的信息服务

计算机联网的目的是共享网络资源，在 Internet 上有着极为丰富的信息资源，人们可以利用 Internet 来完成任何通过交互信息可以完成的事情。目前在因特网上提供的各类信息服务多达几百种，最为大众熟知的信息服务有：电子邮件、文件传输、远程登录、信息公告以及 20 世纪 90 年代后兴起的以超媒体方式组织多媒体信息的万维网（WWW）信息服务。

6.4.1　WWW 浏览

6.4.1.1　WWW 概念

WWW 是一种以超媒体方式组织多媒体信息的浏览信息服务。它采用超文本和多媒体技术,将不同文件通过关键字建立链接,提供一种交叉式查询方式。超文本文件可以把不同类型的文件,如文本、声音、图像、图形等文件链接起来。有了 WWW,我们可以浏览各种来源的信息,并且通过各种超链接很容易从一种信息源转到另一种信息源。在特殊应用程序和浏览器的帮助下,Web 成为 Internet 上发布文本和多媒体信息的一种有效手段。WWW 为用户提供基于 HTTP(Hyper Text Transfer Protocol,超文本传输协议)的用户界面,用 HTML(Hyper Text Markup Language,超文本标注语言)语言来描述超文本文件。其中超文本链接用统一定位资源 URL(Uniform Resource Locator)来表示,可以指向文件、匿名文件传输服务器(FTP)、超文本链接 HTTP、远程登录(Telnet)、电子新闻(News)等信息资源。

1. WWW 服务器

WWW 信息服务是采用客户机/服务器模式进行的,这是因特网上很多网络服务所采用的工作模式。在进行 Web 网页浏览时,作为客户机的本地机与远程的一台 WWW 服务器建立连接,并向该服务器发出申请,请求发送过来一个网页文件。

2. 浏览器(Brower)与 URL 地址

实际应用中,我们是通过一个个具体的应用软件与因特网打交道。每一个应用软件的使用代表着我们要获取因特网提供的某种网络服务。例如,通过 WWW 浏览器可以访问因特网上的 WWW 服务器,获取图文并茂的主页信息。所以浏览器是一类安装在客户机上,用于阅读 WWW 页面文件的应用程序,其中 Internet Explore 是最流行的浏览器产品。

在 WWW 上,每一信息资源都有统一且唯一的地址,称为统一资源地址,简称 URL(Uniform Resource Locator)地址。每一个 Web 网站在 Internet 上都有唯一的地址,称为主页地址或网址。其地址格式应符合 URL 的约定。URL 地址格式如下:

＜资源类型＞://＜服务器＞＜:端口＞/＜路径＞

3. 超链接

超链接(Hyperlink),包含在每一个页面中能够连到 WWW 上其他页面的链接信息,如图 6-24 所示。这类信息通常采取突出显示,比如带有超链接功能的文本信息(称作超文本)既可以带有下划线,也可以使用另一种颜色显示,或二者皆用。访问者可以点击这个链接,跳转到指向的页面上,通过这种方法可以浏览数以百计的相互链接的页面。

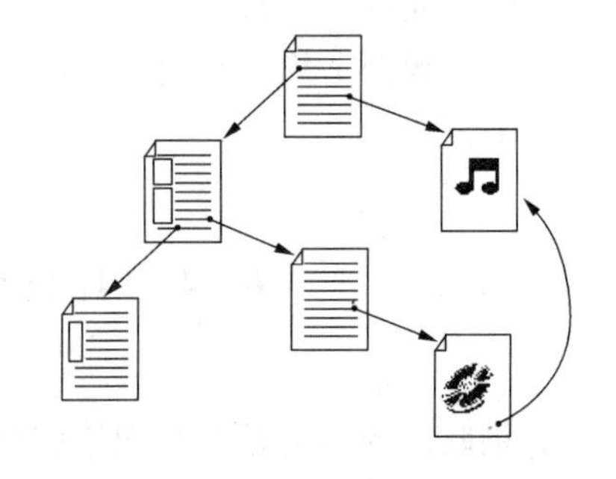
图 6-24　超链接

以幻灯片附图所示为例,访问者可以使用鼠标箭头指向具有超链接功能的信息,鼠标形状就会变成一只导航小手,单击鼠标就可以获得与此相关的页面信息(可如此继续下去)。新的一页可能和前一页在同一台机器上,也可能在与前面一台服务器相隔半个地球的服务器上。

超链接的信息组织方式突破了传统介质上信息的顺序组织方式，使人们可以采用联想和跳跃等更符合人类思维方式的形式组织信息。

6.4.1.2　网页和主页

WWW中文件信息被称作页面(Page)。每一个WWW服务器上存放着大量的页面文件信息，其中默认的封面文件称为主页(Homepage)。浏览器与Web服务器之间的信息传送是以页为单位的，每次传送一页。这里的页可能是浏览器的一屏，也可能是多屏。这里页的实质就是一个文件。

一个网站是由众多的网页组成的，它们存储在某一个Web服务器上，而浏览者连接到一个Web站点后传过来的第一个网页文件就是这个站点的主页。网页和主页的书写方式不同，对于网页，要写上完整的URL，而对于主页，只要写上协议名和服务器的名字就可以把主页传过来了。这是因为Web服务器都有自己默认的主页名称，不同的服务器系统默认的主页名称也不同，常见的有index.htm(index.html)或default.htm(default.html)。

在浏览Web网页之前，应保证所使用的计算机已经联网，且已成功安装了一种Web浏览器。此时，桌面上会显示Web浏览器的图标，同时在“开始”菜单的“程序”项中也会出现该Web浏览器的命令项。当你要浏览某一网页时，首先应上网，一般采用拨号上网的方式。成功之后双击桌面上的浏览器图标，或单击“菜单”中的“程序”项中的Web浏览器的命令项，就可进入相应的浏览器的窗口。

6.4.1.3　超文本标记语言

HTML一般称为超文本标记语言，它使用一些约定的标记对WWW上的各种信息进行标记。

HTML之所以称为标记语言，主要是因为这种语言的元素是由若干“标记”组成的，它们扮演了语言中保留字和控制代码的角色。标记总是由一对尖括号括起来，例如“
”用来标记文本由此另起一行。

HTML的标记中有很多是成对出现的，一头一尾(结束标记前要加“/”)，以便于对夹在其中的内容进行标记与控制。例如：<B>和</B>用来标记其中的文本为黑体字。在HTML文件中，所有标记中的字母大小写是无关紧要的。例如<b>和<B>是同样的。

HTML文件是WWW中使用的主要文件类型，通常以“.html”或“.htm”为文件后缀。

6.4.1.4　搜索引擎

当我们不知道所需信息的网址时，从网上获取信息的一个快捷方法是使用“搜索引擎”进行检索。

“搜索引擎”是这样一些因特网上的站点。它们有自己的数据库，保存了因特网上的很多网页的检索信息，并且还不断更新；你可以访问它们的主页，通过输入和提交一些有关你想查找信息的关键字，让它们在自己的数据库中检索，并返回给你的结果网页。结果网页是罗列了指向一些相关网页地址的超链接的网页，这些网页可能包含你要查找的内容。不同的搜索引擎有一些专用的特性，应用它们可以使信息查询事半功倍。

分类目录是按照用户的查找习惯进行信息归类。比如，263搜索引擎数据库分为16个大类：文学、艺术、工商经济、生活服务、娱乐休闲、旅游交通、电脑网络、体育运动、教育就业、社会文化、科学技术、医疗保健、政法军事、新闻媒体、国家地区以及个人主页。每个大类下面又有多层的子类。用户可以根据想要信息的大致范围选择合适的类别进行查找。

知识

如何删除IE地址栏中曾输入的网址?

1. 任意网页窗口—工具—Intrenet选项(或右键点击桌面的IE浏览器—选择属性)在弹出的对话框中的“常规”窗口,点击“清除历史记录”按钮。

2. 打开任意网页窗口—工具—Internet选项—高级—钩选“清除地址栏下拉列表中显示的网络实名”—确定。

3. 打开任意网页窗口—工具—Internet选项—内容—自动完成—取消钩选“Web地址”—确定。此外,还可以使用注册表或用专门软件来完成。

6.4.2 电子邮件(E-mail)

6.4.2.1 电子邮件概述

电子邮件(E-mail)是Internet上使用得最广泛的一种服务。它是一种利用计算机网络来交换电子媒体信件的通信方式,兼有电话的速度和邮政信件的可靠性。通过计算机的自动处理功能,电子邮件还可以一信多发、邮寄多媒体信件和自动定时收发邮件等。其特点:快速可靠;经济简便;误差少。

1. 电子邮件系统

电子邮件是通过电子邮件系统进行传送的。电子邮件是一种利用电子手段进行信息的转移、存储、实现非实时的人与人之间的通信系统。

电子邮件系统的功能一般由两个子系统组成:用户代理和消息传输代理。用户代理是一个本地程序,向使用者提供命令方式、菜单方式或图形方式的界面来与电子邮件系统交互,使人们能够读取和发送电子邮件。消息传输代理是在后台运行的系统幽灵(daemon)程序,在系统间传输电子邮件,实现将消息从出发地到目的地的传输。

2. 电子邮件服务器

电子邮件的工作机制是模拟传统的邮政系统,使用“存储—转发”的方式将用户的邮件从用户的电子邮件信箱转发到目的地主机的电子邮件信箱。因特网上有很多处理电子邮件的计算机,它们就像是一个个邮局,为用户传递电子邮件。从你的计算机发出的邮件要经过多个这样的“邮局”中转,才能到达最终的目的地。这些因特网的“邮局”称作电子邮件服务器。

电子邮件服务器通常有这样两种类型:“发送邮件服务器”(SMTP服务器)和“接收邮件服务器”(POP3或IMAP服务器)。发送邮件服务器的作用是将你编写的电子邮件转交到收件人手中。接收邮件服务器用于保存其他人发送给你的电子邮件,以便你从接收服务器上将邮件取到本地机上阅读。通常,同一台电子邮件服务器既可完成发送邮件的任务,又能让用户从它那里接收邮件,这时发送邮件服务器和接收邮件服务器是相同的。但从根本上看,这两个服务器没有什么对应关系,可以在使用中设置成不同的,其设置原则采用“就近原则”。

通过网络技术收发以电子文件格式制作的邮件,是一种快速、简洁、高效、价廉的现代化通信手段。

6.4.2.2 电子信箱的使用

1. 收发电子邮件应具备的条件

用户必须向有关的ISP申请一个自己的电子信箱,然后才能收发电子邮件。同样,作为接收方的用户也必须有自己的电子信箱。收发电子邮件时必须提供双方的电子信箱地址。

大多数系统允许用户创建邮箱来存储收到的电子邮件。用户使用相关命令来创建和销毁邮箱、检查邮箱内容、删除邮箱中的信息等等。

2. 电子邮件地址

使用电子邮件系统的用户必须要有一个 E-mail 信箱，只有信箱的主人才能够使用信箱，查看或删除信箱中的信件。每一个信箱在 Internet 上有唯一的地址，即 E-mail 地址。E-mail 地址由字符串组成：

用户名@计算机主机域名
|　|　|
信箱　At　电子邮局(例如：Wugf@mail. china. com)

注意：用户名区分大小写，主机域名不区分大小写。

3. 免费申请电子信箱

(1)利用 Web 浏览器访问提供免费电子信箱服务的网站；

(2)申请电子信箱；

(3)记录 E-mail 地址和密码；

(4)试用新邮箱。

电子信箱实际上就是在计算机硬盘上的一块存储区，个人计算机用户的电子信箱一般都放在一台运行电子邮件服务器的大型计算机上，服务器时刻运行着 E-mail 服务程序软件，否则不能接收电子邮件。信件到来时，E-mail 程序软件自动将其放到硬盘上用户的信箱中，然后等待下一个电子邮件的到来。

当用户发送电子邮件时，客户软件根据收信人的 E-mail 地址确定要与哪一台计算机联系。客户程序向收信方的邮件服务器发送电子邮件的一个副本，当邮件服务器收到电子邮件时，就将其存放到收信人的信箱中，然后通知发信用户，信件已收到并且存放到邮件服务器磁盘上。

4. 电子邮件的格式

电子邮件一般由邮件头和邮件体两部分组成。

邮件头的主要内容有：发送日期、发自何处(发送方/发信人的 E-mail 地址)、送往何处(接受方/收信人的 E-mail 地址)以及邮件主题(即邮件标题)。

5. 收发电子邮件的方法

收发电子邮件需要相应的软件支持。目前有许多能够收发电子邮件的软件，其中典型的代表有：IE 中的 Outlook Express，Netscape 中的 Netscape Mail 以及专门的电子邮件服务系统(如 163 电子邮局)等。

6.4.3　文件传输(FTP)

因特网是一个信息资源的大宝库。一般来说，信息资源都是以文件的形式存放的。因此，在因特网上各主机间传送文件，实现资源共享就成为一个很普遍的要求。文件传输协议(FTP，File Transfer Protocol)就是为了规范主机间文件拷贝服务而制定的一个 TCP/IP 协议簇应用协议。

FTP 在因特网上使用极为广泛，其数据传输量是因特网上网络流量的主要部分，对一个熟练的因特网用户来说，他几乎离不开 FTP。由于 FTP 的重要性，几乎所有的 TCP/IP 实现都提供 FTP 服务。

1. FTP 工作原理

FTP 是一个客户/服务器系统。和用户直接打交道的是客户程序 FTP。它是一个交互式的用户程序,用户通过该程序和远程主机上的 FTP 服务器相连接,并发出相应指令来实现文件传送。

当启动 FTP 从远程计算机往本地机拷贝文件时,事实上启动了两个程序:

(1)本地机上的 FTP 客户程序,它提出拷贝程序的请求;

(2)运行在远程计算机上的 FTP 服务器程序,它响应请求并把指定文件传送到你的计算机中。

FTP 采用客户机/服务器工作模式,远程服务器为信息服务的提供者,相当于一个大的文件仓库。本地机称为客户机,服务器和客户机之间进行文件的上载或下载操作。

2. 下载

下载(Download):用户直接将远程文件拷贝到本地称为下载远程文件。一旦拷入本地系统,便属于本地文件,与远程系统无关,用户可以对该文件进行读写等操作。常用于下载一些免费或共享软件。

3. 上载

上载(Upload):系统将本地文件拷贝到远程系统称为上载。一般用于将本地文件保存到服务器上或为大家提供共享软件。

FTP 是基于客户/服务器模型而设计的,客户和服务器之间利用 TCP 建立连接。与其他客户/服务器模型不同的是,FTP 客户与服务器之间要建立双重连接:一个是控制连接;另一个是数据连接。

建立双重连接的原因在于 FTP 是一个交互式会话系统。当用户每次调用 FTP 时,便与服务器建立一个会话。会话以控制连接来维持,直至退出 FTP。控制连接负责传送控制信息,如文件传送命令等。客户可以利用控制命令反复向服务器提出请求,而客户每提出一个请求,服务器便再与客户建立一个数据连接,进行实际的数据传输。一旦数据传输结束,数据连接随之撤销,但控制连接依然存在。

通过 FTP 程序,用户可以从 Internet 网上的一台主机向另一台主机复制文件。用这种方式可以获取大量的文件、数据和其他信息。

6.4.4 远程登录(Telnet)

通过 Telnet 或其他程序登录到 Internet 网上任何一台具有合法账户的主机上,然后像使用自己的计算机一样使用远程的机器。

1. Telnet 服务作用

在分布式计算环境中,常常需要调用远程计算机资源同本地计算机协同工作,这样可以用多台计算机来共同完成一个较大的任务。协同操作的方式要求用户能够登录到远程计算机中,启动某个进程并使进程之间能够相互通信。为了达到这个目的,人们开发了远程终端协议,即 Telnet 协议(TCP/IP 协议的一部分,详细定义客户机与远程服务器之间的交互过程)。

远程登录是人们为网络系统开发的一种使本地计算机暂时成为远程计算机终端的通信协议。它允许用户在本地计算机上与远程计算机上的服务器建立通信连接,然后将本地计算机上输入的字符串直接送到远程计算机上执行,用户可以实时使用远程计算机对外开放的相应资源。

2. Telnet 服务的特点

远程登录就是让你的微机扮演一台终端的角色,通过网络登录到远程的主机上。远程登录的根本目的在于访问远地系统的资源。由于任何一个多用户系统都有用户账号的概念,用户账号规定了用户对系统资源(如程序和文件)的使用权限。所以在进行远程登录之前,也必须在远程主机上建立一个可以使用的账号。它的特点包括:

(1)远程登录提供了一种通用访问服务。

(2)允许运行在远程计算机上的一个程序接收本地计算机用户的输入。

(3)远程登录使得拥有小的个人计算机的用户,能依靠远程登录来完成他们在自己计算机上不能完成的任务。

(4)提供开放式远程登录服务的计算机,不需要事先取得账户及口令。

3. Telnet 的工作过程

(1)在 TCP/IP 和 Telnet 协议的帮助下,通过本地机安装的 Telnet 应用程序向远程计算机发出登录请求。

(2)远程计算机在收到请求后对其响应,并要求本地机用户输入用户名和口令。

(3)输入用户名和口令后,远程计算机系统将验证本地机用户是否为合法用户。若是合法用户,则登录成功。

(4)登录成功后,本地计算机就成为远程计算机的一个终端。此时,用户使用本地键盘所输入的任何命令都通过 Telnet 程序送往远程计算机,在远程计算机中执行这些命令并将执行结果返回到本地计算机屏幕上。

目前很多机构也提供了开放式的远程登录服务,即用户不需要事先取得账号和口令就可以进行登录。使用远程计算机可能有多种目的:

(1)复杂的运算:当本地计算机不能胜任时,可以通过远程登录的方式借用远程计算机中的硬件或软件资源。

(2)ARCHIE 服务器:在 Internet 上有许多 ARCHIE 服务器可以用来查找所需的软件。

用户通过 Telnet 方式登录到 ARCHIE 服务器上,只需提供所要查找的文件名,ARCHIE 服务器就能找到该文件所在的 FTP 服务器及所在路径,并将查询结果通知用户。

(3)BBS:电子公告板系统的使用也大多采用 Telnet 的方式进行登录,使用户可以在互联网上畅所欲言。

(4)公共文献检索系统:一些大型图书馆设置了图书检索服务器,登录上去可以进行图书的查询。

6.4.5　BBS

BBS(Bulletin Board System)是 Internet 上著名的信息服务系统,它提供的信息服务涉及的主题相当广泛,涵盖社会、科学、经济、娱乐和政治各个方面。用户在这里可以对共同感兴趣的主题开展讨论、交流思想、寻求帮助。

BBS 也称网上论坛。其主要功能是让我们可以在 BBS 的讨论区中和朋友(或不认识的人)聊天、问问题、回答问题、发表意见等等。Internet 公告牌服务与普通意义上的公告牌十分相似,每个合法的用户都可以在上面书写、发布信息或提出看法。大部分 BBS 由教育机构、研究机构、商业机构管理,按不同的主题、分主题分成很多个布告栏,可以阅读其中的文章,也可以在其中发表文章。在 BBS 中,不同的主题常有几百人同时参加。分成多个讨论区,每个讨论区还有自己的"版主"。版主之上还有站长(都由网友担任)。

BBS 和新闻组的不同之处:

(1)BBS 具有较强的地域性,大学中非常普及,而新闻组则是全球性的论坛;

(2)新闻组中的文章同服务器系统一样采用先入先出的方式让它自生自灭,而 BBS 由于有自己的管理人员,可以根据文章的质量去伪存真;

(3)BBS 附加的在线聊天、邮箱服务等功能,也是新闻组所不具备的。

6.5 本章小结

计算机网络是计算机技术与通信技术紧密结合的产物,网络技术对信息产业的发展有着深远的影响。为了帮助同学们对计算机网络有一个全面、准确的认识,本章在讨论网络形成与发展历史的基础上,对网络定义、分类与拓扑构型、传输介质、网络体系结构与协议等基本概念、Internet 涉及的相关基础概念进行了系统的讨论。

通过本章的学习,学生应该掌握计算机网络的形成与发展过程;计算机网络的定义、结构与分类;计算机网络拓扑构型与传输介质的基本概念;网络体系结构与协议的基本概念;计算机网络的硬件组成和软件组成;Internet 的基础概述以及 Internet 提供的基本服务。

习 题 6

一、单选题

1. 当个人计算机以拨号方式接入 Internet 时,必须使用的设备是________。
   A)网卡　B)调制解调器　C)电话机　D)浏览器软件
2. 接入 Internet 的每一台主机都有一个唯一的可识别地址,称为________。
   A)URL　B)TCP 地址　C)域名　D)IP 地址
3. 关于电子邮件下列说法中错误的是________。
   A)发件人必须知道收件人的邮政编码
   B)发件人必须知道收件人的 E-mail 地址
   C)发送电子邮件需要 E-mail 软件支持
   D)发件人必须有自己的 E-mail 账号
4. 下列各功能中,Internet 没有提供的是________。
   A)电子邮件　B)文件传输　C)远程登录　D)调制解调
5. 计算机网络能传送的信息是________。
   A)所有多媒体信息　B)只有文本信息
   C)除声音外的所有信息　D)只有文本和图像信息
6. FTP 的主要功能是________。
   A)进行数据分组　B)发布信息

C)文件传输　　D)确定数据传输途径

7. 以下哪种操作不需要连入 Internet ________。

A)发电子邮件　　B)接收电子邮件

C)申请电子邮件　　D)撰写电子邮件

8. 下列________是计算机网络的功能?

A)文件传输　　B)资源共享

C)信息传递与交换　　D)以上均是

9. 计算机网络是按照________相互通信的。

A)信息交换方式　　B)传输装置

C)网络协议　　D)分类标准

10. Internet 的基础协议是________。

A)OSI　　B)NetBEUI　　C)IPX/SPX　　D)TCT/IP

11. 在 Internet 中,人们通过 WWW 浏览器观看到的有关企业或个人信息的第一个页面称为________。

A)网页　　B)统一资源定位器　　C)网址　　D)主页

12. Modem 的功能是实现________。

A)模拟信号的编码　　B)模拟信号与数字信号的转换

C)数字信号的编码　　D)模拟信号的放大

13. 下列各项中,不能作为 Internet 的 IP 地址是________。

A)202.96.12.14　　B)202.196.72.140

C)112.256.23.8　　D)201.124.38.79

14. URL 的一般格式为________。

A)协议://主机名/　　B)协议://主机名/路径及文件名

C)协议://文件名　　D)//主机名/路径及文件名

15. 一封完整的电子邮件都由________。

A)信头和信体组成　　B)主体和附件组成

C)主体和信体组成　　D)信体和附件组成

16. 当我们收发电子邮件时,由于________原因,可能会导致邮件无法发出。

A)接收方计算机关闭

B)邮件正文是 Word 文档

C)发送方的邮件服务器关闭

D)接收方计算机与邮件服务器不在一个子网

17. 在网页中,为提高传输速度,动态图片的文件通常采用________格式。

A)BMP　　B)WAV　　C)JPG　　D)GIF

18. 常用的电子邮件协议 POP3 是指________。

A)就是 TCP/IP 协议　　B)中国邮政的服务产品

C)通过访问 ISP 发送邮件　　D)通过访问 ISP 接收邮件

19. 下列的 IP 地址中哪一个是 B 类地址________?

A)10.10.10.1　　B)191.168.0.1

C)192.168.0.1　　D)202.113.0.1

20. 学校内的一个计算机网络系统,属于________。

A)PAN　　B)LAN　　C)MAN　　D)WAN

21."地址栏"中输入的 http://zjhk.school.com 中,zjhk.school.com 是一个________。

A)域名　　B)文件　　C)邮箱　　D)国家

22. 下列四项中表示电子邮件地址的是________。

A)ks@183.net　　B)192.168.0.1　　C)www.gov.cn　　D)www.cctv.com

23. 计算机网络最突出的特点是________。

A)资源共享　　B)运算精度高　　C)运算速度快　　D)内存容量大

24. 在因特网上专门用于传输文件的协议是________。

A)FTP　　B)HTTP　　C)NEWS　　D)Word

25. 连接到 Internet 的计算机中,必须安装的协议是________。

A)双边协议　　B)TCP/IP 协议　　C)NetBEUI 协议　　D)SPSS 协议

26. 构成计算机网络的要素主要有:通信主体、通信设备和通信协议,其中通信主体指的是________。

A)交换机　　B)双绞线　　C)计算机　　D)网卡

27. 以下关于网络的说法错误的是________。

A)将两台电脑用网线联在一起就是一个网络

B)网络按覆盖范围可以分为 LAN 和 WAN

C)计算机网络有数据通信、资源共享和分布处理等功能

D)上网时我们享受的服务不只是眼前的工作站提供的

28. 下列设备属于资源子网的是________。

A)打印机　　B)集中器　　C)路由器　　D)交换机

29. 在 ISO/OSI 参考模型中,网络层的主要功能是________。

A)提供可靠的端—端服务,透明地传送报文

B)路由选择、拥塞控制与网络互连

C)在通信实体之间传送以帧为单位的数据

D)数据格式变换、数据加密与解密、数据压缩与恢复

30. TCP/IP 体系结构中与 ISO－OSI 参考模型的 1、2 层对应的是哪一层________

A)网络接口层　　B)传输层　　C)互联网层　　D)应用层

二、填空题

1. 计算机网络技术包含的两个主要技术是计算机技术和________。

2. 计算机网络按地理范围可分为________、________和________,其中________主要用来构造一个单位的内部网。

3. 常见的网络拓扑结构为________、________和________。

4. 开放系统互联参考模型 OSI 采用了________结构的构造技术。

5. 邮件地址的组成部分包括________。

6. 域名系统的表示格式为____________________。

7. 计算机网络拓扑主要是指________子网的拓扑构型，它对网络性能、系统可靠性与通信费用都有重大影响。

8. 计算机网络层次结构模型和各层协议的集合叫作计算机网络________。

9. 邮局把信件自动分拣，使用的计算机技术是________。

10. 在因特网中，远程登录系统采用的工作模式为________模式。

11. 常用的传输介质有两类：有线和无线。有线介质有________、________、________。

12. TCP/IP 协议参考模型共分了________层，其中 3、4 层是________、________。

13. 电子邮件系统提供的是一种________服务，WWW 服务模式为________。

14. 网络按计算机系统功能可划分为________和________两部分；

15. 常用的网络协议是________、________。

三、多选题

1. 计算机网络由哪两部分组成？________。

A)通信子网　　B)计算机　　C)资源子网　　D)数据传输介质

2. 关于计算机网络的分类，以下说法哪个正确________？

A)按网络拓扑结构划分：有总线形、环形、星形和树形等

B)按网络覆盖范围和计算机间的连接距离划分：有局域网、城域网、广域网

C)按传送数据所用的结构和技术划分：有资源子网、通信子网

D)按通信传输介质划分：有低速网、中速网、高速网

3. 目前，互联网接入方式主要有________。

A)ADSL 接入　　B)ISDN 接入　　C)光纤接入　　D)拨号接入

4. 网络通信协议的层次结构有哪些特征________？

A)每一层都规定有明确的任务和接口标准

B)除最底层外，每一层都向上一层提供服务，又是下一层的用户

C)用户的应用程序作为最高层

D)物理通信线路在第二层，是提供服务的基础

5. 哪些信息可在因特网上传输________？

A)声音　　B)图像　　C)文字　　D)普通邮件

6. 在下列任务中，哪些是网络操作系统的基本任务________？

A)屏蔽本地资源与网络资源之间的差异

B)为用户提供基本的网络服务功能

C)管理网络系统的共享资源

D)提供网络系统的安全服务

7. 关于计算机网络，以下说法哪些正确________？

A)网络就是计算机的集合

B)网络可提供远程用户共享网络资源，但可靠性很差

C)网络是通信技术和计算机技术相结合的产物

D)当今世界规模最大的网络是因特网

8. 关于计算机网络的主要特征，以下说法哪个正确________？

A)计算机及相关外部设备通过通信媒体互连在一起,组成一个群体。

B)网络中任意两台计算机都是独立的,它们之间不存在主从关系。

C)不同计算机之间的通信应有双方必须遵守的协议。

D)网络中的软件和数据可以共享,但计算机的外部设备不能共享。

9. 网络通信协议通常由哪几部分组成________?

A)语义　　B)语法　　C)标准　　D)同步

10. 电缆可以按照其物理结构类型来分类,目前计算机网络使用较多的电缆类型有________。

A)双绞线　　B)输电线　　C)光纤　　D)同轴电缆

11. 下列属于A类IP的是________。

A)202.107.117.210　　B)160.187.6.10

C)110.210.22.28　　D)12.120.222.10

12. 用于电子邮件的协议是________。

A)IP　　B)TCP　　C)SMTP　　D)pop3

13. 从逻辑功能上,计算机网络可以分为两个子网:________。

A)通信子网　　B)资源子网　　C)局域网　　D)城域网

14. 常见广播式网络一般采用________和________结构。

A)总线型　　B)树型　　C)星型　　D)网状

四、操作题

1. 完成下列操作

(1)将主页另存为"Flash";

(2)将主页添加到收藏夹,名称为"Flash";

(3)将"Flash好友"另存为"新Flash好友",保存到当前试题文件夹内。

2. 完成下列操作(附件自己建立)

(1)将自己搜集的关于"大学计算机基础"学习资料,与好友分享;

(2)邮箱地址"xiaohong@foxmail.com";

(3)主题:我搜集的关于"大学计算机基础"的学习资料;

(4)内容:附件中,是我搜集的一些关于"大学计算机基础"的学习资料,希望对你能有帮助。

第7章 信息安全

【本章教学目标】

(1)了解计算机信息安全的含义及重要性;

(2)了解威胁网络安全的因素;

(3)掌握计算机病毒的基本操作;

(4)了解防火墙的作用及功能。

7.1 计算机信息安全

随着计算机应用范围越来越广泛,尤其是Internet应用的普及,各行各业对计算机网络的依赖程度也越来越高,这种高度依赖将使社会变得十分“脆弱”,一旦网络受到攻击,轻者不能正常工作,重者危及国家安全。人们在为高技术带来巨大经济利益而欣喜的同时,必须居安思危。在承认Internet“宝葫芦”效应的同时,也要担心它会如同“潘多拉盒子”一样释放出吞噬人类文明的魔鬼。计算机信息系统面临的威胁主要来自自然灾害、人为或偶然事故、计算机犯罪、计算机病毒以及信息战等几个方面。

7.1.1 计算机信息安全概述

1. 信息安全的含义

计算机信息安全是计算机网络的软硬件和计算机系统的数据安全,不会遭受攻击、破坏、泄露,计算机能够正常地运行,保证信息服务是连续可靠的。信息安全是一门涉及计算机科学、网络技术、通信技术、密码技术、信息安全技术、应用数学、数论、信息论等多种学科的综合性学科。

2. 信息安全的重要性

计算机中的信息是一种资源,具有共享、增值、处理等特性。信息安全的意义就在于保护信息系统或者计算机网络中的资源不受外界无意或者恶意的威胁、攻击、干扰,保证了数据的安全。根据国际标准化组织的定义,信息安全性的含义主要是指信息的完整性、可用性、保密性和可靠性。信息安全是任何国家、政府、部门、行业都必须十分重视的问题,是一个不容忽视的国家安全战略。在经济发展和科学进步的今天,社会对于更大容量、更快速度的信息需求日益增加,已经到了一种爆炸性的阶段。由于人们对计算机的依赖,人们把很多的工作都交付计算机完成,在信息的传递过程中,都存在着被窃取、篡改、伪造和泄露的危险。例如很多敏感的信息,如在利用计算机进行网上银行的财务转账时、公司领导在交流重要商业信息时、医生在管理患者的病历时都有可能被不法分子盗取,给人们的生活造成很大的损害。因此必须加强计算机通信的保密措施,必须综合管理技术上的各种应用和保护方法,达到信息安全的目的。

7.1.2　计算机信息系统安全

所谓计算机信息系统是指由计算机及其相关的设备、设施(含网络)构成的，按照一定的应用目标和规则对信息进行采集、加工、存储、传送、检索等处理的人机系统。

计算机信息系统安全包括实体安全、信息安全、运行安全和人员安全等部分。人员安全主要是指计算机使用人员的安全意识、法律意识、安全技能等。

7.1.2.1　计算机信息系统的实体安全

在计算机信息系统中，计算机及其相关的设备、设施统称为计算机信息系统的实体。计算机实体安全是指为了保证计算机信息系统安全可靠地运行，确保计算机信息系统在对信息进行采集、处理、传送、存储过程中，不致受到人为(包括未授权使用计算机资源的人)或自然因素的危害，而使信息丢失、泄漏或破坏，而对计算机设备、设施、环境、人员等采取适当的安全技术措施。

影响计算机系统实体安全的主要因素有:计算机系统本身存在的脆弱性因素、各种自然灾害导致的安全问题、由于人为的错误操作及各种计算机犯罪导致的安全问题。

实体安全包括环境安全、设备安全和媒体安全。

(1)环境安全:主要包括区域保护和灾难保护。

(2)设备安全:主要包括设备的防毁、防盗、防止电磁信息辐射泄漏和干扰以及电源故障等。

(3)媒体安全:指对媒体数据和媒体本身的安全。

7.1.2.2　计算机信息系统的运行安全

保证计算机系统的运行安全是计算机安全领域中最重要的环节之一，因为只有计算机信息系统在运行过程中的安全得到保证，才能完成对信息的正确处理，达到正常发挥计算机信息系统各项功能的目的。

计算机信息系统的运行安全包括系统风险分析、审计跟踪、备份与恢复、应急等方面的内容。系统的运行安全是计算机信息系统的一个重要环节，其目标是保证系统能连续、正常地运行。

1. 风险分析

风险分析是指用于估计威胁发生的可能性以及由于系统易于受到攻击的脆弱性而引起的潜在的损失。风险分析的最终目的是帮助选择安全防护，并将风险降低到可接受的程度。常见的风险有:后门或陷阱门、自然灾害、错误信息、逻辑炸弹、程序编制错误、计算机病毒等。

2. 审计跟踪

审计跟踪技术也是一种保证计算机信息系统运行安全的常用且有效的技术手段。利用审计方法，可以对计算机信息系统的工作过程进行详细的审计跟踪，同时保存审计记录和审计日志，从中可以发现问题。审计的主要功能是:记录和跟踪各种系统状态的变化、实现对各种安全事故的定位、保存维护和管理审计日志。

3. 应急计划和应急措施

即使在设备、制度、管理等各方面采取了各种措施，还是有可能发生一些突发事件，包括人为和自然的灾害。为了减少由意外事件对计算机系统的损害，管理者有必要制定一个万一发生灾难事件的应急计划。应急计划应建立在风险分析的基础之上。应急计划至少应考虑三个因素:紧急反应、备份操作、恢复措施。

7.1.2.3　计算机信息系统的信息安全

信息安全是指防止信息财产被故意地或偶然地非法授权、泄漏、更改、破坏，或使信息被非法系统辨识、控制。信息安全的目的是保护在信息系统中存储、处理的信息的安全，概括为确保信息的完整性、保密性和可用性。完整性是指信息必须按照它的原型保存，不能被非法的篡改、破坏，也不能被偶然、无意地修改。保密性是指信息必须按照拥有者的要求保持一定的秘密性，防止信息在非授权的方式下被泄露。信息的保密主要采用密码技术对信息进行加密处理。可用性是指在任何情况下，信息必须是可用的，它是计算机能够完成可靠性操作的重要前提。信息安全的研究内容包括：操作系统安全、数据库安全、网络安全、病毒防护、访问控制、加密与消息鉴别等方面。

1. 操作系统安全

操作系统安全是指操作系统对计算机信息系统的硬件和软件资源进行有效控制，能够为所管理的资源提供相应的安全保护。

2. 数据库安全

数据库系统中数据的安全性包括：完整性、可用性和保密性。

3. 访问控制

存取控制主要包括授权、确定存取权限和实施权限三个内容。在一个计算机系统中，存取控制仅指本系统内的主体对客体的存取控制，不包括外界对系统的存取。存取控制是对处理状态下的信息进行保护，是保证对所有的直接存取活动进行授权的重要手段，同时存取控制要对程序执行期间访问资源的合法性进行检查。它控制着对数据和程序的读、写、修改、删除、执行等操作，防止因事故和有意破坏对信息的威胁。

4. 密码技术

密码技术是维护信息安全的有力手段，常用的密码手段有：验证（身份验证、消息鉴别）和加密保护（存储信息的加密保护、传输信息的加密保护）。

通过加密，将正文变成字母、数字和符号的混合形式，即使黑客得到了该数据和信息，要把加密的数据还原，还是相当困难的，除非事先知道加密的方法。

7.1.3　数据安全

7.1.3.1　数据安全的含义

数据安全包括数据本身的安全和数据防护的安全。除此之外还有数据处理的安全和数据存储的安全。

1. 数据本身的安全

数据本身的安全主要是指采用现代密码算法对数据进行主动保护，如数据保密、数据完整性、双向强身份认证等。

2. 数据防护的安全

数据防护的安全主要是采用现代信息存储手段对数据进行主动防护，如通过磁盘阵列、数据备份、异地容灾等手段保证数据的安全。数据安全是一种主动的包含措施，数据本身的安全必须基于可靠的加密算法与安全体系，主要是有对称算法与公开密钥密码体系两种。

3. 数据处理的安全

数据处理的安全是指如何有效地防止数据在录入、处理、统计或打印中由于硬件故障、断电、死机、人为的误操作、程序缺陷、病毒或黑客等造成的数据库损坏或数据丢失现象,某些敏感或保密的数据不被可能不具备资格的人员或操作员阅读,而造成数据泄密等后果。

4. 数据存储的安全

数据存储的安全是指数据库在系统运行之外的可读性,一个标准的 ACCESS 数据库,稍微懂得一些基本方法的计算机人员都可以打开阅读或修改。一旦数据库被盗,即使没有原来的系统程序,照样可以另外编写程序对盗取的数据库进行查看或修改。从这个角度说,不加密的数据库是不安全的,容易造成商业泄密。这就涉及了计算机网络通信的保密、安全及软件保护等问题。

7.1.3.2 威胁数据安全的主要因素

威胁数据安全的因素有很多,常见的有:

1. 硬盘驱动器损坏

一个硬盘驱动器的物理损坏意味着数据丢失。设备的运行损耗、存储介质失效、运行环境以及人为的破坏等,都能对硬盘驱动器设备造成影响。

2. 人为错误

由于操作失误,使用者可能会误删除系统的重要文件,或者修改影响系统运行的参数,以及没有按照规定要求或操作不当导致的系统死机。

3. 黑客

利用系统中的安全漏洞非法进入他人计算机系统,危害性极大。

4. 病毒

由于感染计算机病毒而破坏计算机系统,造成的重大经济损失屡屡发生,计算机病毒的复制能力强,感染性强,特别是网络环境下,传播性更快。

5. 信息窃取

从计算机上复制、删除信息或干脆把计算机偷走。

6. 自然灾害

7. 电源故障

电源供给系统故障,一个瞬间过载电功率会损坏在硬盘或存储设备上的数据。

8. 磁干扰

磁干扰是指重要的数据接触到有磁性的物质,会造成计算机数据被破坏。

知识

什么是安全意识?

所谓安全意识,就是人们头脑中建立起来的生产必须安全的观念,也就是人们在生产活动中各种各样有可能对自己或他人造成伤害的外在环境条件的一种戒备和警觉的心理状态。

7.2 计算机网络安全

计算机网络与单机系统相比有很大的区别,因此就需要采用新的技术和手段,对整个计算机网络进行安全保护。

7.2.1 网络安全概念

1. 网络安全三大问题

网络安全面临的主要威胁：

(1)黑客侵袭:黑客非法进入网络使用网络资源(获取账号和密码、获取网上传输的数据、控制及破坏系统等)。

(2)计算机病毒:使网络不能正常工作,甚至瘫痪。

(3)拒绝服务攻击:用户在短时间内收到大量无用信息,攻击者并不控制被攻击的电脑,只是使它失去正常工作能力。

2. 网络安全的分类

(1)运行系统安全:即保证信息处理和传输系统的安全。它侧重于保证系统正常运行,避免因为系统的崩溃和损坏而对系统存贮、处理和传输的信息造成破坏和损失,避免由于电磁泄漏,产生信息泄露,干扰他人或受他人干扰。

(2)网络上系统信息的安全:包括用户口令鉴别,用户存取权限控制,数据存取权限,方式控制,安全审计,安全问题跟踪,计算机病毒防治,数据加密。

(3)网络上信息传播的安全:即信息传播后果的安全,包括信息过滤等。它侧重于防止和控制非法、有害的信息进行传播后的后果。避免公用网络上大量自由传输的信息失控。

(4)网络上信息内容的安全:它侧重于保护信息的保密性、真实性和完整性。避免攻击者利用系统的安全漏洞进行窃听、冒充、诈骗等有损于合法用户的行为。本质上是保护用户的利益和隐私。

3. 网络安全的特征

(1)保密性:信息不泄露给非授权的用户、实体或过程或供其利用的特性。

(2)完整性:数据未经授权不能进行改变的特性,即信息在存储或传输过程中保持不被修改、不被破坏和丢失的特性。

(3)可用性:可被授权实体访问并按需求使用的特性,即当需要时应能存取所需的信息。网络环境下拒绝服务、破坏网络和有关系统的正常运行等都属于对可用性的攻击。

(4)可控性:对信息的传播及内容具有控制能力。

7.2.2 网络系统下的不安全因素

计算机网络系统的不安全因素按威胁的对象可以分为三种:一是对网络硬件的威胁,这主要指那些恶意破坏网络设施的行为,如偷窃、无意或恶意毁损等等;二是对网络软件的威胁,如病毒、木马入侵,流量攻击等等;三是对网络上传输或存储的数据进行的攻击,比如修改数据、解密数据、删除破坏数据等等。这些威胁有很多很多,可能是无意的,也可能是有意的;可能是系统本来就存在的,也可能是我们安装、配置不当造成的;还有些威胁甚至会同时破坏我们的软硬件和存储的宝贵数据。如CIH病毒在破坏数据和软件的同时还会破坏系统BIOS,使整个系统瘫痪。威胁的来源主要有以下几个方面：

1. 无意过失

如果因管理员安全配置不当而造成了安全漏洞,如有些不需要开放的端口没有即时关闭,用户账户密码设置过于简单,用户将自己的账号密码轻易泄漏或转告他人,或几人共享账号密码等,都会对网络安全带来威胁。

2. 恶意攻击

这是我们赖以生存的网络所面临的最大威胁。此类攻击又可以分为以下两种:一种是显在攻击,它有选择地破坏信息的有效性和完整性,破坏网络的软硬件系统,或制造信息流量使我们的网络系统瘫痪;另一类是隐藏攻击,它是在不影响用户和系统日常工作的前提下,采取窃取、截获、破译的方式获得机密信息。这两种攻击均可对计算机网络系统造成极大的危害,并导致机密数据的外泄或系统瘫痪。

3. 漏洞后门

网络操作系统和其他工具、应用软件不可能是百分之百的无缺陷和无漏洞的,尤其是我们既爱又恨的"Windows"系统。这些漏洞和缺陷就是病毒和黑客进行攻击的首选通道,无数次出现过的病毒(如近期的冲击波和震荡波就是采用了 Windows 系统的漏洞)造成的重大损失和惨痛教训,就是由我们的漏洞所造成的。黑客侵入网络的事件,大部分也是利用漏洞进行的。"后门"是软件开发人员为了自己的方便,在软件开发时故意为自己设置的,这在一般情况下没有什么问题,但是一旦该开发人员有一天想不通要利用该"后门",那么后果就严重了,就算他自己安分守己,但一旦"后门"洞开和泄露,其造成的后果也将不堪设想。

7.2.3 网络安全实用技术

1. 身份验证

系统的安全性常常依赖于对终端用户身份的正确识别与检验,以防止用户的欺诈行为。对计算机系统的存取访问也必须根据访问者的身份施以一定的限制,这些都是最基本的安全要求。身份验证一般包括两个方面的含义:一个是识别,另一个是验证。所谓识别是指系统中的每个合法用户都有识别的能力。要保证其有效性,必须保证任意两个不同的用户都不能具有相同的标识符。所谓验证是指系统对访问者自称的身份进行验证,以防假冒。标识信息(如用户名)一般是公开的,而验证信息(如口令字)必须是秘密的。

2. 报文验证

所谓报文验证就是指在两个通信实体之间建立了通信联系之后,对每个通信实体收到的信息进行验证,以保证所收到的信息是真实的。它包括:报文是由确认的发方产生的、报文内容没有被非法修改过、报文是按照与其传送时间相同的顺序收到的。

对报文源进行验证的方法通常用两种以密码技术为基础的方法:第一种方法是以接收和发送双方共同的某一秘密和密钥来验证对方身份的方法;第二种方法是采用通行证的方法。

3. 数字签名

在日常生活中解决安全问题的常用方式是签名,而在计算机信息系统中则需要采用一种电子形式的签名——数字签名。数字签名作为一种安全技术应当满足:签名者事后不能否认自己的签名;任何人不能伪造签名,也不能对传送的信息进行伪造、冒充、否认和篡改;当通信双方对签名的真伪发生争执时,可以通过第三者仲裁机构确定签名的真伪。

数字签名的方法主要有两种:利用传统密码进行数字签名和利用公开密钥密码进行数字签名。由于数字签名是基于密码技术的,因而其安全性取决于密码体系的安全程度。早期的数字签名是利用传统的密码体制来实现的,不但复杂而且难以取得良好的安全效果。自公开密钥密码体制出现以来,数字签名技术日臻成熟,已开始实际应用。

7.2.4 Internet的安全

7.2.4.1 Internet带来的安全问题

由于Internet的发展极为迅速，而其又是在没有政府的干预、指导下发展起来的，这种发展的无序性导致了Internet本身存在着诸多的弱点和许多的问题；其次Internet所采用的技术，如TCP/IP协议、Windows类的操作系统过于强调开放性而忽略了安全性，也导致了Internet暴露了许多安全问题。由于缺乏必要的安全管理和安全技术策略，使Internet上事故频繁、黑客横行，各种安全事故和利用或针对Internet的犯罪事件不断发生。据美国联邦调查局提供的信息表明，在其调查的各类计算机犯罪案件中有80%是通过Internet非法访问的。特别是银行、商业机构推出的网上服务，如电子银行、电子购物等给Internet安全带来了许多新的问题。我国的Internet尽管发展时间很短，但也已暴露出许多安全问题，一些针对或利用Internet的犯罪活动不断出现，而广大用户的安全意识和可使用的安全技术匮乏，法律法规的相对滞后，无疑更使我国的Internet安全雪上加霜。从目前的情况看，广大Internet用户将主要面临以下几类安全威胁：

(1)信息污染和有害信息；

(2)对Internet网络资源的攻击；

(3)蠕虫和计算机病毒；

(4)利用Internet的犯罪行为。

7.2.4.2 Internet的安全防护

1. 安全防护策略

安全防护策略包括管理和技术防范两个方面，二者必须有效地结合起来，不可偏颇。

Internet安全管理防范策略包括：法律制度规范、管理制度的约束、道德规范和宣传教育。

Internet安全技术防范策略包括：服务器的安全防范策略、客户端（访问网络的个人或单位用户）的安全防范策略、通信设备的安全策略。

2. 防火墙技术

防火墙技术是伴随着Internet的迅速普及和发展而出现的一种新技术。防火墙就是在可信网络（用户的内部网）和非可信网络（Internet、外部网）之间建立和实施特定的访问控制策略的系统。所有进、出的信息包都必须通过这层屏障，而只有授权的信息包（由网络访问控制策略决定）才能通过。防火墙可能由一个硬件、软件组成，也可以是一组硬件和软件构成的保护屏障。它是阻止Internet网络“黑客”攻击的一种有效手段。

3. 电子邮件(E-mail)的安全

由于电子邮件的安全性很差，会受到网络“黑客”“电子邮件炸弹”或“垃圾邮件”“宏病毒”的危害。为了提高电子邮件的安全性，需要利用数据签名和密码安全机制提供保密性、完整性和信息鉴别（验证）服务。通常采用的密码机制是公开密钥密码系统。目前比较流行的Internet应用程序（微软的Explorer和网景的Navigator）都提供了一些电子邮件的安全功能。采用保密技术可以提高电子邮件的安全性。

4. 口令的安全

口令(Password)是一种最容易实现的用户标识技术，在计算机系统内被广泛使用。在口令识别机制中，计算机系统给每个用户分配一个用户标识（用户名）和一个口令。用户标识唯一确定一名用户，是公开的；而口令用于验证用户，是保密的。

用户要进入系统时，先向系统提交其用户标识和口令，系统根据用户标识确认其是否为已注册用户。如果是已注册用户，再根据其口令判断其合法性。是合法用户，系统接收，否则将拒绝用户进入系统。

5. 具体防护措施

（1）尽可能不对外人透露电脑账号和密码；

（2）安装杀毒软件和防火墙，并定期杀毒；

（3）注意升级操作系统；

（4）不要随便在网络上下载不知名的文件；

（5）安装正版的操作系统，很多破解版的系统被黑客安装了“后门”。

7.3　计算机病毒及其防治

计算机病毒（Computer Virus）在《中华人民共和国计算机信息系统安全保护条例》中被明确定义，病毒指“编制或者在计算机程序中插入的破坏计算机功能或者破坏数据，影响计算机使用并且能够自我复制的一组计算机指令或者程序代码”。

7.3.1　计算机病毒概述

7.3.1.1　计算机病毒的特征

1983 年 11 月美国计算机专家首次提出了计算机病毒（Virus）的概念，并进行了验证。那么，计算机病毒到底是一种什么东西呢？简单地说，计算机病毒是人为蓄意制造的一种寄生性的计算机程序，它能在计算机系统中生存，通过自我复制来传播，达到一定条件时即被激活，从而给计算机系统造成一定损害甚至严重破坏。这种程序的活动方式可以与微生物学中的病毒类似，所以被形象地称为计算机病毒。但是，与生物病毒不同的是所有的计算机病毒都是人为地故意制造出来的，一旦扩散开来，连制造者自己都无法控制。计算机病毒已不单是一个纯计算机学术问题，而且是一个严重的社会问题。如何保证数据的安全，防止病毒破坏，已成为当今计算机研制人员和应用人员新面临的重大问题。

计算机病毒有以下几个特点：

（1）破坏性：凡是软件手段能触及计算机资源的地方均可能受到计算机病毒的破坏。

（2）隐蔽性：计算机病毒本身是一段可执行的程序，但大多数计算机病毒隐蔽在正常的可执行程序或数据文件里，不易被发现。

（3）传染性：这是计算机病毒的重要特性，计算机病毒通过修改别的程序，把自身的拷贝包括进去，从而达到扩散的目的。

（4）潜伏性：一个编制巧妙的计算机病毒程序可以长时间潜伏在合法文件中，在一定条件下，激活了它的传染机制后，则进行传染；而在另一种条件下，则激活它的破坏机制或表现部分，俗称病毒发作。

（5）激发性：激发性是计算机病毒危害的条件控制，其实这是一种“逻辑炸弹”。通常激发的条件是设计者预先订好的，可以是时间、日期、控制键、文件名等，只要触及即可发作。

7.3.1.2　计算机病毒的分类

1. 按病毒设计者的意图和破坏性大小

按病毒设计者的意图和破坏性大小，分为良性病毒和恶性病毒。

(1)良性病毒：这种病毒的目的不是为了破坏计算机系统，而只是为了编制者表现自己。此类病毒破坏性较小，只是造成系统运行速度降低，干扰用户正常工作。

(2)恶性病毒：这类病毒的目的是人为地破坏计算机系统的数据。具有明显破坏目标，其破坏和危害性都很大，可能删除文件或对硬盘进行非法的格式化。

2. 计算机病毒按照寄生方式

计算机病毒按照寄生方式可以分为下列四类：

(1)源码病毒：在源程序被编译之前，就插入到用高级语言编写的源程序当中。编写这种病毒程序较困难。但是，一旦插入，其破坏性和危害性都很大。

(2)入侵病毒：是把病毒程序的一部分插入到主程序中。这种病毒程序也难编写，一旦入侵，难以清除。

(3)操作系统病毒：是把病毒程序加入或替代部分操作系统进行工作的病毒。这种病毒攻击力强，常见，破坏性和危害性最大。

(4)外壳病毒：是把病毒程序置放在主程序周围，一般不修改源程序的一种病毒。它大多是感染DOS下的可执行程序。这种病毒占一半以上，易编制，也易于检测和消除。

7.3.1.3　计算机病毒传播的途径

病毒传播的途径主要来自磁介质、网络、光盘和U盘。

(1)磁介质：磁介质是传播计算机病毒的重要媒介。计算机病毒先是隐藏在介质上，当使用携带病毒的介质时，病毒便侵入计算机系统。硬盘也是传染病毒的重要载体。在该机上使用过的软盘也会感染上病毒。

(2)网络：网络可以使病毒从一个节点传播到另一个节点，在极短时间内都染上病毒。由于光盘刻录的是文件，也可能成为病毒传播的媒介。

7.3.1.4　可能存在安全隐患的地方

(1)联网的计算机：映射的网络驱动器，病毒很容易通过映射的驱动器感染到远程计算机；文件共享，一些蠕虫会尝试打开远程计算机的C:\，修改远程计算机上的系统文件；没有限制或较少限制的计算机系统，如果管理员密码很简单，黑客可以轻易地连接到系统共享。

(2)电子邮件：附件，不要下载和使用不明来历的附件，用防病毒软件扫描每一个附件；消息体，可能在HTML和脚本中包含恶意代码，邮件客户端如果有bug可能感染病毒。

(3)Web浏览：HTML和脚本文件中可能含有恶意代码，但如果在远程系统上执行则不会感染本地系统；Java小程序、插件以防范它们执行恶意代码；下载的文件在使用前应该扫描病毒。

(4)其他可能的传播方式：软盘、U盘、移动硬盘；未打补丁的系统和应用；Microsoft Office文档；红外端口、蓝牙端口；与PDA或手机的数据同步。

7.3.2　计算机病毒防治

7.3.2.1　计算机病毒种类

计算机病毒大体可分为十类。

1. 系统病毒

系统病毒的前缀为:Win32、PE、Win95、W32、W95 等。这些病毒的一般公有的特性是可以感染 Windows 操作系统的 *.exe 和 *.dll 文件,并通过这些文件进行传播,如 CIH 病毒。

2. 蠕虫病毒

蠕虫病毒的前缀是:Worm。这种病毒的公有特性是通过网络或者系统漏洞进行传播,很大部分的蠕虫病毒都有向外发送带毒邮件,阻塞网络的特性。比如冲击波(阻塞网络),小邮差(发带毒邮件)等。

3. 木马病毒、黑客病毒

木马病毒的前缀是:Trojan,黑客病毒前缀名一般为 Hack。木马病毒的公有特性是通过网络或者系统漏洞进入用户的系统并隐藏,然后向外界泄露用户的信息,而黑客病毒则有一个可视的界面,能对用户的电脑进行远程控制。木马、黑客病毒往往是成对出现的,即木马病毒负责侵入用户的电脑,而黑客病毒则会通过该木马病毒来进行控制。现在这两种类型都越来越趋向于整合了。一般的木马如 QQ 消息尾巴木马 Trojan. QQ3344,还有大家可能遇见比较多的针对网络游戏的木马病毒如 Trojan. LMir. PSW. 60。这里补充一点,病毒名中有 PSW 或者 PWD 之类的一般都表示这个病毒有盗取密码的功能(这些字母一般都为"密码"的英文"password"的缩写)。

答疑

什么是木马?

木马是一种伪装潜伏的网络病毒。木马病毒的发作要在用户的机器里运行客户端程序,一旦发作,就可设置后门,定时地发送该用户的隐私到木马程序指定的地址,一般同时内置可进入该用户电脑的端口,并可任意控制此计算机,进行文件删除、拷贝、改密码等非法操作。

4. 脚本病毒

脚本病毒的前缀是:Script。脚本病毒的公有特性是使用脚本语言编写,通过网页进行的传播的病毒,如红色代码(Script. Redlof)。脚本病毒还会有如下前缀:VBS、JS(表明是何种脚本编写的),如欢乐时光(VBS. Happytime)、十四日(Js. Fortnight. c. s)等。

5. 宏病毒

其实宏病毒也是脚本病毒的一种,由于它的特殊性,因此在这里单独算成一类。宏病毒的前缀是:Macro,第二前缀是:Word、Word97、Excel、Excel97(也许还有别的)其中之一。凡是只感染 WORD97 及以前版本 WORD 文档的病毒采用 Word97 作为第二前缀,格式是:Macro. Word97;凡是只感染 WORD97 以后版本 WORD 文档的病毒采用 Word 作为第二前缀,格式是:Macro. Word;凡是只感染 EXCEL97 及以前版本 EXCEL 文档的病毒采用 Excel97 作为第二前缀,格式是:Macro. Excel97;凡是只感染 EXCEL97 以后版本 EXCEL 文档的病毒采用 Excel 作为第二前缀,格式是:Macro. Excel,依此类推。该类病毒的公有特性是能感染 Office 系列文档,然后通过 Office 通用模板进行传播,如著名的美丽莎(Macro. Melissa)。

6. 后门病毒

后门病毒的前缀是:Backdoor。该类病毒的公有特性是通过网络传播,给系统开后门,给用户电脑带来安全隐患。如很多朋友遇到过的IRC后门Backdoor. IRCBot。

7. 病毒种植程序病毒

这类病毒的公有特性是运行时会从体内释放出一个或几个新的病毒到系统目录下,由释放出来的新病毒产生破坏。如冰河播种者(Dropper. BingHe2. 2C)、MSN射手(Dropper. Worm. Smibag)等。

8. 破坏性程序病毒

破坏性程序病毒的前缀是:Harm。这类病毒的公有特性是本身具有好看的图标来诱惑用户点击,当用户点击这类病毒时,病毒便会直接对用户计算机产生破坏。如格式化C盘(Harm. formatC. f)、杀手命令(Harm. Command. Killer)等。

9. 玩笑病毒

玩笑病毒的前缀是:Joke,也称恶作剧病毒。这类病毒的公有特性是本身具有好看的图标来诱惑用户点击,当用户点击这类病毒时,病毒会做出各种破坏操作来吓唬用户,其实病毒并没有对用户电脑进行任何破坏,如女鬼(Joke. Girlghost)病毒。

10. 捆绑机病毒

捆绑机病毒的前缀是:Binder。这类病毒的公有特性是病毒作者会使用特定的捆绑程序将病毒与一些应用程序如QQ、IE捆绑起来,表面上看是一个正常的文件,当用户运行这些捆绑病毒时,会表面上运行这些应用程序,然后隐藏运行捆绑在一起的病毒,从而给用户造成危害。如捆绑QQ(Binder. QQPass. QQBin)、系统杀手(Binder. killsys)等。

答疑

什么是后门?

后门是指那些绕过安全性控制而获取对程序或系统访问权的程序方法。在软件的开发阶段,程序员常常会在软件内创建后门程序以便可以修改程序设计中的缺陷。但是,如果这些后门被其他人知道,或是在发布软件之前没有删除后门程序,那么它就成了安全隐患。

7.3.2.2 常见的病毒

1. Elk Cloner(1982年)

它被看作是攻击个人计算机的第一款全球病毒,也是所有令人头痛的安全问题先驱者。它通过苹果Apple II软盘进行传播。这个病毒被放在一个游戏磁盘上,可以被使用49次。在第50次使用的时候,它并不运行游戏,取而代之的是打开一个空白屏幕,并显示一首短诗。

2. Brain(1986年)

Brain是第一款攻击运行微软的受欢迎的操作系统DOS的病毒,可以感染360K软盘的病毒。该病毒会填充满软盘上未用的空间,而导致它不能再被使用。

3. Morris(1988年)

Morris病毒程序利用了系统存在的弱点进行入侵。Morris设计的最初的目的并不是搞破坏,而是用来测量网络的大小。但是,由于程序的循环没有处理好,计算机会不停地执行、复制Morris,最终导致死机。

4. CIH(1998年)

CIH病毒是迄今为止破坏性最严重的病毒,也是世界上首例破坏硬件的病毒。它发作时不仅破坏硬盘的引导区和分区表,而且破坏计算机系统BIOS,导致主板损坏。此病毒是由台湾大学生陈盈豪研制的,据说他研制此病毒的目的是纪念1986年的灾难或是让反病毒软件难堪。

5. Melissa(1999年)

Melissa是最早通过电子邮件传播的病毒之一,当用户打开一封电子邮件的附件,病毒会自动发送到用户通讯簿中的前50个地址,因此这个病毒在数小时之内传遍全球。

6. Love bug(2000年)

Love bug也通过电子邮件传播,它利用了人类的本性,把自己伪装成一封求爱信来欺骗收件人打开。这个病毒以其传播速度和范围让安全专家吃惊。在数小时之内,这个小小的计算机程序征服了全世界范围之内的计算机系统。

7. "红色代码"(2001年)

被认为是史上最昂贵的计算机病毒之一,这个自我复制的恶意代码"红色代码"利用了微软IIS服务器中的一个漏洞。该蠕虫病毒具有一个更恶毒的版本,被称作红色代码II。这两个病毒都除了可以对网站进行修改外,被感染的系统性能还会严重下降。

8. "Nimda"(2001年)

尼姆达(Nimda)是历史上传播速度最快的病毒之一,在上线之后的22分钟之后就成为传播最广的病毒。

9. "冲击波"(2003年)

冲击波病毒的英文名称是Blaster,还被叫做Lovsan或Lovesan,它利用了微软软件中的一个缺陷,对系统端口进行疯狂攻击,可以导致系统崩溃。

10. "震荡波"(2004年)

震荡波是又一个利用Windows缺陷的蠕虫病毒,震荡波可以导致计算机崩溃并不断重启。

11. "熊猫烧香"(2007年)

熊猫烧香会使所有程序图标变成熊猫烧香,并使它们不能应用。

12. "扫荡波"(2008年)

同冲击波和震荡波一样,也是个利用漏洞从网络入侵的程序。而且正好在黑屏时间,大批用户关闭自动更新以后,这更加剧了这个病毒的蔓延。这个病毒可以导致被攻击者的机器被完全控制。

13. "Conficker"(2008年)

Conficker. C病毒原来要在2009年3月进行大量传播,然后在4月1日实施全球性攻击,引起全球性灾难。不过,这种病毒实际上没有造成什么破坏。

14. "木马下载器"(2009年)

中毒后会产生1000～2000个不等的木马病毒,导致系统崩溃,短短3天变成360安全卫士首杀榜前3名(现在位居榜首)。

15. "鬼影病毒"(2010年)

该病毒成功运行后,在进程中、系统启动加载项里找不到任何异常,同时即使格式化重装系统,也无法彻底清除该病毒。犹如"鬼影"一般"阴魂不散",所以称为"鬼影"病毒。

16.“极虎病毒”(2010年)

该病毒类似qvod播放器的图标。感染极虎病毒之后可能会遭遇的情况:计算机进程中莫名其妙的有ping.exe和rar.exe进程,并且cpu占用很高,风扇转得很响很频繁(手提电脑),并且这两个进程无法结束。某些文件会出现usp10.dll、lpk.dll文件,杀毒软件和安全类软件会被自动关闭,如瑞星、360安全卫士等如果没有及时升级到最新版本都有可能被停掉。破坏杀毒软件、系统文件,感染系统文件,让杀毒软件无从下手。极虎病毒最大的危害是造成系统文件被篡改,无法使用杀毒软件进行清理。一旦清理,系统将无法打开和正常运行。同时基于计算机和网络的账户信息可能会被盗,如网络游戏账户、银行账户、支付账户以及重要的电子邮件账户等。

17. QQ群蠕虫病毒(2012年)

QQ群蠕虫病毒是指利用QQ群共享漏洞传播流氓软件和劫持IE主页的蠕虫病毒,QQ群电脑用户一旦感染QQ蠕虫病毒,又会向其他QQ群内上传该病毒,以“一传十,十传百”式放大效应传播。

7.3.2.3 计算机病毒症状

(1)计算机系统运行速度减慢。

(2)计算机系统经常无故发生死机。

(3)计算机系统中的文件长度发生变化。

(4)计算机存储的容量异常减少。

(5)系统引导速度减慢。

(6)丢失文件或文件损坏。

(7)计算机屏幕上出现异常显示。

(8)计算机系统的蜂鸣器出现异常声响。

(9)磁盘卷标发生变化。

(10)系统不识别硬盘。

(11)对存储系统异常访问。

(12)键盘输入异常。

(13)文件的日期、时间、属性等发生变化。

(14)文件无法正确读取、复制或打开。

(15)命令执行出现错误。

(16)虚假报警。

(17)换当前盘。有些病毒会将当前盘切换到C盘。

(18)时钟倒转。有些病毒会命名系统时间倒转、逆向计时。

(19)Windows操作系统无故频繁出现错误。

(20)系统异常重新启动。

(21)一些外部设备工作异常。

(22)异常要求用户输入密码。

(23)Word或Excel提示执行“宏”。

(24)使不应驻留内存的程序驻留内存。

7.3.2.4　计算机病毒的防治

为了防止计算机系统被病毒感染,我们应该注意以下几个方面。

1. 建立良好的安全习惯

对一些来历不明的邮件及附件不要打开,不要上一些不太了解的网站,不要执行从Internet下载后未经杀毒处理的软件等,这些必要的习惯会使您的计算机更安全。

2. 关闭或删除系统中不需要的服务

默认情况下,许多操作系统会安装一些辅助服务,如FTP客户端、Telnet和Web服务器。这些服务为攻击者提供了方便,而又对用户没有太大用处,如果删除它们,就能大大减少被攻击的可能性。

3. 经常升级安全补丁

据统计,有80%的网络病毒是通过系统安全漏洞进行传播的,像蠕虫王、冲击波、震荡波等,所以我们应该定期到微软网站去下载最新的安全补丁,以防患未然。

4. 使用复杂的密码

有许多网络病毒就是通过猜测简单密码的方式攻击系统的,因此使用复杂的密码,将会大大提高计算机的安全系数。

5. 迅速隔离受感染的计算机

当您的计算机发现病毒或异常时应立刻断网,以防止计算机受到更多的感染,或者成为传播源,再次感染其他计算机。

6. 了解一些病毒知识

这样就可以及时发现新病毒并采取相应措施,在关键时刻使自己的计算机免受病毒破坏。如果能了解一些注册表知识,就可以定期看一看注册表的自启动项是否有可疑键值;如果了解一些内存知识,就可以经常看看内存中是否有可疑程序。

7. 最好安装专业的杀毒软件进行全面监控

在病毒日益增多的今天,使用杀毒软件进行防毒,是越来越经济的选择。不过用户在安装了反病毒软件之后,应该经常进行升级,将一些主要监控经常打开,如邮件监控、内存监控等,遇到问题要上报,这样才能真正保障计算机的安全。

8. 用户还应该安装个人防火墙软件进行防黑

由于网络的发展,用户电脑面临的黑客攻击问题也越来越严重,许多网络病毒都采用了黑客的方法来攻击用户电脑,因此,用户还应该安装个人防火墙软件,将安全级别设为中、高,这样才能有效地防止网络上的黑客攻击。

具体预防的措施包括:

(1)杀毒软件经常更新,以快速检测到可能入侵计算机的新病毒或者变种。

(2)使用安全监视软件(和杀毒软件不同,比如360安全卫士、瑞星卡卡),主要防止浏览器被异常修改、插入钩子、安装不安全恶意的插件。

(3)使用防火墙或者杀毒软件自带防火墙。

(4)关闭电脑自动播放(网上有)并对电脑和移动储存工具进行常见病毒免疫。

(5)定时全盘病毒木马扫描。

(6)注意网址正确性,避免进入山寨网站。

(7)不随意接受、打开陌生人发来的电子邮件或通过QQ传递的文件或网址。

(8)使用正版软件。

(9)使用移动存储器前,最好要先查杀病毒,然后再使用。

下面推荐几款软件:

推荐:杀毒软件,卡巴斯基,NOD32,avast5.0,360杀毒。

推荐:U盘病毒专杀:AutoGuarder2。

推荐:安全软件:360安全卫士(可以查杀木马)。

推荐:单独防火墙:天网,comodo,或者杀毒软件自带防火墙。

推荐:内网用户使用antiARP,防范内网ARP欺骗病毒(比如磁碟机、机械狗)。

推荐:使用超级巡警免疫工具。

推荐:高手使用SSM(system safety monitor)。

7.3.2.5 修复技术

(1)对于传统的,附加于文件尾部的病毒,防病毒软件可以将病毒代码从被感染文件中清除,清除病毒体后的文件可能有部分变化。

(2)如果病毒已将原始文件覆盖或破坏,防病毒软件将无法恢复。

(3)对于引导型病毒,如果病毒在感染引导区之前保留原引导区,防病毒软件在验证了原引导区文件的正确性后,会恢复该引导区。

(4)如果病毒没有保留原引导区,防病毒通常会向引导区写入通用的引导区记录。

(5)如果无法写入,则必须手工使用一些引导区修复工具,如fdisk /mbr,但这一工具只能修复主引导扇区。

(6)对于释放器、木马和蠕虫,因为它们通常不破坏系统中的文件和数据,只要简单地删除就可以了。

(7)如果病毒更改了注册表、系统文件和.ini文件,则这些改动需要被还原,防病毒软件必须了解该病毒的细节信息,否则可能无法恢复或是无法完全恢复。

7.3.2.6 如果防病毒软件没有检测到病毒

(1)更新病毒定义,确保完整地得到了病毒定义,执行全系统扫描;

(2)下载防病毒软件测试文件:如果防病毒软件成功检测到这一“病毒”,则说明自动防护功能有效;

(3)扫描所有文件类型,确保排除列表中没有可能被感染的文件;

(4)不要同时安装两种或两种以上的实时扫描防病毒软件;

(5)及时将可疑文件提交到安全厂商进行检查;

(6)确保你的操作系统的应用程序更新到了最新的状态;

(7)到网络上寻找与病毒有关的信息或是获取专杀工具。

7.3.2.7 防火墙

防火墙是一种用于保护一个网络不受来自其他网络攻击的安全技术。它是内部网与外部网之间的一个中介系统,它通过监测、限制、修改跨越防火墙的数据流,尽可能地对屏蔽内部网络的结构、信息和运行情况,拒绝未经授权的非法用户访问或存取内部网络中的敏感数据,保护其不被偷窃或破坏,同时允许合法用户不受妨碍地访问网络资源。

1.防火墙的定义

防火墙是指设置在不同网络或网络安全域之间的一系列部件的组合。它可通过检测、限制、更改跨越防火墙的数据流，尽可能地对外部屏蔽网络内部的消息、结构和运行状况，以此来实现网络的安全保护。

2. 使用防火墙的益处

防火墙可以为管理人员提供下列问题：

(1)谁在使用网络?

(2)他们在网络上做什么?

(3)他们什么时间使用过网络?

(4)他们上网去了何处?

(5)谁上网没有成功?

3. 防火墙的主要功能

(1)隔离：隔离是防火墙最主要功能，用来作为互联网的分离器。为保证数据安全，防火墙这个互联网上的“安全检查站点”，通过执行站点的安全策略，仅仅容许符合规则的请求通过，而将可疑的访问拒绝于门外。

(2)活动记录：防火墙具有记录被保护的网络和外部网络之间进行的所有活动的功能。

(3)网段控制：防火墙能够有效地对两段进行控制，隔开网络中一个网段与另一个网段。

4. 防火墙不能做什么

防火墙并非万能，影响网络安全的因素很多，对于以下情况防火墙无能为力：

(1)防火墙不能防范恶意的知情者。

(2)防火墙对不通过它的连接难有作为。

(3)防火墙不能防备完全新的威胁。

(4)防火墙不能防备病毒。

(5)防火墙不能防止数据驱动式的攻击。

(6)不能防范绕过防火墙的攻击：一般的防火墙不能防止受到病毒感染的软件或文件的传输。因为现在存在的各类病毒、操作系统以及加密和压缩二进制文件的种类太多，以至于不能指望防火墙逐个扫描每个文件查找病毒。

(7)不能防止数据驱动式攻击：当有些表面看来无害的数据被邮寄或复制到 Internet 主机上并被执行发起攻击时，就会发生数据驱动式攻击。

(8)难以避免来自内部的攻击：俗话说“家贼难防”，内部人员的攻击根本就不经过防火墙。

7.4 本章小结

本章主要介绍了信息安全的基本概念。信息安全是一个动态的、相对的概念，它涉及计算机硬件安全、软件安全和计算机网络安全。计算机病毒和网络黑客是威胁计算机网络信息安全的主要因素。利用访问控制技术、防火墙技术、数据加密技术等信息安全技术，能够有效地维护信息安全，更好地保护计算机。

通过本章的学习，掌握信息安全的概念，了解信息安全措施和信息安全概念；帮助学生了解网络安全、计算机犯罪的知识，并做好预防工作；引导学生总结计算机病毒的特征和预防的一般方法；让学生懂得信息安全法律法规，更好的规范学生今后的信息活动。

习题7

一、单选题

1. 计算机病毒主要造成________。
   A)磁盘片的损坏　B)磁盘驱动器的破坏
   C)CPU的破坏　D)程序和数据的破坏
2. 下列选项中，不属于计算机病毒特征的是________。
   A)破坏性　B)潜伏性　C)免疫性　D)传染性
3. 文件型病毒是文件传染者，也被称为寄生病毒，它运作在计算机的________里。
   A)网络　B)显示器　C)打印机　D)存储器
4. 下面关于计算机病毒的一些叙述中，错误的是________。
   A)网络环境下计算机病毒往往是通过电子邮件传播的
   B)电子邮件是个人间的通信手段，即使传播计算机病毒也是个别的，影响不大
   C)目前防火墙还无法保障单位内部的计算机不受带病毒电子邮件的攻击
   D)一般情况下只要不打开电子邮件的附件，系统就不会感染它所携带的病毒
5. 下列________不是有效的信息安全控制方法。
   A)口令　B)用户权限设置
   C)限制对计算机的物理接触　D)数据加密
6. 下列关于防火墙的叙述错误的是________。
   A)防火墙是硬件和软件的组合
   B)防火墙将企业内部网与其他网络隔开
   C)防火墙禁止非法数据进入
   D)有了防火墙就完全不需要杀毒软件了
7. 2008年网络上十大危险病毒之一"QQ大盗"，其属于________。
   A)文本文件　B)木马　C)下载工具　D)聊天工具
8. 文件型病毒传染的对象主要是________类文件。
   A).dbf和.dat　B).txt和.doot
   C).com和.exe　D).exe和.bmp
9. 当前________是病毒传播的最主要途径。
   A)软盘感染　B)盗版软件　C)网络　D)克隆系统
10. 计算机病毒可以使整个系统瘫痪，危害极大，计算机病毒是________。
    A)人为开发的程序　B)一种生物病毒
    C)错误的程序　D)空气中的灰尘
11. 为数据安全，一般为网络服务器配备的UPS是指________。
    A)大容量硬盘　B)大容量内存　C)不间断电源　D)多核CPU
12. 在计算机病毒中，有一种病毒能自动复制传播，并导致整个网络运行速度变慢，也可以在计算机系统内部复制从而消耗计算机内存，其名称是________。

A)木马　B)灰鸽子　C)蠕虫　D)CIH

13. 当用各种清病毒软件都不能清除U盘上的病毒时,则应对此U盘________。
A)丢弃不用　B)删除所有文件
C)重新格式化　D)删除COMMAND.COM文件

14. 网络“黑客”是指________的人。
A)总在夜晚上网　B)在网上恶意进行远程信息攻击的人
C)不花钱上网　D)匿名上网

15. “CIH”是一种计算机病毒,它主要是破坏________,导致计算机系统瘫痪。
A)CPU　B)软盘　C)BOOT(程序)　D)BIOS

16. 下列情况中________破坏了数据的完整性。
A)假冒他人地址发送数据　B)不承认做过信息地递交行为
C)数据在传输中途被窃听　D)数据在传输中途被篡改

17. 保障信息安全最根本、最核心地技术措施是________。
A)信息加密技术　B)信息确认技术
C)网络控制技术　D)反病毒技术

18. 目前使用的防杀病毒软件的作用是________。
A)检查计算机是否感染病毒,消除已感染的任何病毒
B)杜绝病毒对计算机的侵害
C)检查计算机是否感染病毒,清除部分已感染的病毒
D)查出已感染的任何病毒,清除部分已感染的病毒

19. 计算机犯罪是一个________问题。
A)技术问题　B)法律范畴的问题
C)政治问题　D)经济问题

20. 在下列计算机安全防护措施中,________是最重要的。
A)提高管理水平和技术水平
B)提高硬件设备运行的可靠性
C)预防计算机病毒的传染和传播
D)尽量防止自然因素的损害

21. 防止U盘感染病毒的方法用________。
A)不要把U盘和有毒的U盘放在一起
B)给该U盘加上写保护
C)保持机房清洁
D)定期对U盘格式化

22. 发现计算机病毒后,比较彻底的清除方式是________。
A)用查毒软件处理　B)删除磁盘文件
C)用杀毒软件处理　D)格式化磁盘

23. 计算机网络病毒描述错误的是________。
A)网络病毒不会对网络传输造成影响
B)与单片机相比,加快了病毒传输的速度

C)传播媒介是网络

D)可通过电子邮件传播

24. 拒绝服务的后果是________。

A)信息不可用　　B)应用程序不可用

C)阻止通信　　D)以上三项都是

25. 目前最好的防病毒软件的作用是________。

A)检查计算机是否染有病毒,消除已感染的任何病毒

B)杜绝病毒对计算机的侵害

C)查出计算机已感染的任何病毒,消除其中的一部分

D)检查计算机是否染有病毒,消除已感染的部分病毒

26. 若U盘封住了写保护口,则________。

A)既向外传染本身已有病毒,又会感染病毒

B)既不会向外传染本身已有病毒,也不会感染病毒

C)不会传染本身已有病毒,但会感染病毒

D)不会感染病毒,但会传染本身已有病毒

27. 下面有关计算机病毒的说法正确的是________。

A)计算机病毒是一个MIS程序

B)计算机病毒是对人体有害的传染病

C)计算机病毒是一个能够通过自身传染,起破坏作用的计算机程序

D)计算机病毒是一段程序,但对计算机无害

28. 可实现身份鉴别的措施是________。

A)口令　　B)智能卡　　C)视网膜识别　　D)以上都是

29. 不易被感染上病毒的文件是________。

A)COM　　B)EXE　　C)TXT　　D)BOOT

30. 是在计算机信息处理和存储过程中比较可行的安全技术________。

A)无线通信技术　　B)专门的网络技术

C)密码技术　　D)校验技术

31.《计算机软件保护条例》中所称的计算机软件(简称软件)是指________。

A)计算机程序　　B)源程序和目标程序

C)源程序　　D)计算机程序及其有关文档

32. 计算机犯罪是一个________问题。

A)技术问题　　B)法律范畴的问题　　C)政治问题　　D)经济问题

33. 下面列出的计算机病毒传播途径,不正确的说法是________。

A)使用来路不明的软件　　B)通过借用他人的软盘

C)通过非法的软件拷贝　　D)通过把多张软盘叠放在一起

34. 网络安全方案除了增强安全设施的投资外,还应考虑________。

A)用户的方便性　　B)管理的复杂性

C)对不同平台的支持　　D)以上都要考虑

35. 上网时,以下________用户行为可以很大程度的控制病毒感染?

A)在小网站下载杀毒软件

B)随意浏览感兴趣的所有网站

C)将收到的来路不明的 E-mail 与附件程序打开查看后马上删除

D)安装最新的防火墙,并打开及时监控

36. 常用的国产杀毒软件有________?

A)诺顿系列、金山毒霸、瑞星系列　　B)诺顿系列、金山毒霸、KV 系列

C)金山毒霸、瑞星系列、KV 系列　　D)PC-CILLIN、金山毒霸、瑞星系列

37. 特洛伊木马是一个通过特定端口进行通信的网络客户端/服务器程序,不包括________。

A)远程控制型木马　　B)发送密码型木马

C)破坏型木马　　D)HTTP 型木马

38. 防火墙是计算机网络安全中常用到的一种技术,它通常被用在________。

A)LAN 内部　　B)LAN 和 WAN 之间

C)PC 和 PC 之间　　D)PC 和 LAN 之间

39. 信息安全并不涉及的领域是________。

A)计算机技术和网络技术　　B)法律制度

C)公共道德　　D)身心健康

40. 下面关于防火墙说法不正确的是________。

A)防火墙可以防止所有病毒通过网络传播

B)防火墙可以由代理服务器实现

C)所有进出网络的通信流都应该通过防火墙

D)防火墙可以过滤所有的外网访问

41. 计算机安全在网络环境中,并不能提供安全保护的是________。

A)信息的载体　　B)信息的处理、传输

C)信息的存储、访问　　D)信息语意的正确性

42. 计算机病毒是________。

A)一种有破坏性的程序

B)使用计算机时容易感染的一种疾病

C)一种计算机硬件系统故障

D)计算机软件系统故障

43. 在以下人为的恶意攻击行为中,属于主动攻击的是________。

A)发送被篡改的数据　　B)数据窃听

C)数据流分析　　D)截获数据包

44. 下面最难防范的网络攻击是________。

A)计算机病毒　　B)假冒　　C)修改数据　　D)窃听

45. 计算机病毒平时潜伏在________。

A)内存　　B)外存　　C)CPU　　D)I/O 设备

46. 下面关于防火墙说法错误的是________。

A)防火墙可以防止病毒通过网络传播

B)防火墙可以由路由器实现
C)所有进出网络的通信流都应该通过防火墙
D)防火墙可以过滤外网的访问

47. 下列情况中,破坏了数据的保密性的攻击是________。
A)假冒他人发送数据　　B)不承认做过信息的递交行为
C)数据在传输中途被篡改　　D)数据在传输中途被窃听

48. 计算机安全中的实体安全主要是指________。
A)计算机物理硬件实体的安全　　B)操作员人身实体的安全
C)数据库文件的安全　　D)应用程序的安全

49. 使用大量垃圾信息,占用带宽(拒绝服务)的攻击,破坏了计算机安全中的________。
A)保密性　　B)完整性　　C)可用性　　D)可靠性

二、填空题

1. 网络安全的基本要求是________、信息完整性、信息可用性和信息可控性。
2. 网络系统下的不安全因素________、各种外部威胁。
3. 计算机病毒是________,它能够侵入________,并且能够通过修改其他程序,把自己或者自己的变种复制插入其他程序中,这些程序又可传染别的程序,实现繁殖传播。
4. 防火墙的安全性包括____________、____________、____________、____________、____________五个方面。
5. 防火墙有三类________、________、________。
6. 黑客进行攻击的目的是________、________、________、________。
7. 特洛伊木马是一种黑客程序,它一般有两个程序:一个是_______;另一个是_______。

三、多选题

1. 若发现某磁盘已经感染上病毒,下述处理方法中错误的有________。
A)将该磁盘上的病毒文件删除
B)换一台计算机再使用该磁盘上的文件
C)将该磁盘上的文件拷贝到另一个磁盘上使用
D)用杀毒盘清除该磁盘的病毒

2.“口令”是保证系统安全的一种简单而有效的方法。一个好的口令应当是________。
A)口令字符不超过 6 位　　B)混合使用字母和数字
C)易于记忆　　D)有足够的长度

3. 关于计算机病毒,下面哪一个说法是正确的________。
A)一台计算机能用 A 盘启动,但不能用 B 盘启动,则计算机一定感染了病毒
B)有些计算机病毒并不破坏程序和数据,而是占用磁盘存储空间
C)计算机病毒不会损坏硬件
D)可执行文件的长度变长,则该文件有可能被病毒感染

4. 人们借用生物学中的“病毒”来形容计算机病毒的理由有________。
A)两者都有一定时期的潜伏期

B)两者都有感染性,只是受感染的对象不同而已

C)两者感染的途径都是一样的

D)计算机病毒可以破坏计算机系统,而生物病毒破坏的是生物的肌体

5. 在下列计算机异常情况的描述中,可能是病毒造成的有________。

A)硬盘上存储的文件无故丢失

B)可执行文件长度变大

C)文件(夹)的属性无故被设置为"隐藏"

D)磁盘存储空间陡然变小

6. 下列有关特洛伊木马病毒的说法中,正确的有________。

A)木马病毒能够盗取用户信息

B)木马病毒伪装成合法软件进行传播

C)木马病毒运行时会在任务栏产生一个图标

D)木马病毒不会自动运行

7. 计算机信息安全含义包括________。

A)数据安全　　B)资金安全　　C)计算机设备安全　　D)人员安全

8. 金融机构计算机信息系统安全保护工作的基本任务是________。

A)预防、处理各种安全事故

B)提高金融机构计算机信息系统的整体安全水平

C)保障国家、集体和个人财产的安全

D)预防、打击利用或者针对金融机构计算机信息系统进行的违法犯罪活动

9. 任何单位和个人不得有下列传播计算机病毒的行为________。

A)故意输入计算机病毒,危害计算机信息系统安全

B)销售、出租、附赠含有计算机病毒的媒体

C)其他传播计算机病毒的行为

D)向他人提供含有计算机病毒的文件、软件、媒体

10. 计算机安全技术的认证方法包括________。

A)双重认证　　B)数字认证　　C)智能卡　　D)安全电子交易

四、简答题

1. 什么是计算机病毒?计算机病毒的主要特点是什么?
2. 防火墙主要功能是什么?
3. 单机用户面临的主要安全威胁。
4. 简述网络安全的概念。
5. 计算机病毒有哪些传播途径?如何预防计算机病毒?
6. 网络中存在的不安全因素有哪些?